装备制造专业
危害因素辨识与风险防控

中国石油天然气集团有限公司人力资源部　编

U0352961

石油工业出版社

内 容 提 要

本书是《石油石化安全知识培训教程》丛书中的一本，主要内容包括装备制造专业相关的安全理念与风险防控要求、风险防控方法与工作程序、基础安全知识、装备制造操作安全知识、危险作业管理、事故事件管理、典型事故案例。书后配套练习题。

本书可供装备制造相关的操作人员和安全管理人员学习阅读。

图书在版编目（CIP）数据

装备制造专业危害因素辨识与风险防控/中国石油天然气集团有限公司人力资源部编. —北京：石油工业出版社，2021.6

石油石化安全知识培训教程

ISBN 978 - 7 - 5183 - 4643 - 1

Ⅰ.①装… Ⅱ.①中… Ⅲ.①石油化工设备-装备制造业-风险管理-安全培训-教材 Ⅳ.①TE65

中国版本图书馆 CIP 数据核字（2021）第 092464 号

出版发行：石油工业出版社
　　　　　（北京市朝阳区安华里 2 区 1 号楼　100011）
　　　　　网　　址：www.petropub.com
　　　　　编辑部：（010）64243803
　　　　　图书营销中心：（010）64523633
经　　销：全国新华书店
印　　刷：北京晨旭印刷厂

2021 年 6 月第 1 版　2021 年 6 月第 1 次印刷
787×1092 毫米　开本：1/16　印张：21.75
字数：553 千字

定价：65.00 元

《装备制造专业危害因素辨识与风险防控》
编 审 人 员

主　　编	董宗刚	许永雷	
副主编	王　旭	熊　健	王小毅
编写人员	强维涛	张竞之	冯　源	谭　敏
	王兴国	张中森	高文利	王　蕾
	高　洁	刘要武	强文磊	李锁生
	张　铎	苏宝来	李　剑	王治波
	李宏涛	鲁云飞	王军红	刘　伟
	王新英	曾柏森	段化旭	曹晓静
	游　莹	李　腾	鲁大伟	刘　鹏
	郭金利	李开元	陈新军	肖都琴
	杨劭华	纪　姝		
审定人员	毋勇锋	杨广柱	马喜林	祝国政
	常　熠	王尚典	张传勇	杨加成

前　言　◆◆◆

为进一步保障一线员工人身安全，控制生产过程安全风险，减少或消除安全生产事故，中国石油天然气集团有限公司人力资源部牵头组织，分专业编写了系列《石油石化安全知识培训教程》，以期满足员工安全知识学习、培训、竞赛、技能等级认定需要，促进一线员工学习风险防护知识，提升一线员工风险防控能力。

本系列教程以危害因素辨识与风险防控为主线，结合工作性质、现场环境特点，介绍员工必须掌握的安全知识，以及生产操作过程中的风险点源和防控措施，具有较强的实用性。本系列教程还附录大量训练试题，方便员工学习和培训，巩固和检验学习、培训效果。

本系列教程的出版发行，将为石油石化企业员工的危害因素辨识与风险防控培训工作提供重要抓手。更为重要的是，该系列教程的出版发行进一步展现了中国石油为避免安全生产事故所作的努力和责任担当，充分体现了其对员工安全的重视和关怀。

《装备制造专业危害因素辨识与风险防控》是系列教程之一，涉及钻机试验工、电气焊工、车工、钻床工、铣工、磨工、铸造工、锻工、热处理工、钳工、电工、天车工、搬运工、铆工等主要机械制造专业，讲述了安全理念与风险防控要求、风险防控方法与工作程序、基础安全知识、装备制造操作安全知识、危险作业管理、事故事件、典型事故案例分析等七个方面的内容，具有较强的实用性。书后练习题配套"油题库"APP，员工可在手机移动端进行自主练习和组卷测试，方便学习和培训。

《装备制造专业危害因素辨识与风险防控》由集团公司人力资源部牵头组织，宝鸡石油机械有限责任公司主编，宝鸡石油钢管有限责任公司、渤海石油装备制造有限公司、济柴动力有限公司参编，大庆油田有限责任公司、锦西石化公司参审。

由于编审人员水平有限，书中错误、疏漏之处难免，恳请广大读者提出宝贵意见。

编者

2021 年 4 月

目　录 ◆◆◆

第一章

安全理念与风险防控要求

第一节 法律法规

一、概念

（一）法律

法律特指由全国人民代表大会及其常务委员会依照一定的立法程序制定和颁布的规范性文件。法律是法律体系中的上位法，地位和效力仅次于《中华人民共和国宪法》，高于行政法规、地方性法规、部门规章、地方政府规章等下位法。

涉及安全、环境的法律有《中华人民共和国安全生产法》《中华人民共和国环境保护法》《中华人民共和国消防法》《中华人民共和国道路交通安全法》《中华人民共和国职业病防治法》《中华人民共和国特种设备安全法》等。

（二）法规

1. 行政法规

行政法规是由国务院组织制定并批准颁布的规范性文件的总称。行政法规的法律地位和法律效力低于法律，高于地方性法规、部门规章、地方政府规章等下位法。

涉及安全、环境的行政法规有《安全生产许可证条例》《危险化学品安全管理条例》《生产安全事故报告和调查处理条例》《工伤保险条例》等。

2. 地方性法规

地方性法规是指由省、自治区、直辖市和设区的市人民代表大会及其常务委员会，依照法定程序制定并颁布的，施行于本行政区域的规范性文件。地方性法规的法律地位和法律效力低于法律、行政法规，高于地方政府规章。

涉及安全、环境的地方性法规如《陕西省安全生产条例》《上海市环境保护条例》等。

（三）规章

1. 部门规章

部门规章是指国务院的部委和直属机构按照法律、行政法规或由国务院授权制定的在全国范围内实施行政管理的规范性文件。部门规章的法律地位和法律效力低于法律、行政法规，高于地方政府规章。

涉及安全、环境的部门规章如《建设项目职业病防护设施"三同时"监督管理办法》《安全生产违法行为行政处罚办法》《安全生产事故隐患排查治理暂行规定》《生产经营单位安全培训规定》等。

2. 地方政府规章

地方政府规章是指由地方人民政府依照法律、行政法规、地方性法规或者本级人民代表大会或其常务委员会授权制定的在本行政区域内实施行政管理的规范性文件。地方政府规章是最低层级的立法，其法律地位和法律效力低于其他上位法，不得与上位法相抵触。

涉及安全、环境的地方政府规章如《辽宁省石油勘探开发环境保护管理条例》《陕西省固体废物污染环境防治条例》等。

二、风险防控相关法律法规

（一）《中华人民共和国安全生产法》

《中华人民共和国安全生产法》（以下简称《安全生产法》）于 2002 年 6 月 29 日由第九届全国人大常委会第二十八次会议审议通过，2002 年 11 月 1 日起施行；2014 年 8 月 31 日第十二届全国人大常委会对《安全生产法》进行了修订，自 2014 年 12 月 1 日起施行。

1. 我国安全生产工作的基本方针

《安全生产法》第三条规定："安全生产工作应当以人为本，坚持安全发展，坚持安全第一、预防为主、综合治理的方针，强化和落实生产经营单位的主体责任，建立生产经营单位负责、职工参与、政府监管、行业自律和社会监督的机制。"

"安全第一、预防为主、综合治理"是安全生产的基本方针，是《安全生产法》的灵魂。《安全生产法》明确提出了安全生产工作应当以人为本，将坚持安全发展写入了总则，对于坚守红线意识，进一步加强安全生产工作，实现安全生产形势根本性好转的奋斗目标具有重要意义。安全生产，重在预防。《安全生产法》关于预防为主的规定，主要体现在"六先，即安全意识在先、安全投入在先、安全责任在先、建章立制在先、隐患预防在先、监督执法在先。

2. 从业人员的安全生产权利和义务

生产经营单位的从业人员是各项生产经营活动最直接的劳动者，是各项法定安全生产的权利和义务的承担者。《安全生产法》第六条规定："生产经营单位的从业人员有依法获得安全生产保障的权利，并应当依法履行安全生产方面的义务。"

1）生产经营单位的安全生产保障

《安全生产法》第十七条规定："生产经营单位应当具备本法和有关法律、行政法规和国家标准或者行业标准规定的安全生产条件；不具备安全生产条件的，不得从事生产经营活动。"

《安全生产法》第三十二条规定："生产经营单位应当在有较大危险因素的生产经营场所和有关设施、设备上，设置明显的安全警示标志。"

《安全生产法》第三十七条规定："生产经营单位对重大危险源应当登记建档，进行定期检测、评估、监控，并制定应急预案，告知从业人员和相关人员在紧急情况下应当采取的应急措施。生产经营单位应当按照国家有关规定将本单位重大危险源及有关安全措施、应急措施报有关地方人民政府安全生产监督管理部门和有关部门备案。"

《安全生产法》第三十八条规定："生产经营单位应当建立健全生产安全事故隐患排查治理制度，采取技术、管理措施，及时发现并消除事故隐患。事故隐患排查治理情况应当如实记录，并向从业人员通报。"

《安全生产法》第四十一条规定："生产经营单位应当教育和督促从业人员严格执行本单位的安全生产规章制度和安全操作规程；并向从业人员如实告知作业场所和工作岗位存在的危险因素、防范措施以及事故应急措施。"

2）从业人员的权利

《安全生产法》规定了各类从业人员必须享有的，有关安全生产和人身安全的最重要、最基本的权利，这些基本的安全生产权利可以概括为五项。

（1）获得安全保障、工伤保险和民事赔偿的权利。

《安全生产法》第四十九条规定："生产经营单位与从业人员订立的劳动合同，应当载明有关保障从业人员劳动安全、防止职业危害的事项，以及依法为从业人员办理工伤保险的事项。生产经营单位不得以任何形式与从业人员订立协议，免除或者减轻其对从业人员因生产安全事故伤亡依法应承担的责任。"

《安全生产法》第四十八条规定："生产经营单位必须依法参加工伤保险，为从业人员缴纳保险费。"

《安全生产法》第五十三条规定："因生产安全事故受到损害的从业人员，除依法享有工伤保险外，依照有关民事法律尚有获得赔偿的权利的，有权向本单位提出赔偿要求。"

此外，《安全生产法》第一百零三条规定："生产经营单位与从业人员订立协议，免除或者减轻其对从业人员因生产安全事故伤亡依法应承担的责任的，该协议无效。"

（2）得知危险因素、防范措施和事故应急措施的权利。

《安全生产法》第五十条规定："生产经营单位的从业人员有权了解其作业场所和工作岗位存在的危险因素、防范措施及事故应急措施，有权对本单位的安全生产工作提出建议。"

（3）对本单位安全生产的批评、检举和控告的权利。

《安全生产法》第五十一条规定："从业人员有权对本单位安全生产工作中存在的问题提出批评、检举、控告。"

（4）拒绝违章指挥和强令冒险作业的权利。

《安全生产法》第五十一条规定："从业人员有权拒绝违章指挥和强令他人冒险作业。"

（5）紧急情况下停止作业或紧急撤离的权利。

《安全生产法》第五十二条规定："从业人员发现直接危及人身安全的紧急情况时，有权停止作业或者在采取可能的应急措施后撤离作业场所。生产经营单位不得因从业人员在前款紧急情况下停止作业或者采取紧急撤离措施而降低其工资、福利等待遇或者解除与其订立的劳动合同。"

从业人员在行使停止作业和紧急撤离权利时必须明确以下四点：

一是危及从业人员人身安全的紧急情况必须有确实可靠的直接根据，凭借个人猜测或者误判而实际并不属于危及人身安全的紧急情况除外，该项权利不能被滥用。

二是紧急情况必须直接危及人身安全，间接危及人身安全的情况不应撤离，而应采取有效的应急抢险措施。

三是出现危及人身安全的紧急情况时，首先是停止作业，然后要采取可能的应急措施，应急措施无效时再撤离作业场所。

四是该项权利不适用于某些从事特殊职业的从业人员，比如车辆驾驶员等，根据有关法律、国际公约和职业惯例，在发生危及人身安全的紧急情况下，他们不能或者不能先行撤离从业场所或岗位。

3) 从业人员的安全生产义务

《安全生产法》不但赋予了从业人员安全生产权利，也设定了相依的法定义务。作为法律关系内容的权利与义务是对等的。从业人员在依法享有权利的同时也必须承担相应的法律责任。

(1) 遵章守规，服从管理的义务。

《安全生产法》第五十四条规定："从业人员在作业过程中，应当严格遵守本单位的安全生产规章制度和操作规程，服从管理。"

(2) 正确佩戴和使用劳动防护用品的义务。

《安全生产法》规定，生产经营单位必须为从业人员提供必要的、安全的劳动防护用品，以避免或减轻作业和事故中的人身伤害。在《安全生产法》第五十四条中也规定："从业人员必须正确佩戴和使用劳动防护用品。"

(3) 接受安全培训，掌握安全生产技能的义务。

《安全生产法》第五十五条规定："从业人员应当接受安全生产教育和培训，掌握本职工作所需的安全生产知识，提高安全生产技能，增强事故预防和应急处理能力。"法律规定从业人员（包括新招聘、转岗人员）必须接受安全培训，要具备岗位所需要的安全知识和技能以及对突发事故的预防和处置能力，另外，《安全生产法》第二十七条规定：特种作业人员上岗前必须按照国家有关规定经专门的安全作业培训，取得相应资格，方可上岗作业。

(4) 发现事故隐患或者其他不安全因素及时报告的义务。

《安全生产法》第五十六条规定："从业人员发现事故隐患或者其他不安全因素，应当立即向现场安全生产管理人员或者本单位负责人报告；接到报告的人员应当及时予以处理。"

3. 安全生产的法律责任

1) 安全生产法律责任形式

追究安全生产违法行为的法律责任有三种形式：行政责任、民事责任和刑事责任。

2) 从业人员的安全生产违法行为

《安全生产法》规定，追究法律责任的生产经营单位有关人员和安全生产违法行为有下列七种：

(1) 生产经营单位的决策机构、主要负责人、个人经营的投资人不依照本法规定保证安全生产所必需的资金投入，致使生产经营单位不具备安全生产条件的；

（2）生产经营单位的主要负责人未履行本法规定的安全生产管理职责的；

（3）生产经营单位与从业人员签订协议，免除或减轻其对从业人员因生产伤亡依法应承担的责任的；

（4）生产经营单位主要负责人在本单位发生重大生产安全事故时不立即组织抢救或者在事故调查处理期间擅离职守或者逃匿的；

（5）生产经营单位主要负责人对生产安全事故隐瞒不报、谎报或者迟报的；

（6）生产经营单位的从业人员不服从管理，违反安全生产规章制度或操作规程的；

（7）安全生产事故的责任人未依法承担赔偿责任，经人民法院依法采取执行措施后，仍不能对受害者给予足额赔偿的。

《安全生产法》对上述安全生产违法行为设定的法律责任分别是：降职、撤职、罚款、拘留的行政处罚，构成犯罪的，依法追究刑事责任。

2015 年年底最高人民法院和最高人民检察院审议并通过了《关于办理危害生产安全刑事案件适用法律若干问题的解释》（以下简称《解释》），对依法惩治危害生产安全犯罪行为进行了解释，并于 2015 年 12 月 16 日开始实施。《解释》中与从业人员有关的生产安全违法犯罪行为有重大责任事故罪：在生产、作业中违反有关安全管理的规定，因而发生重大伤亡事故或者造成其他严重后果的，处三年以下有期徒刑或者拘役；情节特别恶劣的，处三年以上七年以下有期徒刑。其中"发生重大伤亡事故或者造成其他严重后果"是指造成死亡一人以上，或者重伤三人以上的；造成直接经济损失一百万元以上的；其他造成严重后果或者重大安全事故的情形。"情节特别恶劣"是指造成死亡三人以上或者重伤十人以上，负事故主要责任的；造成直接经济损失五百万元以上，负事故主要责任的；其他造成特别严重后果、情节特别恶劣或者后果特别严重的情形。

（二）《中华人民共和国环境保护法》

《中华人民共和国环境保护法》（以下简称《环境保护法》）于 2014 年 4 月 24 日由第十二届全国人大常委会第八次会议修订通过，并于 2015 年 1 月 1 日起实施。

1.《环境保护法》的适用范围

《环境保护法》第二条规定："本法所称环境，是指影响人类生存和发展的各种天然的和经过人工改造的自然因素的总体，包括大气、水、海洋、土地、矿藏、森林、草原、湿地、野生生物、自然遗迹、人文遗迹、自然保护区、风景名胜区、城市和乡村等。"第三条规定："本法适用于中华人民共和国领域和中华人民共和国管辖的其他海域。"

2. 环境保护是国家的基本国策

《环境保护法》第四条规定：保护环境是国家的基本国策。国家采取有利于节约和循环利用资源、保护和改善环境、促进人与自然和谐的经济、技术政策和措施，使经济社会发展与环境保护相协调。第五条规定：环境保护坚持保护优先、预防为主、综合治理、公众参与、损害担责的原则。第六条规定：一切单位和个人都有保护环境的义务。

3. 防治污染和其他公害的有关要求

《环境保护法》中防治污染和其他公害的要求，主要针对排污企业、有可能造成污染事故或其他公害的单位作出法律规定，对环境保护方面的法律制度作出了原则性的规定。

1）"三同时"管理制度

《环境保护法》第四十一条规定："建设项目中防治污染的设施，应当与主体工程同时设计、同时施工、同时投产使用。防治污染的设施应当符合经批准的环境影响评价文件的要求，不得擅自拆除或者闲置。"

"三同时"制度是指对环境有影响的一切建设项目，必须依法执行环境保护设施与主体工程同时设计、同时施工、同时投产使用的制度。"三同时"制度是我国环境保护工作的一项创举，它与建设项目的环境影响评价制度相辅相成，都是针对新污染源所采取的防患于未然的法律措施，体现了《环境保护法》预防为主的原则。

2）排污单位的环境保护责任和义务

《环境保护法》第四十二条规定：排放污染物的企业事业单位和其他生产经营者，应当采取措施，防治在生产建设或者其他活动中产生的废气、废水、废渣、医疗废物、粉尘、恶臭气体、放射性物质以及噪声、振动、光辐射、电磁辐射等对环境的污染和危害。排放污染物的企业事业单位，应当建立环境保护责任制度，明确单位负责人和相关人员的责任。重点排污单位应当按照国家有关规定和监测规范安装使用监测设备，保证监测设备正常运行，保存原始监测记录。严禁通过暗管、渗井、渗坑、灌注或者篡改、伪造监测数据，或者不正常运行防治污染设施等逃避监管的方式违法排放污染物。

4. 环境保护的法律责任

《环境保护法》第六章对环境保护的法律责任作出了明确的规定，最高人民法院、最高人民检察院也颁布了《关于办理环境污染刑事案件适用法律若干问题的解释》，同时，公安部、环境保护部、工业和信息化部、农业部也先后联合或单独下发了《行政主管部门移送适用行政拘留环境违法案件暂行办法》《环境保护主管部门实施按日连续处罚办法》《环境保护主管部门实施查封、扣押办法》《环境保护主管部门实施限制生产停产整治办法》《企业事业单位环境信息公开办法》《突发环境事件调查处理办法》等行政法规，这些法律法规的集中出台表达了党和政府对惩治环境违法行为的决心。

1）按日连续经济处罚

《环境保护法》第五十九条规定：企业事业单位和其他生产经营者违法排放污染物，受到罚款处罚，被责令改正，拒不改正的，依法作出处罚决定的行政机关可以自责令改正之日的次日起，按照原处罚数额按日连续处罚。

《环境保护主管部门实施按日连续处罚办法》第五条规定：排污者有下列行为之一，受到罚款处罚，被责令改正，拒不改正的，依法作出罚款处罚决定的环境保护主管部门可以实施按日连续处罚：

（1）超过国家或者地方规定的污染物排放标准，或者超过重点污染物排放总量控制指标排放污染物的；

（2）通过暗管、渗井、渗坑、灌注或者篡改、伪造监测数据，或者不正常运行防治污染设施等逃避监管的方式排放污染物的；

（3）排放法律、法规规定禁止排放的污染物的；

（4）违法倾倒危险废物的；

（5）其他违法排放污染物行为的。

2）行政拘留

《环境保护法》第六十三条规定：企业事业单位和其他生产经营者有下列行为之一，尚不构成犯罪的，除依照有关法律法规规定予以处罚外，由县级以上人民政府环境保护主管部门或者其他有关部门将案件移送公安机关，对其直接负责的主管人员和其他直接责任人员，处十日以上十五日以下拘留；情节较轻的，处五日以上十日以下拘留：

（1）建设项目未依法进行环境影响评价，被责令停止建设，拒不执行的；

（2）违反法律规定，未取得排污许可证排放污染物，被责令停止排污，拒不执行的；

（3）通过暗管、渗井、渗坑、灌注或者篡改、伪造监测数据，或者不正常运行防治污染设施等逃避监管的方式违法排放污染物的；

（4）生产、使用国家明令禁止生产、使用的农药，被责令改正，拒不改正的。

3）追究刑事责任

《关于办理环境污染刑事案件适用法律若干问题的解释》第一条规定：实施《中华人民共和国刑法》（以下简称《刑法》）第三百三十八条规定的行为，具有下列情形之一的，应当认定为"严重污染环境"：

（1）非法排放、倾倒、处置危险废物三吨以上的；

（2）非法排放含重金属、持久性有机污染物等严重危害环境、损害人体健康的污染物超过国家污染物排放标准或者省、自治区、直辖市人民政府根据法律授权制定的污染物排放标准三倍以上的；

（3）私设暗管或者利用渗井、渗坑、裂隙、溶洞等排放、倾倒、处置有放射性的废物、含传染病病原体的废物、有毒物质的；

（4）致使乡镇以上集中式饮用水水源取水中断十二小时以上的；

（5）致使基本农田、防护林地、特种用途林地五亩以上，其他农用地十亩以上，其他土地二十亩以上基本功能丧失或者遭受永久性破坏的；

（6）致使公私财产损失三十万元以上的；

（7）其他严重污染环境的情形。

根据《刑法》第三百三十八条规定，处三年以上七年以下有期徒刑，并处罚金。

（三）《中华人民共和国劳动法》

1994年7月5日，第八届全国人民代表大会常务委员会第八次会议审议通过了《中华人民共和国劳动法》（以下简称《劳动法》），自1995年1月1日起施行。2018年12月29日第十三届全国人民代表大会常务委员会第七次会议审议通过了对《劳动法》修正的决定。

1. 劳动者的基本权利

《劳动法》第三条赋予了劳动者享有的八项权利：一是平等就业和选择职业的权利；二是取得劳动报酬的权利；三是休息休假的权利；四是获得劳动安全卫生保护的权利；五是接受职业技能培训的权利；六是享受社会保险和福利的权利；七是提请劳动争议处理的权利；八是法律规定的其他劳动权利。

2. 劳动者的义务

《劳动法》第三条设定了劳动者需要履行的四项义务：一是劳动者应当完成劳动的任

务；二是劳动者应当提高职业技能；三是劳动者应当执行劳动安全卫生规程；四是劳动者应当遵守劳动纪律和职业道德。

3. 劳动安全卫生

（1）用人单位必须建立健全劳动安全卫生制度，严格执行国家劳动安全卫生规程和标准，对劳动者进行劳动安全卫生教育，防止劳动过程中的事故，减少职业危害。

（2）劳动安全卫生设施必须符合国家规定的标准。新建、改建、扩建工程的劳动安全卫生设施必须与主体工程同时设计、同时施工、同时投入生产和使用。

（3）用人单位必须为劳动者提供符合国家规定的劳动安全卫生条件和必要的劳动防护用品，对从事有职业危害作业的劳动者应当定期进行健康体检。

（4）从事特种作业的劳动者必须经过专门培训并取得特种作业资格。

（5）劳动者在劳动过程中必须严格遵守安全操作规程。

（6）劳动者对用人单位管理人员违章指挥、强令冒险作业，有权拒绝执行，对危害生命安全和身体健康的行为，有权提出批评、检举和控告。

4. 职业培训

《劳动法》第六十八条规定，用人单位应当建立职业培训制度，按照国家规定提取和使用职业培训经费，根据本单位实际，有计划地对劳动者进行职业培训。从事技术工种的劳动者，上岗前必须经过培训。

5. 违法行为应负的法律责任

用人单位违反本法规定，情节较轻的，由劳动行政部门给予警告，责令改正，并可以处以罚款；情节严重的，依法追究其刑事责任。

（四）《中华人民共和国职业病防治法》

《中华人民共和国职业病防治法》（以下简称《职业病防治法》）于 2001 年 10 月 27 日第九届全国人民代表大会常务委员会第二十四次会议审议通过，2018 年 12 月 29 日第十三届全国人民代表大会常务委员会第七次会议审议通过了对《职业病防治法》修正的决定。《职业病防治法》立法的目的是预防、控制和消除职业病危害，防治职业病，保护劳动者健康及其相关权益，促进经济社会发展。

1. 职业病的范围

《职业病防治法》第二条规定：本法所称职业病，是指企业、事业单位和个体经济组织等用人单位的劳动者在职业活动中，因接触粉尘、放射性物质和其他有毒、有害因素而引起的疾病。

2. 职业病防治的方针

《职业病防治法》第三条规定：职业病防治工作坚持预防为主、防治结合的方针。

3. 劳动者享有的职业卫生保护权利

《职业病防治法》第三十九规定，劳动者享有以下权利：

（1）获得职业卫生教育、培训；

（2）获得职业健康检查、职业病诊疗、康复等职业病防治服务；

（3）了解工作场所产生或可能产生的职业病危害因素、危害后果和应当采取的职业病防护措施；

（4）要求用人单位提供符合防治职业病要求的职业病防护设施和个人使用的职业病防护用品，改善工作条件；

（5）对违反职业病防治法律、法规以及危及生命健康的行为提出批评、检举和控告；

（6）拒绝违章指挥和强令进行没有职业病防护措施的作业；

（7）参与用人单位职业卫生工作的民主管理，对职业病防治工作提出意见和建议。

用人单位应当保障劳动者行使前款所列权利。因劳动者依法行使正当权利而减低其工资、福利等待遇或解除、终止与其签订的劳动合同的，其行为无效。

4. 劳动者职业卫生保护的义务

《职业病防治法》第三十四条规定，劳动者应履行以下义务：劳动者应当学习和掌握相关的职业卫生知识，增强职业病防范意识，遵守职业病防治法律、法规、规章和操作规程，正确使用、维护职业病防护设备和个人使用的职业病防护用品，发现职业病危害事故隐患应当及时报告。

劳动者不履行规定义务的，用人单位应当对其进行教育。

（五）《中华人民共和国消防法》

《中华人民共和国消防法》由中华人民共和国第十三届全国人民代表大会常务委员会第十次会议于 2019 年 4 月 23 日通过修正实施。立法的目的为预防火灾和减少火灾危害，加强应急救援工作，保护人身、财产安全，维护公共安全。

与基层操作员工直接相关的内容：

（1）任何单位和个人都有维护消防安全、保护消防设施、预防火灾、报告火警的义务。任何单位和成年人都有参加有组织的灭火工作的义务。

（2）禁止在具有火灾、爆炸危险的场所吸烟、使用明火。因施工等特殊情况需要使用明火作业的，应当按照规定事先办理审批手续，采取相应的消防安全措施；作业人员应当遵守消防安全规定。

（3）进行电焊、气焊等具有火灾危险作业的人员和自动消防系统的操作人员，必须持证上岗，并遵守消防安全操作规程。

（4）任何单位、个人不得损坏、挪用或者擅自拆除、停用消防设施、器材，不得埋压、圈占、遮挡消火栓或者占用防火间距，不得占用、堵塞、封闭疏散通道、安全出口、消防车通道。人员密集场所的门窗不得设置影响逃生和灭火救援的障碍物。

（5）任何人发现火灾都应当立即报警。任何单位、个人都应当无偿为报警提供便利，不得阻拦报警。严禁谎报火警。人员密集场所发生火灾，该场所的现场工作人员应当立即组织、引导在场人员疏散。

（六）《工伤保险条例》

2003 年 4 月 27 日国务院第 375 号令公布《工伤保险条例》，自 2004 年 1 月 1 日起实施。2010 年 12 月 20 日，国务院第 586 号令对《工伤保险条例》进行了修订，自 2011 年 1 月 1 日起实施。《工伤保险条例》的立法目的是保障因工作遭受事故伤害或者患职业病的职工获得医疗救治和经济补偿，促进工伤预防和职业康复，分散用人单位的工伤风险。《工伤保险条例》对做好工伤人员的医疗救治和经济补偿，加强安全生产工作，实现社会稳定具有积极作用。

1. 工伤保险

1）补偿性

工伤保险是法定的强制性社会保险，是通过对受害者实施医疗救治和给予必要的经济补偿以保障其经济权利的补救措施。从根本上说，它是由政府监管，社保机构经办的社会保障制度，不具有惩罚性。

2）权利主体

享有工伤保险权利的主体只限于本企业的职工或者雇工，其他人不能享有这项权利。如果在企业发生生产安全事故时对职工或者雇工以及其他人员造成伤害，只有本企业的职工或者雇工可以得到工伤保险补偿，而受到伤害的其他人员则不能享受这项权利，所以工伤保险补偿权利的权利主体是特定的。

3）义务和责任主体

依照《安全生产法》和《工伤保险条例》的规定，生产经营单位和用人单位有为从业人员办理工伤保险、缴纳保险费的义务，这就明确了生产经营单位和用人单位是工伤保险的义务和责任的主体，不履行这项义务，就要承担相应的法律责任。

4）保险补偿的原则

按照国际惯例和我国立法，工伤保险补偿实行"无责任补偿"即无过错补偿的原则，这是基于职业风险理论确立的。这种理论从最大限度地保护职工权益的理念出发，认为职业伤害不可避免，职工无法抗拒，不能以受害人是否负有责任来决定是否补偿，只要因公受到伤害就应补偿。

5）补偿风险的承担

按照无责任补偿原则，工伤补偿风险的第一承担者应是用人单位或者业主，但是工伤保险是以社会共济方式确定补偿风险承担者的，因此不需要用人单位或者业主直接负责补偿，而是将补偿风险转由社保机构承担，由社保机构负责支付工伤保险补偿金。只要用人单位或者业主依法足额缴纳了工伤保险费，那么工伤补偿的责任就要由社保机构承担。

2. 工伤范围

工伤保险条例第十四条规定，职工有下列情形之一的，应当认定为工伤：

（1）在工作时间和工作场所内，因工作原因受到事故伤害的；

（2）工作时间前后在工作场所内，从事与工作有关的预备性或者收尾性工作受到事故伤害的；

（3）在工作时间和工作场所内，因履行工作职责受到暴力等意外伤害的；

（4）患职业病的；

（5）因工外出期间，由于工作原因受到伤害或者发生事故下落不明的；

（6）在上下班途中，受到非本人主要责任的交通事故或者城市轨道交通、客运轮渡、火车事故伤害的；

（7）法律、行政法规规定应当认定为工伤的其他情形。

工伤保险条例第十五条规定，职工有下列情形之一的，视同工伤：

（1）在工作时间和工作岗位，突发疾病死亡或者在 48 小时之内经抢救无效死亡的；

（2）在抢险救灾等维护国家利益、公共利益活动中受到伤害的；

（3）职工原在军队服役，因战、因公负伤致残，已取得革命伤残军人证，到用人单位后旧伤复发的。

职工有第十四条规定第（1）项、第（2）项情形的，按照本条例的有关规定享受工伤保险待遇；职工有第十五条规定第（3）项情形的，按照本条例的有关规定享受除一次性伤残补助金以外的工伤保险待遇。

工伤保险条例第十六条，职工符合本条例第十四条、第十五条的规定，但是有下列情形之一的，不得认定为工伤或者视同工伤：

（1）故意犯罪的；

（2）醉酒或者吸毒的；

（3）自残或者自杀的。

第二节　企业制度

一、安全生产管理制度

（一）安全生产总体方针目标

中国石油天然气集团有限公司（以下简称中国石油或集团公司）制定了《安全生产管理规定》（中油质安〔2018〕340号），明确指出中国石油要严格遵守国家安全生产法律法规，树立安全发展理念，弘扬生命至上、安全第一的思想，坚持"安全第一、预防为主、综合治理"的基本方针，要求各企业健全各项安全生产规章制度，落实安全生产责任制，完善安全监督机制，采用先进适用安全技术、装备，抓好安全生产培训教育，坚持安全生产检查，保证安全生产投入，加大事故隐患整改和重大危险源监控力度，全面提高安全生产管理水平。

在员工安全生产权利保障方面，要求各企业在与员工签订劳动合同时应明确告知企业安全生产状况、职业危害和防护措施；为员工创造安全作业环境，提供合格的劳动防护用品和工具。

同时也要求员工应履行在安全生产方面的各项义务，在生产作业过程中遵守劳动纪律，落实岗位责任，执行各项安全生产规章制度和操作规程，正确佩戴和使用劳动防护用品等。

（二）风险和隐患管理

中国石油制定了《生产安全风险防控管理办法》（中油安〔2014〕445号）、《安全环保事故隐患管理办法》（中油安〔2015〕297号）等管理制度。

中国石油对安全生产风险工作按照"分层管理、分级防控，直线责任、属地管理，过程控制、逐级落实"的原则进行管理，要求岗位员工参与危害因素辨识，根据操作活动所涉及的危害因素，确定本岗位防控的生产安全风险，并按照属地管理的原则落实风险防控措施。

对安全环保事故隐患按照"环保优先、安全第一、综合治理；直线责任、属地管理、全员参与；全面排查、分级负责、有效监控"的原则进行管理，要求各企业定期开展安全环保事故隐患排查，如实记录和统计分析排查治理情况，按规定上报并向员工通报；现场操作人员应当按照规定的时间间隔进行巡检，及时发现并报告事故隐患，同时对于及时发现报告非本岗位和非本人责任造成的安全环保事故隐患，避免重大事故发生的人员，应当按照中国石油"事故隐患报告"特别奖励的有关规定，给予奖励。

（三）高危作业和非常规作业

中国石油制定了《作业许可管理规定》（安全〔2009〕552号），要求从事高危作业（如进入受限空间作业、动火作业、挖掘作业、高处作业、移动式起重机吊装作业、临时用电作业、管线打开作业等）及缺乏工作程序（规程）的非常规作业等之前，必须进行工作前安全分析，实行作业许可管理，否则，不得组织作业。对高危作业项目分别制定了相应的安全管理办法，如《动火作业安全管理办法》（质安〔2019〕496号）、《进入受限空间作业安全管理办法》（安全〔2014〕86号）、《临时用电作业安全管理办法》（安全〔2015〕37号）。

（四）事故事件管理

中国石油制定了《生产安全事故管理办法》（中油安字〔2018〕418号）、《生产安全事件管理办法》（安全〔2013〕387号）、《安全生产应急管理办法》（中油安〔2015〕175号）等管理制度。要求各企业要开展从业人员，尤其是基层操作人员、班组长、新上岗、转岗人员安全培训，确保从业人员具备相关的安全生产知识、技能以及事故预防和应急处理的能力；发生事故后，现场有关人员应当立即向基层单位负责人报告，并按照应急预案组织应急抢险，在发现直接危及人身安全的紧急情况时，应当立即下达停止作业指令、采取可能的应急措施或组织撤离作业场所。任何单位和个人不得迟报、漏报、谎报、瞒报各类事故。所有事故均应当按照事故原因未查明不放过，责任人未处理不放过，整改措施未落实不放过，有关人员未受到教育不放过的"四不放过"原则进行处理。

二、环境保护管理制度

中国石油为了推进节约发展、清洁发展、和谐发展，在环境保护方面先后出台了《环境保护管理规定》（中油质安〔2018〕535号）、《中国石油天然气集团公司环境监测管理规定》（中油安〔2008〕374号）、《建设项目环境保护管理办法》（中油质安〔2017〕609号）、《环境事件管理办法》（中油质安〔2020〕20号）、《环境事件调查细则》（质安〔2017〕288号）等管理制度。其中规定，每个员工都有保护环境的义务，并有权对污染和破坏环境的单位和个人进行批评和检举。员工应当遵守环境保护管理规章制度，执行岗位职责规定的环境保护要求。对于发生环保事件负有责任的员工，按照相关制度给予行政处罚或经济处罚，《环境保护违纪违规行为处分规定》中规定：基层工作人员有下列行为之一的，给予警告或者记过处分；情节较重的，给予记大过或者降级处分；情节严重的，给予撤职或者留用察看处分：

（1）违章指挥或操作引发一般或较大环境污染和生态破坏事故的；

（2）发现环境污染和生态破坏事故未按规定及时报告，或者未按规定职责和指令采取应急措施的；

（3）在生产作业过程中不按规程操作随意排放污染物的；

（4）在生产作业过程中捕杀野生动物或破坏植被，造成不良影响的；

（5）有其他环境保护违纪违规行为的。

对因环保事故、事件被人民法院判处刑罚或构成犯罪免于刑事处罚的人员应同时给予行政处分，管理人员按照《中国石油天然气集团公司管理人员违纪违规行为处分规定》（中油监〔2017〕44号）执行，其他人员参照执行。

三、职业健康管理制度

中国石油在职业健康工作方面坚持"预防为主，防治结合"的方针，建立了以企业为主体、员工参与、分级管理、综合治理的长效机制。

在职业健康管理方面先后出台了《职业卫生管理办法》（中油安〔2016〕192号）、《职业卫生档案管理规定》（安全〔2018〕302号）、《职业健康监护管理规定》和《工作场所职业病危害因素检测管理规定》（质安〔2017〕68号）、《建设项目职业病防护设施"三同时"管理规定》（质安〔2017〕243号）等制度。

《职业卫生管理办法》中对员工职业健康权利和义务方面作出了明确规定：

（一）员工享有的保护权利

（1）职业病危害知情权；

（2）参与职业卫生民主管理权；

（3）接受职业卫生教育、培训权；

（4）职业健康监护权；

（5）劳动保护权；

（6）检举权、控告权；

（7）拒绝违章指挥和强令冒险作业权；

（8）紧急避险权；

（9）工伤保险和要求民事赔偿权；

（10）申请劳动争议调解、仲裁和提起诉讼权。

（二）员工的义务

（1）遵守各种职业卫生法律、法规、规章制度和操作规程；

（2）学习并掌握职业卫生知识；

（3）正确使用和维护职业病防护设备和个人使用的职业病防护用品；

（4）发现职业病危害事故隐患及时报告。

员工不履行前款规定义务的，所属企业应当对其进行职业卫生教育，情节严重的，应依照有关规定进行处理。

第三节 HSE 管理

一、简介

HSE三个字母中，H代表职业健康，S代表安全，E代表环境，HSE中文的含义是健康、安全、环境。

中国石油 HSE 管理体系在指导思想上，建立了"诚信、创新、业绩、和谐、安全"的核心经营管理理念；形成了"以人为本、质量至上、安全第一、环保优先""安全源于质量、源于设计、源于责任、源于防范"的安全环保工作理念；确立了"以人为本，预防为主，全员参与，持续改进"的 HSE 方针和"零伤害、零污染、零事故"的战略目标。

在责任落实上，提出了"落实有感领导、强化直线责任、推进属地管理"的基本要求，促进了"谁主管，谁负责"原则的有效落实。

在 HSE 培训上，树立了"人人都是培训师，培训员工是直线领导的基本职责"的观念。

在事故管理上，树立了"一切事故都是可以避免的"的观念，形成了"事故、事件是宝贵资源"的共识。

在承包商管理上，明确将承包商 HSE 管理纳入企业 HSE 管理体系，统一管理；制定了《中国石油天然气集团公司承包商安全监督管理办法》（中油安〔2013〕483 号），提出了把好"五关"的基本要求（单位资质关、HSE 业绩关、队伍素质关、施工监督关和现场管理关）。

为进一步夯实 HSE 基础管理，集团公司在总结提炼基层 HSE 管理经验和方法的基础上于 2008 年 2 月 5 日颁布了《反违章禁令》，规范了全员岗位操作的"规定动作"；2009 年 1 月 7 日，集团公司又出台了"HSE 管理原则"，这是继发布《反违章禁令》之后进一步强化安全环保管理的又一治本之策。

二、HSE 管理理念

中国石油借鉴杜邦管理体系，在 HSE 体系管理中倡导和推行"有感领导，直线责任，属地管理"的理念，目前这种理念已经深入每位员工的心中。

（一）有感领导

"有感领导"实际就是领导以身作则，把安全工作落到实处。无论在舆论上、建章立制上、监督检查管理上，还是人员、设备、设施的投入保障上，都落到实处。通过领导的言行，使下属听到领导讲安全，看到领导实实在在做安全、管安全，感觉到领导真真正正重视安全。

"有感领导"的核心作用在于示范性和引导作用。各级领导要以身作则，率先垂范，制定并落实个人安全行动计划，坚持安全环保从小事做起，从细节做起，切实通过可视、可感、可悟的个人安全行为，引领全体员工做好安全环保工作。

（二）直线责任

"直线责任"就是"谁主管谁负责、谁执行谁负责"。"直线责任"对于领导者而言，就是"谁管生产、管工作，谁负责"；对于岗位员工而言，就是"谁执行、谁工作，谁负责"，就是把"安全生产，人人有责"的责任更加明确化、更细化。

各级主要负责人要对安全环保管理全面负责，做到一级对一级，层层抓落实；各分管领导、职能部门都要对其分管工作和负责领域的安全工作负责；各项目负责人要对自己承担的项目工作和负责领域的安全工作负责。每名员工都要对所承担的工作（任务、活动）的安全负责。

更具体地说就是："谁是第一责任人，谁负责""谁主管，谁负责""谁安排工作，谁负责""谁组织工作，谁负责""谁操作，谁负责""谁检查监督，谁负责""谁设计编写，谁负责""谁审核，谁负责""谁批准，谁负责"。各司其职，各负其责。"直线领导"不仅要对结果督责，更要对安全管理的过程负责，并将其管理业绩纳入考核。

（三）属地管理

"属地管理"就是"谁的地盘，谁管理"，是谁的生产经营管理区域，谁就要对该区域内的生产安全进行管理。这实际是加重了甲方的生产安全管理责任。无论是甲方、乙方，还是第三方，或者是其他相关方（包括上级检查人员、外单位参观考察人员、学习实习人员、周围可能进入本辖区的公众），在安全生产方面都要受甲方的统一协调管理，当然其他各方应当接受和配合甲方的管理。施工方在自觉接受甲方的监督管理的基础上，各自做好各自的安全管理工作。

"属地管理"是指每个能独立顶岗的员工都是"属地主管"，都要对属地内的安全负责。每个员工对自己岗位涉及的生产作业区域的安全环保负责，包括对区域内设备设施、工作人员和施工作业活动的安全环保负责。员工包括大（小）队干部、班组长和岗位员工。

1. 实施属地管理的意义和作用

（1）HSE需要全员参与，HSE职责必须明确，必须落实到全员，尤其是基层的员工。员工的主动参与是HSE管理成败的关键。

（2）属地管理是落实安全职责的有效方法，使员工从被动执行转变为主动履行HSE职责，是传统岗位责任制的继承和延伸。

（3）实施属地管理，可以树立员工"安全是我的责任"的意识，实现从"要我安全"到"我要安全"的转变，真正提高员工HSE执行力。

（4）实行属地管理的目的就是要做"我的区域我管理、我的属地我负责"，人员无违章、设备无隐患、工艺无缺陷、管理无漏洞，推动基层员工由"岗位操作者"向"属地管理者"转变。

2. 属地管理的方法

（1）划分属地范围。属地的划分主要以工作区域为主，以岗位为依据，把工作区域、设备设施及工（器）具细化到每一个人身上。

（2）明确属地主管。应将对所辖区域的管理落实到具体的责任人，做到每一片区域、每一个设备（设施）、每个工（器）具、每一块绿地、闲置地等在任何时间均有人负责管理，可在基层现场设立标志牌，标明属地主管和管理职责。

（3）落实属地管理职责。管理所辖区域，保证其自身及所在区域内的工作人员、承包商、访客的安全；对本区域的作业活动或者过程实施监护，确保安全措施和安全管理规定的落实；对管辖区域的设备设施进行巡检，发现异常情况，及时进行应对处理并报告上一级主管；对属地区域进行清洁和整理，保持环境整洁。

三、《反违章禁令》

2008年2月5日，集团公司颁布了《中国石油天然气集团公司反违章禁令》（简称《反违章禁令》或《禁令》）。《禁令》的颁布实施是从法令高度要求，令行禁止，规范作业人员安全生产行为，进一步转变员工观念，为人为己，强化安全生产意识，是遵循生产规律、循序渐进构建中国石油安全文化的又一重大举措，也充分体现了中国石油强化安全管理、根治违章的坚定决心。

（一）条文

（1）严禁特种作业无有效操作证人员上岗操作；

（2）严禁违反操作规程操作；

（3）严禁无票证从事危险作业；

（4）严禁脱岗、睡岗和酒后上岗；

（5）严禁违反规定运输民爆物品、放射源和危险化学品；

（6）严禁违章指挥、强令他人违章作业。

员工违反上述《禁令》，给予行政处分；造成事故的，解除劳动合同。

（二）条文释义

1. 严禁特种作业无有效操作证人员上岗操作

特种作业是指容易发生事故，对操作者本人、他人的安全健康及设备、设施的安全可能造成重大危害的作业（国家安监总局《特种作业人员安全技术培训考核管理规定》）。特种作业范围，按照国家有关规定包括电工作业、焊接与热切割作业、高处作业、制冷与空调作业、煤矿井下电气作业、金属非金属矿山安全作业、石油天然气安全作业、冶金（有色）生产安全作业、危险化学品安全作业、烟花爆炸安全作业以及国家安全监管总局认定的其他作业。

从事特种作业前，特种作业人员必须按照国家有关规定经过专门安全培训，取得特种操作资格证书，方可上岗作业。生产经营单位有责任对特种作业人员进行安全生产教育和培训，保证从业人员具备必要的安全生产知识，熟悉有关的安全生产规章制度和安全操作规程，掌握本岗位的安全操作技能。特种作业人员经培训考核合格后由省、自治区、直辖市一级安全生产监管部门或其指定机构发给相应的特种作业操作证，考试不合格的，允许补考一次，经补考仍不及格的，重新参加相应的安全技术培训。特种作业操作证有效期六年，每三年复审一次。特种作业人员在特种作业操作证有效期内，连续从事本工种十年以上，严格遵守有关安全生产法律法规的，经原考核发证机关或者从业所在地考核发证机关同意，特种作业操作证复审时间可延长至每六年一次。

2. 严禁违反操作规程操作

规程就是对工艺、操作、安装、检定等具体技术要求和实施程序所作的统一规定。操作规程是企业根据生产设备使用说明和有关国家或者行业标准制定的指导各岗位职工安全操作的程序和注意事项。制定操作规程是指对任何操作都制定严格的工序，任何人在执行这一任务时都严格按照这一工序来做，期间使用何种工具，在何时使用这种工具，都要作出详细的规定。一个安全的操作规程是人们在长期的生产实践过程中以血的代价换来的科学经验总结，是操作人员在作业过程中不得违反的安全生产要求。

有令不行、有章不循，按照个人意愿行事，必将给安全生产埋下隐患，甚至危及员工生命，通过对近年来中国石油通报的生产安全事故进行分析可以看出，作业人员违反规章制度和操作规程，是导致事故发生的主要原因。尤其在炼油化工行业，发生火灾爆炸、中毒、机械伤害、物体打击、起重伤害、高处坠落等事故的风险较高，作业人员严格遵守规章制度和操作规程是防范事故发生的重要措施，是保证安全生产的前提。

对于操作人员必须按照操作规程进行作业，国家有关法律都作出的明确规定，如《劳动法》第五十六条：劳动者在劳动过程中必须严格遵守安全操作规程。《安全生产法》第二十五条、第四十条、第四十一条和第五十四条均规定："从业人员在作业过程中，应当严格遵守本单位的安全生产规章制度和操作规程。"

3. 严禁无票证从事危险作业

危险作业是当生产任务紧急特殊，不适于执行一般性的安全操作规程，安全可靠性差，容易发生人员伤亡或设备损坏，事故后果严重，需要采取特别控制措施的作业。《禁令》中的危险作业主要指高处作业、动火作业、挖掘作业、临时用电作业、进入受限空间作业等。

从事危险作业的人员必须要经过严格的培训、考试并持有相应的上岗证书，但是仅拿到上岗证书还远远不够，对于大多数的危险作业，不是单个或者几个操作人员就可以预见或者控制其操作对周围环境构成的持续性危害的。根据国家有关规定，从事危险作业必须经主管部门办理危险作业审批手续，也就是说，在进行危险作业前必须办理作业许可证或者作业票，提前识别作业风险，制定并落实具体的安全防范措施，并得到上级主管部门的确认和批准。危险作业中必须有人进行监护或监督，确保每名参与作业人员清楚作业中的风险并严格落实防范措施，将安全风险降到最低。坚决杜绝各种野蛮施工、无票证和无手续施工，坚决避免抢工期、赶进度、逾越程序组织施工等行为。

4. 严禁脱岗、睡岗和酒后上岗

脱岗可以分为行为脱岗和精神脱岗两种。行为脱岗是指岗位人员擅自脱离职责范围内的岗位区域空间。精神脱岗是指人员虽然在岗位区域空间，但由于一些其他原因使得注意力脱离的岗位职责范围，或是做与岗位职责无关的事情，造成岗位守卫不力的情形。广义地讲，脱岗甚至可以包括在岗上干私活、办私事、出工不出力、消极怠工、看电视、玩手机、玩游戏、聊天等。

睡岗是指人员在工作时间处于睡眠状态或者主观意识处于不清醒、有影响或不能够进行正常岗位操作或判断的行为。

酒后上岗是指在上岗之前饮酒，影响主观意识和判断能力，不能够正常完成工作职责，使得岗位守卫不力的行为。酒后上岗与个人饮酒的量没有关系，只要上岗就不允许饮酒。

"严禁脱岗、睡岗及酒后上岗"是六大《禁令》中唯一的一条有关违反劳动纪律的反违章条款，其危害有以下两个方面：一是可能直接导致事故发生，危及本人及其他人员的生命或健康、造成经济损失；二是违反劳动纪律，磨灭员工的战斗力，导致人心涣散，企业凝聚力和执行力下降。

5. 严禁违反规定运输民爆物品、放射源和危险化学品

民爆物品是指用于非军事目的，列入民用爆炸物品品名表的各类火药、炸药及其制品和雷管、导火索等点火、起爆器材。民爆物品具有易燃易爆的高度危险性，若在运输过程中管理不当，很容易造成爆炸、火灾等事故，其直接后果就是造成人员伤亡、影响企业的正常生产活动，造成巨大的社会损失。

危险化学品是指具有毒害、腐蚀、爆炸、燃烧、助燃等性质，对人体、设施、环境具有危害的剧毒化学品和其他化学品。违反规定运输危险化学品不仅具有危害大、损失大、社会影响大等特点，而且一旦发生事故会给社会和家庭带来极大的负担和痛苦。

《安全生产法》《消防法》《环境保护法》等19部法律法规对运输民爆物品、放射源和危险化学品均作出明确规定。违反规定运输民爆物品、放射源和危险化学品不仅会受到企业的处罚，更会被依法追究责任。

6. 严禁违章指挥、强令他人违章作业

违章指挥、强令他人违章作业从狭义上来讲是指现场负责人在指挥作业过程中，违反安全规程要求，按不良的传统习惯进行指挥的行为，广义上来讲是指决策者在决策过程中和施行过程中，违反安全规程要求，按不良的传统习惯进行决策和实施的行为。

违章指挥、强令他人违章作业违反了《安全生产法》保护从业人员生命健康安全的基本要求，破坏了企业安全规章制度的正常执行，而且容易导致事故发生。据统计，在全国每年发生的各类事故中，存在"三违"行为（违章指挥、违章作业、违反劳动纪律）的超过总数的70%，而由于领导者"违章指挥，强令他人违章作业"所造成的事故超过三分之一。

四、HSE 管理原则

2009年年初，集团公司颁布了HSE管理原则。这是中国石油继发布《反违章禁令》之后，进一步强化安全环保管理的又一治本之策和深入推进HSE管理体系建设的重大举措。《反违章禁令》重在规范全体员工岗位操作的"规定动作"，而HSE管理原则是对各级管理者提出的HSE管理基本行为准则，是管理者的"禁令"，两者相辅相成，是推动中国石油HSE管理体系建设前进的两个车轮。

（一）条文

（1）任何决策必须优先考虑健康、安全、环境；

（2）安全是聘用的必要条件；

（3）企业必须对员工进行健康、安全、环境培训；

（4）各级管理者对业务范围内的健康、安全、环境工作负责；

（5）各级管理者必须亲自参加健康、安全、环境审核；

（6）员工必须参与岗位危害辨识及风险控制；

（7）事故隐患必须及时整改；

（8）所有事故事件必须及时报告、分析和处理；

（9）承包商管理执行统一的健康安全环境标准。

（二）条文释义

1. 任何决策必须优先考虑健康、安全、环境

良好的HSE表现是企业取得卓越业绩、树立良好社会形象的坚强基石和持续动力。HSE工作首先要做到预防为主、源头控制，即在战略规划、项目投资和生产经营等相关事务的决策时，同时考虑、评估潜在的HSE风险，配套落实风险控制措施，优先保障HSE条件，做到安全发展、清洁发展。

2. 安全是聘用的必要条件

员工应承诺遵守安全规章制度。接受安全培训并考核合格，具备良好的安全表现是企业聘用员工的必要条件。企业应充分考察员工的安全意识、技能和历史表现，不得聘用不合格人员。各级管理人员和操作人员都应强化安全责任意识，提高自身安全素质，认真履行岗位安全职责，不断改进个人安全表现。

3. 企业必须对员工进行健康、安全、环境培训

接受岗位 HSE 培训是员工的基本权利，也是企业 HSE 工作的重要责任。企业应持续对员工进行 HSE 培训和再培训，确保员工掌握相关 HSE 知识和技能，培养员工良好的 HSE 意识和行为。所有员工都应主动接受 HSE 培训，经考核合格，取得相应工作资质后方可上岗。

4. 各级管理者对业务范围内的健康、安全、环境工作负责

HSE 职责是岗位职责的重要组成部分。各级管理者是管辖区域或业务范围内 HSE 工作的直接责任者，应积极履行职能范围内的 HSE 职责，制定 HSE 目标，提供相应资源，健全 HSE 制度并强化执行，持续提升 HSE 绩效水平。

5. 各级管理者必须亲自参加健康、安全、环境审核

开展现场检查、体系内审、管理评审是持续改进 HSE 表现的有效方法，也是展现有感领导的有效途径。各级管理者应以身作则，积极参加现场检查、体系内审和管理评审工作，了解 HSE 管理情况，及时发现并改进 HSE 管理薄弱环节，推动 HSE 管理持续改进。

6. 员工必须参与岗位危害辨识及风险控制

危害辨识与风险评估是一切 HSE 工作的基础，也是员工必须履行的一项岗位职责。任何作业活动之前，都必须进行危害辨识和风险评估。员工应主动参与岗位危害辨识和风险评估，熟知岗位风险，掌握控制方法，防止事故发生。

7. 事故隐患必须及时整改

隐患不除，安全无宁日。所有事故隐患，包括人的不安全行为，一经发现，都应立即整改，一时不能整改的，应及时采取相应监控措施。应对整改措施或监控措施的实施过程和实施效果进行跟踪、验证，确保整改或监控达到预期效果。

8. 所有事故事件必须及时报告、分析和处理

事故和事件也是一种资源，每一起事故和事件都给管理改进提供了重要机会，对安全状况分析及问题查找具有相当重要的意义。要完善机制、鼓励员工和基层单位报告事故，挖掘事故资源。所有事故事件，无论大小，都应按"四不放过"原则，及时报告，并在短时间内查明原因，采取整改措施，根除事故隐患。应充分共享事故事件资源，广泛深刻吸取教训，避免事故事件重复发生。

9. 承包商管理执行统一的健康安全环境标准

企业应将承包商 HSE 管理纳入内部 HSE 管理体系，实行统一管理，并将承包商事故纳入企业事故统计中。承包商应按照企业 HSE 管理体系的统一要求，在 HSE 制度标准执行、员工 HSE 培训和个人防护装备配备等方面加强内部管理，持续改进 HSE 表现，满足企业要求。

第二章

风险防控方法与工作程序

第一节 基本概念

一、风险

风险在 HSE 管理体系中是指某一特定危害事件发生的可能性与后果严重性的组合，是特定事件发生的概率和可能危害后果的函数。

$$风险 = 可能性 × 后果的严重程度$$

二、隐患

隐患是在某个条件、事物以及事件中所存在的不稳定并且影响到个人或者他人安全利益的因素。

三、危害因素

危害因素是指可能导致人身伤害和（或）健康损害、财产损失、工作环境破坏、有害的环境影响的根源、状态或行为，或其组合（Q/SY 08002.1—2018《健康、安全与环境管理体系第 1 部分：规范》中的 3.15）。

四、危害因素辨识

危害因素辨识是指识别健康、安全与环境危害因素的存在并确定其危害特性的过程（Q/SY 1805—2015《生产安全风险防控导则》中的 3.2）。

五、风险评价

风险评价是指评估风险程度以及确定风险是否可允许的全过程。风险评价主要包括两个阶段：一是对风险进行分析，评估其发生事故的可能性（即概率值），以及事故所造成的损失（即后果的严重性），并计算风险值；二是将得出的风险值与事先确定的风险分级标准和可允许值相对照，确定风险的等级是否可允许。

六、风险控制

危害因素辨识、风险评价是风险管理的基础，风险控制才是风险管理的最终目的。风险控制是利用工程技术、教育和管理手段消除、替代和控制危害因素，防止发生事故、造成人员伤亡和财产损失，就是要在现有技术、能力和管理水平上，以最小的消耗达到最优的安全水平，其具体控制目标包括降低事故发生频率、事故的严重程度和减少因事故造成的经济损失。

第二节　危害因素分类与安全事故隐患判定标准

一、危害因素分类

对危害因素进行分类，是为了方便进行危害因素分析。依据 GB/T 13861—2009《生产过程危险和有害因素分类与代码》，生产过程中的危害因素可分为四大类，分别为人的因素、物的因素、环境因素和管理因素。

人的因素：在生产活动中来自人员自身或人为性质的危险和有害因素。

物的因素：机械、设备、设施、材料等方面存在的危险和有害因素。

环境因素：生产作业环境中的危险和有害因素。

管理因素：管理和管理责任缺失所导致的危险和有害因素。

（一）人的因素

1. 心理、生理性危险和有害因素

（1）负荷超载：体力负荷超限、听力负荷超限、视力负荷超限和其他负荷超限。

（2）健康状况异常。

（3）从事禁忌作业。

（4）心理异常：情绪异常、冒险心理、过度紧张和其他心理异常。

（5）辨识功能缺陷：感知迟缓、辨识错误和其他辨识功能缺陷。

（6）其他心理、生理性危险和有害因素。

2. 行为性危险和有害因素

（1）指挥错误：指挥失误、违章指挥和其他指挥错误。

（2）操作错误：误操作、违章作业和其他操作错误。

（3）监护失误。

（4）其他行为性危险和有害因素。

（二）物的因素

1. 物理性危险和有害因素

（1）设备、设施、工具、附件缺陷：刚度不够、强度不够、稳定性差、密封不良、耐腐蚀性差、应力集中、外形缺陷、外露运动件、操纵器缺陷、制动器缺陷、控制器缺陷以及其他设备、设施、工具、附件缺陷。

（2）防护缺陷：无防护、防护装置、设施缺陷、防护不当、支撑不当、防护距离不够以及其他防护缺陷。

（3）电伤害：带电部位裸露、漏电、静电和杂散电流、电火花以及其他电伤害。

（4）噪声：机械性噪声、电磁性噪声、流体动力性噪声以及其他噪声。

（5）振动危害：机械性振动、电磁性振动、流体动力性振动以及其他振动危害。

（6）电离辐射。

（7）非电离辐射：紫外辐射、激光辐射、微波辐射、超高频辐射、高级电磁场和工频电场。

（8）运动物伤害：抛射物、飞溅物、坠落物、反弹物、土（岩）滑动、料堆（垛）滑动、气流卷动以及其他运动物伤害。

（9）明火。

（10）高温物质：高温气体、高温液体、高温固体以及其他高温物质。

（11）低温物质：低温气体、低温液体、低温固体以及其他低温物质。

（12）信号缺陷：无信号设施、信号选用不当、信号位置不当、信号不清、信号显示不准以及其他信号缺陷。

（13）标志缺陷：无标志、标志不清晰、标志不规范、标志选用不当、标志位置缺陷、其他位置缺陷。

（14）有害光照。

（15）其他物理性危险和有害因素。

2. 化学性危险和有害因素

（1）爆炸品。

（2）压缩气体和液化气体。

（3）易燃液体。

（4）易燃固体、自燃物品和遇湿易燃物品。

（5）氧化剂和有机过氧化物。

（6）有毒品。

（7）放射性物品。

（8）腐蚀品。

（9）粉尘与气溶胶。

（10）其他化学性危险和有害因素。

3. 生物性危险和有害因素

（1）致病危生物：细菌、病毒、真菌、其他致病微生物。

（2）传染病媒介物。

（3）致害动物。

（4）致害植物。

（5）其他生物性危险和有害因素。

（三）环境因素

1. 室内作业场所环境不良

（1）室内地面滑。

（2）室内作业场所狭窄。

（3）室内作业场所杂乱。

（4）室内地面不平。

（5）室内梯架缺陷。

（6）地面、墙和天花板上的开口缺陷。

（7）房屋基础下沉。

（8）室内安全通道缺陷。

（9）房屋安全出口缺陷。

（10）采光照明不良。

（11）作业场所空气不良。

（12）室内温度、湿度、气压不适。

（13）室内给排水不良。

（14）室内漏水。

（15）其他室内作业场所环境不良。

2. 室外作业场所环境不良

（1）恶劣天气与环境。

（2）作业场地和交通设施湿滑。

（3）作业场地狭窄。

（4）作业场所杂乱。

（5）作业场地不平。

（6）航道狭窄、有暗礁和险滩。

（7）脚手架、阶梯和活动梯架缺陷。

（8）地面开口缺陷。

（9）建筑物和其他结构缺陷。

（10）门和围栏缺陷。

（11）作业场地基础下沉。

（12）作业场地安全通道缺陷。

（13）作业场地安全出口缺陷。

（14）作业场地采光不良。

（15）作业场地空气不良。

（16）作业场地温度、湿度、气压不适。

（17）作业场地漏水。

（18）其他室外作业场地不良。

3. 地下（含水下）作业环境不良

（1）隧道/矿井顶面缺陷。

（2）隧道矿井正面或侧壁缺陷。

（3）隧道矿井地面缺陷。

（4）地下作业面空气不良。

（5）地下火。

（6）冲击电压。

（7）地下水。

（8）水下作业供氧不当。

（9）其他地下作业环境不良。

4. 其他作业环境不良

（1）强迫体位。

（2）综合性作业环境不良。

（四）管理因素

（1）职业安全卫生组织机构不健全。

（2）职业安全卫生责任制未落实。

（3）职业安全卫生管理规章制度不完善。

① 建设项目"三同时"制度未落实。

② 操作规程不规范。

③ 事故应急预案及响应缺陷。

④ 培训制度不完善。

⑤ 其他职业安全卫生管理规章制度不健全。

（4）职业安全卫生投入不足。

（5）职业健康管理不完善。

（6）其他管理因素缺陷。

二、事故隐患等级划分及判定标准

（一）事故隐患等级划分

依据集团公司《安全环保事故隐患管理办法》（中油安〔2015〕297号）、《较大及以上安全环保事故隐患问责管理办法（试行）》（安委〔2018〕3号），事故隐患分为重大事故隐患、较大事故隐患、一般事故隐患。

重大事故隐患，是指危害和整改难度较大，应当全部或者局部停产停业，并经过一定时间整改治理方能排除的隐患，或者因外部因素影响致使生产经营单位自身难以排除的隐患。

较大事故隐患，是指不符合安全环保法律、法规、规章、标准、规程和安全环保管理制度的规定，可能导致较大及以上安全环保事故发生或者造成较大社会影响的安全环保事故的物的危险状态、人的不安全行为和管理上的缺陷。

一般事故隐患是指危害和整改难度较小，发现后能够立即整改排除的隐患。

（二）事故隐患判定标准

制定装备制造企业事故隐患判定标准，是为了准确判定、及时整改的事故隐患。《国家安全监管总局关于印发〈工贸行业重大生产安全事故隐患判定标准（2017版）〉的通知》（安监总管四〔2017〕129号）和集团公司《关于印发〈较大安全环保事故隐患判定标准〉的通知》（质安〔2018〕190号），确定了重大事故隐患和较大事故隐患的通用判定标准，一般事故隐患由于各企业实际各不相同，由各企业自行制定。

1. 重大事故隐患

工贸行业重大事故隐患分为专项类重大事故隐患和行业类重大事故隐患，专项类重大事故隐患适用于所有相关的工贸行业，行业类重大事故隐患仅适用于对应的行业。

1) 专项类重大事故隐患

（1）存在粉尘爆炸危险的行业领域。

① 粉尘爆炸危险场所设置在非框架结构的多层建构筑物内，或与居民区、员工宿舍、会议室等人员密集场所安全距离不足。

② 可燃性粉尘与可燃气体等易加剧爆炸危险的介质共用一套除尘系统，不同防火分区的除尘系统互连互通。

③ 干式除尘系统未规范采用泄爆、隔爆、惰化、抑爆等任一种控爆措施。

④ 除尘系统采用正压吹送粉尘，且未采取可靠的防范点燃源的措施。

⑤ 除尘系统采用粉尘沉降室除尘，或者采用干式巷道式构筑物作为除尘风道。

⑥ 铝、镁等金属粉尘及木质粉尘的干式除尘系统未规范设置锁气卸灰装置。

⑦ 粉尘爆炸危险场所的20区未使用防爆电气设备设施。

⑧ 在粉碎、研磨、造粒等易于产生机械点火源的工艺设备前，未按规范设置去除铁、石等异物的装置。

⑨ 木制品加工企业，与砂光机连接的风管未规范设置火花探测报警装置。

⑩ 未制定粉尘清扫制度，作业现场积尘未及时规范清理。

（2）使用液氨制冷的行业领域。

① 包装间、分割间、产品整理间等人员较多生产场所的空调系统采用氨直接蒸发制冷系统。

② 快速冻结装置未设置在单独的作业间内，且作业间内作业人员数量超过9人。

（3）有限空间作业相关的行业领域。

① 未对有限空间作业场所进行辨识并设置明显安全警示标志。

② 未落实作业审批制度，擅自进入有限空间作业。

2) 行业类重大事故隐患

装备制造企业属于机械行业，在此仅列出机械行业重大事故隐患，具体如下：

（1）会议室、活动室、休息室、更衣室等场所设置在熔炼炉、熔融金属吊运和浇注影响范围内。

（2）吊运熔融金属的起重机不符合冶金铸造起重机技术条件，或驱动装置中未设置两套制动器；吊运浇注包的龙门钩横梁、耳轴销和吊钩等零件，未进行定期探伤检查。

（3）铸造熔炼炉炉底、炉坑及浇注坑等作业坑存在潮湿、积水状况，或存放易燃易爆物品。

（4）铸造熔炼炉冷却水系统未配置温度、进出水流量检测报警装置，没有设置防止冷却水进入炉内的安全设施。

（5）天然气（煤气）加热炉燃烧器操作部位未设置可燃气体泄漏报警装置，或燃烧系统未设置防突然熄火或点火失败的安全装置。

（6）使用易燃易爆稀释剂（如香蕉水）清洗设备设施，未采取有效措施及时清除集聚在地沟、地坑等有限空间内的可燃气体。

（7）涂装调漆间和喷漆室未规范设置可燃气体报警装置和防爆电气设备设施。

2. 较大事故隐患

根据国家有关安全环保的法律法规、部门规章、标准规范和集团公司规定，以下情形应当判定为较大事故隐患：

（1）机关部门未按照"管工作管安全环保"落实安全环保责任的；

（2）未按规定取得安全环保行政许可证照进行生产经营活动的；

（3）所属企业或者二级单位主要负责人与安全生产管理人员未按规定经培训考核合格，或者特种作业人员和特种设备作业人员未持有效资格证上岗作业，或者岗位员工未经安全教育培训考核合格的；

（4）未按规定编制设计、施工方案或者未按方案施工的；

（5）高危和非常规作业未按规定办理作业许可的，或者办理作业许可审批人未到现场确认风险防范措施落实情况的，或者未按规定实行升级管控的；

（6）未按规定对可能造成能量意外释放的作业进行能量隔离的；

（7）未明确并控制高危作业施工现场、易燃易爆危险场所人员数量的，或者作业场所安全通道不畅通的；

（8）脱岗、睡岗和酒后上岗的；

（9）违反规定运输、储存、使用危险物品的；

（10）未按规定在新工艺、新技术、新材料和新设备采用前组织安全环保论证的；

（11）易燃易爆危险场所防爆泄压、防静电和防爆电气设备缺失或者失效，或者重点防火部位消防系统缺失或者失效的；

（12）未按规定制定现场应急处置方案，或者未按规定进行应急培训演练的；

（13）未按规定开展工作场所职业病危害因素检测，或者未安排接害人员进行上岗前、在岗期间、离岗时职业健康检查的；

（14）使用无资质、超资质等级或者范围、套牌承包商的，或者未开展承包商施工作业前安全准入评估的；

（15）建设单位未按规定提供安全生产施工保护费用或者承包商未按规定使用的；

（16）建设项目环境影响评价、安全设施设计专篇未批先建的，或者逾越资源生态红线进行生产开发建设活动的；

（17）建设项目未签订施工合同、未批准开工报告进行施工的，或者未通过安全、消防、环保设施竣工验收投入正式生产的；

（18）特种设备未按规定办理使用登记或者定期检验的，或者达到设计使用年限未按规定进行变更登记继续使用的，或者海上油气生产设施和建设项目未按规定进行发证检验和专业设备检测的；

（19）废水、废气、固体废弃物排放存储不符合国家或者地方标准但尚未构成环境事件的，三级防控设施不完善、未开展环境风险评估、环境应急预案不健全或者环保数据造假的；

（20）对国家、地方政府和集团公司检查发现的安全环保问题未按要求进行整改。

第三节 常用危害、环境因素辨识和风险评价方法

一、现场观察

现场观察是一种通过检视生产作业区域所处地理环境、周边自然条件、场内功能区划分、设施布局、作业环境等来辨识存在危害因素的方法。开展现场观察的人员应具有较全面的安全技术知识和职业安全卫生法规标准知识，对现场观察出的问题要做好记录，规范整理后填写相应的危害因素辨识清单。

二、安全检查表（SCL）

（一）方法概述

为检查某一系统、设备以及操作管理和组织措施中的不安全因素，事先对检查对象加以剖析和分解，并根据理论知识、实践经验、有关标准规范和事故信息等确定检查的项目和要点，以提问的方式将检查项目和要点按系统编制成安全检查表，在设计或检查时，按规定项目进行检查和评价以辨识危害因素。安全检查表可对照有关标准、法规或依靠分析人员的观察能力，借助其经验和判断能力，直观地对评价对象的危害因素进行分析。安全检查表一般由序号、检查项目、检查内容、检查依据、检查结果和备注等组成。

（二）安全检查表编制步骤

要编制一个符合客观实际、能全面识别分析系统危险性的安全检查表，首先要建立一个编制小组，其成员应包括熟悉系统各方面的专业人员，其主要步骤：

（1）熟悉系统。

包括熟悉系统的结构、功能、工艺流程、主要设备、操作条件、布置和已有的安全消防设施。

（2）搜集资料。

搜集有关的安全法规、标准、制度及本系统过去发生过事故的资料，作为编制安全检查表的重要依据。

（3）划分单元。

按功能或结构将系统划分成若干个子系统或单元，逐个分析潜在的危险因素。

（4）编制检查表。

针对危险因素，依据有关法规、标准规定，参考过去事故的教训和本单位的经验确定安全检查表的检查要点、内容和为达到安全指标应在设计中采取的措施，然后按照一定的要求编制检查表。

① 按系统、单元的特点和预评价的要求，列出检查要点、检查项目清单，以便全面查出存在的危险、有害因素；

② 针对各检查项目、可能出现的危险、有害因素，依据有关标准、法规列出安全指标的要求和应设计的对策措施。

（5）编制复查表，其内容应包括危险、有害因素明细，是否落实了相应设计的对策

措施，能否达到预期的安全指标要求，遗留问题及解决办法和复查人等。

（三）编制检查表应注意事项

编制安全检查表力求系统完整，不漏掉任何能引发事故的危险关键因素，因此，编制安全检查表应注意如下问题：

（1）检查表内容要重点突出，简繁适当，有启发性。

（2）各类检查表的项目、内容，应针对不同被检查对象有所侧重，分清各自职责内容，尽量避免重复。

（3）检查表的每项内容要定义明确，便于操作。

（4）检查表的项目、内容能随工艺的改造、设备的更新、环境的变化和生产异常情况的出现而不断修订、变更和完善。

（5）凡能导致事故的一切不安全因素都应列出，以确保各种不安全因素能及时被发现或消除。

三、工作前安全分析（JSA）

工作前安全分析是指事先或定期对某项工作任务进行风险评价，并根据评价结果制定和实施相应的控制措施，达到最大限度消除或控制风险的方法。新工作任务开始前，理论上均应进行完全分析。若工作任务风险低且有胜任能力的人员完成，以前做过分析或已有操作规程的可不再进行安全分析，但应进行有效性检查，并判断工作环境是否变化及环境变化是否导致工作任务风险和控制措施改变。其工作流程如下：

（1）组成作业安全分析小组。

分析小组通常由 4~5 人组成。组长选择熟悉工作前安全分析方法的管理、技术、安全、操作人员组成小组。小组成员应了解工作任务及所在区域的环境、设备和相关操作规程。

（2）前期准备和现场考察。

作业安全分析小组应分解工作任务，实地考察现场，核查以下内容：

① 以前此项工作任务中出现的 HSE 问题和事故；

② 工作中是否使用新设备；

③ 工作环境、空间、照明、通风、出口和入口等；

④ 工作任务的关键环节；

⑤ 作业人员是否有足够的知识、技能；

⑥ 是否需要作业许可及作业许可的类型；

⑦ 现场是否存在影响安全的交叉作业；

⑧ 其他。

（3）划分作业步骤。

首先将作业的基本步骤列在工作前安全分析表格的第一列，工作步骤是根据作业的先后顺序来确定的，工作步骤需要简单说明"做什么"而不是"如何做"，工作步骤不能太多，也不能太简单以至于一些基本步骤都没有考虑到，通常不超过 7 个步骤。如某个工作的基本步骤超过 9 步，则需要分为不同的作业阶段，并分别做不同阶段的工作前安全分析。作业安全分析小组成员应该充分讨论这些步骤并达成一致意见。

（4）识别危害因素。

作业安全分析小组识别工作任务关键环节的风险，并填写"工作前安全分析表"（表2-1）。识别风险应充分考虑人员、设备、材料、环境、方法五个方面和正常、异常、紧急三种状态。

（5）风险评价。

对存在危害的关键活动或重要步骤进行风险评价，根据判别标准确定风险等级，判断是否可接受，风险评价方法、标准执行集团公司《生产安全风险防控管理办法》（中油安〔2014〕445号）规定的评价标准要求。

（6）制定风险控制措施。

作业安全分析小组应针对识别出的风险逐项制定控制措施，将风险降低到可接受的范围。

（7）确定实施控制措施的负责人。

作业安全分析小组长应根据实际情况，确定风险控制措施负责人，并填写在"工作前安全分析表"（表2-1）上。

（8）工作前安全分析结果的管理。

（9）所有完成的工作前安全分析都应该存档。

表2-1 工作前安全分析表

日期：　　　　　　　　　　　　　　　　　　　　　　　　　　编号：

组织单位		负责人		分析人员	
工作任务简述：					
□新工作任务　□已做过工作任务　□交叉作业　□承包商作业　□相关操作规程　□许可票　□特种作业人员资质证明					

工作步骤	危害因素	存在的主要风险	风险评价						现有控制措施	建议改进措施	现有控制措施或改进措施实施后风险是否可接受
			L	E	C	D	风险级别	风险标志			

保存部门：各单位（部门）　　　　　　　　　　　　　　　保存期：1年

四、作业条件危险分析（LEC）

作业条件危险性评分析是一种简单易行的评价操作人员在具有潜在危险性环境中作业时危险性的半定量的评价方法，由美国的格雷厄姆（K. J. Graham）和金尼（G. F. Kinney）提出，因此也称为格雷厄姆—金尼法。该方法认为影响作业条件危险性的因素主要有事故发生的可能性（L）、人员暴露于危险环境中的频繁程度（E）、事故可能造成的后果（C），并用三种因素之积（$D = LEC$）来评价操作人员伤亡风险大小，D 值大，说明系统危险性大。

（一）危险性评估

由评价小组共同确定每一危险源的 L、E、C 各项分值，然后再以三个分值的乘积来评估作业条件危险性的大小，见表2-2、表2-3和表2-4。

表2-2 事故发生的可能性（L）

分数值	事故发生的可能性	分数值	事故发生的可能性
10	完全可以预料（1次/周）	0.5	很不可能，可以设想（1次/20年）
6	相当可能（1次/6个月）	0.2	极不可能（1次/大于20年）
3	可能，但不经常（1次/3年）	0.1	实际不可能
1	可能性小，完全意外（1次/10年）	—	—

表2-3 人员暴露于危险环境中的频繁程度（E）

分数值	人员暴露于危险环境中的频繁程度	分数值	人员暴露于危险环境中的频繁程度
10	连续暴露	2	每月一次暴露
6	每天工作时间内暴露	1	每年几次暴露
3	每周一次或偶然暴露	0.5	非常罕见的暴露（<1次/年）

表2-4 发生事故可能造成的后果的严重性（C）

分数值	发生事故可能造成的后果	分数值	发生事故可能造成的后果
100	大灾难，许多人死亡，或造成重大财产损失	7	严重，重伤，或造成较小的财产损失（损工事件——LWC）
40	灾难，数人死亡，或造成很大财产损失	4	重大，致残，或很小的财产损失（医疗处理事件——MTC，限工事件——RWC）
15	非常严重，一人死亡，或造成一定的财产损失	1	引人注目，不利于基本的安全健康要求（急救事件——FAC以下）

（二）风险等级划分

将D值与危险性等级划分标准中的分值相比较，进行风险等级划分，若D值大于70分，则应定为重大危险源。根据风险值D进行风险等级划分的方法见表2-5。

表2-5 风险等级划分（D）

分数值	风险级别	危险程度
>320	5	极其危险，不能继续作业（立即停止作业）
160~320	4	高度危险，需立即整改（制定管理方案及应急预案）
70~159	3	显著危险，需要整改（编制管理方案）
20~69	2	一般危险，需要注意
<20	1	稍有危险，可以接受

五、风险评估矩阵（RAM）

风险评估矩阵是基于对以往发生的事故事件的经验总结，通过解释事故事件发生的可能性和后果严重性来预测风险大小，确定风险等级的一种风险评估方法。

风险评估矩阵方法

用风险评估矩阵法进行风险评价时，首先要确定事故发生的概率，即在表 2-8 中 1、2、3、4、5 五个等级中选定一个，然后再定事故后果的严重程度，即在表 2-9 中 1、2、3、4、5 五个级别中确定一个级别，这两个因素交叉落点的区域代表风险划分等级，即表 2-7 中Ⅰ、Ⅱ、Ⅲ、Ⅳ四个风险级别，用四种颜色在表 2-6 中标注进行区分，从而建立风险矩阵。

表 2-6　风险矩阵

风险矩阵		事故后果严重程度等级				
		1	2	3	4	5
事故发生概率等级	5	Ⅱ 5	Ⅲ 10	Ⅲ 15	Ⅳ 20	Ⅳ 25
	4	Ⅰ 4	Ⅱ 8	Ⅲ 12	Ⅲ 16	Ⅳ 20
	3	Ⅰ 3	Ⅱ 6	Ⅱ 9	Ⅲ 12	Ⅲ 15
	2	Ⅰ 2	Ⅰ 4	Ⅱ 6	Ⅱ 8	Ⅲ 10
	1	Ⅰ 1	Ⅰ 2	Ⅰ 3	Ⅰ 4	Ⅱ 5

注：（1）风险＝事故发生概率×事故后果严重程度。
（2）风险矩阵中风险等级划分标准见表 2-7，事故发生概率等级见表 2-8，事故后果严重程度等级见表 2-9。

表 2-7　风险等级划分标准

风险等级	分值	描述	需要的行动	改进建议
Ⅳ级风险	16<Ⅳ级≤25	严重风险（绝对不能容忍）	必须通过工程和/或管理、技术上的专门措施，限期（不超过六个月内）把风险降低到级别Ⅱ或以下	需要并制定专门的管理方案予以削减
Ⅲ级风险	9<Ⅲ级≤16	高度风险（难以容忍）	应当通过工程和/或管理、技术上的控制措施，在一个具体的时间段（12个月）内，把风险降低到级别Ⅱ或以下	需要并制定专门的管理方案予以削减
Ⅱ级风险	4<Ⅱ级≤9	中度风险（在控制措施落实的条件下可以容忍）	具体依据成本情况采取措施，需要确认程序和控制措施已经落实，强调对它们的维护工作	个案评估，评估现有控制措施是否均有效
Ⅰ级风险	1≤Ⅰ级≤4	可以接受	不需要采取进一步措施降低风险	不需要改进，可适当考虑提高安全水平的机会（在工艺危害分析范围之外）

表 2-8　事故发生概率

概率等级	硬件控制措施	软件控制措施	概率说明
1	（1）两道或两道以上的被动防护系统，互相独立，可靠性较高。 （2）有完善的书面检测程序，进行全面的功能检查，效果好、故障少。 （3）熟悉掌握工艺，过程始终处于受控状态。 （4）稳定的工艺，了解和掌握潜在的危险源，建立完善的工艺和安全操作规程	（1）清晰、明确的操作指导，制定了要遵循的纪律，错误被指出并立刻得到更正，定期进行培训，内容包括正常、特殊操作和应急操作程序，包括了所有的意外情况。 （2）每个班组上都有多个经验丰富的操作工；理想的压力水平；所有员工都符合资格要求，员工爱岗敬业，清楚了解并重视危害因素	现实中预期不会发生（在国内行业内没有先例），$<10^{-4}$/年
2	（1）两道或两道以上，其中至少有一道是被动和可靠的。 （2）定期的检测，功能检查可能不完全，偶尔出现问题。 （3）过程异常不常出现，大部分异常的原因被弄清楚，处理措施有效。 （4）合理的变更，可能是新技术带来一些不确定性，高质量的工艺危害分析	（1）关键的操作指导正确、清晰，其他的则有些非致命的错误或缺点，定期开展检查和评审，员工熟悉程序。 （2）有一些无经验人员，但不会全在一个班组；偶尔的短暂的疲劳，一些厌倦感；员工知道自己有资格做什么和自己能力不足的地方，对危害因素有足够认识	预期不会发生，但在特殊情况下有可能发生（国内同行业有过先例），10^{-4}/年 ~ 10^{-3}/年
3	（1）一个或两个复杂的、主动的系统，有一定的可靠性，可能有共因失效的弱点。 （2）不经常检测，历史上经常出问题，检测未被有效执行。 （3）过程持续出现小的异常，对其原因没有全搞清楚或进行处理，较严重的过程（工艺、设施、操作过程）异常被标记出来并最终得到解决。 （4）频繁的变更或新技术应用，工艺危害分析不深入，质量一般，运行极限不确定	（1）存在操作指导，没有及时更新或进行评审，应急操作程序培训质量差。 （2）可能一班半数以上都是无经验人员，但不常发生；有时出现的短时期的班组群体疲劳，较强的厌倦感；员工不会主动思考，员工有时可能自以为是，不是每个员工都了解危害因素	在某个特定装置的生命周期里不太可能发生，但有多个类似装置时，可能在其中的一个装置发生（集团公司内有过先例），10^{-3}/年~10^{-2}/年
4	（1）仅有一个简单的主动的系统，可靠性差。 （2）检测工作不明确，没检查过或没有受到正确对待。 （3）过程经常出现异常，很多从未得到解释。 （4）频繁的变更及新技术应用，进行的工艺危害分析不完全，质量较差，边运行边摸索	（1）对操作指导无认知，培训仅为口头传授，不正规的操作规程，过多的口头指示，没有固定成形的操作，无应急操作程序培训。 （2）员工周转较快，个别班组一半以上为无经验的员工；过度的加班，疲劳情况普遍，工作计划常常被打乱，士气低迷；工作由技术有缺陷的员工完成，岗位职责不清，员工对危害因素有一些了解	在装置的生命周期内可能至少发生一次（预期中会发生），10^{-2}/年~10^{-1}/年
5	（1）无相关检测工作。 （2）过程经常出现异常，对产生的异常不采取任何措施。 （3）对于频繁的变更或新技术应用，不进行工艺危害分析	（1）对操作指导无认知，无相关的操作规程，未经批准进行操作。 （2）人员周转快，装置半数以上为无经验的人员；无工作计划，工作由非专业人员完成；员工普遍对危害因素没有认识	在装置生命周期内经常发生，$>10^{-1}$/年

表 2-9 事故后果严重程度

严重程度等级	员工伤害	财产损失	环境影响	声誉
1	造成 3 人以下轻伤	一次造成直接经济损失人民币 10 万元以下、1000 元以上	事故影响仅限于生产区域内，没有对周边环境造成影响	负面信息在集团公司所属企业内部传播，且有蔓延之势，具有在集团公司范围内部传播的可能性
2	造成 3 人以下重伤，或者 3 人以上 10 人以下轻伤	一次造成直接经济损失人民币 10 万元以上、100 万元以下	(1) 造成或可能造成大气环境污染，需疏散转移 100 人以下。 (2) 造成或可能造成跨乡镇级行政区域纠纷。 (3) 非环境敏感区油品泄漏量 5t 以下	负面信息尚未在媒体传播，但已在集团公司范围内部传播，且有蔓延之势，具有媒体传播的可能性
3	一次死亡 3 人以下，或者 3 人以上 10 人以下重伤，或者 10 人以上轻伤	一次造成直接经济损失人民币 100 万元以上、1000 万元以下	(1) 造成或可能造成大气环境污染，需疏散转移 100 人以上 500 人以下。 (2) 造成或可能造成跨县（市）级行政区域纠纷。 (3) Ⅳ类、Ⅴ类放射源丢失、被盗、失控。 (4) 环境敏感区内油品泄漏量 1t 以下，或非环境敏感区油品泄漏量 5t 以上 10t 以下	(1) 引起地（市）级领导关注，或地（市）级政府部门领导作出批示。 (2) 引起地（市）级主流媒体负面影响报道或评论，或通过网络媒介在可控范围内传播，造成或可能造成一般社会影响。 (3) 媒体就某一敏感信息来访并拟报道。 (4) 引起当地公众关注
4	一次死亡 3~9 人，或者 10~49 人重伤	一次造成直接经济损失人民币 1000 万元以上、5000 万元以下	(1) 造成或可能造成河流、沟渠、水塘、分散式取水口等水体大面积污染。 (2) 造成乡镇以上集中式饮用水水源取水中断。 (3) 造成基本农田、防护林地、特种用途林地或其他土地严重破坏。 (4) 造成或可能造成大气环境污染，需疏散转移 500 人以上 1000 人以下。 (5) 造成或可能造成跨地（市）级行政区域纠纷。 (6) Ⅲ类放射源丢失、被盗或失控。 (7) 环境敏感区内油品泄漏量 1t 以上 10t 以下，或非环境敏感区油品泄漏量 10t 以上 100t 以下	(1) 引起省部级或集团公司领导关注，或省级政府部门领导作出批示。 (2) 引起省级主流媒体负面影响报道或评论，或引起较活跃网络媒介负面影响报道或评论，且有蔓延之势，造成或可能造成较大社会影响。 (3) 媒体就某一敏感信息来访并拟重点报道。 (4) 引起区域公众关注
5	一次死亡 10 人以上，或者 50 人以上重伤	一次造成直接经济损失人民币 5000 万元以上	(1) 造成或可能造成饮用水源、重要河流、湖泊、水库及沿海水域大面积污染。 (2) 事件发生在环境敏感区，对周边自然环境、区域生态功能或濒危物种生存环境造成或可能造成重大影响。 (3) 造成县级以上城区集中式饮用水水源取水中断。 (4) 造成基本农田、防护林地、特种用途林地或其他土地基本功能丧失或遭受永久性破坏。 (5) 造成或可能造成区域大气环境严重污染，需疏散转移 1000 人以上。	(1) 引起国家领导人关注，或国务院、相关部委领导作出批示。 (2) 引起国内主流媒体或境外重要媒体负面影响报道或评论，极短时间内在国内或境外互联网大面积爆发，引起全网广泛传播并迅速蔓延，引起广泛关注和大量失控转载。

续表

严重程度等级	员工伤害	财产损失	环境影响	声誉
5	一次死亡 10 人以上，或者 50 人以上重伤	一次造成直接经济损失人民币 5000 万元以上	(6) 造成或可能造成跨省级行政区域纠纷 (7) I 类、II 类放射源丢失、被盗或失控 (8) 环境敏感区内油品泄漏量 10t 以上，或非环境敏感区内油品泄漏量 100t 以上	(3) 媒体来访并准备组织策划专题或系列跟踪报道 (4) 引起国际或全国范围公众关注

注：（1）"员工伤害"和"财产损失"按照公司"生产安全事故与环境事件管理程序"中事故分级确定，"环境影响"和"声誉"参照《中国石油天然气集团公司突发事件分类分级目录》中突发事件分级确定。
（2）所属单位可以结合生产特点和风险性质等确定事故后果严重程度等级。
（3）"以上"包括本数，所称的"以下"不包括本数。

六、多因子打分法

企业在活动中所产生的污染物（粉尘、废气、废弃物、废水、光污染等）及噪声排放的评价，往往不能用单一因子来确定产生的环境影响，需要多因子的综合评价，因此需要考虑多种影响环境的因素来判断其优先顺序，最终确定重要环境因素。

（一）多种因子评价标准

多种因子评价标准见表 2-10。

表 2-10 多种因子评价标准

分值	发生频次 (a)	超标排放量（排放与标准之比）(b)	影响规模 (c)	可恢复性 (d)	公众关注程度 (e)
5	连续发生至每日一次	大于或等于 90%	全球或区域性破坏	不可恢复	社会极度关注
4	每日一次至每周一次	80%～90%	局部地区破坏	半年以上	地区性极度关注
3	每周一次至每月一次	50%～80%	厂区以外小范围	一周至半年内	地区性关注
2	每月一次至每年一次	30%～50%	厂区以内	一天至一周内	地区性一般关注
1	一年以上一次（几乎不发生）	小于 30%	影响很小（操作者可处理）	一天内	不为关注

污染物排放浓度或总量与污染物排放标准值之比的取值依据见表 2-11。

表 2-11 污染物排放浓度或总量与污染物排放标准之比

分值	排放与标准之比 (b)	厂界噪声标准 (Δ)	pH	废气物
5	大于或等于 90%	$\Delta \geqslant -1dB$	$pH>8.5$ 或 $pH<6.5$	危险废弃物
4	80%～90%	$-3dB \leqslant \Delta < -1dB$		

续表

分值	排放与标准之比（b）	厂界噪声标准（Δ）	pH	废气物
3	50%~80%	−5dB≤Δ<−3dB	8<pH≤8.5 或 6.5≤pH<7	工业废弃物
2	30%~50%	−7dB≤Δ<−5dB		
1	小于30%	Δ<−7dB	7≤pH≤8	生活废弃物

（二）确定重要环境因素及优先项级别

评价某一环境因素在每一评价因子上的得分，通过选择表 2-12 中给出的某一计算公式，将环境因素得分与事前设定的重要环境因素判定标准值相对比，大于标准值的即确定为重要环境因素。

表 2-12 重要环境因素评价公式与评价标准

评价公式	重要环境因素标准
$X=a+b+c+d+e$	$X \geq 15$ 或当 $a=5$ 或 $b=5$ 时
$X=aM$（b，c，d，e 中最大值）	$X \geq 20$ 或当 $X=5$ 时
$X=a\ (b+c+d+e)$	$X \geq 30$

注：X——环境因素得分。a——发生的频率。b——排放值与法规标准值之比（或管理受控状态）。c——影响范围及程度。d——环境影响的恢复性或持续性。e——公众和媒体的关注程度（敏感性）。M——b、c、d、e 中的最大值。

根据环境因素得分 X 可以确定重要环境因素优先项级别，见表 2-13。

表 2-13 重要环境因素优先项级别（污染物类）

分数值	重要环境因素优先项级别
$M=5$ 或 $X=25$	紧急优先项
$X=20$	高度优先项
$X=16$	中度优先项
$X=15$	低度优先项

重要环境因素直接判定条件：

（1）对于已违反或接近违反法律及强制要求的环境因素（如排放超标情况），直接判定为重要环境因素。

（2）当地相关政府部门或强制检测的环境因素，应判定为重要环境因素。

（3）政府或法律明令禁止使用、限制使用的物质，应判定为重要环境因素。

（4）危险废弃物和危险化学品的使用和泄漏应判定为重要环境因素。

（5）公司最主要的能源物质，具有最大控制和节约潜力的，判定为重要环境因素。

（6）异常或紧急状态下预计会产生严重环境影响的环境因素（如火灾或危险品泄漏等），判定为重要环境因素。

（7）相关方高度关注或有明确要求的判定为重要环境因素。

（三）多因子打分法的注意事项

（1）单纯利用某一种因子评价方法尚不能确定其是否为重要环境因素和其优先顺序；

（2）多因子评价方法中因子的选择应结合企业的类型、规模和产品的特点来定；

（3）多因子评价的计算方法及评定重要环境因素的标准，由企业根据环境状况自定，没有统一的标准。

第四节　常用风险控制方法

一、风险防控工具方法

（一）作业许可

作业许可是针对危险性作业的一种风险管理手段和管理制度。为有效控制生产过程中的非常规作业、关键作业、缺乏程序的作业以及其他危险性较大作业的风险，作业单位的现场作业负责人需要事前提出作业申请，经有关主管人员对作业过程、作业风险及风险控制措施予以核查和批准，并取得作业许可证方可开展作业，称为作业许可制度。对进入受限空间作业、挖掘作业、高处作业、移动式吊装作业、管线打开作业、临时用电作业、动火作业等，均需要施行作业许可。作业许可本身不能保证作业的安全，只是对作业之前和作业过程中所必须严格遵守的规则及所满足的条件作出规定。

（二）上锁挂牌

上锁挂牌是指在作业过程中为避免设备设施或系统区域内蓄积危险能量的意外释放，对所有危险能量的隔离设施进行锁闭和悬挂标牌的一种现场安全管理方法。上锁挂牌可从本质上解决设备因误操作引发的安全问题，但关键还是需要人的操作，要对相关人员进行安全培训，以解决人的行为习惯养成问题，同时还要加强人员换班时的沟通。

（三）安全目视化

安全目视化是通过使用安全色、标签、标牌等方式，明确人员的资质和身份、工（器）具和设备设施的使用状态，以及生产作业区域的危险状态的一种现场安全管理方法。安全目视化以视觉信号为基本手段，以公开化和透明化为基本原则，尽可能地将管理者的要求和意图让大家都看得见，将潜在的风险予以明示，借以提示风险。

（四）工艺和设备变更管理

工艺和设备变更管理是指涉及工艺技术、设备设施及工艺参数等超出现有设计范围的改变（如压力等级改变、压力报警值改变等）进行变更控制的一种安全管理方法。变更审批后，需对变更形成的文件和所有相关信息准确地传递给所在的区域人员和涉及的人员，并对他们进行培训。

（五）应急处置卡

应急处置卡是指在岗位员工职责范围内，将应急处置规定的程序步骤写在卡片上，当作业现场或工作场所出现意外紧急情况时，提示岗位员工采取必要的紧急措施，把事故险情控制在第一现场和第一时间的一种现场安全管理方法。

应急处置卡应针对工作场所、岗位的特点，编制简明、实用、有效，规定适用岗位、人员的应急处置程序和措施，以及相关联络人员和联系方式，要领易于掌握，步骤可操作性强，便于携带。

（六）安全经验分享

安全经验分享是将本人亲身经历或看到、听到的有关安全、环境、健康方面的经验做法或事故、事件、不安全行为、不安全状态等教训总结出来，通过介绍和讲解在一定范围内使事故教训得到分享，引以为戒，使典型经验得到推广的一项活动。

安全经验分享可在各种会议、培训班等集体活动开始之前进行，时间不宜过长，一般不超过 5~10min，可以直接口述，也可借助多媒体、图片、照片等形式进行讲述，常用格式分为三部分：事件或事故的经过、原因分析、预防或控制措施。通过长期坚持开展安全经验分享，能启发员工互相学习，激发全员积极参与 HSE 管理，创造一种以 HSE 为核心的"学习的文化"；同时，能强化员工正确 HSE 做法，使其自觉纠正不安全习惯和行为，树立良好的 HSE 行为准则，促进全员 HSE 意识的不断提高，形成良好的安全文化氛围。

二、风险防控措施

（一）安全生产责任制

安全生产责任制是根据我国的安全生产方针"安全第一，预防为主，综合治理"和安全生产法规建立的各级领导、职能部门、工程技术人员、岗位操作人员在劳动生产过程中对安全生产层层负责的制度。安全生产责任制是企业岗位责任制的一个组成部分，是企业中最基本的一项安全制度，也是企业安全生产、劳动保护管理制度的核心。

安全生产责任制是经长期的安全生产、劳动保护管理实践证明的成功制度与措施。这一制度与措施最早见于国务院 1963 年 3 月 30 日颁布的《关于加强企业生产中安全工作的几项规定》（即《五项规定》）。《五项规定》中要求，企业的各级领导、职能部门、有关工程技术人员和生产工人，各自在生产过程中应负的安全责任，必须加以明确的规定。2014 年 12 月 1 日施行的《中华人民共和国安全生产法》中对安全生产责任制也有明文规定，第一章第四条规定：生产经营单位必须遵守本法和其他有关安全生产的法律、法规，加强安全生产管理，建立、健全安全生产责任制和安全生产规章制度，改善安全生产条件，推进安全生产标准化建设，提高安全生产水平，确保安全生产。第二章第十九条规定：生产经营单位的安全生产责任制应当明确各岗位的责任人员、责任范围和考核标准等内容。生产经营单位应当建立相应的机制，加强对安全生产责任制落实情况的监督考核，保证安全生产责任制的落实。

企业单位的各级领导人员在管理生产的同时，必须负责管理安全工作，认真贯彻执行国家相关劳动保护的法令和制度，在计划、布置、检查、总结、评比生产的同时，计划、布置、检查、总结、评比安全工作（即"五同时"制度）；企业单位中的生产、技术、设计、供销、运输、财务等各有关专职机构，都应在各自的企业业务范围内，对实现安全生产的要求负责；企业单位都应根据实际情况加强劳动保护机构或专职人员的工作；企业单位各生产小组都应设置不脱产的安全生产管理员；企业职工应自觉遵守安全生产规章制度。

（二）安全联系点

安全联系点是指各级领导干部挂点基层生产现场，按照"谁主管、谁负责"的原则对联系点的 HSE 工作负相应领导责任。通过安全联系点工作的开展，形成领导干部主动宣传贯彻党的路线、方针、政策、法律法规，督促落实上级制定的各项政策措施；了解基层现场的真实 HSE 管理现状，掌握第一手资料，及时总结和推广经验，发现典型，以点带面，指导基层单位 HSE 工作；广泛听取职工的意见和建议，形成领导干部带头关心基层建设、支持基层建设、参与基层建设的良好氛围；帮助基层单位掌握先进的管理理念和方法，促进管理走上科学化、正规化、规范化轨道，促进基层现场 HSE 建设水平持续提升。

（三）启动前安全检查

启动前安全检查（简称 PSSR）是指在企业装置、工艺设备、设施启动前对所有相关因素进行检查确认，并将所有必改项整改完成，批准启动的过程。必改项是指项目启动前安全检查时发现的，可导致项目不能启动或启动时可能引发事故的隐患项目。待改项是指项目启动前安全检查时发现的，会影响投产效率和产品质量，并在运行过程中可能引发事故的，可在启动后限期整改的隐患项目。

启动前安全检查的适用范围为企业属地及外服场所。适用的作业活动：新、改、扩建工程项目（包括租借）；易燃易爆、有毒有害、高温高压工艺设备变更项目；新工艺、新技术项目及其他危险性较高的项目。应针对生产作业性质、工艺设备的特点等编制启动前安全检查表，检查表应包括工艺技术、人员、设备、事故调查及应急响应、环境保护等方面的内容。

（四）安全检查

安全检查作为安全管理工作中最基本、最直接、最有效的方式和方法，是安全管理工作的具体体现，是深入到基层、班组一线调查、了解及掌握职工思想和工作动态的最普遍的途径。它在安全管理中体现了职能部门对相关规定、制度、规程落实的监督；对设备运行工况的巡检；对具体生产中人员举止行为的规范；对现场工作的指导和帮助以及安全管理工作的信息反馈。

安全检查有其"两面性"的特点，既要在检查中肯定安全工作中好的做法和经验，又要在检查中查出不足和漏洞、处理违章甚至是失职等行为，并提出针对性的帮助和指导。

安全检查是发现和消除事故隐患、落实安全措施、预防事故发生的重要手段，是发动群众共同搞好安全生产的一种有效形式，在企业安全生产管理中，安全检查占有非常重要的地位，就是要对生产过程中影响正常生产的各种因素，如机械、电气、工艺、仪表、设备等物的因素与人的因素进行深入细致的调查研究，发现不安全因素，消除事故隐患，也就是把可能发生事故的各种因素消灭在萌芽状态，做到防患于未然。

（五）巡回检查

巡回检查一般指安全管理人员、班组长、岗位员工在日常工作及生产活动中开展的按照一定的时间、一定的路线及相对较为固定的检查内容进行的关键要害部位查验工作，以便随时掌握生产现场、工作岗位、特定设备的运行情况，及时采取必要措施将事故隐患消灭在萌芽状态。

日常巡回检查内容的编制，一般参照企业相关管理制度以及基层现场风险隐患易发的生产区域、设备设施、工艺环节，具有针对性强、操作简便、可追溯等特点，能够及时发现生产现场和生产过程中产生的安全隐患，进而采取现场整改或隐患上报等风险防控措施。此外，安全管理人员在进行日常巡回检查时，可以采取重点区域行走检查的方式开展，扩大巡查范围，提高重点区域巡查频次，能有效预防基层现场出现的人员违章作业、现场管理缺失和潜在事故隐患等不易发现或间歇性产生的风险，从而进一步确保基层现场安全平稳运行。

（六）操作规程、岗位操作卡、HSE 两书一表

操作规程是为了保证安全生产而制定的，它是根据企业的生产性质、机器设备的特点和技术要求，结合具体情况及群众经验制定出的安全操作守则，要求员工在日常工作中必须遵照执行的一种保证安全的规定程序。忽视操作规程在生产工作中的重要作用，就有可能导致出现各类安全事故，给公司和员工带来经济损失和人身伤害，严重的会危及生命安全，造成终身无法弥补遗憾。

操作卡是操作规程的精华提炼版，明确并规范了相关作业的操作步骤和工作标准，明确作业步骤中存在的风险及应急、救援措施，在作业过程中用来自我衡量作业规范性，在进行每一步操作后，操作者需对操作卡进行签字确认，落实安全责任到每一步。操作卡的建立使得操作规程的制度性、实用性、可操作性得到了很好的提升，责任追溯也做到有据可依。

HSE 的两书一表是指"HSE 作业指导书""HSE 作业计划书"和"HSE 现场检查表"。"HSE 作业指导书"是对常规作业的 HSE 风险的管理，通过对常规作业中风险的识别、评估、削减或控制以及应急管理等手段，把风险控制在"合理并尽可能低（ALARP）"的水平，对各类风险制定对策措施，经过业务主管部门（或 HSE 监督部门）组织评审后，整理汇编成相对固定的指导现场作业全过程的 HSE 管理文件。"HSE 作业计划书"是针对变化了的情况，由基层组织结合具体施工作业的情况和所处环境等特定的条件，为满足新项目作业的 HSE 管理体系要求，以及业主、承包商、相关方等对项目风险管理的特殊要求，在进入现场或从事作业前所编制的 HSE 具体作业文件。编制"HSE 作业计划书"的基础是"HSE 作业指导书"，但在内容上主要偏重"HSE 作业指导书"中没有涵盖的内容，或是在新的风险识别基础上编制更详细的作业规程、应急处置预案以及具体的作业许可程序等。"HSE 现场检查表"是在现场施工过程中实施检查的工具，涵盖"HSE 作业指导书"和"HSE 作业计划书"的主要检查要求和检查内容，是事先精心设计的一套与"两书"要求相对应的检查表格。

第三章

基础安全知识

第一节　个人劳动防护用品

劳动保护用品，是指由生产经营单位为从业人员配备的，使其在劳动过程中免遭或减轻事故伤害及职业危害的个人防护装备，又称为个人防护用品、个体防护用品、个人防护装备等。

劳动防护用品按照防护性能分为特种劳动防护用品和一般劳动防护用品。特种劳动防护用品目录由国家安全生产监督管理总局确定并公布，必须有 LA 鉴定证书；未列入目录的劳动防护用品为一般劳动防护用品。

特种劳动防护用品实行安全标志管理，由国家安全生产监督管理总局指定的特种劳动防护用品安全标志管理机构实施，受指定的特种劳动防护用品安全标志管理机构对其核发的安全标志负责。

个人劳动防护用品在预防职业性危害因素的综合措施中属于三级预防中的二级预防。当职业性有害因素不能采取有效的技术措施控制和改善时，使用个人劳动防护用品是保障安全健康的主要手段。从某种意义上讲，劳动防护用品是劳动者防止职业伤害和劳动伤害的最后一项有效保护措施，尤其在劳动条件差、危害程度高或防护措施起不到防护作用的情况下（如抢修或检修设备、野外露天作业、处理事故或隐患等情况），劳动防护用品往往成为劳动防护的主要措施。

劳动防护用品按照防护部位分为七类：第一类，头部防护用品，如安全帽、工作帽等；第二类，呼吸防护用品，如防毒面具、呼吸器等；第三类，眼面部防护用品，如防护面罩、防护眼镜等；第四类，听力防护用品，如耳塞、耳罩等；第五类，手部防护用品，如绝缘手套、电焊手套等；第六类，足部防护用品，如防砸鞋、绝缘鞋等；第七类，躯体防护用品，如工作服、雨衣、防辐射铅衣等。

一、头部防护用品

（一）定义

企业主要使用的头部防护用品是安全帽。安全帽是对人体头部受坠落物及其他特定因素引起的伤害起防护作用的防护用品，一般由帽壳、帽衬、下颏附件组成。

（二）分类和使用范围

安全帽分为普通安全帽和防寒安全帽。防寒安全帽根据帽壳内部尺寸不同分为大号和小号两种。

安全帽适用于大部分工作场所，在坠落物伤害、轻微磕碰、飞溅的小物品引起的打击、可能发生引爆的危险场所等应配备安全帽。

（三）使用要求

（1）使用安全帽时，首先要选择与自己头型适合的安全帽。

（2）使用安全帽时，要仔细检查合格证、使用说明、使用期限，并调整帽衬尺寸，其顶端与帽壳内顶之间必须保持20~50mm的空间，有了这个空间，才能形成一个能量吸收系统，使遭受的冲击力分布在头盖骨的整个面积上，减轻对头部的伤害。

（3）不能随意对安全帽进行拆卸或添加附件，以免影响其原有的防护性能。

（4）佩戴时，应将安全帽戴正、戴牢，不能晃动，要系紧下颏带，调节好后箍，以防安全帽脱落。

（5）破损或变形的安全帽以及出厂年限达到两年半（即30个月）的安全帽应进行报废处理。需要特别注意的是，受到严重冲击的安全帽，虽然其整体外观可能没有明显损坏，但其实际防护性能已大大下降，也应报废处理。

（6）安全帽在使用过程中会逐渐损坏，要经常进行外观检查。如果发现帽壳与帽衬有异常损伤、裂痕等现象，或水平垂直间距达不到标准要求的，就不能再使用，应当更换。

（7）安全帽如果较长时间不用，则需存放在干燥通风的地方，远离热源，不受日光的直射。

（8）安全帽的使用期限：塑料的不超过两年半；玻璃钢的不超过三年，具体使用期限参考产品使用说明。到期的安全帽要进行检验测试，符合要求方能继续使用，或淘汰更新。

二、呼吸防护用品

呼吸防护用品是为防御有害气体、蒸气、粉尘、烟、雾等经呼吸道吸入，或直接向佩戴者供氧或清净空气，保证尘、毒污染或缺氧环境中作业人员正常呼吸的防护用具。

呼吸防护用品按防护功能可分为防尘口罩和防毒口罩（面罩），按结构和原理可分为自吸过滤式和送风隔离式两大类，按其性能和用途又可分为若干种。

（一）防毒面具、口罩

防毒面具、口罩可分为过滤式和隔离式两类。过滤式防毒用具通过滤毒罐、盒内的滤毒药剂滤除空气中的有毒气体再供人呼吸，劳动环境空气的含氧量低于18%时不能使用。通常滤毒药剂只能在确定了毒物种类、浓度、气温和一定的作业时间内起防护作用，所以过滤式防毒口罩、面具不能用于险情重大、现场条件复杂多变和有两种以上毒物的作业。隔离式防毒用具依靠输气导管将无污染环境中的空气送入密闭防毒用具内供作业人员呼吸，适用于缺氧、毒气成分不明或浓度很高的污染环境。

（二）自吸过滤式防颗粒物呼吸器

1. 定义

自吸过滤式防颗粒物呼吸器是靠佩戴者呼吸克服部件阻力，防御颗粒物等危害呼吸系统或眼面部的防护用品。

2. 使用范围及分类

在接触粉尘的作业场所，作业人员应佩戴自吸过滤式防颗粒物呼吸器。

自吸过滤式防颗粒物呼吸器按照面罩结构可分为全面罩、可更换式半面罩和随弃式面罩。全面罩是指能覆盖口、鼻、眼睛和下颌的密合型面罩。半面罩是指能覆盖口、鼻，或覆盖口、鼻和下颌等的密合型面罩。随弃式面罩主要是由滤料构成面罩主体的不可拆卸的半面罩，由于产品没有配件可以更换，通常无法清洗和消毒以保持面罩的卫生和清洁，因此通常最多只使用一个工作班，使用后即整体废弃。

自吸过滤式防颗粒物呼吸器按照过滤元件可分为 KN 和 KP 两类，KN 类只适用于过滤非油性颗粒物，KP 类适用于过滤油性和非油性颗粒物的过滤元件。根据过滤效率水平，KN 类和 KP 类过滤元件分为三级，即 KN90、KN95、KN100，KP90、KP95、KP100，见表 3-1。

表 3-1　KN、KP 类过滤元件过滤效率检测

过滤元件的类别和级别	用氯化钠颗粒物检测	用油类颗粒物检测
KN90	≥90.0%	不适用
KN95	≥95.0%	
KN100	≥99.97%	
KP90	不适用	≥90.0%
KP95		≥95.0%
KP100		≥99.97%

3. 使用要求

（1）随弃式面罩佩戴时应调整好头带位置，按照自己鼻梁的形状塑造鼻夹，确保气密性良好。

（2）可更换式半面罩呼吸器佩戴时应调节好头带松紧度，并做佩戴气密检查。

（3）使用防颗粒物呼吸器时，随颗粒物在过滤材料上的累积，过滤效率通常会逐渐升高，吸气阻力随之逐渐增加，使用者感到不舒适，应及时更换。

（4）随弃式口罩不可清洗，阻力明显增加时需整体废弃，更换新口罩。

（三）正压式空气呼吸器

1. 定义

正压式空气呼吸器是在任一呼吸循环过程，面罩与人员面部之间形成的腔体内压力不低于环境压力的一种空气呼吸器。使用者依靠背负的气瓶供给所呼吸的气体，气瓶中的高压压缩气体被高压减压阀降为中压 0.7MPa 左右，经过中压管线送至需求阀，然后通过需求阀进入呼吸面罩。吸气时需求阀自动开启，呼气时需求阀关闭，呼气阀打开，所以整个气流是沿着一个方向构成完整的呼吸循环过程。

2. 使用范围

在有毒有害气体（如硫化氢、一氧化碳等）大量溢出或作业环境中有毒气体浓度不明的现场，以及氧气含量较低的作业现场，都应使用正压式空气呼吸器。

3. 使用要求

（1）应急用呼吸器应保持待用状态，气瓶压力一般为 28～30MPa，低于 28MPa 时，应及时充气，充入的空气应确保清洁，严禁向气瓶内充填氧气或其他气体。

（2）应急用呼吸器应置于适宜储存、便于管理、取用方便的地方，不得随意变更存放地点。

（3）危险区域内，任何情况下，严禁摘下面罩。

（4）听到报警哨响起，应立即撤出危险区域。

（5）呼吸器及配件避免接触明火、高温。

（6）呼吸器严禁沾染油脂。

（7）有资质的检验机构定期检测：每年进行 1 次正压式空气呼吸器气密性、阻力、系统部件完好性检测；每 3 年进行一次气瓶检测，气瓶安全使用年限不得超过 15 年。

（8）进入危险区域作业必须两人以上，相互照应。如有条件，再有一人监护最好。

三、眼面部防护用品

（一）定义

眼面部防护用品是指防御电磁辐射、紫外线及有害光线、烟雾、化学物质、金属火花和飞屑、尘粒，抗机械和运动冲击等伤害眼睛、面部和颈部的防护用品。

（二）分类和使用范围

企业常用的眼面部防护用品是防护眼镜、防护面罩、洗眼器。

防护眼镜是在眼镜架上装有各种护目镜片，防止不同有害物质伤害眼睛的眼部防护品，如敲击作业时使用的防冲击眼镜。防护眼镜按照外形结构分为普通型、带测光板型、开放型和封闭型。

防护面罩是防止有害物质伤害眼面部、颈部的防护用品，分为手持式、头戴式、全面罩、半面罩等多种形式，如焊接作业时使用的手持式焊接面罩。

洗眼器是在有毒有害危险作业环境下使用的应急救援设施。当现场作业者的眼面部接触有毒有害以及具有其他腐蚀性的化学物质时，洗眼器可以对眼面部进行紧急冲洗。但洗眼器只用于紧急情况下，暂时减缓有害物对身体的进一步侵害，进一步的处理和治疗需要遵从医生的指导。

（三）使用要求

（1）每次使用前后都应检查，镜片出现裂纹或镜片支架开裂、变形或破损时及时更换。

（2）不应把近视镜当作防护眼镜使用。

（3）应保持防护眼镜的清洁干净，避免接触酸、碱物质，避免受压和高温，当表面有脏污时，应用少量洗涤剂和清水冲洗。

（4）洗眼器内的水应定期更换，防止不清洁的水对人员造成二次伤害。

四、听力防护用品

（一）定义

听力防护用品是指保护听觉、使人耳免受噪声过度刺激的防护用品。

（二）分类

企业常用的听力防护用品是耳塞和耳罩。

1. 耳塞

耳塞是插入外耳道内，或置于外耳道口处的护耳器。耳塞按其声衰减性能可分为防低、中、高频声耳塞和隔高频声耳塞；按使用材料可分为纤维耳塞、塑料耳塞、泡沫塑料耳塞和硅胶耳塞。企业常用的是泡沫塑料耳塞。

2. 耳罩

耳罩是由压紧每个耳郭或围住耳郭四周而紧贴在头上遮住耳道的壳体所组成的一种护耳器。耳罩外层为硬塑料壳，内部加入吸音、隔音材料。

（三）使用要求

（1）佩戴泡沫塑料耳塞时，应先洗净手，将圆柱体搓成锥形体后再塞入耳道，让塞体自行回弹充满耳道。

（2）使用耳罩时，应先检查罩壳有无裂纹和漏气现象，佩戴时应注意罩壳的方向，顺着耳郭的形状戴好。佩戴时应将连接弓架放在头顶适当位置，尽量使耳罩软垫圈与周围皮肤相互密合，如不合适时，应移动耳罩或弓架，调整到合适位置为止。

（3）无论戴用耳罩还是耳塞，均应在进入噪声区前戴好，在噪声区不得随意摘下，以免伤害耳膜。如确需摘下，应在休息时或离开后，到安静处取出耳塞或摘下耳罩。耳塞或耳罩软垫用后需用肥皂、清水清洗干净，晾干后再收藏备用。

五、手部防护用品

（一）定义

手部防护用品是具有保护手和手臂的功能，供作业者劳动时戴用的手套，通常称为劳动防护手套。

（二）分类

手部防护用品根据使用环境要求可分为一般防护手套、各种特殊防护（防水、防寒、防高温、防振）手套、绝缘手套等，企业常用的为一般防护手套、耐酸碱手套、绝缘手套、电焊手套。

1. 一般防护手套

一般防护手套是由纤维织物拼接缝制而成，具备一定的耐磨、抗切割、抗撕裂和抗穿刺性能，普遍适用于一般生产作业活动的基础防护手套。

2. 耐酸碱手套

耐酸碱手套是采用特殊橡胶合成，除了满足一般防护手套机械性能外，还可满足在酸碱溶液中长时间连续使用的一种特殊性能防护手套，根据生产需要，有长度 30～82cm

不同规格。

3. 绝缘手套

绝缘手套又称高压绝缘手套，是用绝缘橡胶或乳胶经压片、模压、硫化或浸模成型的一种特殊性能防护手套，主要用于电工作业，根据适用电压等级可分为 0 级至 4 级共五级，企业生产作业中多使用 0 级（380V）和 1 级（3000V）绝缘手套。

4. 电焊手套

电焊手套是保护手部和腕部免遭熔融金属滴、短时接触有限的火焰、对流热、传导热和弧光的紫外线辐射以及机械性伤害的一种特殊性能防护手套。

（三）使用要求

（1）首先应了解不同种类手套的防护作用和使用要求，以便在作业时正确选择，切不可把一般场合用手套当作某些专用手套使用，例如将棉布手套、化纤手套等作为电焊手套来用，耐火、隔热效果很差。

（2）在使用绝缘手套前，应先检查外观，如发现表面有孔洞、裂纹等不能使用。

（3）绝缘手套使用完毕后，按有关规定保存好，以防老化造成绝缘性能降低；使用一段时间后应复检，合格后方可使用；绝缘手套应定期检验。

（4）所有手套大小应合适，避免手套指过长被机械绞或卷住，使手部受伤。

六、足部防护用品

（一）定义

足部防护用品是防止生产过程中有害物质和能量损伤劳动者足部的护具，主要指足部防护鞋（靴）。

（二）分类和使用范围

按照 GB/T 28409—2012《个体防护装备足部防护鞋（靴）的选择、使用和维护指南》，足部防护鞋（靴）常见种类包括保护足趾鞋（靴）、防刺穿鞋（靴）、导电鞋（靴）、防静电鞋（靴）、电绝缘鞋（靴）、耐化学品鞋（靴）、低温作业保护鞋（靴）、高温防护鞋（靴）、防滑鞋（靴）、防振鞋（靴）、防油鞋（靴）、防水鞋（靴）、多功能防护鞋（靴）。

多功能防护鞋（靴）除具有保护特征，还具有上述鞋（靴）中所需功能。企业广泛应用的安全鞋也是一种多功能防护鞋（靴），它兼具防砸、防穿刺、防滑、耐油、防水等功能。

（三）使用要求

（1）不得擅自修改安全鞋的构造。

（2）穿着安全鞋时，应尽量避免接触锐器，经重压或重砸造成鞋内钢包头明显变形的，不得再作为安全鞋使用。

（3）长期在有水或潮湿的环境下使用会缩短安全鞋的使用寿命。

（4）安全鞋的存放场地应保持通风、干燥，同时要注意防霉、防蛀虫。

（5）穿防静电鞋，不能穿化纤袜，不能垫普通鞋垫。

七、躯体防护用品

（一）定义和分类

躯体防护用品通常称为防护服，如一般防护服、防水服、防寒服、防油服、防辐射服、隔热服、防酸碱服等。生产作业使用较多的是一般防护服、防水服、防辐射铅衣、防爆服。

一般防护服是指防御普通伤害和脏污的躯体防护用品。企业根据生产现场需求，可在一般防护服中加入导电纤维，使其具有防静电性能。

防水服是指具有防御水透过和漏入的防护服，如劳动防护雨衣。

防辐射铅衣是一种阻挡或减弱辐射射线的有效用具，主要适用于测井放射源的操作人员，防止放射源操作人员的身体受到辐射伤害。

防静电服是为了防止服装上的静电积聚，以防静电织物为面料，按规定的款式和结构缝制的工作服。防静电织物在纺织时，采用混入导电纤维纺成的纱或嵌入导电长丝织造形成的织物，也可以是经处理具有防静电性能的织物。防静电服不产生静电，主要用于使用民爆用品的施工人员，以及其他防火防静电施工人员。

（二）使用要求

（1）使用者应穿戴符合自身身材的防护服，防止因过大或过小造成操作不便而导致人身伤害。

（2）沾染油污、酸碱等有害物质的防护服应及时清理和清洗，防止造成皮肤伤害。

（3）防辐射铅衣的铅分布要均匀，正常使用铅当量不应衰减。

（4）施工人员进入防静电区域前，首先穿戴好防静电服；穿戴防静电服要拉好拉链，防静电服衣兜内不能携带易产生静电的物品或火种；禁止在易燃易爆场合穿、脱防静电服；禁止在防静电服上附加或佩戴任何金属物件。

（5）防静电服必须与防静电鞋同时使用。

第二节　安全色与安全标志

一、安全色与对比色

（一）安全色

安全色是用来表达禁止、警告、指令、指示等安全信息含义的颜色，它的作用是使人们能够迅速发现和分辨安全标志，提醒人们注意安全，以防发生事故。我国 GB 2893—2008《安全色》规定红、黄、蓝、绿四种颜色为安全色。

（1）红色：传递禁止、停止、危险或者提示消防设备、设施的信息。

（2）黄色：传递注意、警告的信息。

（3）蓝色：传递必须遵守规定的指令。

（4）绿色：传递安全的提示性信息。

（二）对比色

对比色是指能使安全色更加醒目的颜色，又称为反衬色，包括黑、白两种颜色。

（1）黑色：用于安全标志的文字、图形符号和警告标志的几何边框。

（2）白色：用于安全标志中红、蓝、绿三种颜色的背景色，也用于安全标志的文字和图形符号。

（三）相间条纹

安全色与对比色的相间条纹为等宽条纹，倾斜约45°。

（1）红色与白色相间条纹：表示禁止或提示消防设备、设施位置的安全标记。

（2）黄色与黑色相间条纹：表示危险位置的安全标记。

（3）蓝色与白色相间条纹：表示指令的安全标记，传递必须遵守规定的信息。

（4）绿色与白色相间条纹：表示安全环境的安全标记。

二、安全标志

（一）定义

安全标志是由安全色、几何图形和形象的图形符号或文字构成的，用以表达特定的安全信息的标志。

（二）分类及基本形式

安全标志分为禁止标志、警告标志、指令标志和提示标志四类。

1. 禁止标志

禁止标志是禁止人们的不安全行为的图形标志，几何图形是带斜杠的圆环，图形背景为白色，圆环和斜杠为红色，图形符号为黑色，如图 3-1 所示。

 禁止吸烟　 禁止烟火　 禁止明火作业　 运转时禁止加油　 修理时禁止转动　 禁止机动车通行

 禁止带火种　 禁止放易燃物　 禁止用水灭火　 禁止停留　 禁止锁闭　 禁止堆放

 禁止靠近　 禁止合闸　 禁止饮用　 禁止穿化纤服装　 禁止放鞭炮　 禁止戴手套

 禁止攀爬　 禁止跳下　 禁止抛物　 禁止停车　 禁止通行　 禁止驶入

图 3-1

| 禁止高空抛物 | 禁止触摸 | 禁止吊篮乘人 | 禁止鸣笛 | 禁止跨越 | 禁止启动 |

| 禁止操作
有人工作 | 禁止单扣吊装 | 禁止混放 | 禁止酒后驾驶 | 禁止酒后上岗 | 禁止入内 |

图 3-1　禁止标志示例

2. 警告标志

警告标志是提醒人们注意周围环境，以免发生危险的图形标志，几何图形是三角形，图形背景是黄色，三角形边框及图形符号均为黑色，如图 3-2 所示。

| 当心踩空 | 标准化施工 | 注意防火 | 注意通风 | 注意防尘 | 当心跌落 |

| 注意防毒 | 当心叉车 | 当心中毒 | 当心微波 | 当心激光 | 当心绊倒 |

| 当心夹手 | 当心腐蚀 | 当心有害气体中毒 | 当心火车 | 当心冒顶 | 噪声有害 |

| 当心滑跌 | 当心挤压 | 注意高温 | 当心中毒 | 当心扎脚 | 当心火灾 |

| 注意行人 | 减速慢行 | 当心叉车 | 当心绊倒 | 止步高压危险 | 注意安全 |

| 当心烫手 | 当心碰头 | 当心伤手 | 当心电缆 | 当心爆炸 | 当心有毒气体 |

| 当心压手 | 当心泄漏 | 当心静电 | 当心瓦斯 | 当心蒸汽
和热水 | 当心电离
辐射 |

| 当心高温表面 | 当心弯道 | 当心交叉道口 |

图 3-2　警告标志示例

3. 指令标志

指令标志是强制人们必须做出某种动作或采用防范措施的图形标志，几何图形是圆形，背景为蓝色，图形符号为白色，如图3-3所示。

必须加锁　　必须桥上通过　　行人走道　　必须保持清洁　　必须戴安全帽　　必须系安全带

鸣笛　　必须戴防毒面具　　必须戴防尘口罩　　必须穿工作服　　必须持证上岗　　必须佩戴防护眼镜

必须戴防护帽　　必须戴防护耳器　　必须带防护手套　　必须戴安全帽　　必须穿防护鞋　　必须穿防护服

图3-3　指令标志示例

4. 提示标志

提示标志是向人们提供某种信息（指示目标方向、标明安全设施或场所等）的图形标志，几何图形是长方形，按长短边的比例不同，分为一般提示标志和消防设备提示标志两类。提示标志图形背景为绿色，图形符号及文字为白色，如图3-4所示。

应急避难场所　　可动火区　　紧急电话　　避险处　　急救点　　紧急出口

紧急医疗室　　击碎面板　　禁止吸烟　　小心地滑　　严禁拍摄　　安全出口

洗手间　　禁止宠物入内　　小心台阶　　当心触电

图3-4　提示标志示例

三、安全标志的设置

（1）安全标志应设置在与安全有关的明显地方，并保证人们有足够的时间注意其所表示的内容。

（2）设立于某一特定位置的安全标志应被牢固地安装，保证其自身不会产生危险，所有的标志均应具有坚实的结构。

（3）当安全标志被置于墙壁或其他现存的结构上时，背景色应与标志上的主色形成对比色。

（4）显示的信息已经无用的安全标志，应立即由设置处卸下，这对于警示特殊的临时性危险的标志尤其重要，否则会导致观察者对其他有用标志的忽视与干扰。

安全标志的安装位置要求：（1）防止危害性事故的发生，首先要考虑所有标志的安装位置都不可存在对人的危害。（2）可视性，标志安装位置的选择很重要，标志上显示的信息不仅要正确，而且对所有的观察者要清晰易读。（3）安装高度，通常标志应安装于观察者水平视线稍高一点的位置，但有些情况置于其他水平位置则是适当的。（4）危险和警告标志应设置在危险源前方足够远处，以保证观察者在首次看到标志及注意到此危险时有充足的时间，这一距离随不同情况而变化，例如警告不要接触开关或其他电气设备的标志，应设置在它们近旁，而大厂区或运输道路上的标志，应设置于危险区域前方足够远的位置，以保证在到达危险区之前就可观察到此种警告，从而有所准备。（5）安全标志不应设置于门等移动物体上，因为物体位置的任何变化都会造成标志观察变得模糊不清。（6）已安装好的标志不应被任意移动，除非位置的变化有益于标志的警示作用。

四、安全标志的维护与管理

为了有效地发挥安全标志的作用，应对其定期检查和清洗，发现有变形、损坏、变色、图形符号脱落和亮度老化等现象存在时，应立即更换或修理，从而使之保持良好状况。安全管理部门应做好监督检查工作，发现问题，及时纠正。

此外，应经常性地向工作人员宣传安全标志使用的规程，特别是那些须要遵守预防措施的人员；当建议设立一个新标志或变更现存标志的位置时，应提前通告员工，并且解释其设置或变更的原因，从而使员工心中有数。只有综合考虑了这些问题，设置的安全标志才有可能有效地发挥安全警示的作用。

第三节　常用安全设施和器材

一、机械类设备

机械类设备主要由驱动装置、变速装置、传动装置、工作装置、制动装置、防护装置、润滑系统和冷却系统等部分组成。

（一）危险部位

机械设备可能造成碰撞、夹击、剪切、卷入等多种伤害，其主要危险部位如下：

（1）旋转部件和成切线运动部件间的咬合处，如动力传输皮带和皮带轮、链条和链轮、齿条和齿轮等。

（2）旋转的轴，包括连接器、芯轴、卡盘、丝杠和杆等。

（3）旋转的凸块和孔处，含有凸块或空洞的旋转部件是很危险的，如风扇叶、凸轮、飞轮等。

（4）对向旋转部件的咬合处，如齿轮、混合辊等。

（5）旋转部件和固定部件的咬合处，如辐条手轮或飞轮和机床床身、旋转搅拌机和无防护开口外壳搅拌装置等。

（6）接近类型，如锻锤的锤体、动力压力机的滑枕等。

（7）通过类型，如金属刨床的工作台及其床身、剪切机的刀刃等。

（8）单向滑动部件，如带锯边缘的齿、砂带磨光机的研磨颗粒、凸式运动带等。

（9）旋转部件与滑动之间，如某些平板印刷机面上的机构、纺织机床等。

（二）存在主要风险类型

（1）物体打击，指物体在重力或其他外力的作用下产生运动，打击人体而造成人身伤亡事故，不包括主体机械设备、车辆、起重机械、坍塌等引发的物体打击。

（2）车辆伤害，指企业机动车辆在行驶中引起的人体坠落和物体倒塌、飞落、挤压等伤亡事故，不包括起重提升、牵引车辆和车辆停驶时发生的事故。

（3）机械伤害，指机械设备运动或静止部件、工具、加工件直接与人体接触引起的挤压、碰撞、冲击、剪切、卷入、绞绕、甩出、切割、切断、刺扎等伤害，不包括车辆、起重机械引起的伤害。

（4）起重伤害，指各种起重作业（包括起重机械安装、检修、试验）中发生的挤压、坠落、物体（吊具、吊重物）打击等。

（5）触电，包括各种设备、设施的触电，电工作业时触电，雷击等。

（6）灼烫，指火焰烧伤、高温物体烫伤、化学灼伤（酸、碱、盐、有机物引起的体内外的灼伤）、物理灼伤（光、放射性物质引起的体内外的灼伤），不包括电灼伤和火灾引起的烧伤。

（7）火灾，包括火灾引起的烧伤和死亡。

（8）高处坠落，指在高处作业中发生坠落造成的伤害事故，不包括触电坠落事故。

（9）坍塌，指物体在外力或重力作用下，超过自身的强度极限或因结构稳定性破坏而造成的事故，如挖沟时的土石塌方、脚手架坍塌、堆置物倒塌、建筑物坍塌等。

（10）火药爆炸，指火药、炸药及其制品在生产、加工、运输、储存中发生的爆炸事故。

（11）化学性爆炸，指可燃性气体、粉尘等与空气混合形成爆炸混合物，接触引爆源发生的爆炸事故（包括气体分解、喷雾爆炸等）。

（12）物理性爆炸，包括锅炉爆炸、容器超压爆炸等。

（13）中毒和窒息，包括中毒、缺氧窒息、中毒性窒息。

（14）其他伤害，指上述伤害以外的伤害，如摔、扭、挫、擦等伤害。

（三）防护对策

机床上常见的传动机构有齿轮啮合机构、皮带传动机构、联轴器等，这些机构高速旋转着，人体某一部位有可能被带进去而造成伤害事故，因而有必要把传动机构危险部位加以防护，以保护操作者的安全。

为保证机械设备的安全运行和操作人员的安全和健康所采取的安全技术措施一般可分为直接、间接和指导性三类。直接安全技术措施是在设计机器时，考虑消除机器本身的不安全因素；间接安全技术措施是在机械设备上采用和安装各种安全防护装置，克服在使用过程中产生的不安全因素；指导性安全措施是制定机器安装、使用、维修的安全规定及设置标志，以提示或指导操作程序，从而保证作业安全。

1. 齿轮传动的安全防护

啮合传动有齿轮（直齿轮、斜齿轮、伞齿轮、齿轮齿条等）啮合传动、蜗轮蜗杆和链条传动等。

齿轮传动机构必须装置全封闭型的防护装置，机器外部绝不允许有裸露的啮合齿轮，不管啮合齿轮处于何种位置，因为即使啮合齿轮处于操作人员不常到的地方，但工人在维护保养机器时也有可能与其接触而带来不必要的伤害。在设计和制造机器时，应尽量将齿轮装入机座内而不使其外露。对于一些历史遗留下来的老设备，如发现啮合齿轮外露，就必须进行改造，加上防护罩。齿轮传动机构没有防护罩不得使用。

防护装置的材料可用钢板或铸造箱体，必须坚固牢靠，保证在机器运行过程中不发生振动；要求装置合理，防护罩的外壳与传动机构的外形相符，同时应便于开启，便于机器的维护保养，即要求能方便地打开和关闭。为了引起人们的注意，防护罩内壁应涂成红色，最好装电气联锁，使防护装置在开启的情况下机器停止运转。另外，防护罩壳体本身不应有尖角和锐利部分，并尽量使之既不影响机器的美观，又起到安全作用。

2. 皮带传动的安全防护

皮带传动的传动比精确度较齿轮啮合的差，但是当过载时，皮带打滑，会起到过载保护作用。皮带传动机构传动平稳、噪声小、结构简单、维护方便，因此广泛应用于机械传动中。但是，由于皮带摩擦后易产生静电放电现象，故不适用于容易发生燃烧或爆炸的场所。

皮带传动机构的危险部分是皮带接头处、皮带进入皮带轮的地方。皮带传动装置的防护罩可采用金属骨架的防护网，与皮带的距离不应小于 50mm，设计应合理，不应影响机器的运行。一般传动机构离地面 2m 以下，应设防护罩，但在下列 3 种情况下，即使在 2m 以上也应加以防护：皮带轮中心距之间的距离在 3m 以上；皮带宽度在 15cm 以上；皮带回转的速度在 9m/min 以上。这样，万一皮带断裂，不至于伤人。皮带的接头必须牢固可靠，安装皮带应松紧适宜。皮带传动机构的防护可采用将皮带全部遮盖起来的方法，或采用防护栏杆防护。

3. 联轴器等的安全防护

一切突出于轴面而不平滑的物件（键、固定螺钉等）均增加了轴的危险性，因此对联轴器的安全要求是没有突出的部分，即采用安全联轴器。轴上的键及螺钉必须加以防护，一般应采用沉头螺钉，使之不突出轴面。但这样还没有彻底排除隐患，根本的办法就是加防护罩，最常见的是 Ω 形防护罩。

（四）主要危害因素辨识与风险防控

机械类设备主要危害因素辨识与风险防控措施见表 3-2。

表 3-2　机械类设备主要危害因素辨识与风险防控措施

危害事件	危害因素	风险防控措施
机械伤害	断屑不当	(1) 工具、卡具、刀具及工件必须装夹牢固； (2) 使用卡盘、花盘时，必须上保险卡
机械伤害	(1) 卷进刀杆、刀盘、丝杠手轮轴的旋转运动； (2) 工件、工装装卸操作不当； (3) 飞出的切屑； (4) 防护罩状态不良； (5) 不停车装卸或测量工件； (6) 拧紧、松开工件时扳手断裂，失去重心； (7) 操作者没有穿戴合适的护发帽、工作服和护目镜； (8) 加工件的飞边、毛刺； (9) 清理铁屑不当； (10) 工件摆放不稳、超高； (11) 脚踏板状态不良； (12) 卷进旋转的主轴； (13) 开车换钻头； (14) 无专用夹具钻斜孔或手持小工件钻孔； (15) 台钻皮带轮护罩不良	(1) 禁止穿肥大或破损的衣物，工服应扎紧扣好； (2) 丝杠上定位销不能裸露； (3) 及时清理切屑，不准用手直接清理切屑； (4) 班前认真检查设备安全防护装置，发现问题及时解决，设备不得带病运行； (5) 设备运转加工过程中，不准装卸或测量工件尺寸； (6) 加强巡检及时检修或更换损坏的脚踏板； (7) 加强检查、对操作者进行教育，上岗前必须穿戴好护品，严格执行操作规程； (8) 及时清除加工件的飞边、毛刺，不准用手清理； (9) 用铁钩清理； (10) 将工件摆放整齐； (11) 加强设备巡检，发现问题和隐患及时排除解决； (12) 钻头上严禁缠绕长铁屑，应经常停车清除； (13) 更换钻头要停车，禁止开车更换； (14) 无专用夹具禁止操作，严禁手持工件操作； (15) 配置皮带传动部位防护罩，安全防护装置不全禁止操作
物体打击	(1) 在机床和工作台上存放物件，在摇臂回转范围内堆放物件； (2) 被甩出的切屑打伤、划伤； (3) 夹具、工装、加工件装夹不牢； (4) 砂轮装卸、放置不当； (5) 砂轮两面法兰直径小于砂轮直径的1/3； (6) 砂轮有裂纹或使用不当	(1) 钻床摇臂和工作台上不准摆放任何物品； (2) 确保防护装置有效，正确穿戴劳保护品； (3) 工作前对设备及工具、卡具进行全面检查，确认牢固可靠方可进行操作； (4) 将砂轮放置在专用存放架架上； (5) 安装砂轮的法兰直径不能小于砂轮直径的1/3或大于1/2； (6) 对砂轮进行全面检查，发现砂轮质量、硬度、强度、粒度和外观有裂纹等缺陷时，禁止使用

二、特种设备

特种设备是指涉及生命安全、危险性较大的锅炉、压力容器（含气瓶，下同）、压力管道、电梯、起重机械、客运索道、大型游乐设施和场（厂）内专用机动车辆。

（一）起重机械

1. 事故类型

1）重物失落事故

起重机械重物失落事故是指起重作业中，吊载、吊具等重物从空中坠落所造成的人身伤亡和设备毁坏的事故，简称失落事故。常见的失落事故有以下几种类型：

（1）脱绳事故。脱绳事故是指重物从捆绑的吊装绳索中脱落溃散导致的伤亡毁坏事故。

造成脱绳事故的主要原因：重物的捆绑方法与要领不当，造成重物滑脱；吊装重心选择不当，造成偏载起吊或吊装中心不稳，使重物脱落；吊载遭到碰撞、冲击而摇摆不定，造成重物失落等。

（2）脱钩事故。脱钩事故是指重物、吊装绳或专用吊具从吊钩口脱出而引起的重物失落事故。

造成脱钩事故的主要原因：吊钩缺少护钩装置；护钩保护装置机能失效；吊装方法不当，吊钩钩口变形引起开口过大等。

（3）断绳事故。断绳事故是指起升绳和吊装绳破断造成的重物失落事故。

造成起升绳破断的主要原因：超载起吊拉断钢丝绳；起升限位开关失灵造成过卷拉断钢丝绳；斜吊、斜拉造成乱绳挤伤切断钢丝绳；钢丝绳长期使用又缺乏维护保养造成疲劳变形、磨损损伤；达到或超过报废标准仍在使用等。

造成吊装绳破断的主要原因：吊钩上吊装绳夹角太大（>120°），使吊装绳上的拉力超过极限值而拉断；吊装钢丝绳品种规格选择不当，或仍使用已达到报废标准的钢丝绳捆绑吊装重物，造成吊装绳破断；吊装绳与重物之间接触处无垫片等保护措施，造成棱角割断钢丝绳。

（4）吊钩断裂事故。吊钩断裂事故是指吊钩断裂造成的重物失落事故。

造成吊钩断裂事故的原因：吊钩材质有缺陷；吊钩因长期磨损断面减小；已达到报废极限标准仍在使用或经常超载使用，造成疲劳断裂。

起重机械失落事故主要发生在起升机构取物缠绕系统中，如脱绳、脱钩、断绳和断钩。每根起升钢丝绳两端的固定也十分重要，如钢丝绳在卷筒上的极限安全圈是否能保证在2圈以上、是否有下降限位保护、钢丝绳在卷筒装置上的压板固定及楔块固定是否安全可靠。此外，钢丝绳脱槽（脱离卷筒绳槽）或脱轮（脱离滑轮）也会造成失落事故。

2）挤伤事故

挤伤事故是指在起重作业中，作业人员被挤压在两个物体之间，造成挤伤、压伤、击伤等人身伤亡事故，多发生在吊装作业人员和检修维护人员间。

造成此类事故的主要原因是起重作业现场缺少安全监督指挥管理人员，现场从事吊装作业和其他作业的人员缺乏安全意识和自我保护措施、野蛮操作等。挤伤事故主要有以下几种：

（1）吊具或吊载与地面物体间的挤伤事故。在车间、仓库等室内场所，地面作业人员处于大型吊具或吊载与机器设备、土建墙壁、牛腿立柱等障碍物之间的狭窄地带，在进行吊装、指挥、操作或从事其他作业时，由于指挥失误或误操作，作业人员躲闪不及被挤压在大型吊具（吊载）与各种障碍物之间，造成挤伤事故；或者吊装不合理造成吊载剧烈摆动，冲撞作业人员造成伤亡。

（2）升降设备的挤伤事故。电梯、升降货梯、建筑升降机的维修人员或操作人员不遵守操作规程，被挤压在轿箱、吊笼与井壁、井架之间而造成挤伤的事故也时有发生。

（3）机体与建筑物间的挤伤事故。这类事故多发生在高空从事桥式起重机维护检修人员中，被挤在起重机端梁与支承、承轨梁的立柱或墙壁之间，或在高空承轨梁侧通道通过时被运行的起重机击伤。

（4）机体回转挤伤事故。这类事故多发生在野外作业的汽车、轮胎和履带起重机作业中，通常是起重机回转时配重部分将吊装、指挥和其他作业人员撞伤，或把上述人员挤压在起重机配重与建筑物之间致伤。

（5）翻转作业中的挤伤事故。从事吊装、翻转、倒个作业时，吊装方法不合理、装卡不牢、吊具选择不当、重物倾斜下坠、吊装选位不佳、指挥及操作人员站位不好等，造成吊载失稳、吊载摆动冲击，导致翻转作业中的砸、撞、碰、挤、压等各种伤亡事故。

3）坠落事故

坠落事故主要是指从事起重作业的人员从起重机机体等高空处坠落至地面的摔伤事故，也包括工具、零部件等从高空坠落，使地面作业人员受伤的事故。

（1）从机体上滑落摔伤事故。这类事故多发生于在高空起重机上进行维护、检修的作业中。一些检修作业人员缺乏安全意识，作业时不戴安全带，脚下滑动、障碍物绊倒或起重机突然启动造成晃动，使作业人员失稳从高空坠落于地面而受伤。

（2）机体撞击坠落事故。这类事故多发生在检修作业中，因缺乏严格的现场安全监督制度，检修人员遭到其他作业的起重机端梁或悬臂撞击，从高空坠落受伤。

（3）轿箱坠落摔伤事故。这类事故多发生在载客电梯、货梯或建筑升降机升降运转中，起升钢丝绳破断、钢丝绳固定端脱落使乘客及操作者随轿箱、货箱一起坠落，造成人员伤亡。

（4）维修工具零部件坠落砸伤事故。在高空起重机上从事检修作业时，作业不小心使维修更换的零部件或维护检修工具从起重机机体上滑落，造成砸伤地面作业人员和机器设备等事故。

（5）振动坠落事故。这类事故不经常发生。起重机个别零部件安装连接不牢，如螺栓未能按要求拧入一定的深度导致螺母锁紧装置失效，或年久失修个别连接环节松动，当起重机遇到冲击或振动时，就会出现因连接松动造成某一零部件从机体脱落，砸伤地面作业人员或砸伤机器设备的事故。

（6）制动下滑坠落事故。这类事故产生的主要原因是起升机构的制动器失效，多为制动器制动环或制动衬料磨损严重而未能及时调整或更换，导致刹车失灵，或制动轴断裂，造成重物急速下滑坠落于地面，砸伤地面作业人员或机器设备。

坠落事故形式较多，近些年发生的严重事故大多是吊笼、简易客货梯的坠落事故。

4）触电事故

触电事故是指从事起重操作和检修作业的人员，因触电而导致人身伤亡的事故。触电事故可以按作业场所分为以下两大类型：

（1）室内作业的触电事故。室内起重机的动力电源是电击事故的根源，遭受触电电击伤害者多为操作人员和电气检修作业人员。产生触电事故的原因，从人的因素分析，多为缺乏起重机基本安全操作规程知识、起重机基本电气控制原理知识、起重机电气安全检查要领，不重视必要的安全保护措施，如不穿绝缘鞋、不带试电笔进行电气检修等；从起重机电气设施的角度看，发生触电事故的原因多为起重机电气系统及周围相应环境缺乏必要的触电安全保护。

（2）室外作业的触电事故。随着土木建筑工程的发展，在室外施工现场从事起重运输作业的自行式起重机，如汽车起重机、轮胎起重机和履带起重机越来越多，虽然这些起重机的动力源非电力，但出现触电事故并不少见。这主要是因为作业现场通常有裸露的高压输电线，由于现场安全指挥监督混乱，常有自行起重机的臂架或起升钢丝绳摆动触及高压输电线使机体连电，进而造成操作人员或吊装作业人员间接遭到高压电线中的高压电击伤的事故。近些年，我国和日本连续发生过数起野外施工作业中自行式起重机悬臂触及高压电线，造成操作人员触电致死的事故。

（3）触电安全防护措施：

① 保证安全电压。为保证人体触电不致造成严重伤害与伤亡，触电的安全电压必须在 50V 以下。目前起重机应采用低压安全操作，常采用的安全低压操作电压为 36V 或 42V。

② 保证绝缘的可靠性。起重机电气系统虽有绝缘保护措施，但是环境温度、湿度、化学腐蚀、机械损伤以及电压变化等都会使绝缘材料电阻值减小，或者出现绝缘材料老化造成的漏电现象，因此必须经常用摇表测量检查各种绝缘环节的可靠性。

③ 加强屏护保护。对起重机上的某些无法加装绝缘装置的部分，如馈电的裸露滑触线等，必须加设护栏、护网等屏护设施。

④ 严格保证配电最小安全净距。起重机电气的设计与施工必须规定出保证配电安全的合理距离。

⑤ 保证接地与接零的可靠性。电气设备一旦漏电，起重机的金属部分就会带有一定电压，作业人员若触及起重机金属部分就可能发生触电事故。如果接地和接零措施安全可靠，就可以防止这类触电事故的发生。

⑥ 加强漏电触电保护。除了在起重机电气系统中采用电压型漏电保护装置、零序电流型漏电保护装置和泄漏电流型漏电保护装置来防止漏电之外，还应设有绝缘站台（司机室采用木制或橡胶地板），规定作业人员穿戴绝缘鞋等进行操作与检修。

5）机体毁坏事故

机体毁坏事故是指起重机因超载失稳等产生结构断裂、倾翻造成结构严重损坏及人身伤亡的事故。常见机体毁坏事故有以下几种类型：

（1）断臂事故。各种类型的悬臂起重机，由于悬臂设计不合理、制造装配有缺陷或者长期使用等已有疲劳损坏隐患，一旦超载起吊就易造成断臂或悬臂严重变形等毁机事故。

（2）倾翻事故。倾翻事故是自行式起重机的常见事故，自行式起重机倾翻事故大多是起重机作业前支撑不当引发的，如野外作业场地支撑地基松软，起重机支腿未能全部伸出等。起重量限制器或起重力矩限制器等安全装置动作失灵、悬臂伸长与规定起重量不符、超载起吊等因素也都会造成自行式起重机倾翻事故。

（3）机体摔伤事故。在室外作业的门式起重机、门座起重机、塔式起重机等，由于无防风夹轨器、无车轮止垫或无固定锚链等，或者上述安全设施机能失效，当遇到强风吹击时，可能会倾倒、移位，甚至从栈轿上翻落，造成严重的机体摔伤事故。

（4）相互撞毁事故。在同一跨中的多台桥式起重机由于相互之间无缓冲碰撞保护措施，或缓冲碰撞保护设施毁坏失效，易发生起重机相互碰撞，导致伤亡事故。在野外作业的多台悬臂起重机群中，悬臂回转作业中也难免相互撞击而出现碰撞事故。

2. 事故防护措施

（1）加强对起重机械的管理。认真执行起重机械各项管理制度和安全检查制度，做好起重机械的定期检查、维护、保养，及时消除隐患，使起重机械始终处于良好的工作状态。

（2）加强对起重机械操作人员的教育和培训，严格执行安全操作规程，提高操作技术能力和处理紧急情况的能力。

（3）起重机械操作过程中要坚持"十不吊"原则：①指挥信号不明或乱指挥不吊；②物体质量不清或超负荷不吊；③斜拉物体不吊；④重物上站人或有浮置物不吊；⑤工作

场地昏暗，无法看清场地、被吊物及指挥信号不吊；⑥遇有拉力不清的埋置物时不吊；⑦工件捆绑、吊挂不牢不吊；⑧重物棱角处与吊绳之间未加衬垫不吊；⑨结构或零部件有影响安全工作的缺陷或损伤时不吊；⑩钢（铁）水装得过满不吊。

3. 危害因素辨识与风险防控

起重机危害因素辨识与风险防控措施见表 3-3。

表 3-3 起重机危害因素辨识与风险防控

危害事件	危害因素	风险防控措施
起重伤害	(1) 作业中斜拉歪吊； (2) 操作不熟练，不具备上岗资格； (3) 控制失灵，起重机失控； (4) 吊运物件放置未稳时摘钩； (5) 吊运物件码放不规则及捆绑不当； (6) 吊运环境视线遮挡； (7) 吊运物件体积、重量超标； (8) 吊具超限使用； (9) 违章使用起重机进行拉断作业； (10) 人员与钢丝绳、重物距离近； (11) 钢丝绳从滑轮中跳出轮槽； (12) 卷扬系统卡死或出现异常	(1) 严格执行操作规程； (2) 操作人员具备操作资格，操作熟练； (3) 吊装前必须测试； (4) 吊装过程中出现紧急事件应立即断电、人员撤离、现场隔离； (5) 吊运物件放置平稳后方可摘钩； (6) 吊运物件码放规则，捆绑牢固，起吊点通过物件重心位置； (7) 清理遮挡物或增加辅助指挥人员； (8) 严禁吊运物件体积、重量超标； (9) 严禁吊具超限使用； (10) 严禁使用起重机进行拉断作业； (11) 应与钢丝绳、重物保持安全距离； (12) 吊升过程速度平稳，避免振动、摆动； (13) 出现紧急情况及时发出通知，现场人员立即撤离
物体打击	(1) 操作人员劳动防护用品穿戴不当； (2) 钢丝绳有锈蚀、磨损、断丝、变形； (3) 吊钩有毛刺、刻痕、裂纹、锐角等缺陷； (4) 吊钩无安全挡板、无保险装置； (5) 起重作业区无安全标志，非工作人员进入； (6) 在吊物下方停留或行走； (7) 吊物脱钩	(1) 选择符合要求的劳动防护用品； (2) 正确穿戴劳动防护用品； (3) 定期、不定期检查钢丝绳及吊钩使用情况，每两年进行合格试验； (4) 吊钩完好，保险装置齐全可靠； (5) 检查吊装区域内安全状况； (6) 现场安全标志清楚； (7) 严禁非工作人员进入； (8) 人员不得在吊物下方停留或行走； (9) 吊绳放置到位，锁好安全保险装置
触电	(1) 手持控制器绝缘外壳损坏； (2) 电缆漏电或损坏； (3) 未断电检查维护	(1) 操作前先验电； (2) 接线规范、接地接零好； (3) 及时更换破损电缆； (4) 设备检查维护必须断电
起重机倾覆	(1) 吊物超过额定重量； (2) 吊物猛升猛降、急停急走； (3) 大梁两端未设置防护栏杆或挡板	(1) 严禁超负荷运行； (2) 严格执行起重机操作规程； (3) 吊升过程速度平稳，避免振动、摆动； (4) 起重机安全防护设施、设备齐全完好

（二）压力容器

1. 事故类型

1）爆炸事故

压力容器爆炸分为物理爆炸现象和化学爆炸现象。物理爆炸现象是容器内高压气体迅速膨胀并以高速释放内在能量。化学爆炸现象是容器内的介质发生化学反应，释放能量生成高压、高温，其爆炸危害程度往往比物理爆炸现象严重。

压力容器爆炸的危害：

（1）冲击波及其破坏作用，冲击波超压会造成人员伤亡和建筑物的破坏。

压力容器因严重超压而爆炸时，其爆炸能量远大于按工作压力估算的爆炸能量，破坏和伤害情况也严重得多。

（2）爆破碎片的破坏作用。

压力容器破裂爆炸时，高速喷出的气流可将壳体反向推出，有些壳体破裂成块或片向四周飞散。这些具有较高速度或较大质量的碎片，在飞出过程中具有较大的动能，会造成较大的危害。碎片还可能损坏附近的设备和管道，引起连续爆炸或火灾，造成更大危害。

（3）介质伤害，主要是有毒介质的毒害和高温蒸气的烫伤。

压力容器所盛装的液化气体中有很多是毒性介质，如液氨、液氯、二氧化硫、二氧化氮、氢氟酸等。盛装这些介质的容器破裂时，大量液体瞬间汽化并向周围大气扩散，会造成大面积的毒害，不但造成人员中毒，致死致病，也严重破坏生态环境，危及中毒区的动植物。其他高温介质泄放汽化会灼烫伤害现场人员。

（4）二次爆炸及燃烧危害。

当容器所盛装的介质为可燃液化气体时，容器破裂爆炸在现场形成大量可燃蒸气，并迅即与空气混合形成可爆性混合气，在扩散中遇明火即形成二次爆炸。可燃液化气体容器的这种燃烧爆炸，常使现场附近变成一片火海，造成严重的后果。

（5）压力容器快开门事故危害。

快开门式压力容器开关盖频繁，在容器泄压未尽前或带压下打开端盖，以及端盖未完全闭合就升压，极易造成快开门式压力容器产生爆炸事故。

2）泄漏事故

压力容器泄漏是指压力容器的元件开裂、穿孔、密封失效等造成容器内的介质泄漏的现象。

压力容器泄漏的危害：

（1）有毒介质伤害，压力容器盛装的是毒性介质时，这些介质会从容器破裂处泄漏，大量液体瞬间汽化并扩散，会造成大面积的毒害，造成人员中毒，破坏生态环境。

有毒介质由容器泄放汽化后，体积增大 $100 \sim 250$ 倍，所形成的毒害区的大小及毒害程度，取决于容器内有毒介质的质量、容器破裂前的介质温度和压力、介质毒性。

（2）爆炸及燃烧危害，容器盛装的是可燃介质时，这些介质会从容器破裂处泄漏，液化气会瞬间汽化，在现场形成大量可燃气体，并迅即与空气混合，达到爆炸极限时，遇明火即会造成空间爆炸。未达到爆炸极限，遇明火即会形成燃烧，此时的燃烧往往会造成周边的容器产生爆炸，进而造成严重的后果。

（3）高温灼烫伤，主要是高温介质泄放汽化灼烫伤害现场人员，如高温蒸气的烫伤等。

2. 事故预防

为防止压力容器发生爆炸、泄漏事故，应采取下列措施：

（1）在设计上，应采用合理的结构，如采用全焊透结构，能自由膨胀等，避免应力集中、几何突变；针对设备使用工况，选用塑性、韧性较好的材料；强度计算及安全阀排量计算应符合标准。

（2）制造、修理、安装、改造时，加强焊接管理，提高焊接质量并按规范要求进行热处理和探伤；加强材料管理，避免采用有缺陷的材料或用错钢材、焊接材料。

（3）在压力容器的使用过程中，加强管理，避免操作失误、超温、超压、超负荷运行、失检、失修、安全装置失灵等。

（4）加强检验工作，及时发现缺陷并采取有效措施。

（5）在压力容器的使用过程中，发生下列异常现象时，应立即采取紧急措施，停止容器的运行：

① 超温、超压、超负荷时，采取措施后仍不能得到有效控制。

② 压力容器主要受压元件出现裂纹、鼓包、变形等现象。

③ 安全附件失效。

④ 接管、紧固件损坏，难以保证安全运行。

⑤ 发生火灾、撞击等直接威胁压力容器安全运行的情况。

⑥ 充装过量。

⑦ 压力容器液位超过规定，采取措施仍不能得到有效控制。

⑧ 压力容器与管道发生严重振动，危及安全运行。

3. 危害因素辨识与风险防控

压力容器、压力管道吹扫危害因素辨识与风险防控措施见表3-4。

表3-4　压力容器、压力管道吹扫危害因素辨识与风险防控措施

危害事件	危害因素	风险防控措施
中毒和窒息	（1）吹扫介质含硫化氢； （2）吹扫介质含高浓度氮气、高浓度惰性气体； （3）警戒区域设置不当； （4）风向标设置位置不当	（1）吹扫过程加强安全监督与监护； （2）作业点及放空口人员处于下风向区域时扩大警戒范围； （3）疏散无关人员及人畜； （4）风向标安装在显眼位置，便于观察的高处； （5）根据管道吹扫压力，划定安全区域； （6）吹扫口检测人员必须正确佩戴正压式空气呼吸器； （7）放喷口应设置在开阔地区，严禁对准民房、工厂和公路要道，放喷口前方200m、左右侧50m以及后侧50m内不得有建筑物和人、畜等，并严禁烟火和隔绝交通； （8）置换空气结束后，要等天然气完全扩散后才能点火放喷，一般情况下，放喷的天然气应点火燃烧，如果不能点火燃烧，则必须扩大放喷警戒安全区； （9）出现人员中毒应立即将中毒人员移至安全地带，必要时进行人工呼吸等急救措施，严重时立即送医院急救
设备损坏	（1）吹扫前没有拆除易损件； （2）高速流动的杂质对设备的损坏； （3）管道固定不牢，管道松脱； （4）压力容器吹扫未按照流向要求进行； （5）放喷口气质及杂质未检测就投入使用	（1）拆除调压阀、孔板流量计等可能损坏的部件，用短节、弯头代替，以保证吹扫效果，防止损坏设备； （2）吹扫管段的长度以20km为宜，吹扫速度要快，逐步升速至20m/s，同时应有足够的吹扫时间，当吹扫口气流干净、不继续喷出污水杂物时，即可结束； （3）吹扫管道吹扫出的脏物不得进入设备或下一级管道； （4）管道吹扫前，末端应采取有效固定措施并装设控制阀； （5）按容器介质流向进行吹扫； （6）经专职人员检测合格后，方可投入使用； （7）管道过长时，应考虑分段吹扫或采用空气加清管器组成清管干燥列车进行清管

危害事件	危害因素	风险防控措施
异物进入管道	人员或动物进入管道内	（1）管道吹扫完成后，应封堵； （2）放喷口阀门应关闭，并上锁挂签
燃烧或爆炸	未按要求对管道进行置换	（1）按置换相关要求对吹扫管道进行置换工作； （2）用天然气置换站场、管道内的空气时，要缓慢进行，气流速度不得超过 5m/s，起点压力不超过 0.1MPa（只有在起伏地形、管道内积液较多时，才允许逐步缓慢提高压力）； （3）当放空天然气中含氧量不超过 2% 时即合格（无化验设备时，当设备、管道内进气量为其容积的 3 倍时，认为置换合格）
管道的阀件、分离器等出现堵漏	使设备、管线局部带压	放掉站场设备、管道内的余气，对所有设备进行清洗、检修

（三）厂内机动车辆

1. 涉及安全的主要部件

1）高压胶管

叉车等车辆的液压系统一般都使用中高压供油，高压胶管的可靠性不仅关系车辆的正常工作，而且一旦发生破裂将会危害人身安全。因此高压胶管必须符合相关标准，并通过耐压试验、长度变化试验、爆破试验、脉冲试验、泄漏试验等试验检测。

2）货叉

货叉是安装在叉车货叉梁上的 L 形承载装置，也称取物装置。货叉必须符合相关标准，并通过重复加载的载荷试验检测。

3）链条

起升货叉架的链条主要有板式链和套筒滚子链两种，需进行极限拉伸载荷和检验载荷试验。

4）转向器

转向器是控制车辆行驶方向的部件，当左右转动方向盘时，转向力通过转向器传递到转向传动机构使车辆改变行驶方向。

5）制动器

制动器是产生阻止车辆运动或运动趋势的力的部件，分为行车制动器和停车制动器。

6）轮胎

轮胎是支撑车辆，实现车辆行驶，减小地面冲击、振动的部件，表面的花纹能提高车辆行驶附着能力。轮胎可分为充气轮胎和实心轮胎。

7）安全阀

液压系统中，可能由于超载或者油缸到达终点油路仍未切断，以及油路堵塞引起压力突然升高，造成液压系统破坏，因此系统中必须设置安全阀，用于控制系统最高压力，最常用的是溢流安全阀。

8）护顶架

叉车等起升高度超过 1.8m 的工业车辆必须设置护顶架，以保护司机免受重物落下造成的伤害。护顶架一般都是由型钢焊接而成，必须能够遮掩司机的上方，还应保证司机有良好的视野。护顶架应进行静态和动态两种载荷试验检测。

9）灯光警示装置

当人员处于危险区域内时，随时有可能发生设备或人身伤害事件，灯光警示装置可发出危险警报信号，提醒人员注意。

10）安全带

安全带是运用在车辆设备上的安全件，是保障人员安全所用的带子，主要原料是涤纶、丙纶和尼龙。

11）车辆喇叭

喇叭是车辆的音响信号装置，在汽车的行驶过程中，驾驶员根据需要和规定发出必要的音响信号，警告行人和引起其他车辆注意，保证交通安全。

12）其他

挡货架，为防止货物向后坠落而设置的框架。货物稳定器，压住货叉上的货物，以防货物倒塌、滑落的属具。（翻）料斗锁定装置，使料斗锁定在运料位置的装置。前倾自锁阀，当油泵停止工作或发生其他故障时，自动锁闭门架倾斜油路的阀。下降限速阀，控制下降速度的阀。稳定支腿，装卸作业时，为保证和增加车辆的稳定性而设置的辅助支腿。

2. 事故预防措施

（1）加强对场（厂）内机动车辆的管理。认真执行场（厂）内机动车辆各项管理制度和安全检查制度，做好场（厂）内机动车辆的定期检查、维护、保养，及时消除隐患，使场（厂）内机动车辆始终处于良好的工作状态。

（2）加强对场（厂）内机动车辆操作人员的教育和培训，严格执行安全操作规程，提高操作技术能力和处理紧急情况的能力。

（3）各种场（厂）内机动车辆操作过程中要严格遵守安全操作规程。

（4）加强厂区直路行车、企业内交叉路口、企业内倒车、装卸过程、夜间行车、信号灯和交通标志等环节的管理。

3. 危害因素辨识与风险防控

厂内机动车辆危害因素辨识与风险防控措施见表3-5。

表3-5　厂内机动车辆危害因素辨识与风险防控措施

危害事件	危害因素	风险防控措施
撞伤	（1）设备机械机构状态不良。 （2）操作失误。 （3）超速行驶	（1）在开车前应检查刹车、喇叭、转向机、灯光和报警指示灯等装置是否齐全完好。 （2）执行"叉车安全技术操作规程"。 （3）厂房内限速3km/h
砸伤	（1）起升、降落操纵失灵限位器失效。 （2）作业时货叉离地太低或太高	（1）发现起升、降落操纵失灵限位器失效时停止工作，待排除故障后方可操作。 （2）货物不准超高1m；行驶时货叉离地面应有30cm的高度
砸伤、撞伤	超负荷使用货物超宽、超高	装运物品不得超重、超长、超宽、超高

续表

危害事件	危害因素	风险防控措施
摔伤	铲车载人行驶	严禁载人
烧伤	维修时清洗部件发生火灾	叉车维修、清洗部件时禁止使用明火操作
充电时引发火灾	充电时引发火灾	检查电瓶、加注燃油或检查燃油系统时严禁吸烟，以防爆炸
倾倒砸伤	货叉没有叉在货物重心上	对准货物叉在中心

三、受限空间

受限空间是指进出口受限，通风不良，可能存在易燃易爆、有毒有害物质或缺氧，对进入人员的身体健康和生命安全构成威胁的封闭、半封闭设施及场所，如反应器、塔、釜、槽、罐、炉膛、锅筒、管道以及地下室、窨井、坑（池）、下水道或其他封闭、半空间封闭场所。

受限空间是符合以下所有物理条件外，还至少存在以下危险特征之一的空间：

（1）物理条件：

① 进入和撤离受到限制，不能自如进出；

② 并非设计用来给员工长时间在内工作的空间。

（2）危险特征：

① 存在或可能产生有毒有害气体或机械、电、辐射、放射源等危害；

② 存在或可能产生掩埋进入者的物料；

③ 内部结构可能将进入者困在其中（如内有固定设备或四壁向内倾斜收拢）；

④ 存在已识别出的健康、安全风险。

进入受限空间作业是指作业人员进入或探入可能存在中毒、窒息、爆炸、淹埋、辐射等伤害的受限空间内从事施工或者维修、排障、保养、清理等的作业。

（一）风险类别

有限空间作业存在的主要安全风险包括中毒、缺氧窒息、燃爆以及淹溺、高处坠落、触电、物体打击、机械伤害、灼烫、坍塌、掩埋、高温高湿等。在某些环境下，上述风险可能共存，并具有隐蔽性和突发性。

（二）作业要求

（1）进入受限空间作业实行作业许可管理，应针对作业内容进行工作前安全分析，开展危害因素辨识，作业前办理进入受限空间作业许可证。

（2）属地单位应对每个装置或作业区域进行辨识并进行目视化管理。

① 对于用钥匙、工具打开的或有实物障碍的受限空间，打开时应在进入点附近设置警示标志；

② 对不需要钥匙、工具就可进入或无实物障碍阻挡进入的受限空间，应建立包括数量、位置、危害因素等内容的清单并设置警示标志。

（3）应尽可能避免进入受限空间作业，如现场不具备条件，需进入受限空间作业时，应实施作业许可管理，办理进入受限空间作业许可证。

（4）对有规程可依且风险管控要求不高的场所开展进入受限空间作业，按照规程执行，可不办理进入受限空间作业许可证。

（5）进入受限空间作业许可证是现场进入受限空间作业的依据，只限在指定的作业区域和时间范围内使用，且不得涂改、代签。

（6）进入受限空间作业申请人、监督人、批准人、监护人、作业人应培训并评估合格，清楚现场作业条件和风险，具备管理、实施现场作业的安全技能，特种作业人员必须持有相应的资质。

（7）进入受限空间前应隔离相关能量和物料，采取封闭、封堵、切断能源等可靠的隔离措施，并上锁挂牌或设专人看管，防止无关人员意外开启或移除隔离设施。进入受限空间作业涉及其他危险作业内容时，还需执行相应的危险作业管理标准。

（8）进入受限空间作业前应按照作业许可证或安全工作方案的要求进行通风和气体检测，受限空间内部任意部位的含氧量均达到 19.5%~23.5% 后方可作业；作业过程中应适时进行气体监测，发现异常情况应立即停止作业，撤出人员；气体检测设备必须经检定合格，并处于完好状态。

（9）在有放射源的受限空间内作业，作业前应对放射源进行屏蔽处理。

（10）对受限空间内阻碍人员移动、对作业人员可能造成危害或影响救援的设备（如搅拌器）应当采取固定措施，必要时移出受限空间。

（11）作业过程中受限空间内必须保持良好的通风，保证空气流通和人员呼吸需要，可采取自然通风或强制通风，严禁向受限空间内通纯氧。

（12）作业过程中确保受限空间内氧气含量始终保持在 19.5%~23.5%，且有毒有害、易燃易爆物质不超标（H_2S 含量小于 $10mg/m^3$）；如果在进入许可证时限内中断受限空间作业超过 30min，必须重新进行气体检测，合格方可继续作业。

（13）进入受限空间作业期间，应当根据作业许可证或安全工作方案中规定的频次进行气体监测，并记录监测时间和结果，结果不合格时应立即停止作业。

（14）可能会遇到类似于进入受限空间时发生的潜在危害（如把头伸入 30cm 直径的管道或洞口或进入一个氮气吹扫过的罐内），在此情况下，应进行危害分析，并采用进入受限空间作业许可证来控制此类作业风险。

四、梯台

梯台主要分为工业梯及平台、通道。工业梯主要指工业生产、活动区域中固定在各种设备、设施、建筑物、构筑物上的各种直梯、斜梯、旋转梯以及配套使用的护栏等基础设施。平台、通道主要指在周围区域平面以上供人员工作或站立的平面结构，以及所配套使用的护栏等基础设施。

（一）固定式钢直梯

固定式钢直梯是永久性安装在建筑物或设备上，与水平面呈 75°~90° 倾角，主要构件为钢材制造的直梯，主要结构包括梯梁、踏棍、护笼、支撑和扶手等。梯梁（梯框）是用来安装踏棍或其他横向承载件的梯子侧边构件；踏棍是使用者上下梯子时脚踩踏的梯子构件；护笼（安全防护笼）是安装在梯梁或固定结构上，封闭梯子周围攀登空间防止人员坠落的框架结构；支撑是用来将钢直梯固定在建筑物或设备上的构件；（直梯）扶手是钢直梯顶端供攀登者手握的构件；两梯梁内侧平行于踏棍测量的距离称为内侧净宽度，简称梯宽；梯子上端基准面至基准面的垂直距离称为梯段高度，简称梯高。

结构要求：

（1）支撑间距：无基础的钢直梯，至少焊接两对支撑，之间的距离不应太大。

（2）梯子周围空间：①由踏棍中心线到梯子后侧建筑物、结构或设备的连续性表面垂直距离不应小于180mm；对非连续性障碍物，垂直距离不应小于150mm。②对前向的进出式梯子，顶端踏棍上表面与到达平台或屋面平齐，由踏棍中心线到前面最近的结构、建筑物或设备边缘的距离应为180～300mm，必要时应提供引导平台使通过距离减少至180～300mm。

（3）梯段高度及保护要求：①单段梯高不宜大于10m，攀登高度大于10m时应采用多段梯，梯段水平交错布置，并设梯间平台，平台垂直间距离宜为6m。单段梯及多段梯的梯高均应不大于15m。②梯段高度大于3m应设置安全护笼；单梯段高度不大于7m，应设置安全护笼；当攀登高度小于7m，但梯子顶部在地面、地板或屋顶之上高度大于7m时，也应设安全护笼。

（4）踏棍：①梯子的整个攀登高度上所有的踏棍垂直距离应相等，相邻踏棍垂直距离应为225～300mm，梯子下端的第一级踏棍与基准面的距离应不大于450mm。②圆形踏棍直径应不小于20mm，若采用其他截面形状的踏棍，其水平方向深度不应小于20mm。③在非正常环境（如潮湿或腐蚀）下使用的梯子，踏棍应采用直径不小于25mm的圆钢，或等效力学性能的正方形、长方形或其他形状的实心或空心型材。④在因环境条件有可预见的打滑风险时，应对踏棍采取附加的防滑措施。

（5）梯梁：①在正常环境下使用的梯子，梯梁应采用不小于60mm×10mm的扁钢，或具有等效强度的其他实心或空心型材。②在非正常环境（如潮湿或腐蚀）下使用的梯子，梯梁应采用不小于60mm×12mm的扁钢，或具有等效强度的其他实心或空心型材。

（6）护笼：①护笼宜采用圆形结构，应包括一张水平笼箍和至少5根立杆，其等效机构也可采用。②水平笼箍采用不小于50mm×6mm的扁钢，立杆采用不小于40mm×5mm的扁钢；水平笼箍应固定到梯梁上，立杆应在水平笼箍内侧并间距相等，与其牢固连接。③护笼应能支撑梯子预定的活载荷或恒载荷（梯子应能承受护笼的重量）。④护笼内侧深度有踏棍中心线起应不小于650mm，不大于800mm，圆形护笼的直径应为650～800mm，其他形式的护笼内侧宽度应不小于650mm，不大于800mm；护笼内侧应无任何突出物。⑤水平笼箍垂直间距应不大于1500mm；立杆间距不应大于300mm，均匀分布；护笼各构件形成的最大空隙应不大于0.4m²。⑥护笼底部距梯段下端基准面应不小于2100mm，不大于3000mm。⑦护笼顶部在平台或梯子顶部进、出平面之上的高度应不小于GB 4053.3—2009《固定式钢梯及平台安全要求 第3部分：工业防护栏杆及钢平台》中规定的栏杆高度。⑧未能固定到梯梁上的平台以上或进出口以上的护笼部件应固定到护栏上或直接固定到结构、建筑物或设备上。

（二）固定式钢斜梯

永久性安装在建筑物或设备上，与水平面成30°～75°倾角的踏板钢梯。

相关名词：

（1）踏板：供使用者上下梯子时脚踩踏的梯子水平构件，其前后深度不小于 80mm。

（2）踏步高：相邻两踏板间的垂直距离。

（3）内侧净宽度：两梯梁内侧平行于踏板测量的距离称为固定式钢斜梯的内侧净宽度，简称梯宽。

（4）扶手（系统）：安装在斜梯外侧边缘保护人员的阻挡型框架结构，当其作为斜梯扶手系统部件名称时，是由使用者手握作为支撑并与梯段倾角线平行的扶手系统构件。

（6）倾角：两梯梁中心线所在平面与水平面的夹角。

结构要求：

（1）梯高：梯高不宜大于 5m，大于 5m 时宜设梯间平台（休息平台），分段设梯；单梯段的梯高不应大于 6m，梯级数不宜大于 16；斜梯内侧净宽度应不小于 450mm，不宜大于 1100mm。

（2）踏板：①踏板的前后深度应不小于 80mm，相邻两踏板的前后方向重叠应不小于 10mm，不大于 35mm。②在同一梯段所有踏板间距应相同，踏板间距宜为 225～255mm。③顶部踏板的上表面应与平台平面一致，踏板与平台应无间隙。④踏板应采用防滑材料或至少有不小于 25mm 宽的防滑突缘。应采用厚度不小于 4mm 的花纹钢板，或经防滑处理的普通钢板，或采用 25mm×4mm 扁钢和小角钢组焊成的隔板或其他等效的结构；梯子通行空间在斜梯使用者上方，由踏板突缘前端到上方障碍物的垂直距离应不小于 2000mm。

（3）扶手：①斜梯敞开边的扶手高度应不低于 GB 4053.3—2009 中规定的栏杆高度（平台、通道及作业场所距基准面高度小于 2m 时，防护栏杆高度应不低于 900mm；当距基准面高度大于等于 2m 并小于 20m 的平台、通道及作业场所的防护栏杆高度应不低于 1050mm）。②扶手宜为外径 30～50mm，厚壁不小于 2.5mm 的圆形钢材。③支撑扶手的立柱宜采用截面不小于 40mm×40mm×40mm 角钢或外径为 30～50mm 的管材；从第一级踏板开始设置，间距不宜小于 1000mm；中间栏杆采用直径不小于 16mm 圆钢或 30mm×4mm 扁钢，固定在立柱中部。

（三）固定式工业防护栏杆及钢平台

固定式工业防护栏杆为永久性安装在梯子、平台、通道、升降口及其他敞开边缘防止人员坠落的框架结构，简称护栏。钢平台为永久性安装在建筑物或设备上供人员工作、休息或通行的钢制平台。

相关名词：

（1）扶手（顶部栏杆）：可供手握作为支撑并有阻挡功能的防护栏杆顶部构件。

（2）中间栏杆（横杆）：安装在顶部栏杆和地板之间的防护栏杆水平构件。

（3）立柱（支柱）：与平台或其他固定结构连接，支撑防护栏杆的垂直构件。

（4）脚踏板（挡板）：沿平台、通道或其他敞开边缘垂直设置，用来防止物体坠落（或人员滑出）的防护栏杆构件。

（5）平台：在周围区域平面以上供人员工作或站立的平面结构。

（6）工作平台：装有要求的防护装置，供人员进行工作活动的平台。

（7）梯间平台（中间平台、休息平台）：相邻梯段间供人员休息或改变行进方向的平台。

（8）通行平台（通道）：供人员由一个区域到另一个区域行走的平台。

防护要求：

（1）距下方相邻地板或地面 1.2m 及以上的平台、通道或工作面的所有敞开边缘应设置防护栏杆。

（2）在平台、通道或工作面上可能使用工具、机器部件或物品的场合，应在所有敞开边缘设置带踢脚板的防护栏杆。

（3）在酸洗或电镀、脱脂等危险设备上方或附近的平台、通道或工作面的敞开边缘，均应设置带踢脚板的防护栏杆。

（4）当平台设有满足踢脚板功能及强度要求的其他结构边沿时，防护栏杆可不设踢脚板。

防护栏杆结构要求：

（1）结构形式：①防护栏杆应采用包括扶手（顶部栏杆）、中间栏杆和立柱的结构形式或采用其他等效的机构。②防护栏杆各构件的布置应确保中间栏杆（横杆）与上下构件间形成的空隙间距不大于 500mm；构件设置的方式应可阻止攀爬。

（2）栏杆高度：①当平台、通道及作业场所距基准面高度小于 2m 时，防护栏杆高度应不低于 900mm。②距基准面高度为 2（含）~20m 的平台、通道及作业场所的防护栏杆高度应不低于 1050mm。③距基准面高度不小于 20m 的平台、通道及作业场所的防护栏杆高度应不低于 1200mm。

（3）扶手：①扶手的设计应允许手能连续滑动；扶手末端应以曲折端结束，可转向支撑墙，或转向中间栏杆，或转向立柱，或布置成避免扶手末端突出的结构。②扶手宜采用钢管，外径应不小于 30mm，不大于 50mm。③扶手后应有不小于 75mm 的净空间，以便于手握。

（4）中间栏杆：①扶手和踢脚板之间应至少设置一道中间栏杆。②中间栏杆宜采用不小 25mm×4mm 扁钢或直径 16mm 的圆钢；中间栏杆与上方、下方构件的空隙间距不大于 500mm。

（5）立柱：①防护栏杆端部应设置立柱或确保与建筑物或其他固定结构牢固连接，立柱间距应不大于 1000mm。②立柱不应在踢脚板上安装，除非踢脚板为承载的构件。③立柱应采用不小于 50mm×50mm×4mm 角钢或外径 30~50mm 钢管。

（6）踢脚板：①踢脚板顶部在平台地面之上高度应不小于 100mm，其底部距地面应不大于 10mm；踢脚板宜采用不小于 100mm×2mm 的钢板制造。②在室内的平台、通道或地面，如果没有排水或排除有害液体或气体，踢脚板下端可不留空隙。

（7）上方空间：①平台地面到上方障碍物的垂直距离应不小于 2000mm。②对于仅限于单人偶尔使用的平台，上方障碍物的垂直距离可适当减小，但不应小于 1900mm。

（8）平台地板：①平台地板宜采用不小于 4mm 厚的花纹钢或经防滑处理的钢板铺装，相邻钢板不应搭接；相邻钢板上表面的高度差应不大于 4mm。②工作平台和梯间平台（休息平台）的地板应水平设置；通行平台地板与水平面的倾角应不大于 10°，倾斜的地板应采取防滑措施。

（四）危害因素辨识与风险防控

梯台类设备本体危害因素辨识与风险防控措施见表 3-6。

表 3-6 梯台类设备本体危害因素辨识与风险防控措施

危害事件	危害因素	风险防控措施
高处坠落	梯长、梯宽、踏板间距、扶手高度、通道宽度不符合标准要求	严禁使用不符合安全标准的梯子
	梯脚防滑措施失效	梯子脚踏板须有防滑措施，且无油污、杂物，无缺档现象
	结构件松脱、裂纹、扭曲、腐蚀、凹陷或突出等严重变形	严禁使用不符合安全标准的梯子
	梯台固定不牢固	(1) 操作者班前巡检，发现问题及时处理； (2) 定期进行维护保养
其他伤害	被边角划、刮伤	对边角进行安全提示，并做好保护

梯台类设备操作危害因素辨识与风险防控措施见表 3-7。

表 3-7 梯台类设备操作危害因素辨识与风险防控措施

危害事件	危害因素	风险防控措施
高处坠落	出现未抓稳、未系好安全带等违章操作	严格执行操作要求
	穿易滑脱的鞋	严格执行操作要求
物体打击	携带的工件、使用的工具等放置不稳、或抓握不牢	使用专用工具袋；物品、工具应放置牢靠，并采取防掉落措施及装置

五、应急器材

应急器材是为应对严重自然灾害、事故灾难、公共卫生事件和社会安全事件等突发公共事件应急全过程中所必需的保障器材，主要包括：(1) 起重，葫芦、索具、浮桶、绞盘、撬棍、滚杠和千斤顶；(2) 破碎紧固，手锤、钢钎、电钻、电锯、油锯、断线钳、张紧器和液压剪；(3) 消防，灭火器、灭火弹和风力灭火机；(4) 声光报警，警报器(电动、手动)、照明弹、信号弹、烟雾弹、警报灯和发光(反光)标记；(5) 观察，防水望远镜、工业内窥镜和潜水镜；(6) 通用，普通五金工具和绳索。其中机械制造行业所涉及的应急器材主要有消防、声光报警和通用器材三个方面，消防方面的应急器材详见本节七、消防设施和器材。

(一) 正压式消防空气呼吸器

正压式消防空气呼吸器适用于消防员和抢险救援人员在下列环境中进行灭火或抢险救援：(1) 有毒有害气体环境；(2) 烟雾、粉尘环境；(3) 空气中悬浮有害物质污染物；(4) 空气中氧气含量较低，不能供人正常呼吸。在上述环境中，该产品能有效地为使用者提供呼吸保护；该产品不能作为潜水呼吸器使用；该产品不能提供人体体表(面部除外)保护，它可以和防化服、防护头盔、防护鞋、防护手套配套使用。

1. 组成

1) 全面罩

全面罩按视野开阔程度可分为标准型和大视野型两种；按脸型大小可以分为大、中、小三个型号（济南海安安环设备有限公司生产的呼吸器一般采用中号大视野全面罩，保证视野开阔的情况下适合大部分人使用）。

吸气时，由供气阀来的新鲜空气进入镜片和口鼻罩之间，使镜片被吹洗和降温，有效地防止了镜片产生结雾，然后新鲜空气通过口鼻罩的吸气阀进入口鼻罩内被人体吸入；呼气时（此时供气阀自动停止供气），吸气阀自动关闭，人体呼出的气体从口鼻罩内的呼气阀排出。呼气阀也是单向开启，吸气时关闭，呼气时开启。

口鼻罩及吸气阀的作用保证了人体使用全面罩时，吸入气体中 CO_2 含量不超过 1%，因此无口鼻罩和吸气阀的全面罩不能使用，否则人体吸入的气体中 CO_2 含量会超过 1%，对人体造成损害。全面罩上有系带或弹性网罩，正确使用系带或弹性网罩可保证人的面部和全面罩之间的气密性。使用全面罩时要定期检验其气密功能和呼气阀功能，以保证使用安全性。

2）供气阀

供气阀输出端和全面罩连接，输入端和中压管路连接，它有两个功能，其一是将减压器经中压管路来的压缩空气减压，使其压力适合于人体呼吸；其二是按人体吸气量要求输出空气，当人体呼气或屏气时，它就不输出空气。供气阀最大供气量为 300L/min。为保证使用安全性，要定期对供气阀功能进行检查。

3）中压管路

中压管路的输出端和供气阀输入端连接，输入端和减压器的输出端连接，它有两个功能，其一是有足够大的流通面积，能保证供气阀输出量的要求，其二是有足够高的强度，能承受减压器输出的压缩空气压力。在靠近供气阀的一端，中压管路设有带自锁装置的快速接头，压下快速接头公头端，可以向后移动快速接头座的锁紧圈，从快速接头座中取出快速接头公头，断开中压管路，需要将中压管路连成一体时，可以直接将快速接头公端插入快速接头座，它可以实现自动锁紧。佩戴空气呼吸器时，拔开快速接头，会使空气呼吸器的佩戴变得轻松，当然，也可根据用户要求不设快速接头。中压管路的胶管不能有划伤，通气时应无明显变形，使用前要注意检查胶管，发现龟裂或划伤要及时更换。

4）减压器

减压器的输入端和瓶阀连接，有 3 个中压输出端，一个输出端和中压管路连接，另一个输出端和中压安全阀连接，第三个在正常情况下用盲头堵死，如果因救援需要二人合用一台空气呼吸器，或因长时间工作需要外接供气装置时，可以提前将空气呼吸器改为二人共用型。此外，减压器还有高压输出口与高压管连接。无论气源压力在 2~30MPa 如何变化，减压器的输出压力都保持在 0.6~0.9MPa，其输出流量也都大于 600L/min（济南海安安环设备有限公司设计的是免维护型减压器），使用者不要随意调整减压器的输出压力。减压器上的安全阀可保护中压输出压力值，当减压器出现故障时，如减压阀门漏气，安全阀开启（开启压力为 0.99~1.5MPa），当压力不大于 0.9MPa 时，安全阀会自动关闭。当发现安全阀漏气时，要先检查减压器的高压部分是否有故障，排除故障后，再检查安全阀的开启压力是否在规定范围内，或维修安全阀。减压器和高压导管的连接处设有限流孔，一旦压力表或高压管损坏，高压空气的损失流量不会超过 25L/min。

5）余压报警器

余压报警器的输入端与高压导管连接，气源压力表和警报哨就装在余压报警器上。气源压力表是用来指示气瓶内的压缩开启压力的，当气源压力下降到 5~6MPa 时，警报哨会发出不低于 90dB 的声响，此时，使用者应立即撤出工作现场，此时空气呼吸器的储气仅够使用 5~8min。

6）高压导管

高压导管输入端与减压器连接，输出端和余压报警器连接，将高压空气输入压力表和警报哨。使用空气呼吸器前要注意检查高压导管是否有损坏，使用时不要使高压导管的折弯太小，以免损坏高压导管。

7）压力表

压力表是用来指示气瓶的储气压力的，具有防水性能，虽然装有橡胶防震圈，但也应当避免剧烈震动。压力表具有夜光功能，在光线黯淡处或夜间使用，也能清晰地看到表的指针和读数以及红色安全指示区。压力表和余压报警器的连接处设有限流孔，一旦压力表或与余压报警器脱离开，高压空气的损失流量不会超过 25L/min。

8）气瓶和瓶阀

（1）气瓶：气瓶是用来储存压缩空气的，额定工作压力是 30MPa，容积一般有 4.7L、6.8L 和 9.0L 三种，背负式空气呼吸器以 6.8L 和 9.0L 为主。气瓶由耐压性能好的碳纤维缠绕在特制铝合金内胆上制成，正常情况下可以使用 15 年以上。使用时必须注意不能损坏气瓶的碳纤维，如果发现碳纤维有损坏或断裂，必须停止使用并将瓶内气体放空，送到生产厂家维修，损坏严重的必须报废。

（2）瓶阀：瓶阀装在气瓶上，是用来控制压缩空气进出气瓶的组件，瓶阀手轮上装有棘轮止逆结构，瓶阀可以轻松单手开启，关闭瓶阀必须压下止逆结构，这种结构可以有效防止在使用空气呼吸器时瓶阀被无意关闭。

瓶阀一般有两种：一种是在瓶阀上装有压力表，不用开启瓶阀即可观察到瓶内储气压力，另一种未装压力表，观察瓶内压力需用另外的压力测试仪，开启瓶阀后才能观察到气瓶储气压力。装有压力表的瓶阀设有限流孔装置，一旦压力表被损坏，漏气量不会超过 30L/min，但此时使用者必须马上撤出工作现场。

瓶阀与减压器输入端连接，使用空气呼吸器时，瓶阀必须有足够的开启量，否则会造成供气不足，特别是在空气呼吸器使用一段时间后气瓶储气压力下降时更易出现，出现此种现象应及时加大瓶阀开启量。

9）背板组

背板组由背板、肩带、调节带、腰带、腰垫、腰带卡、气瓶固定带、气瓶垫、支架等组成。

（1）背板：由碳纤维压制成，具有阻燃性，重量轻，耐腐蚀，其结构按人体工程学设计，佩戴舒适，性能优异。

（2）肩带：用来将空气呼吸器固定在人体上，有左右两根，由阻燃耐腐蚀材料制成。

（3）调节带：有左右两根，一端与左右肩带连接，另一端固定在腰带卡上，通过调整调节带的长度可以使空气呼吸器适合不同身高的人使用。

（4）腰带：固定在腰带卡上，长度可调，可适合不同腰围的人员使用。腰带与调节带配合，可以将呼吸器的重量按照臀、腰、肩的顺序分布，使双肩没有明显的承重感，同时增加了呼吸器佩戴舒适性。

（5）气瓶固定带：长度可调，便于更换不同容积的气瓶，气瓶固定带与气瓶垫、支架共同作用，可以把气瓶牢固地固定在背板上，保障气瓶在工作时不会摆动。

2. 使用与维护

为确保空气呼吸器的使用安全性，充分发挥其呼吸保护的作用，使用者应牢记并熟练掌握以下产品使用与维护的规则以及注意事项。

1）使用前检查和准备

（1）检查空气呼吸器各组部件是否齐全、有无缺损，检查接头、管路、阀体是否连接完好。如有缺失或损坏，一般不能使用，因情况紧急，在缺失组部件不影响空气呼吸器的保护性能发挥时，可酌情小心使用。

（2）检查空气呼吸器供气系统气密性和气瓶压力，首先检查减压器和瓶阀连接处的密封圈是否完好，并确保连接处拧紧；使供气阀处于关闭状态，打开瓶阀开关，待管路和阀门中充满压缩空气后关闭瓶阀，记下压力表示值，保压 2min，压力表示值下降不应超过 2MPa；打开瓶阀后的压力表示值即是气瓶储气压力，应根据实际需要，确定此时储气量能否满足本次工作需要。一般规定，气瓶储气压力不低于额定工作压力的 80% 时，才能佩戴空气呼吸器进入火灾或事故现场。

（3）通过供气阀旁路缓慢放气，警报哨发出报警声响的压力应为 5~6MPa，发现不在此范围内，须经过调整维修后才能使用。

（4）关闭供气阀旁路阀和供气阀开关，然后打开瓶阀开关，将面罩正确戴在头部，深吸一口气，供气阀应能自动打开，在人员呼吸时，供气阀发出明显的供气声音；在呼气和屏气状态下，供气阀应无供气声音。在不同呼吸量状态下，使用人员无供气不足和呼气困难的感觉可认为空气呼吸器处于正常状态。

（5）检查气瓶是否固定牢固：检查在更换气瓶或存放过程中气瓶是否固定牢固，如有松动须将气瓶固定牢固。

以上检查完毕，空气呼吸器即可佩戴正常使用。

2）佩戴步骤和方法

（1）将断开快速接头的空气呼吸器（无快速接头的将面罩和供气阀分离开），瓶阀向下背在人背部，根据身高调节好调节带的长度，根据腰围调节好腰带长度并扣好，将压力表调整到佩戴者胸部便于观察的位置。

（2）将快速接头连接好（或将面罩与供气阀连接好），把面罩挂在脖子上。

（3）将瓶阀打开 2 圈以上，此时应能听到警报哨发出一声响亮的报警声，告知佩戴者瓶阀打开后气路已经充满压缩空气，压力表应指向相应压力处。

（4）佩戴好全面罩深吸一口气，供气阀供气后（供气阀旁路此时应处于关闭状态）观察压力表指针在大气量吸气时是否回摆，如回摆，说明瓶阀开启量太小，应加大瓶阀开起量，直至压力表针不再回摆。佩戴全面罩时，要对称的贴近人头部和面部拉紧面罩系带，但不要拉得太紧，以面部贴合较好又无压痛感为宜。此时可以佩戴空气呼吸器进入作业现场了。

（5）空气呼吸器的取卸：

① 松开全面罩系带，关闭供气阀开关；

② 从头上取下全面罩，挂在脖子上；

③ 关闭瓶阀，打开供气阀旁路，将减压器与输气管路的压缩空气放掉；

④ 解开腰带卡，掀起调节带卡，此时调节带会自动拉长；

⑤ 取下空气呼吸器，放在干净无污染处。

3）使用后的维护

以下将有毒有害物质、粉尘、烟尘颗粒等统称为污染物。

（1）清洗和消毒：

消防队员或抢险救援人员从火灾或事故现场撤下并取下空气呼吸器后，应对空气呼吸器进行初步清洗，除去呼吸器上的污染物，并注意保护面罩的内部不受污染。用中性清洁剂对面罩进行浸泡清洗，用镜片纸或脱脂棉把镜片擦净，用医用酒精对全面罩的口鼻罩与密封唇进行清洗消毒，然后将面罩风干或吹干。空气呼吸器的气瓶要擦洗净，检查气瓶的碳纤维是否受到损坏，碳纤维断裂的气瓶必须放空瓶内压缩空气送回厂家维修，损坏严重的要做报废处理。背板、腰带及卡扣也要用中性清洗剂清洗晾干或烘干后存放备用。

（2）将空气呼吸器恢复到使用前的正常待用状态：

① 将气瓶充气到额定工作压力（30MPa），最低压力一般不低于额定工作压力的80%。

② 将瓶阀和减压器连接好，并将气瓶固定牢固。

③ 按照"空气呼吸器使用前的装备"规定项目进行检查并使其符合要求；将检查维护后符合使用要求的空气呼吸器按照规定存放在规定地点，以备随时取用。

（3）将使用维护后的结果记录在相应表格中。

4）使用时注意事项

空气呼吸器使用时必须遵守前面叙述的规定，同时应特别注意以下事项：

（1）空气呼吸器使用前必须先检查气瓶储气压力，估算瓶内储气可以使用的时间，必须避免因气瓶无储气或储气过少造成的安全事故。

（2）使用前的检查、佩戴和拆卸空气呼吸器须在无污染安全的地方进行。

（3）空气呼吸器使用时如发现突然供气不足，可打开供气阀的旁路阀，保证临时应急供气使用，此时必须迅速撤离事故现场再查明原因。

（4）发现空气呼吸器的供气管路发生橡胶龟裂时，必须立即进行更换，以保证使用安全。

（5）佩戴空气呼吸器时，如在呼气或屏气时，供气阀仍然继续供气，往往是全面罩佩戴不正确造成的，如果佩戴正确后供气阀仍然连续供气，必须检查维修全面罩和供气阀。

（6）供气阀和全面罩连接时，应取下供气阀输出端的护罩，还要仔细检查供气阀和全面罩连接的牢固性和正确性。

（7）佩戴空气呼吸器工作时，要注意观察压力表，当压力表指针处于5~6MPa时，无论警报哨是否发出警报声，都要撤离工作现场。

（8）向储气瓶充装的空气必须是干燥的，应符合呼吸用气体标准。

（9）清洗空气呼吸器时，一定注意不要将瓶阀和减压器的接口、供气阀和全面罩的接口污染，否则将对佩戴人员造成伤害。

（10）建议空气呼吸器专人专用，有利于佩戴人员的健康和对空气呼气器的保养维护。

3. 储存、存放

（1）储存的环境条件：空气呼吸器必须储存在便于使用人员存取的地方，应保证存放处是远离尘埃、光照、无化学物质腐蚀和危险性物质的环境，环境温度为 5~35℃，相对湿度不大于80%的干燥库房中。

（2）存放：空气呼吸器应装在包装箱中存放，以保护全面罩不被挤压，高压和中压输气管路应避免小圆弧折弯，压力表壳避免受压，整机存放应保证清洁干燥；在储存时，气瓶中最好保存有 0.5~1.0MPa 的压缩空气。

（二）防毒面具

（1）防毒面具使用前检查：①使用前需检查面具是否有裂痕、破口，确保面具与脸部贴合密封性；②检查呼气阀片有无变形、破裂及裂缝；③检查头带是否有弹性；④检查滤毒罐座密封圈是否完好；⑤检查滤毒罐是否在使用期内。

（2）防毒面具佩戴：①将面具盖住口鼻，然后将头带框套拉至头顶；②用双手将下面的头带拉向颈后，然后扣住、连接导气管，顺时针方向拧紧；③将滤毒罐的密封层去掉，并将滤罐镙口与导气管连接，顺时针方向拧紧。

（3）防毒面具佩戴密合性测试：

测试方法一：将手掌盖住呼气阀并缓缓呼气，如面部感到有一定压力，但没感到有空气从面部和面罩之间泄漏，表示佩戴密合性良好；若面部与面罩之间有泄漏，则需重新调节头带与面罩排除漏气现象。

测试方法二：用手掌盖住滤毒盒座的连接口，缓缓吸气，若感到呼吸有困难，则表示佩戴面具密闭性良好；若感觉能吸入空气，则需重新调整面具位置及调节头带松紧度，消除漏气现象。重新按以上方法一、方法二做密合性测试，直至密合性能良好。

（三）危害因素辨识与风险防控

应急器材类设备本体危害因素辨识与风险防控措施见表3-8。

表3-8　应急器材类设备本体危害因素辨识与风险防控措施

危害事件	危害因素	风险防控措施
火灾； 中毒； 爆炸	器材损坏、超期失效	定期进行点检； 发现损坏及时进行维修、更换

应急器材类设备操作危害因素辨识与风险防控措施见表3-9。

表3-9　应急器材类设备操作危害因素辨识与风险防控措施

危害事件	危害因素	风险防控措施
火灾； 中毒； 爆炸	未按照器材要求正确使用	加强应急人员的技能培训； 严格要求应急人员按照固定动作使用

六、检测仪器类设备

（一）分类

检测仪器按工作原理分：机械式仪器，纯机械传动、放大、指示；电测仪器，利用机电变换，并用电量显示；光学测量仪器，利用光学原理转换、放大、显示；复合式仪器，由两种以上工作原理复合而成；伺服式仪器，带有控制功能的仪器。

检测仪器按仪器用途分：应变计，钢弦传感器、电阻应变片；位移传感器，百分表、千分表，测力传感器，钢环拉力计；倾角传感器，长水准式倾角测试仪；频率计，索力仪、部分应变仪；测振传感器，INV-306 大容量数据采集与处理系统。

检测仪器按仪器与结构的关系分：附着式与手持式，接触式与非接触式，绝对式与相对式。

从发展的角度看，检测仪器目前发展的趋势主要体现在数字化和集成化两方面、国内已开发了多种数据采集与处理软件。

（二）相关概念

（1）刻度值 A：设置有指示装置的仪表，一般都配有分度，刻度值是指分度表上每一最小刻度所代表的被测量的数值，即仪器的最小分度值，刻度值的倒数为该表的放大率。

（2）量程 S：测量上限和下限的代数差，也称为仪器仪表可量测的最大范围。

（3）灵敏度 K：某实际物理量的单位输出增量与输入增量的比值，或被测量的单位变化引起仪器示值的变化值。

（4）分辨率：使仪器仪表示值发生变化的最小输入量的变化值，是仪器仪表测量被测物理量最小变化值的能力。

（5）滞后：在恒定的环境下，某一输入量从起始量程增至最大量程，再由最大量程减至最小量程，正反两个行程输出值之间的偏差。滞后常用全量程中的最大滞后值与满量程输出值之比来表示。滞后主要是机械仪表中有内摩擦或仪表元件吸收能量引起的。

（6）可靠性：在规定的条件下，满足给定的误差极限范围内连续工作的可能性，或者说构成仪表的元件或部件的功能随时间的增长仍能保持稳定的程度。

（7）精确度（精度）：是精密度和准确度的综合反映，是仪表指示值与被测值的符合程度，常用满量程的相对误差来表示，仪表精度高，说明随机误差和系统误差小，误差越小，精度越高。工程应用中，为简单表示仪表测量结果的可靠程度，可用仪表精确等级 A 表示。

（8）零位温漂和满量程热漂移：零位温漂是指当仪表的工作环境不为 20℃时，零位输出随温度的变化率。满量程热漂移是指当仪表的工作环境不为 20℃时，满量程输出随温度的变化率。

（9）线性范围：保持仪器输入量和输出信号为线性关系时，输入量的允许变化范围。

（10）线性度：仪表使用时的校准曲线与理论拟合直线的接近程度，用校准曲线和拟合直线的最大偏差与满量程输出的百分比表示。在动态量测中，对仪表的线性度应严格要求，否则引起测量结果的较大误差。

（11）频响特性：仪器在不同频率下的灵敏度的变化特性，常以频响曲线表示（对数频率值为横坐标，相对灵敏度为纵坐标）。

（12）曲相移特性：振动参量经传感器转换成电信号或经放大、记录后，在时间上产生的延迟叫相移，常以仪器的相频特性曲线来表示相移特性。

（三）危害因素辨识与风险防控

检测仪器类设备本体危害因素辨识与风险防控措施见表 3-10。

表3-10 检测仪器类设备本体危害因素辨识与风险防控措施

危害事件	危害因素	风险防控措施
机械伤害	对操作者可能引起的挤压、碰撞、冲挤、卷入、甩出、刺扎等伤害	操作前，检查并确保电气线路、开关、接地及隔音、通风、安全防护等设施完好可靠
噪声	试验过程中产生的噪声引起的职业危害因素	定期对设备接地等防护装置进行检查，确保接触良好

检测仪器类设备操作危害因素辨识与风险防控措施见表3-11。

表3-11 检测仪器类设备操作危害因素辨识与风险防控措施

危害事件	危害因素	风险防控措施
起重伤害	使用起重机械装卸喷油泵过程中发生的挤压、部件坠落、吊索具断裂可能导致的伤害	经过特种作业培训，考试合格者方能操作起重机械。吊运零部件前，应检查吊索具，捆绑牢靠，并严格遵守起重机械安全技术操作规程
触电	在操作或保养设备过程中，可能发生的设备漏电引起的触电伤害	按时对设备进行检查，确保无接触不良及损坏，对电线安装蛇皮管等保护套
物体打击	零部件放置不平稳或使用工具抓握不牢等发生滑落、歪倒造成的伤害	装卸、搬运时要用力均匀
火灾	试验用油及油污遇明火可能引起的火灾	试验间禁止烟火，保持试验间通风良好
辐射	探伤过程中产生的辐射引起的职业危害因素	正确穿戴防辐射服及长袖防辐射手套，佩戴防辐射眼镜
灼烫	不慎接触到产生高温的设备、部位或零部件等可能造成的伤害	进入生产区域，注意观察周围操作环境，注意安全警示标志，确保在安全状况下进行检验工作
其他伤害	在操作、装卸、搬运工件及清理过程中，或积油积水等其他不良状态，可能造成的划伤、摔伤、扭伤等伤害	地面油污要及时清理，保持工作场地清洁畅通

七、消防设施和器材

（一）概述

消防设施是指建筑物内的火灾自动报警系统、室内消火栓、室外消火栓等固定设施。消防器材是指用于灭火、防火以及火灾事故的器材。最常见的消防器材为灭火器。

（二）使用方法

1. 手提式干粉灭火器

干粉灭火器是利用二氧化碳或氮气作动力，将干粉从喷嘴内喷出，形成一股雾状粉流射向燃烧物质灭火的消防器材。普通干粉又称 BC 干粉，用于扑救液体和气体火灾，对固体火灾则不适用。多用干粉又称 ABC 干粉，可以扑救 A、B、C 类火灾。其中，A类火灾是指普通固体可燃物燃烧引起的火灾，如木材及其制品、棉花、服装、谷物，合成纤维、合成塑料、合成橡胶、建筑材料、服装材料等火灾；B 类火灾是指油脂及一切可燃液体燃烧引起的火灾，如原油、汽油、煤油、乙醇（酒精）、苯、乙醚、二硫化碳等火灾；C 类火灾是指可燃气体燃烧引起的火灾，如甲烷、乙烷、氢气、煤矿气、天然气等火灾。

使用方法：（1）右手托着压把，左手托着灭火器底部，轻轻地取下灭火器；（2）除掉铅封；（3）拔掉保险销；（4）左手握着喷管，右手握着压把；（5）在距火焰 2m 的位置，右手用力压下压把，左手拿着喷管左右摆动，喷射干粉覆盖整个燃烧区。

2. 二氧化碳灭火器

二氧化碳灭火器适用于扑灭油类、易燃液体、可燃气体、电气设备、文物资料的初起火灾。二氧化碳是一种液化低温气体，具体降低空气中含氧量及降低燃烧表面温度从而使燃烧中断的作用，并有灭火不留痕迹的特点。

使用方法：（1）用右手托着压把；（2）用右手提着灭火器到达现场；（3）除掉铅封，抽掉保险销；（4）站在距火源 2m 的位置，左手拿着喇叭筒，右手用力压下压把；（5）对准火焰根部喷射，并不断推前，直至把火焰扑灭。

3. 推车式干粉灭火器

推车式干粉灭火器主要适用于扑救易燃液体、可燃气体和电气设备的初起火灾。该灭火器移动方便，操作简单，灭火效果好。

使用方法：（1）把干粉车拉或推到现场；（2）右手抓着喷粉枪，左手顺势展开喷粉胶管，直至平直，不能弯折或打圈；（3）除掉铅封，抽掉保险销；（4）用手掌使劲按下供气阀门；（5）左手把持粉枪管托，右手把持枪把并打开喷粉开关，对准火焰喷射，不断靠前左右摆动喷粉枪，把干粉笼罩住燃烧区，直至把火扑灭为止。

4. 消防栓

消防栓的使用方法如图 3-5 所示。

一、打开或击碎箱门，取出消防水带。

二、展开消防水带。

三、水带一头接在消火栓接口上。

四、另一头接在消防水枪。

五、打开消火栓上的水阀开关。

六、对准火源根部，进行灭火。

图 3-5 消防栓使用方法

（三）危害因素辨识与风险防控

消防设施和器材类设备本体危害因素辨识与风险防控措施见表 3-12。

表3-12　消防设施和器材类设备本体危害因素辨识与风险防控措施

危害事件	危害因素	风险防控措施
火灾	(1) 老化、过期、压力不足； (2) 控制器、阀门损坏	(1) 责任单位定期进行点检； (2) 对消防设施及器材及时进行维护； (3) 做好设备检修后的质量验收

消防设施和器材类设备操作危害因素辨识与风险防控措施见表3-13。

表3-13　消防设施和器材类设备操作危害因素辨识与风险防控措施

危害事件	危害因素	风险防控措施
火灾	(1) 未按照标准要求配备相应数量的消防设施及器材； (2) 未定期对消防设施及器材进行点检； (3) 违章进行设施及器材操作； (4) 埋压、圈占、遮挡消防设施及器材	(1) 做好消防设施、器材交付使用的质量验证； (2) 严格按照要求对消防设施及器材进行定期点检； (3) 加强应急人员的消防设施和器材的使用培训； (4) 加强培训，提高消防安全意识，现场正确存放消防器材

八、防雷装置

（一）概述

防雷装置包括外部防雷和内部防雷装置。外部防雷装置由接闪器、引下线和接地装置组成，即传统的防雷装置；内部防雷装置是指采用防雷等电位连接和装设电涌保护器（SPD）等措施减小建筑物内部的雷电流及其电磁效应，防止雷击电磁脉冲可能造成的危害。常用的防雷装置有避雷针、避雷线、避雷网、避雷带及避雷器。

1. 接闪器

接闪器是指直接接受雷击的避雷针、避雷带（线）、避雷网，以及用作接闪的金属屋面和金属构件。

作用：吸引雷电，控制雷击点，把雷电引向自身，然后通过引下线和接地装置（所有的接闪器都必须经过引下线与接地装置相连）把雷电流泄入大地，以此保护被保护物免受雷击。

安装要求：安装需高出被保护物，接闪器所用材料应能满足机械强度和耐腐蚀的要求，还应有足够的热稳定性，以能承受雷电流的热破坏作用；接闪器焊接处应涂防腐漆；接闪器截面锈蚀30%以上时应予更换。

2. 引下线

引下线是用于连接接闪器和接地装置的金属导体，应满足机械强度、耐腐蚀和热稳定的要求。引下线截面锈蚀30%以上也应予以更换。

作用：将接闪器截收的雷电流迅速泄放入地。

安装方式：一般分为明敷和暗敷两种方式。明敷一般用于独立避雷针、小型建筑物、钢筋混凝土厂房等，材质一般为圆钢、扁钢、铜绞线、钢绞线；暗敷一般用于住宅楼、办公楼、钢结构厂房等，材质一般为结构柱内的螺纹钢、钢结构厂房的钢柱。

3. 防雷接地装置

接地体和接地线的总体称为接地装置。接地体埋于土壤或混凝土基础中作散流作用的导体。接地线连接引下线和接地体或连接等电位连接带和接地体的连接导体。

作用：迅速泄放雷电流，为保护接地和工作接地等提供接地点。

除独立避雷针外，在接地电阻满足要求的前提下，防雷接地装置可以和其他接地装置共用。

防雷接地电阻一般指冲击接地电阻。独立避雷针的冲击接地电阻一般不应大于 10Ω；接闪器每 引下线的冲击接地电阻一般也不应大于 10Ω。防感应雷装置的工频接地电阻不应大于 10Ω。防雷电冲击波的接地电阻，视其类别和防雷级别，应不大于 $5\sim30\Omega$。其中阀型避雷器的接地电阻一般应不大于 5Ω。

4. 避雷器和电涌保护器

1）避雷器

避雷器是用于保护电气设备免受雷击时高瞬态过电压危害，并限制续流时间，也常限制续流幅值的一种设备，有时又称为过电压保护器、过电压限制器。

作用：正常时装置与地绝缘处于不通的状态，当出现雷击过电压时，装置与地由绝缘变成导通，并击穿放电，将雷电流或过电压引入大地，起到保护作用，过电压终止后，避雷器迅速恢复不通状态，恢复正常工作。

安装要求：避雷器应装设在被保护设施的引入端，并联在被保护设备或设施上。

2）电涌保护器

电涌保护器为低压阀型避雷器，有的以气体放电管、晶闸管为主要元件，有的以压敏电阻、二极管为主要元件，无论哪种电涌保护器，无冲击波时都表现为高阻抗，冲击到来时急剧转变为低阻抗。

5. 等电位连接导体

等电位连接导体是将分开的装置各部分相互连接以使它们之间电位相等的装置。

作用：避免设备的不同部位电位不一致导致设备损坏。

（二）防雷装置检测作业的风险管理

防雷装置检测现场作业时，需登高、检测强电设备或进入可能有毒、燃烧等高风险场所，有较大的危险性。因此，管理人员要有较强风险防范意识，检测作业人员必须具备较强的安全意识和知识，预防检测作业中可能会产生的安全隐患，事先就要有预见并加以防范。

（1）配备好检测作业必要的安全器具和用品。

防雷装置检测安全作业用品主要有安全帽、安全带、绝缘鞋、绝缘手套、线手套和试电笔等。

（2）检测作业前要做好准备和检查。

要正确穿戴劳保护品，严禁穿高跟鞋、拖鞋或披散长发进行作业。检测线应使用铜芯绝缘软线，并确保其绝缘性良好。绝缘胶皮破损时应使用绝缘胶带包扎修复，使用时间长且皮损较多时，应及时更换。

（3）有些行为对安全作业危害极大，应严格遵守以下规定：

① 检测作业前和过程中不准饮酒或饮用含有酒精成分的饮料。

② 身体不适或疲劳过度时，要注意休息，不准登高作业或检测运行中的电气设备。

③ 现场作业遇雷雨、大风天气时，应停止工作，及时躲避。

（三）日常维护与检查

1. 接闪器、引下线

检查接闪器、引下线的锈蚀程度，一般采用目测方法，有条件宜采样测量镀锌层厚度；接闪器、引下线在固定的情况下，可采用手摇晃避雷针、避雷带的方法查看连接处是否有脱焊脱落的现象，如有焊接松动或断裂的情况要重新焊接，保障连接可靠；锈蚀严重的应及时更换，不严重的去掉锈蚀层后刷防锈漆后再使用；同时检查所有大件金属物体是否可靠接地，若未接地必须做好接地处理。

2. 接地装置

由于接地装置都埋在地下，无法检查其锈蚀程度及连接情况，一般要求测量确认其接地电阻值达到要求即可。若接地电阻值超过要求值，则应对接地装置进行整改，使其接地电阻达到标准要求。

3. 连接导体

主要观察连接导体的固定情况、接口连接情况及老化情况，发现有接触不良、接口松动、线路断裂、线路老化等情况时，应及时更换，保证可能遭受雷击时雷电流的有效泄放。

4. 电涌保护器

在雷雨季节，不管设备是否有异常或损坏现象都应多次检查电涌保护器。电源线路中使用率较高的瓷瓦式电涌保护器的使用寿命较短，几次动作后就失效了，要注意及时更换。一般氧化锌（压敏电阻）电涌保护器的工作寿命较长，可达 30～50 年。投入使用后的电涌保护器实行定期检测制度。防雷装置应当每年检测一次，爆炸和火灾危险环境场所的防雷装置应当每半年检测一次。在安装后的第一个雷暴季节后，当发现漏电流超过 $20\mu A$ 时建议更换；当漏电流比上一次测试增加两倍以上，绝对值虽然不超过 $10\mu A$，也应进行更换。

信号电涌保护器一般无雷击记数功能和老化显示指示，检查主要是观察其有无破损、线路有无脱掉、接口是否连接良好、设备工作是否异常等，若有这种情况应及时更换。

（四）危害因素辨识与风险防控

防雷装置危害因素辨识与风险防控措施见表 3-14。

表 3-14　防雷装置危害因素辨识与风险防控措施

危害事件	危害因素	风险防控措施
触电	（1）配电设备线路皮损； （2）设备无可靠接地； （3）未穿戴绝缘手套、绝缘鞋； （4）作业前未验电	（1）定期检测维修破损线路，线缆过墙要护套穿管； （2）定期检测接地电阻，确保可靠接地； （3）作业前正确穿戴绝缘护品； （4）加强作业人员安全教育培训

续表

危害事件	危害因素	风险防控措施
高处坠落	(1) 登高未佩戴安全带； (2) 防坠落保护设施缺失、破损或存在缺陷	(1) 高处作业场所安装防坠落护栏、扶梯，定期查验其安全性； (2) 登高作业时正确佩戴合格的安全带，采用高位挂点
物体打击	(1) 开关配电柜未侧身； (2) 高处落物打击； (3) 交叉作业，抛接工具	(1) 开关配电设施时要侧身、低头避免柜门磕碰； (2) 高处作业时要携带工具包，防止工具掉落； (3) 避免交叉作业，严禁抛接工具，按规范操作
中毒	有毒、有害气体场所检测造成中毒、窒息	(1) 通风，利用手持检测工具进行检验； (2) 进入有害气体空间佩戴防毒护具
雷击	(1) 防雷装置失效； (2) 雷雨天作业造成雷击伤害； (3) 避雷针连接处脱焊； (4) 连接导体线路老化、断裂； (5) 电涌保护器失效损坏； (6) 接闪器锈蚀未更换； (7) 接地电阻超过标准	(1) 防雷装置应定期进行检查和预防性试验； (2) 禁止在极端天气下进行维修检测； (3) 加强避雷器的安全巡检； (4) 加强对连接导体线路的检查； (5) 定期巡查电涌保护器，确保正常使用； (6) 锈蚀 30% 以上及时更换并保证其强度及耐腐蚀性； (7) 定期检测接地电阻阻值
火灾	(1) 未除静电进入易燃易爆场所检测； (2) 作业现场吸烟	(1) 穿戴防静电服及绝缘防静电鞋； (2) 作业现场严禁吸烟并设置警示标志
摔伤	(1) 现场缆绳、线路布置不合理； (2) 现场无安全警示标志	(1) 作业现场缆绳、线路梳理定置； (2) 疏散安全通道等地安全警示标志要完善

九、安全用电设施

工业上与电有关的设备设施主要有发电机、变压器、高、低压配电柜，以及一些控制设备的控制系统、元件以及其他以电作为能源的用电设施。这些用电设施在企业生产活动中存在触电、火灾、物体打击等风险，操作时应进行危害因素辨识和风险防控，从而保证人的安全和设备的不损坏。

（一）高低压配电柜

高低压配电柜是电力供电系统中用于进行电能分配、控制、计量以及线缆连接的配电设备，一般是由高压配电柜经变压器降压后引出到低压配电柜，低压配电柜再将电送到各个用电的设备。

对高低压配电柜危害因素辨识有利于提高用电风险防控能力，保障操作人员及用电设施的安全，高低压配电柜的危害因素辨识与风险防控措施见表 3-15。

表 3-15 高低压配电柜的危害因素辨识与风险防控措施

危害事件	危害因素	风险防控措施
触电	(1) 现场未采取有效的隔离防护； (2) 电气绝缘不良或者有损坏裸露部分导致的漏电伤害； (3) 电气保护元件失效造成的伤害； (4) 防护罩缺失或损坏造成的伤害； (5) 当心触电标志缺失造成的伤害； (6) 未按规定正确使用绝缘防护用具； (7) 防雷及接地系统缺失或损坏； (8) 个人防护不到位或防护用品未定期检验； (9) 高压操作人员未持有工作票且一人操作未有人监护引起触电； (10) 湿手触摸电气设备开关； (11) 未停电进行作业； (12) 作业前未验电； (13) 未按同等级验电器验电； (14) 未按正确要求进行验电	(1) 作业现场要做好隔离，保障有效的安全距离； (2) 定期对设备进行检查，确保无接触不良及损坏，对电线安装蛇皮管等保护套； (3) 定期对电气元件进行测量，确保过载及保险装置有效； (4) 认真检查设备安全防护装置确保完好，发现问题及时解决，不允许设备带病生产； (5) 危险点和设备应粘贴并悬挂明显的警示标志； (6) 严格遵守操作规程，正确使用绝缘护具进行操作； (7) 定期对防雷、接地系统进行检测，确保防雷装置及接地完好有效； (8) 正确穿戴劳保用品，定期检测防护绝缘用品； (9) 严格执行工作票制度，确保按作业票内容严格执行，作业前必须有负责人的确切命令，现场必须两人以上一起工作并设有监护人员； (10) 操作人员作业前应正确穿戴绝缘手套且保持手部干燥； (11) 作业前不许带电操作，必须确认断电后方可进行； (12) 作业前操作人员必须进行验电操作； (13) 验电工作要使用合格的相应电压等级的验电工具，验电人员应戴绝缘手套； (14) 严格按照验电流程进行操作，必须使用合格的绝缘设备进行操作。要逐项验电、放电，验电明确无电压后，必须装设地线，人员不得碰触或穿越无地线的导线
火灾	(1) 输送电线路老化； (2) 雨水进入引发短路； (3) 超负荷运行； (4) 小动物进入引发短路； (5) 配电柜内卫生差； (6) 电缆终端头击穿	(1) 定期对线路进行巡检； (2) 加强巡检，配电室门口加装防水挡板； (3) 定期检查，严禁设备超负荷运行； (4) 定期检查，保证配电柜的密闭性； (5) 定期清理配电柜内卫生，保持柜内无灰尘； (6) 定期对电缆头进行检查，加强设备巡检
辐射	高压配电场所产生电磁场辐射	正确穿戴防护品
物体打击	(1) 开关配电柜未侧身； (2) 高处落物打击； (3) 交叉作业，抛接工具	(1) 开关配电设施时要侧身、低头避免柜门磕碰； (2) 高处作业时要携带工具包，防止工具掉落； (3) 避免交叉作业，严禁抛接工具，按规范操作
摔伤	(1) 现场缆绳、线路布置不合理； (2) 现场无安全警示标志	(1) 作业现场缆绳、线路整齐； (2) 疏散安全通道等地安全警示标志要完善

（二）各类生产加工用电设备

在企业的生产活动中，生产加工设备是主要的用电设备，对生产加工用电设备进行危害因素辨识有利于提高生产各项活动中的安全用电风险防控能力，保障操作人员及用电设施的安全。生产加工用电设备中通用的危害因素辨识与风险防控措施见表 3-16。

表3-16　生产加工用电设备危害因素辨识与风险防控措施

危害事件	危害因素	风险防控措施
触电	(1) 线路绝缘不良或者有损坏裸露部分导致的漏电伤害； (2) 配电线路老化； (3) 动力插座损坏； (4) 设备接地缺失或损坏	(1) 定期对设备进行检查，确保无接触不良及损坏，对电线安装蛇皮管等保护套； (2) 定期巡检，确保设备各路线路外皮绝缘良好； (3) 加强用电设备插座端的排查，确保插座完整，连接可靠； (4) 定期检查用电设备接地情况，做好接地检测
机械伤害	(1) 操作人员不熟悉、误操作； (2) 设备安全防护缺失； (3) 操作人员衣着穿戴不整齐	(1) 加强操作人员培训，增强人员安全操作用电设备的能力； (2) 确保用电设备安全防护部分完整有效； (3) 正确穿戴劳动防护用品，确保领口、袖口和衣摆"三紧"，禁止戴围巾、戴手套，女工必须戴好工作帽，发辫必须挽在帽内
职业危害	操作过程中，可能产生的噪声、粉尘等职业危害因素	在产生粉尘或飞溅的场所使用时，须佩戴好防尘口罩和防护眼镜
摔伤	作业现场杂乱有油污可能造成人员摔伤扭伤	操作时，应及时清理地面油污，保持工作场地清洁畅通

（三）手持电动工具

1. 定义

手持电动工具顾名思义是用手操作的可移动的电动工具，也是生产活动中经常使用到的用电设备，其种类有很多，如电钻、电动螺丝刀、电动砂轮机等，都属于手持电动工具。

2. 分类

依据GB/T 3787—2017《手持式电动工具的管理、使用、检查和维修安全技术规程》手持式电动工具可分为三类：

（1）Ⅰ类工具：在防止触电的保护方面除了依靠基本绝缘、双重绝缘或加强绝缘外，还把易触及的导电零件与设施中固定布线的保护接地导线连接起来，使易触及的导电零件在基本绝缘损坏时不能变成带电体。具有接地端子或接地触头的双重绝缘或加强绝缘的工具也认为是Ⅰ类工具。

（2）Ⅱ类工具：工具本身具有双重绝缘或加强绝缘，不采取保护接地等措施；不仅电源部分具有绝缘性能，同时外壳也是绝缘体，即具有双重绝缘性能，工具铭牌上有"回"字标记，适用于比较潮湿的作业场所。

（3）Ⅲ类工具：由安全特低电压电源供电，工具内部不产生比安全特低电压高的电压；适合在特别潮湿的作业场所和金属容器内作业。

3. 作业环境要求及保护措施要求

操作人员必须按作业环境的要求选用适合的手持电动工具，否则必须采用其他安全保护措施，在一般场所应选用Ⅱ类工具，在潮湿的场所或金属构架上等导电性能良好的作业场所必须使用Ⅱ类或Ⅲ类工具，在锅炉、金属容器、管道内等狭窄场所应使用Ⅲ类工具，操作手持电动工具的保护措施有以下几点：

（1）在一般场所使用Ⅰ类工具时，必须采用剩余电流动作保护器、安全隔离变压器等保护措施。

（2）在潮湿的场所或金属构架上使用Ⅰ类工具，必须装设额定漏电动作电流不大于30mA、动作时间不大于0.1s的漏电保护电器。

（3）使用Ⅰ类工具时，PE线接线应正确连接且可靠。

（4）狭窄场所使用Ⅱ类工具时，必须装设额定漏电动作电流不大于15mA、动作时间不大于0.1s的漏电保护电器。

（5）漏电保护电器应定期校验，保持完好有效。

（6）电源线必须用护套软线，长度不得超过6m，应无接头及破损。Ⅰ类电动工具的绝缘线必须采用三芯（单相工具）或四芯（三项工具）多股铜芯护套软线，其中，绿/黄双色线在任何情况下只能用作PE线，电动工具的电源线长度限制在6m以内，中间不允许有接头及破损。

（7）电动工具的防护罩、盖及手柄应完好，无破损、无变形、不松动。

（8）电动工具的开关应灵敏、可靠，插头无破损，规格与负载匹配。

4. 绝缘检测

手持电动工具的绝缘电阻应符合要求，有定期测量记录，至少每三个月进行一次绝缘电阻的测量，以保证操作者的人身安全，在冷态下测得的电阻值应大于表3-17规定的数值。

表3-17　各类型手持电动工具最小绝缘电阻

被试绝缘		绝缘电阻，MΩ
带电部分与壳体之间	基本绝缘	2
	加强绝缘	7
带电部分与Ⅱ类工具中仅用基本绝缘与带电部分隔离的金属零件之间		2
Ⅱ类工具中仅用基本绝缘与带电部分隔离的金属零件与壳体之间		5

5. 使用注意事项

（1）使用前应辨识铭牌，判定所使用的手持电动工具是否与环境相适应。

（2）检查工具的外壳、机械防护装置、插座、插头、电源线有无损坏。

（3）检查电源的电压、相数。

（4）长期不用的用具，使用前检查转动部分是否灵活，然后测试绝缘电阻是否合格。

（5）接通电源时，先对外壳进行验电。

（6）操作者应严格按照操作规程进行操作。

（7）使用过程中如发生异常情况，应立即切断电源。

6. 危害因素辨识与风险防控

对手持电动工具的危害因素辨识有利于提高风险防控能力，保障人员在操作人员在日常生产活动中的安全，手持电动工具的危害因素辨识与风险防控措施见表3-18。

表3-18　手持电动工具危害因素辨识与风险防控措施

危害事件	危害因素	风险防控措施
机械伤害	（1）操作按钮不正确或不清晰的操作失误造成的伤害； （2）防护罩、防护网缺失或损坏造成的伤害； （3）操作者被旋转的部位缠住可能造成的伤害	（1）定期检查各按钮标志是否正确、清晰； （2）电动工具旋转部位需要防护的，必须安装防护罩、保护盖等安全防护装置，且完好可靠，不得任意拆除； （3）正确穿戴劳动防护用品，确保领口、袖口和衣摆"三紧"，禁止戴围巾、戴手套，女工必须戴好工作帽，发辫必须挽在帽内

续表

危害事件	危害因素	风险防控措施
触电	(1) 电气绝缘不良或者有损坏裸露部分导致的漏电伤害; (2) 电气保护元件失效造成的伤害; (3) 接地线接触不良造成的伤害; (4) 漏电保护器失效	(1) 定期对设备进行检查,确保无接触不良及损坏,对电线安装蛇皮管等保护套; (2) 定期对电气元件进行测量,确保过载及保险装置有效; (3) 定期对设备接地等防护装置进行检查,确保接触良好; (4) 电动工具必须与外接电源、插座相匹配,外接插座装有漏电保护器,且完好可靠
物体打击	(1) 操作者抓握不牢,导致电动工具飞出; (2) 工件未紧固或防止不平稳; (3) 工具使用不当; (4) 作业时碎屑飞溅	(1) 应抓牢电动工具,用力均匀,使用的钻头、磨具等工具须完好可靠,加工的工件要摆放稳固; (2) 根据不同场合选用合适的 Ⅱ 类或 Ⅲ 类电动工具; (3) 正确使用防护用品,佩戴护目镜
火灾	在易燃易爆场所使用时,产生电火花可能引发的火灾爆炸	在易燃易爆场所使用时,使用的电动工具必须符合相应防护等级的安全技术要求,否则不得使用
高处坠落	登高作业使用电动工具时,可能发生的人员坠落伤害	高处作业时,应采取防坠落措施,系好安全带
职业危害	操作过程中,可能产生的噪声、粉尘等职业危害因素	在产生粉尘或飞溅的场所使用时,须佩戴好防尘口罩和防护眼镜

十、安全用电工具

电气安全用具是用来防止电气工作人员在工作中发生触电、电弧灼伤、高空坠落等事故的重要工具,分为绝缘安全用具和一般防护安全用具两大类。

(一) 绝缘安全用具

1. 基本安全用具

常用的基本安全用具有绝缘棒、绝缘夹钳和验电器等。基本安全用具的绝缘强度能长期承受工作电压并能在该电压等级内产生过电压时保证工作人员的人身安全。

2. 辅助安全用具

常用的辅助安全用具有绝缘手套、绝缘靴、绝缘垫和绝缘站台等,辅助安全用具的绝缘强度不能承受电气设备或线路的工作电压,只能起加强基本安全用具的保护作用,主要用来防止接触电压、跨步电压对工作人员的危害,不能直接接触高压电气设备的带电部分。

(二) 一般防护安全用具

一般防护安全用有携带型接地线、临时遮栏、标志牌、警告牌、安全带、防护目镜等。这些安全用具用来防止工作人员触电、电弧灼伤及高空摔跌。

对电气安全用具的危害因素辨识有利于提高风险防控能力,保障人员及用电设备的安全。电气安全用具危害因素辨识与风险防控措施见表3-19。

表 3-19　电气安全用具危害因素辨识与风险防控措施

危害事件	危害因素	风险防控措施
触电	(1) 绝缘手套破损； (2) 绝缘安全用具失效； (3) 绝缘护品表面有油污或水； (4) 验电器失效； (5) 作业前未进行验电操作； (6) 作业人员随意触碰带电设备； (7) 接地线松动，断股、护套严重破损、夹具断裂松动	(1) 按规定定期对安全用电工具进行检验，保证存放合理及防护可靠； (2) 作业前正确穿戴绝缘护品； (3) 作业前确保绝缘安全用具表面清洁，无破损； (4) 严格按照操作规程进行操作； (5) 作业现场设置当心触电等警示标志； (6) 定期检查接地线各部件的可靠性
电弧灼伤	(1) 作业时验电器或其他绝缘安全用具失效，造成带电操作，引发人员电弧灼伤； (2) 操作时，作业现场没有醒目警示牌，人员误操作，造成操作人员电弧灼伤	(1) 定期对验电器及绝缘用具进行检查，保证正常使用，确保人员安全； (2) 作业时与带电设备保持安全距离，现场设置临时绝缘遮挡板； (3) 严格按照操作规程进行操作； (4) 作业现场设置醒目的警示标志，设置监护人员并严格按照作业票进行操作
高处坠落	(1) 登高未佩戴安全带； (2) 防坠落保护设施缺失、破损或存在缺陷	(1) 高处作业场所安装防坠落护栏、扶梯，定期查验其安全性； (2) 登高作业时正确佩戴合格的安全带，采用高位挂点
物体打击	(1) 开关配电柜未侧身； (2) 高处落物打击； (3) 交叉作业，抛接工具	(1) 开关配电设施时要侧身、低头避免柜门磕碰； (2) 高处作业时要携带工具包，防止工具掉落； (3) 避免交叉作业，严禁抛接工具，按规范操作
摔伤	(1) 现场缆绳、线路布置不合理； (2) 现场无安全警示标志	(1) 作业现场缆绳、线路梳理定置； (2) 疏散安全通道等地安全警示标志要完善

十一、防坠落器材

（一）概述

在工业生产过程中，人体坠落造成的伤亡事故率很高，高处坠落伤亡事故与许多因素有关，如人的因素、物的因素、环境的因素、管理的因素、作业高度等，而其中防坠落器材本体的安全、有效是保证人员高处作业安全的首要条件。

（二）组成及分类

在日常的生产作业活动中最常用到的防坠落器材是安全带。安全带的主要组成部分是带子、绳子和金属配件、安全带是预防高处作业工人坠落事故的个人防护用品，按使用方式可分为围杆安全带、悬挂安全带、攀登安全带三类。

（三）安全带的使用和注意事项

（1）在采购和使用安全带时，应检查安全带的部件是否完整或有损伤，金属配件的各种环不得为焊接件，且边缘应光滑。

（2）使用围杆安全带时，围杆绳上有保护套，不允许在地面上随意拖着绳走，以免损伤绳套影响主绳。

（3）悬挂安全带不得低挂高用，低挂高用在坠落时受到的冲击力大，对人体伤害也大。

（4）单腰带一般使用短绳较安全，如需要长绳，应选用双背带式安全带。

（5）使用安全绳时，不允许打结，以免坠落受冲击时将绳从结处切断。

（6）当单独使用3m以上长绳时，应考虑补充措施，如在绳上加缓冲器、自锁钩或速差式自控器等。

（7）缓冲器、自锁钩和速差式自控器可以单独使用，也可联合使用。

（8）安全带在使用两年后应抽验一次，频繁使用应经常进行外观检查，发现异常必须立即更换。定期或抽样试验用过的安全带，不准再继续使用。

（四）危害因素辨识与风险防控

对防坠落器材的危害因素辨识有利于提高高处作业风险防控能力，保障作业人员的安全，工业生产过程中常见防坠落器材的危害因素辨识与风险防控措施见表3-20。

表3-20 常见防坠落器材危害因素辨识与风险防控措施

危害事件	危害因素	风险防控措施
高处坠落	（1）安全绳磨损； （2）安全带金属配件破损生锈； （3）安全带金属配件使用焊接件； （4）作业人员未按要求穿戴、使用安全带； （5）悬挂安全带采用低挂高用的方式； （6）使用安全绳时绳索部位打结； （7）未定期对安全带进行抽验	（1）作业前确保挂绳、挂带不磨损、打结； （2）作业前应检查安全带各金属配件的完整性及可靠性，确保高处作业安全； （3）高处作业前要正确穿戴安全带，验证后方可进行操作； （4）正确使用安全带，按照规定采用高挂低用的方式； （5）每隔6个月进行一次检验，如在恶劣的环境中使用，应当缩短检验周期
摔伤	现场安全带、安全绳乱摆乱放	使用完毕后的安全带、安全绳应定置存放，妥善保存

第四节 危险化学品

一、定义

根据《危险化学品安全管理条例》，危险化学品是指具有毒害、腐蚀、爆炸、燃烧、助燃等性质，对人体、设施、环境具有危害的剧毒化学品和其他化学品。剧毒化学品指具有剧烈急性毒性危害的化学品，包括人工合成的化学品及其混合物和天然毒素，还包括具有急性毒性易造成公共安全危害的化学品。

二、危险化学品确定原则

危险化学品的品种依据化学品分类和标签国家标准，从下列危险和危害特性类别中确定：物理危险、健康危害、环境危害。

（一）物理危险类

具有物理危险的危险化学品有爆炸物、易燃气体、气溶胶、氧化性气体、加压气体、易燃液体、易燃固体、自反应物质和混合物、自燃液体、自燃固体、自热物质和混合物、遇水放出易燃气体的物质和混合物、氧化性液体、氧化性固体、有机过氧化物、金属腐蚀物。

（二）健康危害类

健康危害类化学品包括具有急性毒性、皮肤腐蚀/刺激、严重眼损伤/眼刺激、呼吸道或皮肤致敏、生殖细胞致突变性、致癌性、生殖毒性、特异性靶器官毒性、吸入危害的危险化学品。

（三）环境危害类

环境危害类化学品包括具有水生环境—急性危害、水生环境—长期危害、臭氧层危害的危险化学品。

三、管理方法

（一）储存要求

（1）危险化学品库房不得设置办公室、休息室；不得与员工宿舍在同一座建筑物内，并与员工宿舍等民用建筑保持安全距离。

（2）危险化学品应按其特性，分类、分区、分库、分架、分批次存放。

（3）爆炸性物质与其他任何物质不得同库存放。

（4）相互接触或混合后能引起爆炸、氧化着火的物质不得同库存放。

（5）严禁灭火方法不同的物质同库存放。

（6）严禁剧毒品与其他任何物质同库存放。

（7）遇热、遇火、遇潮能引起燃烧、爆炸或发生化学反应产生有毒气体的危险化学品，不应存放在露天或有潮湿、积水的建筑物中。

（8）压缩气体和液化气体不应与爆炸品、氧化剂、易燃品、自燃品、腐蚀品存放于同一库房中。

（9）剧毒品应专柜存放，并严格执行"五双"制，即：双账本、双人管、双把锁、双人领、双人用。

（10）储存场所应设置《危险化学品安全技术说明书》。

注：化学品安全技术说明书，Material Safety Data Sheet（简称 MSDS），是化学品生产商和经销商按法律要求必须提供的化学品理化特性，其中包含 16 项信息，分别为化学品名称和制造商信息、化学组成信息、危害信息、急救措施、消防措施、泄漏应急处理、操作和储存、接触控制和个人防护措施、理化特性、稳定性和反应活性、毒理学信息、生态学信息、废弃处置、运输信息、法规信息和其他信息。

（二）使用要求

（1）使用现场危险化学品的存放量不应超过当班使用量，且应有良好的自然通风。

（2）使用现场应根据其存放或使用物品的特性采取相应等级的防爆电器；使用场所的设备、工艺管道应设置导除静电的接地装置。

（3）酸、碱、毒物使用现场应设置清洗、稀释用的水源和冲洗设施；氯气、氨气使用点应设置处理泄漏用的水池和喷淋水源。

（4）危险化学品使用人员须严格遵守安全技术操作规程，掌握正确使用方法和应急措施。

（5）在使用危险化学品时，要穿戴必要的防护用品、使用安全的工具，危险化学品使用完毕后，应及时封盖，放回原处。

（三）废弃处置要求

（1）危险化学品的废弃物和包装容器应统一回收、列入《危险废物名录》的危险化学品废弃物和包装容器按照危险废物进行处理。

（2）失效过期、已经分解、理化性质改变的危险化学品和长期（超过 5 年）闲置的危险化学品，应委托具备相应资质的单位进行处置，不准将危险化学品私自转移、变卖、倾倒。

（3）化学实验过程中的废弃溶液，应收集到固定的容器中，经过中和、稀释等方式处理到 pH 值为 6~9 后再倒入水槽中。

（四）火灾应急处置

（1）危险化学品发生火灾后，应首先弄清着火物质的性质，然后选用适合扑救该类物品的灭火剂，正确地实施扑救。

（2）扑救可燃和助燃气体火灾时，要先关闭管道阀门，用水冷却其容器、管道，用干粉、砂土扑灭火焰。

（3）扑救易燃和可燃液体火灾，用泡沫、干粉、二氧化碳扑灭火焰，同时用水冷却容器四周，防止容器膨胀爆炸；但酸、醚、酮等溶于水的易燃液体火灾，应使用抗溶性泡沫扑救。

（4）扑救易燃和可燃固体火灾，可用泡沫、干粉、砂土、二氧化碳或雾状水。

（5）扑救自燃性物质火灾，可用水、干粉、砂土、二氧化碳。

（6）扑救遇水燃烧物质火灾，可用干粉、砂土。

（7）扑救氧化剂类的火灾，可用干粉、水、二氧化碳。

第五节　职业危害及预防

一、基本概念

（1）职业危害：对从事职业活动的劳动者造成的导致的工作有关的疾病、职业病和伤害。

（2）职业性有害因素：又称职业病危害因素，在职业活动中产生和（或）存在的、可能对职业人群健康、安全和作业能力造成不良影响的因素或条件，包括化学、物理、生物等因素。

（3）职业病：企业、事业单位和个体经济组织的劳动者在职业活动中，接触粉尘、放射性物质和其他有毒、有害物质等而引起的疾病。

2013 年 12 月 23 日，国家卫生计生委、人力资源社会保障部、安全监管总局、全国总工会 4 部门联合印发《职业病分类和目录》，规定我国法定职业病共 10 类 132 种。

二、机械制造职业病危害因素

（1）铸造：生产性粉尘；高温及热辐射；有害气体，如熔炼金属与浇铸时可产生一氧化碳；噪声、振动等。

（2）锻造：高温及热辐射；一氧化碳、二氧化硫等有害气体；噪声、振动等。

（3）热处理：加热炉、盐浴槽可造成高温及热辐射。

（4）机械加工：金属和矿物性粉尘；噪声、振动等。

（5）机械装配：焊接、电镀及喷漆涂装等作业中长期吸入高浓度的电焊粉尘，会引发焊工尘肺；电焊时如不注意眼部防护，会引发电光性眼炎；喷漆时会引发苯、甲苯、二甲苯中毒。

三、粉尘类职业危害及预防

铸造车间所用原料，如砂、陶土、黏土、煤粉等均含有一定数量的游离二氧化硅，在制砂、造型、打箱、清砂过程中均有不同浓度的粉尘产生。机械加工车间使用砂轮旋磨刀具等也可散逸粉尘。电焊过程也有一定量的粉尘产生，其粉尘成分主要是氧化铁，其他成分视所用焊条的品种而异，如使用锰焊条时，空气中可含有氧化锰等。工人长期接触上述某一种粉尘均可能患尘肺病，如铸工尘肺、磨工尘肺、电焊工尘肺等。

（一）健康危害

1. 破坏人体正常的防御功能

长期大量吸入生产性粉尘，会使呼吸道黏膜、气管、支气管的纤毛上皮细胞受到损伤，破坏呼吸道的防御功能，肺内尘源积累会随之增加，因此，接触粉尘的工人脱离粉尘作业后仍可能会患尘肺病，而且会随着时间的推移病程加深。

2. 引起肺部疾病

长期大量吸入粉尘，会使肺组织发生弥漫性、进行性纤维组织增生，引起尘肺病，导致呼吸功能严重受损而使劳动能力下降或丧失。硅肺是纤维化病变最严重、进展最快、危害最大的尘肺。

3. 致癌

有些粉尘具有致癌性，如石棉是世界公认的人类致癌物质，石棉尘会引起间皮细胞瘤，使肺癌的发病率明显增高。

4. 毒性作用

铅、砷、锰等有毒粉尘，能在支气管和肺泡壁上被溶解吸收，引起铅、砷、锰等中毒。

5. 局部作用

粉尘堵塞皮脂腺会使皮肤干燥，引起痤疮、毛囊炎、脓皮病等皮肤病；粉尘对角膜的刺激及损伤可能导致角膜的感觉丧失、角膜浑浊等；粉尘刺激呼吸道黏膜，可能引起鼻咽、咽炎、喉炎。

（二）导致的职业病

1. 尘肺病

长期吸入不同种类的粉尘可能导致不同类型的尘肺病或其他肺部疾病。

2. 中毒

吸入铅、锰、砷等粉尘，可能导致全身性中毒。

3. 呼吸系统肿瘤

石棉、放射性矿物、镍、铬等粉尘均可能导致肺部肿瘤。

4. 局部刺激性

如金属磨料等可能引起角膜损伤、浑浊。

（三）预防措施

（1）消除或降低粉尘是预防尘肺病最根本的措施，应通过革新生产设备、改进工艺，避免或减少作业人员接触粉尘。

（2）采用湿式作业，可很大程度上防治粉尘飞扬，降低作业场所粉尘浓度。

（3）安装通风除尘设备。

（4）作业中接触粉尘的人员应佩戴防尘护具，如防尘安全帽、防尘口罩、送风头盔、送风口罩等，并做到专人专用、及时更换，正确使用和维护。

四、化学因素类职业危害及预防

（一）一氧化碳

1. 健康危害

轻度中毒表现为剧烈的头痛、头昏、四肢无力、恶心、呕吐，或轻度至中度意识障碍。

中度中毒者出现意识障碍，表现为浅至中度昏迷。

重毒中毒意识障碍程度达到深昏迷或去大脑皮层状态，可能出现脑水肿、休克或严重的心肌损害，以及肺水肿、呼吸衰竭、上消化道出血和脑局灶损害。

2. 导致的职业病

职业性一氧化碳中毒。

3. 应急处置

抢救人员穿戴防护用具，迅速将患者移至通风处；注意保暖、保持安静；及时给氧，必要时用合适的呼吸器进行人工呼吸；心脏骤停时，立即采取心肺复苏术后送医院救治；立即与医疗急救单位联系抢救。

4. 预防措施

（1）应加强预防一氧化碳中毒的卫生宣传教育，普及自救、互救知识；组织员工认真学习生产制度和操作规程。

（2）有条件的单位可安装一氧化碳报警器。

（3）凡是可能存在一氧化碳的工作场所，都应加强自然通风和机械通风。

（4）经常对生产设备进行维护和检修，防止一氧化碳泄漏；抢修设备故障时，应佩戴特制的防毒面具，两人同时工作，以便监护和互助。

（5）严格执行职业卫生标准的规定，控制生产环境空气中一氧化碳浓度；确保车间空气中一氧化碳的浓度符合国家规定的 GBI 2.1—2019《工作场所有害因素职业接触限值 第1部分：化学有害因素》，时间加权容许浓度（PC-TWA）为 $20.0mg/m^3$，短时间接触容许浓度（PC-STEL）为 $30.0mg/m^3$（非高原地区）。

（二）二氧化硫

1. 健康危害

轻度中毒出现眼及上呼吸道刺激症状，头痛、恶心、呕吐、乏力等全身症状，眼结膜、鼻黏膜及咽喉部充血水肿。

中度中毒除轻度中毒临床表现加重外，还有胸闷、剧咳、痰多、呼吸困难等症状，并有气促、轻度发绀等。

重度中毒可能引起肺泡性肺水肿、突发呼吸急促、较重程度气胸、纵隔气肿等并发症，甚至窒息或昏迷。

2. 导致的职业病

职业性二氧化硫中毒。

3. 应急处置

抢救人员穿戴防护用具，迅速将患者移至通风处；注意保暖、保持安静、观察病情变化；在搬运过程中切勿强拉硬拖和弯曲身体；中毒者若停止呼吸，要立即进行人工呼吸，及时给氧；心脏骤停时，立即做心肺复苏术后送医。

4. 预防措施

（1）加强生产和使用场所的排风通风。

（2）设置安全淋浴和洗眼设备。

（3）加强巡查，及时发现问题并采取防范整改措施。

（4）二氧化硫浓度超标时，佩戴自吸过滤式防毒面具（全面罩）。

（5）紧急抢救或撤离时，佩戴正压式空气呼吸器，穿聚乙烯防毒服，戴橡胶手套。

（6）工作现场禁止吸烟、进食和饮水；工作完毕，淋浴更衣；保持良好卫生习惯。

（7）有明显呼吸系统及心血管系统疾病者，禁止从事与二氧化硫有关的作业。

（三）苯系物

1. 健康危害

苯系物可经呼吸道、皮肤进入人体，主要损害神经和造血系统，短期大量接触可能引起头痛、头晕、恶心、呕吐、嗜睡、步态不稳，重者发生抽搐、昏迷，长期过量接触可能引起白细胞减少、再生障碍性贫血、白血病。

急性苯中毒主要损害中枢神经系统，一些中毒者还可发生化学性肺炎，肺炎肿及肝肾损害。慢性苯中毒主要损害造血系统及中枢神经系统。

2. 导致的职业病

苯致白血病。

3. 应急处置

（1）吸入中毒者，应迅速将患者移至空气新鲜处，脱去被污染衣服，松开所有的衣服及颈、胸部纽扣、腰带，使其静卧，口鼻如有污垢物，要立即清除，以保证肺通气正常，呼吸通畅，并且要注意身体的保暖。

（2）口服中毒者，可洗胃催吐，然后服用导泻和利尿药物，以加快体内毒物的排泄，减少毒物吸收。

（3）皮肤中毒者，应换去被污染的衣服和鞋袜，用肥皂水和清水反复清洗皮肤和头发。

（4）昏迷、抽搐患者，应及早清除口腔异物，保持呼吸道的通畅，由专人护送医院救治。

4. 预防措施

（1）尽可能以无毒或低毒的物质代替苯系物，这样可以从源头上预防苯系物的职业危害。

（2）生产过程密闭化、自动化、程序化，加强通风排毒，降低工作环境中苯系物的浓度；工作场所禁止饮食、吸烟；工作后，淋浴更衣。

（3）涉及苯系物的作业场所，应按照 GBZ 158—2003《工作场所职业病危害警示标识》的要求，设置警示线、警示牌、固定式报警仪、风向标和喷淋洗眼等设施。

（4）空气中苯系物浓度超标时，应佩戴防毒面具；紧急事态抢险救援时，应该穿防化服、佩戴空气呼吸器。

（5）进入高风险区域进行巡检、排凝、仪表调校、采样等作业时，应佩戴相应的防护用品，携带便携式报警仪，两人同行、一人作业、一人监护。

（6）对存在苯系物的生产装置进行维护、检修时，在制定的维护、检修方案中必须明确职业中毒危害防护措施，作业现场应有专人监护，并设置警示标志。

（7）禁止明火、火花和高热，应使用防爆电器和照明设备。

（四）氮氧化物

氮氧化物俗称硝烟，是氮和氧化合物的总称，电焊、气焊、气割及氩弧焊时产生的高温会使空气中的氮和氧结合成氮氧化物，内燃机排放的尾气也含有氮氧化物。

1. 健康危害

职业活动中接触的氮氧化物主要是一氧化氮和二氧化氮。氮氧化物可能会引起高铁血红蛋白血症和中枢神经系统损害；对肺组织产生刺激和腐蚀，导致肺水肿；引起血压下降、缺氧等症状。

轻度中毒会出现胸闷、咳嗽、咳痰等症状，并可伴有轻度头晕、头痛、无力、心悸、恶心症状。

中度中毒会胸闷加重，有紧迫感，咳嗽加剧，呼吸困难，咳痰或血丝痰，有轻度发绀。

重度中毒会出现明显的呼吸困难，剧烈咳嗽，咳大量白色或粉红色泡沫痰，明显发绀。

2. 导致的职业病

职业性氮氧化合物中毒。

3. 应急处置

应迅速安全脱离中毒现场至通风处，静卧、保暖，避免活动，立即吸氧，根据情况实施心肺复苏术，并及时送医。

4. 预防措施

（1）加强安全生产和个人防护知识教育，加强厂房的通风换气，容器密闭，严防泄漏事故的发生。

（2）作业人员应加强个人防护措施：做好吸入防护，采用呼吸防护用具；使用防护手套、防护服保护皮肤；为保护眼睛，应使用安全护目镜，或眼睛防护结合呼吸防护；工作时不得进食、饮水或吸烟。

（3）做好防火防爆工作，禁止与可燃物质接触；储运时也应防火，保存在通风良好的室内。

（4）控制工作场所空气中氮氧化物浓度在国家卫生标准范围内（时间加权平均容许

浓度，一氧化氮为 15mg/m^3，二氧化氮为 5mg/m^3；短时间接触容许浓度，一氧化氮为 30mg/m^3，二氧化氮为 10mg/m^3）。

（5）劳动者上岗前应进行职业健康岗前体检；在岗期间，应每年一次进行职业健康体检；对从业人员开展全面健康监护工作；凡有职业禁忌证的（明显的呼吸系统疾病，明显的心血管系统疾病）人员，禁止或应脱离氮氧化物危害作业。

（五）氨

氨气无色、有强烈刺激性气味，在机械加工行业常用作冷冻剂。

1. 健康危害

1）吸入的危害表现

急性轻度中毒的表现为咽干、喉痛、声音嘶哑、咳嗽、咳痰、胸闷和轻度头痛、头晕、乏力。

急性中度中毒表现为上述症状加重，呼吸困难，有时痰中带血丝，轻度发绀，眼结膜充血明显，喉水肿。

急性重度中毒表现为剧咳，咳大量粉红色泡沫样痰，气急、心悸、呼吸困难，喉水肿进一步加重，明显发绀，或出现急性呼吸窘迫综合征、较重的会出现气胸和纵隔气肿等症状。

严重吸入中毒会出现喉头水肿、声门狭窄以及呼吸道黏膜脱落等症状，可能造成气管堵塞，引起窒息。吸入高浓度的氨会直接影响肺毛细血管通透性而引起肺水肿，诱发惊厥、抽搐、嗜睡、昏迷等意识障碍。个别病人吸入极浓的氨气会引发呼吸、心跳停止。

2）皮肤和眼睛接触的危害

皮肤接触会引起严重疼痛和烧伤，并有咖啡样着色，被腐蚀部位呈胶状并发软，出现深度组织破坏。

低浓度的氨会迅速对眼和潮湿的皮肤产生刺激作用，高浓度的氨气会引起严重的化学烧伤。高浓度蒸气对眼睛有强刺激性，引起疼痛和烧伤，导致明显的炎症并可能引发水肿、上皮组织破坏、角膜混浊和虹膜发炎。轻度病例一般会缓解，严重病例可能会长期持续，并出现持续性水肿、疤痕、永久性混浊、眼睛膨出、白内障、眼睑和眼球黏连及失明等并发症。多次或持续接触氨会导致结膜炎。

2. 导致的职业病

职业性化学中毒（氨中毒）。

3. 应急处置

（1）迅速撤离泄漏污染区人员至上风处，并立即隔离泄漏区域，严格控制出入。

（2）切断泄漏源、火源等。

（3）应急处理人员应佩戴自给式正压式空气呼吸器，穿防静电工作服。

（4）合理通风，加速扩散；如有可能，将残余气或漏出气用排风机送至合适区域。

（5）高浓度泄漏区应喷含盐酸的雾状水中和、稀释、溶解。

（6）构筑围堤或挖坑收集产生的大量废水。

（7）漏气容器要妥善处理，修复、检验后使用。

4. 预防措施

（1）氨作业人员应进行作业前体检，患有严重慢性支气管炎、支气管扩张、哮喘以及冠心病者不宜从事氨作业。

（2）做好个体防护，如提供安全淋浴和洗眼设备；工作时应选用耐腐蚀的工作服、防碱手套、眼镜、胶鞋和防毒口罩等；防毒口罩应定期检查，以防失效。

（3）保持良好的卫生习惯；工作完毕应淋浴更衣。

（4）配备良好的通风排气设施，合适的防爆、灭火装置。

（5）工作场所禁止饮食、抽烟，禁止各类火源。

（6）加强生产过程的密闭化和自动化，防止跑、冒、滴、漏。

（7）使用、运输和储存时应注意安全，防止容器破裂和冒气。

（8）现场安装氨气监测仪，及时报警发现。

（六）锰及其化合物

1. 健康危害

锰及其化合物的烟雾和粉尘经呼吸道进入人体，主要会引起慢性锰中毒，急性锰中毒十分少见。

在通风不良的工作环境中，吸入大量新生的氧化锰烟雾后，出现金属烟热症状：头晕、头痛、乏力、恶心、胸闷、咽干、气短、发热等，严重者会有畏寒、寒战等表现。

职业性慢性锰中毒是长期接触锰的烟尘所引起的以神经系统改变为主的疾病，早期表现为神经衰弱综合征和自主神经功能紊乱，中毒较明显时，出现锥体外系损害，并可能伴有精神症状，严重时表现为帕金森氏综合征和中毒性精神病。

2. 导致的职业病

职业性锰中毒。

3. 应急处置

吸入新生锰氧化物烟尘者，脱离接触可自行好转。重症可适当补液，口服解热镇痛药和抗生素，预防肺部继发感染。

皮肤吸收引起的症状，立即用清水冲洗，适当对症治疗。

4. 预防措施

（1）尽量采用低尘、低毒焊条或无锰焊条；用自动焊代替手工焊等。

（2）加强抽风排毒，降低现场浓度。

（3）做好个人防护，佩戴防护口罩、手套等。

（4）工作场所禁止饮食、吸烟。

五、物理因素类职业危害及预防

（一）噪声

噪声强度大小是影响听力损伤程度的主要因素。80dB（A）以下的噪声一般不会引起身体器质性的变化；长期接触85dB（A）以上噪声的人员，听力损失程度均随声级增加而增加。

1. 健康危害

噪声对听觉系统的影响主要表现为听觉敏感度下降、听力阈值升高、语言接受和信号辨别力变差，严重时可造成耳聋。持续接触高强度噪声，可能发生永久性听力阈移，甚至噪声性耳聋，属于不可恢复的改变。

除造成听觉损伤外，噪声还会诱发多种其他疾病，如头痛、头晕、耳鸣、失眠、全身乏力等；使肠胃病和溃疡病发病率升高；对心血管等系统产生不良影响。

2. 导致的职业病

职业性噪声聋。

3. 预防措施

（1）消除和减弱噪声源，从改革工艺入手，尽可能以无声代替有声、以低声代替高声。

（2）控制噪声的传播，合理布局，采用消声吸音设施。

（3）建立隔声休息室，实行工间休息制度，缩短员工接触噪声时间。

（4）加强个人防护，及时佩戴耳塞、耳罩、头盔等防护用品。

（二）高温

1. 健康危害

在高温条件下作业的主要生理功能改变为体温调节、水盐代谢、循环、泌尿、消化系统变化，主要表现为体温调节功能失调、水盐代谢紊乱、血压下降，严重时可能导致心肌损伤、肾脏功能下降。同时高温作业也会引起中暑。

2. 导致的职业病

高温中暑。

3. 应急处置

迅速将中暑人员移至阴凉、通风处，同时垫高头部、解开衣裤，用湿毛巾或冰袋敷头部、腋窝、大腿根部等处。若能饮水，可给大量饮水；呼吸困难时，可进行人工呼吸，并及时送医。

4. 预防措施

（1）改善工作条件，合理安置热源，尽量让操作者远离热源；采取隔热措施。

（2）采取通风降温措施，采用自然通风、机械通风及空调降温等方式。

（3）做好职业健康体检，患有心血管系统器质性疾病、高血压、甲亢、肝肾疾病等职业禁忌证人员，不得从事高温作业。

（4）合理调整作息制度，减少持续接触热时间，提供清凉饮料。

（5）加强个人防护，采用隔热工作服、工作帽、防护眼镜、面罩等。

（三）振动

1. 健康危害

局部接触强烈振动主要以手接触振动工具的方式为主，由于工作状态的不同，振动可传给一侧或双侧手臂，有时可传到肩部，长期持续使用振动工具会引起末梢循环、末神经和骨关节肌肉运动系统的障碍，严重时会引起局部振动病，主要是人体长期受低频率、大振幅的振动，使自主神经功能紊乱，引起皮肤振动感受器及外周血管循环机能改变，久而久之，出现一系列病理改变。

2. 导致的职业病

振动病。

3. 预防措施

（1）改革工艺、设备、工具，以达到减震的目的。

（2）在地板及设备地基采取隔振措施。

（3）加强个人防护，如佩戴防振保暖手套等。

（4）建立合理劳动制度，坚持工间休息及定期轮换工作制度。

（5）就业前体检，凡患有就业禁忌证者，不能从事该作业。

（四）电焊弧光

1. 健康危害

对视觉器官的影响：强烈的电焊弧光会使眼睛产生急性、慢性损伤，引起眼睛畏光、流泪、疼痛、晶体改变等症状，致使视力减退，重者导致角膜结膜炎（电光性眼炎）或白内障。

对皮肤组织的影响：强烈的电焊弧光会使皮肤产生急性、慢性损伤，出现皮肤烧伤感、红肿、发痒、脱皮等症状，形成皮肤红斑病，严重可诱发皮肤癌变。

2. 导致的职业病

电光性眼炎、白内障。

3. 预防措施

（1）焊工必须使用镶有特制护目镜片的面罩或头盔，穿好工作服，戴好防护手套和焊工防护鞋。

（2）多台焊机作业时，应设置不可燃或阻燃的防护屏。

（3）采用吸收材料作室内墙壁饰面以减少弧光的反射。

（4）保证工作场所的照明，消除焊缝视线不清、点火后戴面罩的情况发生。

（5）改善工艺，变手式焊为自动或半自动焊，使焊工可远离施焊地点作业。

六、放射因素类职业危害及预防

（一）电离辐射

1. 健康危害

电离辐射可引起放射病，它是机体的全身性反应，几乎所有器官、系统均可发生病理改变，但其中以神经系统、造血器官和消化系统的改变最为明显。电离辐射对机体的损伤可分为急性放射损伤和慢性放射性损伤，短时间内接受一定剂量的照射，会引起机体的急性损伤，平时见于核事故和放射治疗病人；而较长时间内分散接受一定剂量的照射，会引起慢性放射性损伤，如皮肤损伤、造血障碍、白细胞减少、生育力受损等。另外，辐射还致癌和可能引起胎儿的死亡和畸形。

2. 导致的职业病

职业性放射性疾病。

3. 应急处置

设备异常时应立即停止作业，关闭设备电源，发现身体不适及时就医。

4. 预防措施

（1）时间防护：尽量缩短从事放射性工作时间，以达到减少受照剂量的目的。

（2）距离防护：尽量远离放射源。

（3）屏蔽防护：在人与放射源之间设置一道防护屏障，常用的屏蔽材料有铅、钢筋水泥和铅玻璃等。

（4）对作业人员进行培训，严格执行操作规程。

（5）定期参加职业健康体检。

（二）电磁辐射

1. 健康危害

射频辐射主要对神经系统、心血管系统、免疫系统、眼睛和生殖系统有影响。

微波辐射对神经系统、心血管系统、眼睛和生殖系统会产生较大影响，还可能对内分泌、消化、血液等系统产生影响，对人体免疫系统也有影响。

高强度极低频磁场会刺激神经和肌肉并导致中枢神经系统的神经细胞兴奋。

2. 导致的职业病

职业性放射性疾病。

3. 预防措施

（1）增加辐射源与操作人员的距离。

（2）采用屏蔽措施阻止电磁辐射。

（3）根据实际情况选用相应的电磁防护用品，包括防护服、防护眼镜及辐射防护屏等。

（4）限时操作，减少接触时间。

第六节　应急响应与救护逃生

一、应急预案

应急预案是针对可能发生的突发事件，为迅速、有序地开展应急行动而预先制定的行动方案。它明确了在突发事件发生之前、发生过程中及刚刚结束之后，谁负责做什么、何时做，以及相应的策略和物资准备等，是针对可能发生的重大事故及其影响、后果的严重程度，为应急准备和应急响应的各个方面所预先做出的详细安排，是开展及时、有序和有效的事故应急救援工作的行动指南。

（一）体系构成

应急预案体系主要由综合应急预案、专项应急预案和现场处置方（预）案构成。企业应根据管理体系、生产规模、危险源的性质以及可能发生的事故类型确定应急预案体系，针对各级各类可能发生的事故和所有危险源制定专项应急预案和现场应急处置方案，并明确事前、事发、事中、事后的各个过程中相关部门和有关人员的职责。

1. 综合应急预案

综合应急预案是指为应对各种突发事件而制定的综合性工作方案，是应急工作总体程序和措施，是应急预案体系的总纲。风险种类较多、可能发生多种类型突发事件的，应组织编制综合应急预案。

2. 专项应急预案

专项应急预案是指为应对某一种或者多种类型突发事件，或者针对重要生产设施、重大危险源、重大活动而制定的专项性工作方案。对某一种或者多种类型的突发事件风险，应当编制专项应急预案。

专项应急预案是在综合应急预案的基础上充分考虑了某特定危险的特点，对应急的形势、组织机构、应急活动等进行更具体的阐述，具有较强的针对性。

3. 现场处置方（预）案

现场处置方（预）案是指根据不同的突发事件类型，针对具体场所、装置或者设施制定的应急处置措施。对危险性较大的场所、装置或者设施，应当编制现场处置方（预）案。

现场处置方（预）案应具体、简单、针对性强，应根据风险评估及危险性控制措施逐一编制，做到事故相关人员应知应会，熟练掌握，并通过应急演练，做到迅速反应、正确处置。

（二）　编制要求

应急预案的编制应当遵循"以人为本、依法依规、符合实际、注重实效"的原则，以应急处置为核心，明确应急职责、规范应急程序、细化保障措施，并符合下列基本要求：

（1）有关法律、法规、规章和标准的规定；

（2）本地区、本部门、本单位的安全生产实际情况；

（3）本地区、本部门、本单位的危险性分析情况；

（4）应急组织和人员的职责分工明确，并有具体的落实措施；

（5）有明确、具体的应急程序和处置措施，并与其应急能力相适应；

（6）有明确的应急保障措施，满足本地区、本部门、本单位的应急工作需要；

（7）应急预案基本要素齐全、完整，应急预案附件提供的信息准确；

（8）应急预案内容与相关应急预案相互衔接。

编制应急预案应当成立编制工作小组，由企业有关负责人任组长，吸收与应急预案有关的职能部门和单位的人员以及有现场处置经验的人员参加。编制应急预案前，企业应当进行事故风险辨识、评估和应急资源调查。事故风险辨识、评估，是针对不同事故种类及特点，识别存在的危害因素，分析事故可能产生的直接后果以及次生、衍生后果，评估各种后果的危害程度和影响范围，提出防范和控制事故风险措施的过程。应急资源调查，是全面调查本地区、本企业第一时间可以调用的应急资源状况和合作区域内可以请求援助的应急资源状况，并结合事故风险辨识评估结论制定应急措施的过程。

企业应当在编制应急预案的基础上，针对工作场所、岗位的特点，编制简明、实用、有效的应急处置卡。应急处置卡应当规定重点岗位、人员的应急处置程序和措施，以及相关联络人员和联系方式，便于从业人员携带。

1. 综合应急预案的编制

综合应急预案从总体上阐述事故的应急方针、政策，应急组织结构及相关应急职责，应急行动、措施和保障等基本要求和程序，是应对各类事故的综合性文件。综合应急预案应当包括本企业的应急组织机构及其职责、预案体系及响应程序、事故预防及应急保障、应急培训及预案演练等主要内容。

1）综合应急预案的编制依据

《生产安全事故应急预案管理办法》中明确规定，生产经营单位风险种类多、可能发生多种事故类型的，应当组织编制本单位的综合应急预案。

2）综合应急预案实施程序

综合应急预案的具体编制与实施程序如图3-6所示。

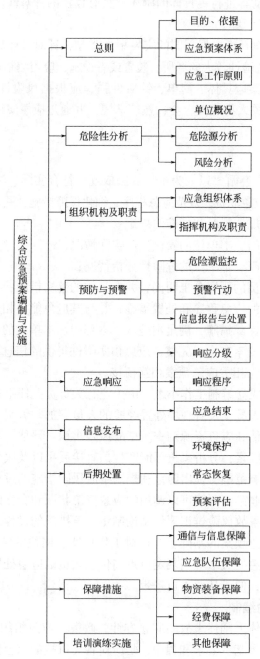

图3-6　综合应急预案的具体编制与实施程序

3）综合应急预案的编制要求

综合应急预案的内容应满足以下基本要求：

（1）符合与应急相关的法律、法规、规章和技术标准的要求；

（2）与事故风险分析和应急能力相适应；

（3）职责分工明确、责任落实到位；

（4）与相关企业和政府部门的应急预案有机衔接。

4）综合应急预案的编制内容

（1）总则。

① 编制目的：简述应急预案编制的目的、作用等。

② 编制依据：简述应急预案编制所依据的法律法规、规章，以及有关行业管理规定、技术规范和标准等。

③ 适用范围：说明应急预案适用的区域范围，以及事故的类型、级别。

④ 应急预案体系：说明本单位应急预案体系的构成情况。

⑤ 应急工作原则：说明本单位应急工作的原则，内容应简明扼要、具体明确。

（2）生产经营单位的危险性分析。

① 生产经营单位概况：主要包括单位地址、从业人数、隶属关系、主要原材料、主要产品、产量等内容，以及周边重大危险源、重要设施、目标、场所和周边布局情况。必要时，可附平面图进行说明。

② 危险源与风险分析：主要阐述本单位存在的危险源及风险分析结果。

（3）组织机构及职责。

① 应急组织体系：明确应急组织形式、构成单位或人员，并尽可能以结构图的形式表示出来。

② 指挥机构及职责：明确应急救援指挥机构总指挥、副总指挥、各成员单位及其相应职责。应急救援指挥机构根据事故类型和应急工作需要，可以设置相应的应急救援工作小组，并明确各小组的工作任务及职责。

（4）预防与预警。

① 危险源监控：明确本单位对危险源监测监控的方式、方法，以及采取的预防措施。

② 预警行动：明确事故预警的条件、方式、方法和信息的发布程序。

③ 信息报告与处置：按照有关规定，明确事故及未遂伤亡事故信息报告与处置办法。

（5）应急响应。

① 响应分级：针对事故危害程度、影响范围和单位控制事态的能力，将事故分为不同的等级。按照分级负责的原则，明确应急响应级别。

② 响应程序：根据事故的大小和发展态势，明确应急指挥、应急行动、资源调配、应急避险、扩大应急等响应程序。

③ 应急结束：明确应急终止的条件，事故现场得以控制，环境符合有关标准，导致次生、衍生事故隐患消除后，经事故现场应急指挥机构批准后，现场应急结束。应急结束后，应明确：

a. 事故情况上报事项；

b. 需向事故调查处理小组移交的相关事项；

c. 事故应急救援工作总结报告。

（6）信息发布。

明确事故信息发布的部门、发布原则。事故信息应由事故现场指挥部及时准确向新闻媒体通报事故信息。

（7）后期处置。

后期处置主要包括污染物处理、事故后果影响消除、生产秩序恢复、善后赔偿、抢险过程和应急救援能力评估及应急预案的修订等内容。

（8）保障措施。

① 通信与信息保障：明确与应急工作相关联的单位或人员通信联系方式和方法，并提供备用方案；建立信息通信系统及维护方案，确保应急期间信息通畅。

② 应急队伍保障：明确各类应急响应的人力资源，包括专业应急队伍、兼职应急队伍的组织与保障方案。

③ 应急物资装备保障：明确应急救援需要使用的应急物资和装备的类型、数量、性能、存放位置、管理责任人及其联系方式等内容。

④ 经费保障：明确应急专项经费来源、使用范围、数量和监督管理措施，保障应急状态时生产经营单位应急经费的及时到位。

⑤ 其他保障：根据本单位应急工作需求而确定的其他相关保障措施，如交通运输保障、治安保障、技术保障、医疗保障、后勤保障等。

（9）培训与演练。

① 培训：明确对本单位人员开展的应急培训计划、方式和要求，如果预案涉及社区和居民，要做好宣传教育和告知等工作。

② 演练：明确应急演练的规模、方式、频次、范围、内容、组织、评估、总结等内容。

（10）奖惩。

明确事故应急救援工作中奖励和处罚的条件和内容。

（11）附则。

① 术语和定义：对应急预案涉及的一些术语进行定义。

② 应急预案备案：明确本应急预案的报备部门。

③ 维护和更新：明确应急预案维护和更新的基本要求，定期进行评审，实现可持续改进。

④ 制定与解释：明确应急预案负责制定与解释的部门。

2. 专项应急预案的编制

专项应急预案是针对具体的事故类别、危险源和应急保障而制定的计划或方案，是综合应急预案的组成部分，应按照综合应急预案的程序和要求组织制定，并作为综合应急预案的附件。专项应急预案应制定明确的救援程序和具体的应急救援措施。

1）专项应急预案编制依据

《生产安全事故应急预案管理办法》中明确规定，对于某一种类的风险，生产经营单位应当根据存在的重大危险源和可能发生的事故类型，制定相应的专项应急预案。

2）专项应急预案编制程序

专项应急预案应当包括危险性分析、可能发生的事故特征、应急组织机构与职责、预防措施、应急处置程序和应急保障等内容。

专项应急预案的具体编制与实施程序如图 3-7 所示。

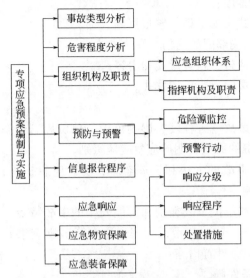

图 3-7 专项应急预案的具体编制与实施程序

3）专项应急预案编制要求

（1）自然灾害类专项应急预案的内容应以防范、控制和消除自然灾害影响为主，自然灾害导致的次生或衍生事件的应急处置内容，应根据事件性质由相应的专项应急预案予以明确。

（2）公共卫生事件类专项应急预案可以根据事件类别分别编制专项应急预案，也可编制一个综合性的专项应急预案。在综合性的公共卫生事件专项应急预案中，应分别明确各类公共卫生事件的应急处置程序和措施，应符合国家相关法律、法规、规章及技术标准要求。

4）专项应急预案的编制

（1）事故类型和危害程度分析。

在危险源评估的基础上，对其可能发生的事故类型和可能发生的季节及事故严重程度进行确定。

（2）应急处置基本原则。

明确处置安全生产事故应当遵循的基本原则。

（3）组织机构及职责。

① 应急组织体系：明确应急组织形式、构成单位或人员，并尽可能以结构图的形式表示出来。

② 指挥机构及职责：根据事故类型，明确应急救援指挥机构总指挥、副总指挥以及各成员单位或人员的具体职责。应急救援指挥机构可以设置相应的应急救援工作小组，明确各小组的工作任务及主要负责人职责。

（4）预防与预警。

① 危险源监控：明确本单位对危险源监测监控的方式、方法以及采取的预防措施。

② 预警行动：明确具体事故预警的条件、方式、方法和信息的发布程序。

（5）信息报告程序，主要包括：

① 确定报警系统及程序；

② 确定现场报警方式，如电话、警报器等；

③ 确定24小时与相关部门的通信、联络方式；

④ 明确相互认可的通告、报警形式和内容；

⑤ 明确应急反应人员向外求援的方式。

（6）应急处置。

① 响应分级：针对事故危害程度、影响范围和单位控制事态的能力，将事故分为不同的等级。按照分级负责的原则，明确应急响应级别。

② 响应程序：根据事故的大小和发展态势，明确应急指挥、应急行动、资源调配、应急避险、扩大应急等响应程序。

③ 处置措施：针对本单位事故类别和可能发生的事故特点、危险性，制定的应急处置措施，如煤矿瓦斯爆炸、冒顶片帮、火灾、透水等事故应急处置措施，危险化学品火灾、爆炸、中毒等事故应急处置措施。

（7）应急物资与装备保障。

明确应急处置所需的物质与装备数量、管理和维护、正确使用方法等。

3. 现场处置方（预）案的编制

对于危险性较大的场所、装置或者设施，生产经营单位应当编制现场处置方案。现场处置方案应当规定应急工作职责、应急处置措施和注意事项等内容。事故风险单一、危险性小的生产经营单位，可以只编制现场处置方（预）案。

1）现场处置方（预）案编制要求

（1）事故风险分析，主要包括：

① 事故类型；

② 事故发生的区域、地点或装置的名称；

③ 事故发生的可能时间、事故的危害严重程度及其影响范围；

④ 事故前可能出现的征兆；

⑤ 事故可能引发的次生、衍生事故。

（2）应急组织与职责。

根据现场工作岗位、组织形式及人员构成，明确各岗位人员的应急工作分工和职责，主要包括：

① 基层单位应急自救组织形式及人员构成情况；

② 应急自救组织机构、人员的具体职责，应同单位或车间、班组人员工作职责紧密结合，明确相关岗位和人员的应急工作职责。

（3）应急处置，主要包括以下内容：

① 事故应急处置程序。根据可能发生的事故及现场情况，明确事故报警、各项应急措施启动、应急救护人员的引导、事故扩大及同生产经营单位应急预案的衔接的程序。

② 现场应急处置措施。针对可能发生的火灾、爆炸、危险化学品泄漏、坍塌、水患、机动车辆伤害等，从人员救护、工艺操作、事故控制、消防、现场恢复等方面制定明确的应急处置措施。

③ 明确报警负责人以及报警电话及上级管理部门、相关应急救援单位联络方式和联系人员，事故报告基本要求和内容。

（4）注意事项主要包括：

① 佩戴个人防护器具方面的注意事项；

② 使用抢险救援器材方面的注意事项；

③ 采取救援对策或措施方面的注意事项；

④ 现场自救和互救注意事项；

⑤ 现场应急处置能力确认和人员安全防护等的事项；

⑥ 应急救援结束后的注意事项；

⑦ 其他需要特别警示的事项。

二、应急演练

应急演练是模拟应对突发事件的活动，是提高对突发事件的应对能力、减少事件事故损失的必要手段，也是应急管理规定的内容，对企事业单位应急管理有重要意义。要真正通过演练，使应急管理工作和应急管理水平得到完善和提高，使应急人员具有过硬的心理素质和熟练的操作技能，真正达到检验预案、磨合机制、锻炼队伍、提高能力、实现目标的目的。

（一）目的

（1）检验应急预案，提高应急预案的科学性、实用性和可操作性；

（2）磨合应急机制，强化政府及其部门与企业、企业与企业、企业与救援队伍、企业内部不同部门和人员之间的协调与配合；

（3）锻炼应急队伍，提高应急人员在各种紧急情况下妥善处置突发事件的能力；

（4）教育广大群众，推广和普及应急知识，提高公众的风险防范意识与自救、互救能力；

（5）检验并提高应急装备和物资的储备标准、管理水平、适用性和可靠性；

（6）研究特定突发事件的预防及应急处置的有效方法与途径；

（7）找出其他需要解决的问题。

（二）要求

（1）应急演练工作必须遵守国家相关法律、法规、标准的有关规定；

（2）应急演练应纳入企业应急管理工作的整体规划，企业应当每年制定应急预案演练计划，定期或有计划组织应急演练，每年至少组织一次综合应急预案或专项应急预案的演练。基层单位应按照计划定期开展现场处置预案（方案）演练活动，演练频次不得少于每半年一次，重点岗位应急处置卡应当经常组织演练，新制定或修订的应急预案应当及时组织演练；

（3）应急演练应结合企业安全生产过程中的危险源、危险有害因素、易发事故的特点，根据应急预案组织实施；

（4）根据需要合理确定应急演练类型和规模；

（5）制定应急演练过程中的安全保障方案和措施；

（6）应急演练应周密安排、结合实际、从难从严、注重过程、实事求是、科学评估；

（7）不得影响和妨碍生产系统的正常运转及安全。

（三）类型

1. 按组织形式划分

按组织形式划分，应急演练可分为桌面演练和实战演练。

（1）桌面演练是指由应急组织的代表或关键岗位人员参加，按照应急预案及其标准工作程序，讨论紧急情况时应采取行动的演练活动。桌面演练的特点是对演练情景进行口头演练，一般在会议室举行，其主要目的是锻炼参演人员解决问题的能力，以及解决应急组织相互协作和职责划分的问题。

（2）实战演练是指参演人员利用应急处置涉及的设备和物资，针对事先设置的突发事件情景及其后续的发展情景，通过实际决策、行动和操作，完成应急响应的过程。实战演练通常要在特定场所完成。

2. 按内容划分

按内容划分，应急演练可分为单项演练和综合演练。

（1）单项演练是指只涉及应急预案中特定应急响应功能或现场处置方案中一系列应急响应功能的演练活动，是指针对应急预案中某些应急响应功能或某一应急过程开展的演练活动。

（2）综合演练是指涉及应急预案中多项或全部应急响应功能的演练活动，一般指依据多个专项预案，由多个部门共同参与的应急响应和联动的演练活动。

3. 按目的与作用划分

按目的与作用划分，应急演练可分为检验性演练、示范性演练和研究性演练。

（四）应急演练参与人员

应急演练的参与人员包括参演人员、控制人员、模拟人员、评价人员和观摩人员，这五类人员在演练过程中都有着重要的作用，并且在演练过程中都应佩戴能表明其身份的识别符。

1. 参演人员

参演人员是指在应急组织中承担具体任务，并在演练过程中尽可能对演练情景或模拟事件作出真实情景下可能采取的响应行动的人员，相当于通常所说的演员。参演人员所承担的具体任务主要包括救助伤员或被困人员；保护财产或公众健康；获取并管理各类应急资源；与其他应急人员协同处理重大事故或紧急事件。

2. 控制人员

控制人员是指根据演练情景，控制演练时间进度的人员。控制人员根据演练方案及演练计划的要求，引导参演人员按响应程序行动，并不断给出情况或消息，供参演的指挥人员进行判断、提出对策，其主要任务包括确保规定的演练项目得到充分的演练，以利于评价工作的开展；确保演练活动的任务量和挑战性；确保演练的进度；解答参演人员的疑问，解决演练过程中出现的问题；保障演练过程的安全。

3. 模拟人员

模拟人员是指演练过程中扮演、代替某些应急组织和服务部门，或模拟紧急事件、事态发展的人员，其主要任务包括扮演、替代正常情况或响应实际紧急事件时与应急指挥中心、现场应急指挥所沟通联系的机构或服务部门；模拟事故的发生过程；模拟受害或受影响人员。

4. 评价人员

评价人员是指负责观察演练进展情况并予以记录的人员，其主要任务包括观察参演人员的应急行动，并记录观察结果；在不干预参演人员工作的情况下，协助控制人员确保演练按计划进行。

5. 观摩人员

观摩人员是指来自有关部门、外部机构以及旁观演练过程的观众。

（五）筹备工作

1. 制定筹备方案

应急演练活动，特别是有多个部门联合组织或者具有示范性大型演练活动，为确保应急演练活动的安全、有序，达到预期效果，应当制定应急演练活动筹备方案。筹备方案通常包括成立组织机构、演练策划与编写演练文件、确定演练人员、演练实施等方面的内容。机构与职责进行合理调整，在确保相应职责能够得到有效落实的前提下，缩减或增加组织领导机构。

2. 明确组织机构与职责

应急演练活动可以成立应急演练活动领导小组，下设策划组、执行组、保障组、技术组、评估组等若干专业工作组。

（1）领导小组：综合演练活动领导小组负责演练活动筹备期间和实施过程中的领导与指挥工作，负责任命综合演练活动总指挥与现场总指挥。组长、副组长一般由应急演练组织部门的领导担任，具备调动应急演练筹备工作所需人力和物力的权力。总指挥、现场总指挥可由组长、副组长兼任。

（2）策划组：负责制定应急演练活动工作方案，编制应急演练实施方案；负责演练前、中、后的宣传报道，编写演练总结报告和后续改进计划。

（3）执行组：负责应急演练活动筹备及实施过程中与相关单位和工作组内部的联络、协调工作；负责情景事件要素设置及应急演练过程中的场景布置；负责调度参演人员、控制演练进程。

（4）保障组：负责应急演练筹备及实施过程中安全保障方案的制定与执行；负责所需物资的准备，以及应急演练结束后上述物资的清理归库；负责人力资源管理及经费的使用管理；负责应急演练过程中通信的畅通。

（5）技术组：负责监控演练现场环境参数及其变化，制定应急演练过程中应急处置技术方案和安全措施，并保障其正确实施。

（6）评估组：负责应急演练的评估工作，撰写应急演练评估报告，提出具有针对性的改进意见和建议。

3. 策划应急演练

（1）确定应急演练要素：应急演练策划就是在应急预案的基础上，进行应急演练需求分析，明确应急演练目的和目标，确定应急演练范围，对应急演练的规模、参演单位和人员、情景事件及发生顺序、响应程序、评估标准和方法等进行的总体策划。

（2）分析应急演练需求：在对现有应急管理工作情况以及应急预案进行认真分析的基础上，确定当前面临的主要和次要风险、存在的问题、需要训练的技能、需要检验或测试的设施和装备、需要检验和加强的应急功能和需要演练的机构和人员。

（3）明确应急演练目的：根据应急演练需求分析确定应急演练目的，明确需要检验和改进的应急功能。

（4）确定应急演练目标：根据应急演练目的确定应急演练目标，提出应急演练期望达到的标准或要求。

（5）确定应急演练规模：根据应急演练目标确定演练规模。演练规模通常包括演练区域、参演人员以及涉及的应急功能。

（6）设置情景事件：一般情况下设置单一情景事件，有时为增加难度，也可以设置复合情景事件，即在前一个情景事件应急演练的过程中，诱发次生情景事件，以不断提出新问题考验演练人员，锻炼参演人员的应急反应能力。

在设置情景事件时，应按照突发事件的内在变化规律，设置情景事件的发生时间、地点、状态特征、波及范围以及变化趋势等要素，并进行情景描述。

（7）应急行动与应对措施：根据情景描述，对应急演练过程中应当采取的预警、应急响应、决策与指挥、处置与救援、保障与恢复、信息发布等应急行动与应对措施预先进行设定和描述。

4. 编写应急演练文件

1）应急演练方案

应急演练方案是指导应急演练实施的详细工作文件，通常包括：

（1）应急演练需求分析；

（2）应急演练的目的；

（3）应急演练的目标及规模；

（4）应急演练的组织与管理；

（5）情景事件与情景描述；

（6）应急行动与应对措施预先设定和描述；

（7）各类参演人员的任务及职责。

2）应急演练评估指南和评估记录

应急演练评估指南是对评估内容、评估标准、评估程序的说明，通常包括：

（1）相关信息：应急演练目的和目标、情景描述，应急行动与应对措施简介等。

（2）评估内容：应急演练准备、应急演练方案、应急演练组织与实施、应急演练效果等。

（3）评估标准：应急演练目标实现程度的评判指标，应具有科学性和可操作性。

（4）评估程序：为保证评估结果的准确性，针对评估过程做出的程序性规定。

应急演练评估记录是根据评估标准记录评估内容的照片、录像、表格等，用于对应急演练进行评估总结。

3）应急演练安全保障方案

应急演练安全保障方案是防止在应急演练过程中发生意外情况而制定的，通常包括：

（1）可能发生的意外情况；

（2）意外情况的应急处置措施；

（3）应急演练的安全设施与装备；

（4）应急演练非正常终止条件与程序。

4）应急演练实施计划和观摩指南

对于重大示范性应急演练，可以依据应急演练方案把应急演练的全过程写成应急演练实施计划，详细描述应急演练时间、情景事件、预警、应急处置与救援及参与人员的指令与对白视频画面与字幕、解说词等。

根据需要，编制观摩指南供观摩人员理解应急演练活动内容，包括应急演练的主办及承办单位名称，应急演练时间、地点、情景描述、主要环节及演练内容等。

（六）实施

1. 基本要求

（1）情景真实：根据演练类别的不同，提供不同的演练场地，采取多种方式营造真实可信的演练情景。

（2）过程控制：演练控制人员应该控制演练过程，引导演练进程，管理演练时间，并且在可能的情况下鼓励参演人员自己解决难题，特别注意情景发展态势和参演人员安全，使之始终处于控制之下。

（3）收集资料：使用签到单、参演人员活动单、记录表、评论表、绘图标注、录音、摄影、摄像等多种手段记录演练过程。

2. 演练启动

演练正式启动前一般要举行简短仪式，由演练总指挥宣布演练开始并启动演练活动。

3. 演练执行

1）演练指挥与行动

演练总指挥负责演练实施全过程的指挥控制。按照演练方案要求，应急指挥机构指挥各参演队伍和人员，开展对模拟演练事件的应急处置行动，完成各项演练活动；演练控制人员应充分掌握演练方案，按总策划的要求，熟练发布控制信息，协调参演人员完成各项演练任务；参演人员根据控制消息和指令，按照演练方案规定的程序开展应急处置行动，完成各项演练活动；模拟人员按照演练方案要求，模拟未参加演练的单位或人员的行动，并作出信息反馈。

2）演练过程控制

（1）桌面演练的执行：在讨论桌面演练中，演练活动主要是围绕对所提出问题进行讨论，以口头或书面形式部署引入一个或若干个问题，参演人员根据应急预案及有关规定，讨论应采取的行动。在角色扮演或推演式桌面演练中，由总策划按照演练方案发出控制消息，参演人员接收到事件信息后，通过角色扮演或模拟操作，完成应急处置活动。

（2）实战演练的执行：在实战演练中，要通过传递控制消息来控制演练进程。总策划按照演练方案发出控制消息，控制人员向参演人员和模拟人员传递控制消息。参演人员和模拟人员接收到信息后，按照发生真实事件时的应急处置程序，或根据应急行动方案，采取相应的应急处置行动。控制消息可由人工传递，也可以用对讲机、电话、手机、传真机、网络等方式传送或者通过特定的声音、标志、视频等呈现。演练过程中，控制人员应随时掌握演练进展情况，并向总策划报告演练中出现的各种问题。

3）演练解说

在演练实施过程中，演练组织单位可以安排专人对演练过程进行解说。解说内容一般包括演练背景描述、进程讲解、案例介绍、环境渲染等。对于有演练脚本的大型综合性示范演练，可按照脚本中的解说词进行讲解。

4）演练记录

演练实施过中、要安排专门人员，采用文字、照片和音像等手段记录演练过程。文字记录主要包括演练实际开始与结束时间、演练过程控制情况、各项演练活动中参演人员的表现、意外情况及处置等内容。照片和音像记录可安排专业人员和宣传人员在不同现场、不同角度进行拍摄，尽可能全方位反映演练实施过程。

5）演练宣传报道

演练宣传组按照演练宣传方案做好演练宣传报道工作，对涉密应急演练要做好相关保密工作。

4. 演练结束与终止

演练完毕，由总策划发出结束信号，演练总指挥宣布演练结束。演练结束后所有人员停止演练活动，按预定方案集合进行现场总结讲评或者组织疏散。保障部负责组织人员对演练现场进行清理和恢复。

除正常终止外，若出现下列情况，总指挥也可以决定并宣布演练终止：发生突发公共事件并影响演练继续进行时，总指挥可宣布终止演练，必要时，调集演练参与人员立即实施应急处置；出现特殊或意外情况，短时间内不能妥善处理或解决时，总指挥可决定并宣布本次演练终止。

（七）应急演练评估与总结

1. 演练评估

演练评估是在全面分析演练记录及相关资料的基础上，对比参演人员表现与演练目标要求，对演练活动及其组织过程作出客观评价，并编写演练评估报告的过程。所有应急演练活动都应进行演练评估。

演练结束后可通过组织评估会议、填写演练评价表和对参演人员进行访谈等方式进行评估。演练评估报告的主要内容一般包括演练执行情况、预案的合理性与可操作性、应急指挥人员的指挥协调能力、参演人员的处置能力、演练所用设备装备的适用性、演练目标的实现情况、演练的成本效益分析、对完善预案的建议等。

2. 演练总结

演练总结可分为现场总结和事后总结。

（1）现场总结：在演练的一个或所有阶段结束后，在现场有针对性地进行讲评和总结，内容主要包括本阶段的演练目标、参演队伍及人员的表现、演练中暴露的问题、解决问题的办法等。

（2）事后总结：在演练结束后，根据演练材料，对演练进行总结，并形成演练总结报告、演练方案概要、发现的问题与原因、经验和教训以及改进有关工作的建议等。

3. 演练资料的归档与备案

应急演练结束后，将应急演练方案、应急演练评估报告、应急演练总结报告等文字资料，以及记录演练实施过程的相关图片、视频、音频等资料归档保存；对主管部门要求备案的应急演练资料，演练组织单位将相关资料报主管部门备案。

4. 应急预案的修改完善

根据应急演练评估报告对应急预案的改进建议，由应急预案编制部门按程序对预案进行修改完善。

三、应急处置

应急处置是企业应急预案体系的重要内容，是指对突发险情、事故、事件等采取紧急措施或行动，进行应对处置。当事故发生时，根据既定的应急救援预案，按照科学规范的响应程序和处置要求，充分运用应急指挥、应急队伍、应急装备等各种应急资源，对事故进行抢险救灾，有效控制事故的发展，并且最终成功处置事故，避免事故的扩大和恶化，从而减轻事故对人员、财产、环境造成的危害。

（一）基本原则

国务院发布的《国家突发公共事件总体应急预案》中提出了六个"工作原则"："以人为本，减少危害；居安思危，预防为主；统一领导，分级负责；依法规范，加强管理；快速反应，协同应对；依靠科技，提高素质。"这六项共48字的工作原则是我国突发公共事件的应急处置工作原则。在此基础上，就装备制造行业安全生产应急处置提出以下几个原则：

（1）"先撤人、后排险"的原则：在发生事故或出现紧急险情之后，应首先将处于危险区域内的一切人员撤出危险区域，然后再有组织地进行排险工作。

（2）"先救人、后排险"的原则：当有人受伤或死亡时，应先救出伤员和撤出亡者，然后进行排险处理工作，以免影响对伤员的抢救或对伤员、亡者造成新的伤害。

（3）"先防险、后救人"的原则：在险情和事故仍在继续发展或险情仍未消除的情况下，必须先采取支护等安全保险措施，然后救人，以免使救护者受到伤害和使伤员受到新的伤害。救人要求"急"，同时也要求"稳妥"，否则，不但达不到救人的目的，还会使救助者受伤。

（4）"先防险、后排险"的原则：在进入现场进行排险作业时，必须采取可靠支护等合适的保护措施，以免排险人员受到伤害。

（5）"先排险、后清理"的原则：只有在控制事故继续发展和排除险情以后，才能进行事故现场的清理工作，必须遵守事故的处理程序规定并得到批准。

（6）保护现场的原则：在事故调查组未决定结束事故原状之前，必须全力保护好现场的原状，以免影响事故的调查和处理工作。保护事故现场是所有人员的责任，破坏事故现场是违法行为。但为了进行救人和排险工作时，可采取如下做法：在不破坏现状的要求下，为了确保救人和排险工作的安全，设置临时支护以阻止破坏的继续发展和稳定破坏的状态。在设置临时支护前，应先拍下现场全部和局部情况照片。

（二）处置流程

（1）迅速报告：发生事件后立即向主管部门汇报，经请示后报120、110或119处置

（紧急情况下可先报120、110或119），同时按程序向当地相关部门和上级主管部门逐级报告。

（2）现场处置：总指挥（或副总指挥）应迅速赶到现场，判明情况，做出紧急部署。各组迅速到位，按责任分工，迅速开展工作。

（3）现场维护：组织人员维护现场秩序，劝阻围观群众，设置警戒线，保护现场，控制局面。

（4）报警并引导进入现场：敏于观察，注意发现问题，配合公安、消防机关和相关部门开展事件的调查取证工作，控制违法犯罪嫌疑人。

（5）做好接待、安抚工作：按规定与来访者对话，做好政治思想工作，稳定情绪，正面引导，积极化解矛盾，将影响和损失降低到最低程度。

（6）加强信息收集：配合相关部门的调查取证。

（7）处理善后：成立善后工作小组妥善处理善后事宜工作。

（三）处置要点

1. 通用应急处置要点

（1）突发紧急状况下，生产现场带班人员、班组长和调度人员具有直接处置权和指挥权。在发现直接危及人身安全的紧急情况时，应当立即下达停止作业指令、采取可能的应急措施或组织撤离作业场所。

（2）突发紧急状况下，应根据事故应急救援需要划定警戒区域，及时疏散和安置事故可能影响的周边居民和群众，劝离与救援无关的人员，对现场周边及有关区域实行交通疏导。必要时，应当对事故现场实行隔离保护，重要部位、危险区域应当实行专人值守。

事发单位应当在不影响应急处置的前提下，采取有效措施保护事故现场，及时收集现场照片、监控录像、工艺设备运行参数、作业指令、班报表，以及应急处置过程等资料。任何人不得涂改、毁损或隐瞒事故有关资料。

（3）发生Ⅲ级并有可能引发Ⅱ级突发生产安全事件时，事发单位应急领导小组应当立即召开首次会议，成立现场应急指挥部，单位主要负责人或分管领导应当立即赶赴现场，组织开展应急抢险、救援等工作。发生Ⅱ级突发事件的，企业应急领导小组应立即召开首次会议，成立现场应急指挥部，企业主要负责人或分管领导应当立即赶赴现场，组织开展应急抢险、救援等工作。

（4）现场应急指挥部应当充分发挥专家组、现场管理人员、专业技术人员以及救援队伍指挥员的作用，实行科学决策。要在确保安全的前提下组织抢救遇险人员，控制危险源，封锁危险场所，杜绝盲目施救，防止事态扩大。

（5）当地政府或上级组织开展现场应急救援时，现场应急指挥部应当接受地方人民政府或上级组织的统一指挥，并持续做好应急处置工作。

（6）现场应急处置工作完成后，经现场应急指挥部确认引发事故的风险已经排除，按照程序终止应急处置与救援工作。

事发单位应当对恢复生产过程中的安全风险进行评估，制定和实施有效防控措施，对现场危险因素进行持续监测，防止发生次生事故。

2. 常见事故应急处置要点

1) 物体打击

发生物体打击事故后，抢救的重点应放在颅脑损伤、胸部骨折和出血处理上。

（1）发生物体打击事故，应马上组织抢救伤者，首先观察伤者的受伤情况、部位、伤害性质，如伤员休克，应先处理休克，遇呼吸、心跳停止者，应立即进行人工呼吸、胸外心脏按压。对处于休克状态的伤员，要让其安静、保暖、平卧、少动，并将其下肢抬高20°左右，尽快送医院进行抢救治疗。

（2）若出现颅脑外伤，必须维持呼吸道通畅。昏迷者应平卧，面部转向一侧，以防舌根下坠或将分泌物、呕吐物吸入，发生喉堵塞；有骨折者，应初步固定其创伤处后再搬运；遇有凹陷骨折、严重的颅底骨折及严重的脑损伤的伤员，在创伤处用消毒的纱布或清洁布等覆盖伤口，用绷带或布条包扎，及时送到就近有条件的医院治疗。

2) 高处坠落

发生高处坠落事故后，救援的重点应放在对休克、骨折和出血的处理上。

（1）发生高处坠落事故，应马上组织抢救伤者，首先观察伤者的受伤情况、部位、伤害性质，如伤员出现休克现象应先处理，遇呼吸、心跳停止者，应立即进行人工呼吸，胸外心脏按压。对处于休克状态的伤员，要让其安静、保暖、平卧、少动，并将其下肢抬高20°左右，尽快送医院进行抢救治疗。

（2）若出现颅脑外伤现象，必须维持伤者呼吸道通畅。昏迷者应平卧，面部转向一侧，以防其舌根下坠或将分泌物、呕吐物吸入发生喉堵塞；有骨折者，应初步固定后再搬运；遇有凹陷骨折、严重的颅底骨折及严重的脑损伤伤员，在创伤处用消毒的纱布或清洁布等覆盖伤口，用绷带或布条包扎，及时送到就近有条件的医院治疗。

（3）发现脊椎受伤者，创伤处用消毒的纱布或清洁布等覆盖伤口，用绷带或布条包扎。搬运时，将伤者平卧放在硬板上，以免受伤的脊椎移位、断裂造成截瘫，导致死亡。抢救脊椎受伤者的搬运过程，严禁只抬伤者的两肩与两腿或单肩背运。

（4）发现伤者手足骨折，不要盲目搬运伤者，应在骨折部位用夹板临时固定，使断端不再移位或刺伤肌肉、神经或血管。固定方法：以固定骨折处上下关节为原则，可就地取材，用木板、竹板等，在无材料的情况下，上肢可固定在身侧，下肢与健侧下肢缚在一起。

（5）遇有创伤性出血的伤员，应迅速包扎止血，使伤员保持在头低脚高的卧位，并注意保暖。正确的现场止血处理措施：

① 一般小伤口的止血法：先用生理盐水（0.9%氯化钠溶液）冲洗伤口，涂上红汞水，然后盖上消毒纱布，用绷带较紧地包扎。

② 加压包扎止血法：用纱布、棉花等做成软垫，放在伤口上再加包扎，来增强压力而达到止血的目的。

③ 止血带止血法：选择弹性好的橡皮管、橡皮带或三角巾、毛巾、带状布条等，上肢出血结扎在上臂上1/2处（靠近心脏位置），下肢出血结扎在大腿上1/2处（靠近心脏位置）。结扎时，在止血带与皮肤之间垫上消毒纱布棉纱，每隔25~40min放松一次，每次放松0.5~1min。

（6）使用最快的交通工具或其他措施，及时把伤者送往附近医院抢救，运送途中应尽量减少颠簸。同时，密切注意伤者的呼吸、脉搏、血压及伤口的情况。

3) 触电

触电急救的要点是动作迅速，救护得法，切不可惊慌失措。要贯彻"迅速、就地、正确、坚持"的触电急救八字方针。发现有人触电，首先要尽快使触电者脱离电源，然后根据触电者的具体症状进行对症施救。

脱离电源的基本方法：

（1）将事发地附近电源开关闸刀拉掉，或将电源插头拔掉，切断电源。

（2）用干燥的绝缘木棒、竹竿、布带等物将电源线从触电者身上拨离或者将触电者拨离电源。

（3）必要时可用绝缘工具（如带有绝缘柄的电工钳、木柄斧头等）切断电源线。

（4）救护人可戴上手套或在手上包缠干燥的衣服、围巾、帽子等绝缘物品拖拽触电者，使之脱离电源。

（5）如果触电者由于痉挛使导线缠绕在身上，救护人先用干燥的木板塞进触电者身下使其与地绝缘来隔断人地电流，然后再采取其他办法把电源切断。

（6）如果触电者触及断落在地上的带电高压导线，且尚未确认线路无电之前，救护人员不得进入断落地点 8~10m 的范围内，以防止跨步电压触电。进入该范围的救护人员应穿上绝缘鞋或临时双脚并拢跳跃地接近触电者。触电者脱离带电导线后，应迅速将其带至 8~10m 以外立即开始触电急救。只有在确认线路已经无电的情况下，才可在触电者离开触电导线后就地急救。

触电者脱离电源时注意事项：

（1）未采取绝缘措施前，救护人不得直接触及触电者的皮肤和潮湿的衣服。

（2）严禁救护人直接用手推、拉和触摸触电者，救护人不得采用金属或其他绝缘性能差的物体（如潮湿木棒、布带等）作为救护工具。

（3）在拉拽触电者脱离电源的过程中，救护人宜用单手操作，这样对救护人比较安全。

（4）当触电者位于高位时，应采取措施预防触电者在脱离电源后坠地摔伤或坠亡（电击二次伤害）。

（5）夜间发生触电事故时，应考虑切断电源后的临时照明问题，以利救护。

触电者未失去知觉的救护措施：

应让触电者在比较干燥、通风暖和的地方静卧休息，并派人严密观察，同时请医生前来或送往医院诊治。

触电者已失去知觉但尚有心跳和呼吸的抢救措施：

应使其舒适地平卧着，解开衣服以利呼吸，四周不要围人，保持空气流通，冷天应注意保暖，同时立即请医生前来或送医院诊治。若发现触电者呼吸困难或心跳失常，应立即施行人工呼吸及胸外心脏按压。

对"假死"者的急救措施：

（1）通畅气道：第一，清除口中异物。使触电者仰面躺在平硬的地方迅速解开其领扣、围巾、紧身衣和裤带。如发现触电者口内有食物、假牙、血块等异物，可将其身体及头部同时侧转，迅速用一根手指或两根手指交叉从口角处插入，从口中取出异物，操作中要注意防止将异物推到咽喉深处。第二，采用仰头抬法畅通气道。操作时，救护人用一只手放在触电者前额，另一只手的手指将其下颌骨向上抬起，两手协同将头部推向后仰，舌根自然随之抬起，气道即可畅通。为使触电者头部后仰，可于其颈部下方垫适量厚度的物品，但严禁将枕头或其他物品垫在触电者头下。

（2）口对口（鼻）人工呼吸：使病人仰卧，松解衣扣和腰带，清除伤者口腔内痰液、呕吐物、血块、泥土等，保持呼吸道畅通。救护人员一手将伤者下颌托起，使其头尽量后仰，另一只手捏住伤者的鼻孔，深吸一口气，对住伤者的口用力吹气，然后立即离开伤者口，同时松开捏鼻孔的手。吹气力量要适中，次数以每分钟 16~18 次为宜。

（3）胸外心脏按压：使伤者仰卧在地上或硬板床上，救护人员跪或站于伤者一侧，面对伤者，将右手掌置于伤者胸骨下段及剑突部，左手置于右手之上，以上身的重量用力把胸骨下段向后压向脊柱，随后将手腕放松，每分钟挤压 60~80 次。在进行胸外心脏按压时，宜将伤者头放低以利静脉血回流。若伤者同时伴有呼吸停止，在进行胸外心脏按压时，还应进行人工呼吸。一般做四次胸外心脏按压，做一次人工呼吸。

4）机械伤害

（1）颅脑外伤。

颅脑外伤是头部因外力打击而受到的伤害，包括头皮、颅骨及脑组织的损伤、颅内出血等。颅脑外伤是一种非常严重的甚至可能危及生命的损伤，伤者一般表现为昏迷、头痛剧烈、呕吐频繁、左右瞳孔大小不同等。对颅脑外伤伤员的急救要注意以下几点：

① 应让伤者平卧，尽量减少不必要的活动，不要让其坐起和行走。需要运送时，最好是一人抱头，一人托腰，一人抬起臀部平稳地放在担架或木板上。

② 伤口内（尤其是嵌入头里）的异物，如木片、碎石子、金属等物，不能随便去除，一旦不恰当的取出，可能会弄断神经、碰破血管，造成严重后果。

③ 不要马上给伤者服用止痛片、打止痛针，以免在接受医生检查时，掩盖病情真相，贻误治疗。而且颅脑外伤者容易呕吐，也不宜口服药物。

④ 有鼻、耳出血者，不能用药棉填塞，以免加重颅内积血和感染，应任其外流。只有耳郭或鼻部表面皮肤破损出血，才能用压迫法止血。

⑤ 意识不清或昏迷伤者绝对不要用粗蛮办法弄醒，要注意其呼吸道通畅，以免呕吐物及痰堵塞气道。

⑥ 脑组织（即脑浆）从伤口流出时，千万不可把流出的脑组织再送回伤口，也不可用力包扎，应在伤口周围用消毒纱布做成保护圈，必要时用一清洁小碗盖在伤口上，用干纱布适当包扎止血，以防止脑受压。

⑦ 尽快送伤者到就近医院抢救，运送途中应把伤者头转向一侧，便于清除呕吐物。

（2）胸部创伤。

胸部创伤分为胸壁皮肤软组织伤、胸廓骨折和胸腔内脏伤三类。前两类伤的处理主要是进行止血包扎。胸腔内脏伤按胸壁有无刺穿可分为封闭性创伤和吸气性创伤。这两种伤害都必须及时抢救，否则伤员会有生命危险。

封闭性创伤是肋骨折断刺进肺中而造成的，主要表现为伤者局部疼痛，深呼吸或咳嗽时疼痛加重，处置要点：

① 如发现伤者咳出红色的泡沫状血液，应扶起伤者上身，使其身体倾向受伤一侧，然后将受伤一侧的手臂斜放在伤者胸前，其手掌安放在另一侧的肩头上。

② 可用三角巾裹扎伤者手臂，使其位置比臂悬巾高，然后将三角巾底边一端置于伤者未受伤一侧的肩头上，另一巾头则拉至肘部以下。整幅悬巾应垂下，盖住受伤一侧的手部和前臂。

③ 将悬巾底边轻轻地摺入伤者手部、前臂和肘部之下，再拿起底边下端，绕过背部至没受伤一侧的肩头上，把上下两端在锁骨窝上打结。

④ 将三角巾的另一巾尖端推入肘下，用别针扣好或用胶布贴牢，也可塞进绷带内。如可能的话，让伤者用另一只手托住悬巾。

⑤ 如肺被刺破严重，肺里的空气漏出来就会充满一侧胸，肺就会缩小，还会把心脏推向健康的一侧肺并将其压瘪，如果伤者出现呼吸困难的症状，应立即进行急救，可用几根粗针头插进伤锁骨中线第二肋和第三肋之间排气，以降低胸膜腔内的压力，使肺组织回复，恢复肺的功能。

⑥ 如伤者表现为咳嗽时喷出血液或休克，伤侧胸廓肋间饱满，说明胸腔内有大量出血，应急送就近医院抢救，切勿延误。

吸气性创伤多是胸壁为利器刺穿，或折断的肋骨凸出胸壁外造成的。伤者呼吸时，空气不经过呼吸道，而是直接从伤口吸入胸内，同时带血的液体会由伤口冒泡而出，处置要点：

① 应让伤者躺下，然后扶起伤者的上身，使其身体倾向受伤一侧，以免伤者胸内的血流向另一侧，可以避免未受伤侧的肺受到波及。可用椅垫或自己的膝部支撑伤者的上半身。

② 替伤者止血，先在伤者吸气时，用手按住伤口，继而在伤口处用纱布、毛巾等物堵住伤口。如怀疑伤者肋骨已断，切勿在伤口施压。

③ 如发现空气从伤口进出肺部，可先用手迅速将伤口盖住，接着换用纱布、毛巾等敷料，并用胶布贴牢。切勿让伤口再透气，以免伤者肺部缩陷。

④ 将受伤一侧的手臂斜放于伤者的胸部，系三角巾加以固定。

⑤ 注意伤者躺卧姿势是否舒适，立即送往附近医院治疗。

（3）腹部外伤。

腹腔内有肝、脾、胃、肠、膀胱等器官，腹部受伤时上述脏器有可能发生破裂，对伤者生命造成威胁，主要表现：剧烈腹痛由局部波及全腹，面色苍白，全身湿冷，脉搏细弱，发热，排尿困难等。

内脏脱出体外的腹部创伤的处置要点：

① 让伤者平直仰卧，伤口若是纵向的，双脚用褥垫或衣服稍微垫高，切勿垫高头部；伤口若是横向的，膝部弯曲，头和肩垫高。

② 轻轻掀开伤口部位的衣服，使伤口露出，以便于护理，切勿直对伤口咳嗽、打喷嚏、喘气，以免伤口被细菌感染。

③ 切勿用手触及伤口，有肠、胃等内脏脱出时严禁挤压和回纳，用消毒器皿覆盖其上，或用大块纱布、清洁的布料浸温水后拧干围住脱出的脏器，然后用三角巾或绷带轻轻地包扎，不可用力。

④ 禁止给伤者喝水或吃东西；给伤者盖上毯子或外衣保暖，使上肢露在外面，以便检查伤者的脉搏。

⑤ 应尽快招来救护人员，但不可离开太久；要经常检查伤者脉搏和呼吸情况，密切注意其变化。

无内脏脱出体外的处置要点：

① 应使伤者平直仰卧，并将其脚部稍微垫高，这种姿势有助于伤口闭合，但需注意，切勿将枕头、衣服置于伤者脑后。

② 将伤者腹部受伤部位的衣服轻轻掀开，使伤口露出，然后在伤口处敷上纱布或清洁的布块，用以止血。

③ 用绷带或其他布带裹住伤口，但不可裹得太紧，绷带如要打结，切勿打在伤口处，以免与伤口发生摩擦，损坏伤口。

④ 如果伤者咳嗽或呕吐，应轻按敷料以保护其伤口，防止内脏凸出；不要让伤者进食，如果伤者口干，可用水润一润嘴唇。

⑤ 用毯子或上衣覆盖伤者身体，任其上肢露在外面；应松开伤者领部和腰部的衣服，以利于伤者的呼吸和血液循环。

⑥ 尽快招来急救人员，或者尽快送伤者去医院抢救。

（4）眼内异物。

① 异物进入眼睛后，千万不要用手揉眼，伤者可以反复眨眼，激发流泪，让眼泪将异物冲出来。

② 或者用手轻轻把患眼的眼睑提起，眼球同时上翻，泪腺就会分泌出泪水把异物冲出来，也可以同时咳嗽几声，把灰尘或沙粒咳出来。

③ 取一盆清水，吸一口气，将头浸入水中，反复眨眼，用水漂洗；或用装满清水的杯子罩在眼上，冲洗眼睛；也可以侧卧，用温水冲洗眼睛。

④ 如果异物还留在眼内，可请人翻开上眼皮，检查上眼睑的内表面；或者拿一根火柴杆或大小相同的物体抵住伤者的上眼皮，另一只手翻起伤者下眼皮，检查下眼睑的内表面，一旦发现异物所在，用棉签或干净手帕的一角湿水后将异物擦掉。

⑤ 如果异物在黑眼球部位，应让患者转动眼球几次，让异物移至眼白处再取出。

⑥ 如果异物是铁屑类物质，先找一块磁铁洗净擦干，将眼皮翻开贴在磁铁上，然后慢慢转动眼球，铁屑可能被吸出，如果不易取出不应勉强挑除，以免加重损伤引起危险，应立即送医院处理。

⑦ 异物取出后，可适当滴入一些消毒眼药水或挤入眼药膏以预防感染。

⑧ 眼睛如被强烈的弧光照射，产生异物感或疼痛，可用鲜牛奶或人乳滴眼，一日数次，一至两天即可治愈。

⑨ 采用上述方法无效或更加严重，或异物嵌入眼球无法取出，或虽已被剔除，患者仍诉说感到持续性疼痛时，应用厚纱布垫覆盖患眼，请医生诊治。

（5）眼睛刺伤：

① 让伤者仰躺，设法支撑住头部，并尽可能使之保持静止不动，伤者应避免躁动啼哭。

② 物体刚入眼内，切勿自行拔除，以免引起不能补救的损失。

③ 切忌对伤眼随便进行擦拭或清洗，更不可压迫眼球，以防更多的眼内容物被挤出。

④ 见到眼球鼓出，或从眼球脱出东西，千万不可把它推回眼内，这样做十分危险，可能会把可以恢复的伤眼弄坏。

⑤ 用消毒纱布轻轻盖上，再用绷带轻轻包扎以不使覆盖的纱布脱落移位为宜，如没有消毒纱布，可用刷洗过的手帕或未用过的新毛巾覆盖伤眼，再缠上布条，缠绕不可用力，以不压及伤眼为原则。

⑥ 如有物体刺在眼上或眼球脱落等情况，可用纸杯或塑料杯盖在眼睛上，保护眼睛，千万不要碰触或施压，然后再用绷带包扎。

⑦ 包扎时应注意进行双眼包扎，因为只有这样才可减少因健康眼睛的活动而带动受伤眼睛的转动，避免伤眼因摩擦和挤压而加重伤口出血和眼内容物继续流出等不良后果。

⑧ 包扎时不要滴眼药水，以免增加感染的机会，更不应涂眼药膏，因为眼药膏会给医生进行手术修补伤口带来困难。

⑨ 立即送医院医治，途中病人应采取平卧位，并尽量减少震动。

5）埋压挤压伤害

（1）抢救受伤人员。

对被重物压住或掩埋的人员，应尽快将其救出。对全身被压者应迅速将其挖出，挖出过程须注意不要误伤人体，根据伤员所处的方向，确定在其旁边进行挖掘。当靠近伤员身旁时，挖掘动作要轻、稳、准，以免不慎对伤员造成伤害。如确知伤员头部位置，则应先挖掘头部的石块，使被埋者头部尽早露出呼吸空气。头部挖出后，要立即清理其口腔、鼻腔，并给予氧气吸入。与此同时，挖出身体其他部位。当人全部挖出时，应立即将其抬离现场。由于此类伤员往往发生骨折，因此，抬动时要特别小心，严禁用手去拖拉伤员的双脚或采取其他粗鲁动作，以免加重伤势。

（2）现场处置。

① 对呼吸困难或已停止者，如其胸部、背部有损伤，立即进行口对口人工呼吸或用自动苏生器进行抢救，在进行人工呼吸前，应再次清理口、鼻腔的污物。

② 有大出血者，应立即止血。

③ 有骨折者，应固定。

④ 伤员若长时间被压，处于饥饿状态，救出后，可先给予适量的糖水饮料。

（3）挤压综合征的处理。

在冒顶或坍塌事故中，伤员四肢或躯肌肉丰富部位遭受重物长时间挤压，在解除压迫后，出现以肢体肿胀、肌红蛋白尿、高血钾为特点的急性肾功能衰竭，称为挤压综合征，常致人死亡。四肢或躯干部位受到较长时间的压迫并解除外界压力后，局部可恢复血液循环，但由于肌肉因缺血而产生类组织胺物质，从而使毛细血管扩大，通透性增加，肌肉发生缺血性水肿，体积增大，必然造成肌内压上升，肌肉组织的局部循环发生障碍，形成缺血水肿恶性循环。在这样一个压力不断升高的骨筋膜间隔封闭区域内的肌肉与神经，最终将发生缺血性坏死。随着肌肉的坏死、肌红蛋白、钾、磷、镁离子及酸性产物等有害物质大量释放，在伤肢解除外部压力后，通过已恢复的血液循环进入体内，加重了创伤后机体的全身反应，造成肾脏损害。创伤后全身应激状态下的反射性血管痉挛，肾血流量和肾小球滤过率减少，肾间质发生水肿，肾小管功能也因之恶化。由于体液与尿液酸度增加，肌红蛋白更易在肾小管内沉积，造成堵塞和毒性作用，形成尿少甚至尿闭，促使急性肾功能衰竭的发生，肾缺血和组织破坏所产生的对肾脏有害的物质是导致肾功能障碍的两大原因。为了防止挤压综合征的发生，应按以下措施进行处置：

① 抢救人员应迅速进入事故现场，力争及早解除伤员身体上的重物压力，减少本病发生机会。

② 当伤员脱离险区，局部受压解除后，应立即将伤员伤肢牢牢固定，避免不必要的肢体活动，以减少毒素或淤血扩散，尤其对尚能行动的伤员要说明活动的危险性。

③ 伤肢用凉水降温或暴露在凉爽的空气中，禁止按摩、热敷或上止血带，以免加重组织缺氧。

④ 伤肢不应抬高，以免降低局部血压，影响血液循环。

⑤ 伤肢有开放性伤口和活动出血者应止血，但应避免用加压包扎和止血带止血。

⑥ 凡受压伤员口渴但不恶心者，一律让其饮用碱性饮料，碱性饮料既可利尿，又可碱化尿液，避免肌红蛋白在肾小管中沉积。

⑦ 如条件许可，在移开重物前就要为伤员滴注生理盐水，让伤员进行有效代谢，把血液中有毒物质排出后再移开重物。对已出现肿胀、发硬、发冷，血液循环受阻的严重伤肢，应在现场给伤员作肢体筋膜切开术，使伤肢减压，避免肌肉继续发生坏死或缓解肌肉缺血受压的过程，并通过减压引流防止和减轻坏死肌肉释放出的有害物质进入血液。

6）化学烧伤

（1）体表烧伤。

① 立即脱下浸有强碱、强酸液的衣物。

② 立即用大量自来水或清水冲洗伤部位。具体方法如下：

a. 反复冲洗直至干净，一般需冲洗 15～30min；

b. 在冬季如近处有温水，可用温水冲洗以免冻伤；

c. 切忌在不冲洗的情况就用酸性（或碱性）液中和，以免产生大量热加重烧伤程度。

③ 如果是被生石灰、电石灰等烧伤，应先将局部擦拭干净，然后再用大量清水冲洗。注意，严禁未清除干净就直接用水冲洗或泡入水中，以免遇水产热，加重烧伤。

④ 可用中和剂中和，然后再用清水冲洗干净：

a. 如果被强碱类物质烧伤，可用食醋、3%～5%醋酸、5%稀盐酸、3%～5%硼酸中和；

b. 如果被强酸类物质烧伤，用5%碳酸氢钠、1%～3%氨水、石灰水上清液等中和清洗。

（2）眼睛烧伤。

在生产中，如果发生化学性眼睛烧伤，伤者或现场人员应立即急救，不得拖延，具体方法如下：

① 眼睛中溅入了酸液或碱液，由于这两种物质都有较强的腐蚀性，会对眼角膜和结膜造成不同程度的化学烧伤和急性炎症。这时，千万不要用手揉搓眼睛，应立即用大量清水（自来水）冲洗，以尽早清除或稀释致伤物质浓度，这是十分重要的。冲洗时，可直接用水冲，也可将眼部浸水中，双眼睁开或用手分开上、下眼皮摆动头部或转动眼球 3～5min。注意水要勤换，以彻底清洗残余的化学物质。

② 如有颗状化学物质进入眼睛，应立即拭去，同时用水反复冲洗。

③ 伤眼冲洗应立即进行，越快越好，越彻底越好，切不要因过分强调水质而延误抢救时机，导致受伤程度加重。

（3）消化道烧伤。

① 立即口服中和剂：

a. 如果误服强碱类物质，应立即口服食醋、3%～5%醋酸、5%稀盐酸以及橘子汁、柠檬汁等中和。

b. 如果误服强酸类物质，应立即口服石灰水上清液、极稀的肥皂水、2.5%氧化镁、氢氧化铝凝胶等中和。注意，不要服用碳酸氢钠液，以免产气引起胃肠道穿孔。

② 口服中和剂后，还应再服一些蛋清、牛奶、植物油等黏膜保护剂。注意，当消化道烧伤时，在没有适当的中和剂情况下。也可直接取蛋清、牛奶等黏膜保护剂。

③ 上述中和剂、保护剂的口服量要适当，不可过大，一般每种不超过 200mL。

④ 严禁催吐和洗胃，以免加重损害。

⑤ 如咽喉部肿胀引起呼吸道堵塞，应及时作相应抢救并迅速送医院。

（4）其他烧伤。

① 如果是碳酸烧伤，因其不溶于水，须先用酒精溶解清洗，然后再用大量清水冲洗。

② 如果是磷烧伤，应用大量清水冲洗，再用 2%碳酸氢钠溶液湿敷创面，或将伤肢泡在水中，以免磷遇空气燃烧（无机磷燃点为 34℃）。

③ 经过上述现场紧急处置后，均需立即迅速转送医院做进一步治疗。注意，化学性烧伤必须在现场抢救后转送医院，否则受伤者伤情会明显加重，造成更严重后果。

7）交通事故

（1）万一发生交通事故，现场人员应第一时间打电话向单位主要领导报告。

（2）当事人必须保护好现场，抢救伤者和财产（必须移动时应当标明位置），设置警戒标志，避免交通事故再次发生。

（3）如有易燃易爆物品，应采取消防措施，排除险情。

（4）当事人如实向交警部门陈述交通事故，协助勘查现场，收集证据。

8）火灾事故

（1）现场万一发生火灾事故，火灾发现人应立即示警和通知现场负责人，并立即使用现场配备的消防器材扑灭初起之火，现场单位负责人接到报警后，要立即组织本单位义务消防队进行灭火，并安排人员疏散，转移贵重财物到安全地方，拨打 119 电话报警、接警，同时通知公司主管部门。

（2）在灭火时要根据燃烧物质、燃烧特点、火场的具体情况，正确使用消防器材。

① 现场发生火灾，绝大多数是焊接作业或遗留火种引燃固体可燃物而引起的。对于这类火灾，可用冷却灭火方法，将水或泡沫灭火剂或干粉灭火剂（ABC 型）直接喷射在燃烧着的物体上，使燃烧物的温度降低至燃点以下或与空气隔绝，使燃烧中断，达到灭火的效果。

② 如遇电气设备火灾，应立即关闭电源，用窒息灭火法。用不导电的灭火剂，如二氧化碳灭火器、干粉灭火器（ABC 型或 BC 型均可，下同）等，直接喷射在燃烧着的电气设备上，阻止与空气接触，中断燃烧，达到灭火效果。

③ 如遇油类火灾，同样可用窒息灭火方法，用泡沫灭火器、二氧化碳灭火器、干粉

灭火器等，直接喷射在燃烧着的物体上，阻止与空气接触，中断燃烧，达到灭火的效果。严禁用水扑救。

④ 如遇贵重仪器设备、档案、文件着火，可用窒息灭火方法，用二氧化碳等气体灭火器直接喷射在燃烧物上，或用毛毡、衣服、干麻袋等覆盖，中断燃烧，达到灭火的效果，严禁用水、泡沫灭火器、干粉灭火器等进行扑救。

（3）扑救火灾爆炸事故，应遵循如下原则：

从上向下、从外向内，从上风处向下风处。

（4）若事故现场火灾导致身体烧伤，应立即将伤者与火源隔离，并扑灭身体着火部位，轻度烧伤可立即包扎处理，中、重度烧伤者马上送医院治疗，并进行医学观察。

四、救护与逃生

（一）现场救护

1. 事故现场救护的原则

（1）紧急呼救。

当紧急灾害事故发生时，应尽快拨打电话120、119、110呼叫急救车，或当地担负急救任务医疗部门的电话。

（2）先救命后治伤，先重伤后轻伤。

在事故的抢救工作中不要因忙乱或受到干扰，被轻伤员喊叫所迷惑，使危重伤员落在最后救出，导致其处在奄奄一息状态或者已经丧命，故一定要本着先救命后治伤的原则。

（3）先抢后救、抢中有救，尽快脱离事故现场。

应尽快脱离事故现场特别是火灾现场，以免发生爆炸或有害气体中毒，确保救护者与伤者的安全。

（4）先分类再后送。

不管伤者伤轻伤重，甚至是大出血、严重撕裂伤、内脏损伤、颅脑损伤伤者，如果未经检伤和任何医疗急救处置就急送医院，后果十分严重。因此，必须坚持先作伤情分类，把伤员集中到标志相同的救护区，有的损伤需待稳定伤情后方能后送。

（5）医护人员以救为主，其他人员以抢为主。

各负其责，相互配合，以免延误抢救时机。通常先到现场的医护人员应该担负现场抢救的组织指挥。

2. 伤员转送的原则

伤员运送是将伤员经过现场初步处理后送到医疗技术条件较好的医院的过程。搬运伤员时要根据具体情况选择合适的搬运方法和搬运工具。搬运伤员时，动作要轻巧、敏捷、协调。对于转运路途较远的伤员，需要寻找合适的轻便且震动较小的交通工具。途中应严密观察病情变化，必要时做急救处理。伤员送到医院后，陪送人应向医务人员交代病情，介绍急救处理经过，以便入院后的进一步处理。

（1）下列情况之一的伤病员应该后送：

① 后送途中没有生命危险者。

② 手术后伤情已稳定者。

③ 应当实施的医疗处置已全部做完者。

④ 伤病情有变化已经处置者。

⑤ 骨折已固定者。

⑥ 体温在 38.5℃ 以下者。

（2）下列情况之一者暂缓后送：

① 休克症状未纠正，病情不稳定者。

② 颅脑伤，有颅内高压，有发生脑疝可能者。

③ 颈髓损伤有呼吸功能障碍者。

④ 胸、腹部术后病情不稳定者。

⑤ 骨折不确定或未经妥善处理者。

现场救护目的是挽救生命，减轻伤者的病痛。在生命得以挽救伤病情得以防止进一步恶化这一最重要、最基本的前提下，还要注意减少伤残事故的发生，尽量减轻病痛，对神志清醒者要注意做好心理护理，为日后伤员身心全面康复打下良好基础。总之，要记住现场救护的原则：先救命，后治伤。

3. 事故现场紧急救护方法

现场急救就是应用急救知识和最简单的急救技术进行现场初级救生，最大限度稳定伤病员的伤情、病情、减少并发症，维持伤病员的最基本生命体征，例如呼吸、脉搏、血压等。现场急救是否及时和正确，关系到伤病员的生命，会影响到伤害的结果。

现场急救步骤：

（1）调查事故现场。调查时要确保调查者、伤病员或其他人无任何危险，迅速使伤病员脱离危险场所。

（2）初步检查伤病员。判断其神志、气管、呼吸循环是否有问题，必要时立即进行现场急救和监护，使伤病员保持呼吸道通畅，视情况采取有效的止血，防止休克，包扎伤口，固定、保存好断离的器官或组织，预防感染，进行止痛等措施。

（3）呼救。应安排人呼叫救护车，同时继续施救，一直坚持到救护人员或其他施救者到达现场接替为止。此时还应向救护人员反映伤病员的伤病情和简单的救治过程。

（4）如果没有发现危及伤员的体征，可作第二次检查，以免遗漏其他的损伤、骨折和病变。这样有利于现场施行必要的急救和稳定病情，降低并发症和伤残率。

现场急救的常用的方法包括人工呼吸、心脏复苏、止血、创伤包扎、骨折临时固定和伤员搬运。

1）人工呼吸

人工呼吸适用于触电休克、溺水、有害气体中毒、窒息或外伤窒息等引起的呼吸停止、假死状态者。伤员如果呼吸停止不久，大都能通过人工呼吸抢救过来。

在施行人工呼吸前，先要将伤员运送到安全、通风良好的地点，将伤员领口解开，放松腰带，注意保持体温，腰背部要垫上软的衣服等。应先清除伤员口中脏物，把舌头拉出或压住，防止堵住喉妨碍呼吸。各种有效的人工呼吸必须在呼吸道畅通的前提下进行，常用的方法有口对口吹气法、仰卧压胸法和俯卧压背法三种。

（1）口对口吹气法。

口对口吹气法是效果最好、操作最简单的一种方法。操作前使伤员仰卧，救护者在其头的一侧，一手托起伤员下颚，并尽量使其头部后仰，另一手将其鼻孔捏住，以免吹气时从鼻孔漏气；自己深吸一口气，将气吹入伤员口中，使伤员吸气，然后，松开捏鼻的手，并用一手压其胸部以帮助伤员呼气。如此有节律地、均匀地反复进行，每分钟应吹气 14~16 次。注意吹气时切勿过猛、过短，也不宜过长，以占一次呼吸周期的 1/3 为宜。

（2）仰卧压胸法。

让伤员仰卧，救护者跨跪在伤员大腿两侧，两手拇指向内，其余四指向外伸开，平放在其胸部两侧乳头之下，借半身重力压伤员胸部，挤出伤员肺内空气；然后，救护者身体后仰，除去压力，伤员胸部依其弹性自然扩张，使空气吸入肺内。如此有节律地进行，要求每分钟压胸 16~20 次。

此法不适用于胸部外伤或 SO_2、NO_2 中毒者，也不能与胸外心脏按压法同时进行。

（3）俯卧压背法。

此法与仰卧压胸法操作大致相同，只是让伤员俯卧，救护者跨跪在伤员大腿两侧。因为这种方法便于排出肺内水分，因而此法对溺水急救较为适合。

2）心肺复苏

心肺复苏操作主要有心前区叩击术和胸外心脏按压术两种方法。

（1）心前区叩击术。

心脏骤停后立即叩击心前区，叩击力中等，一般可连续叩击 3~5 次，并观察伤员的脉搏、心音。若恢复则表示复苏成功；反之，应立即放弃，改用胸外心脏按压术。操作时，使伤员头低脚高，施术者以左手掌置其心前区，右手握拳，在左手背上轻叩。

（2）胸外心脏按压术。

此法适用于各种原因造成的心跳骤停者。在胸外心脏按压前，应先作心前区叩击术；如果叩击无效，应及时正确地进行胸外心脏按压，操作方法：

首先使伤员仰卧木板上或地上，解开其上衣和腰带。救护者位于伤员左侧，手掌面与前臂垂直，一手掌面压在另一手掌面上，使双手重叠，置于伤员胸骨 1/3 处（其下方为心脏）以双肘和臂肩之力有节奏地、冲击式地向脊柱方向用力按压，使胸骨压下 3~4cm（有胸骨下陷的感觉就可以了）；按压后，迅速抬手使胸骨复位，以利于心脏的舒张。按压次数以每分钟 100~120 次为宜，按压过快，心脏舒张不够充分，心室内血液不能完全充盈；按压过慢，动脉压力低，效果也不好。

使用此法时的注意事项：

① 按压的力量应因人而异：对身强力壮的伤员，按压力量可大些；对年老体弱的伤员，力量宜小些。按压的力量要稳健有力，均匀规则，重力应放在手掌根部，着力仅在胸骨处，切勿在心尖部按压，同时注意用力不能过猛，否则可致肋骨骨折、心包积血或引起气胸等。

② 胸外心脏按压与口对口吹气应同时施行，30 次胸外按压和 2 次人工呼吸为一个循环，每 5 个循环检查一次伤者呼吸、脉搏是否恢复，直到医护人员到场。

③ 压显效时，可摸到颈总动脉、股动脉搏动，散大的瞳孔开始缩小，口唇、皮肤转为红润。

3）外伤止血

止血方法很多，常用暂时性的止血方法有以下几种：

（1）指压止血法。

指压止血法是指在伤口附近靠近心脏一端的动脉处，用拇指压住出血的血管，以阻断血流，如图3-8至图3-16所示。此法是用于四肢大出血的暂时性止血措施，在指压止血的同时，应立即寻找材料，准备换用其他止血方法。

指间动脉指压法（图3-8）：拇指和食指分别按压指（趾）根部两侧，适用于手指（脚趾）的出血。

捏住伤手的手指根部

图3-8　指间动脉指压法

颞浅动脉指压法（图3-9）：一手固定伤员头部，另一手压迫耳屏前方凹陷处，适用于同侧头皮及前额、颞部的出血。

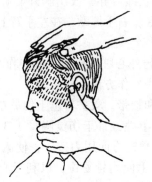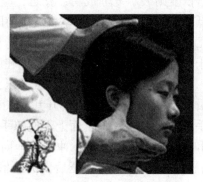

图3-9　颞浅动脉指压法

面动脉指压法（图3-10）：一手固定伤员头部，另一手压迫下颌角前约1.0cm的凹陷处，适用于颌面部的出血。

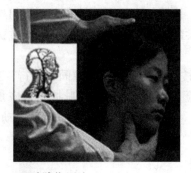

图3-10　面动脉指压法

肱动脉指压法（图3-11）：一手握住并外展外旋患肢，另一手用拇指或其余四指压迫上臂肱二头肌内侧沟搏动处，适用于前臂及上臂中或远端的出血。

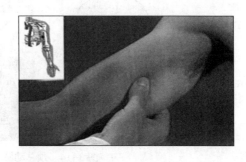

图 3-11 肱动脉指压法

桡、尺动脉指压法（图3-12）：双手拇指分别在腕横纹上方肌腱两侧动脉搏动处垂直压迫，适用于手部的出血。

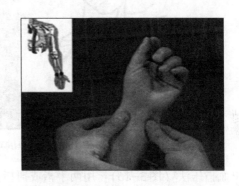

图 3-12 桡、尺动脉指压法

股动脉指压法（图3-13）：双手拇指重叠用力压迫大腿上端腹股沟中点稍下方股动脉搏动处，适用于大腿以下出血。

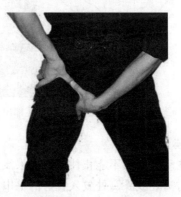

图 3-13 股动脉指压法

颈总动脉指压法（图3-14）：一侧头面部出血，可用拇指或其他四指在颈总动脉搏动处（颈部动脉在气管与胸锁乳突肌之间），压向颈椎方向，适用于头面部出血。

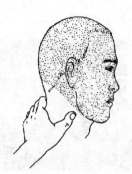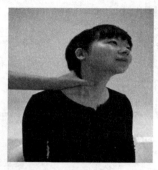

图3-14　颈总动脉指压法

锁骨下动脉指压法（图3-15）：用食指压迫同侧锁骨窝中部的锁骨下动脉搏动处，将其压向深处的第一肋骨，适用于肩腋部出血。

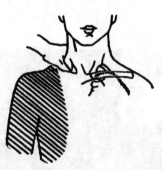

图3-15　锁骨下动脉指压法

足部出血指压法（图3-16）：用两手指或拇指分别压迫足背中部近踝关节处的足背动脉和足跟内侧与内踝之间的胫后动脉，适用于足部出血。

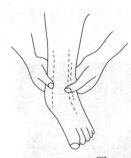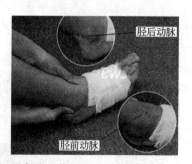

图3-16　足部出血指压法

（2）加垫屈肢止血法。

当前臂和小腿动脉出血不能止住时，如果没有骨折和关节脱位，这时可采用加垫屈肢止血法止血：在肘窝处或膝窝处放入叠好的毛巾或布卷，然后屈肘关节或屈膝关节，再用绷带或宽布条等将前臂与上臂或小腿与大腿固定，如图3-17所示。

（3）止血带止血法。

当上肢或下肢大出血时，可就地取材，使用软胶管或衣服、布条等作为止血带，压迫出血伤口的近心端进行止血。

止血带的使用方法（图3-18）：

① 在伤口近心端上方先加垫。

② 急救者左手拿止血带，上端留5寸，紧贴加垫处。

③ 右手拿止血带长端，拉紧环绕伤肢伤口近心端上方两周，然后将止血带交左手中、食指夹紧。

④ 左手中、食指夹止血带，顺着肢体下拉成环。

⑤ 将上端一头插入环中拉紧固定。

⑥ 在上肢应扎在上臂的上1/3处，在下肢应扎在大腿的中下1/3处。

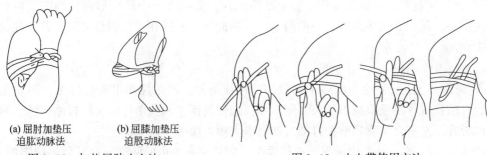

(a) 屈肘加垫压　　　(b) 屈膝加垫压
　迫肱动脉法　　　　　迫股动脉法

图3-17　加垫屈肢止血法　　　　　　图3-18　止血带使用方法

止血带使用注意事项：

① 扎止血带前，应先将伤肢抬高，防止肢体远端因淤血而增加失血量。

② 扎止血带时要有衬垫，不能直接扎在皮肤上，以免损伤皮下神经。

③ 前臂和小腿不适于扎止血带，因其均有两根平行的骨干，骨间可通血流，所以止血效果差。但在肢体离断后的残端可使用止血带，要尽量扎在靠近残端处。

④ 禁止扎在上臂的中段，以免压伤桡神经，引起腕下垂。

⑤ 止血带的压力要适中，以既达到阻断血流又不损伤周围组织为度。

⑥ 止血带止血持续时间一般不超过1h，太长会导致肢体坏死，太短会使出血、休克进一步恶化。因此使用止血带的伤员必须配有明显标志，并准确记录开始扎止血带的时间，每0.5~1h缓慢放松一次止血带，放松时间为1~3min，此时可抬高伤肢压迫局部止血；再扎止血带时应在稍高的平面上绑扎，不可在同一部位反复绑扎。使用止血带以不超过2h为宜，应尽快将伤员送到医院救治。

（4）加压包扎止血法。

加压包扎止血法主要适用于静脉出血的止血，方法：将干净的纱布、毛巾或布料等盖在伤口处，然后用绷带或布条适当加压包扎即可止血。压力的松紧度以能达到止血而不影响伤肢血液循环为宜。

4）创伤包扎

包扎的目的：保护伤口和创面，减少感染，减轻痛苦；加压包扎有止血作用；用夹板固定骨折的肢体时需要包扎，以减少继发损伤，也便于将伤员运送医院。

包扎时使用的材料主要有绷带、三角巾、四头巾等。现场进行创伤包扎可就地取材，用毛巾、手帕、衣服撕成的布条等进行。包扎的方法如下：

（1）布条包扎法。

① 环形包扎法：该法适用于头部、颈部、腕部及胸部、腹部等处，将布条做环行重叠缠绕肢体数圈后即成。

② 螺旋包扎法：该法用于前臂、下肢和手指等部位的包扎，先用环形法固定起始端，把布条渐渐地斜旋上缠或下缠，每圈压前圈的一半或1/3，呈螺旋形，尾部在原位上缠2圈后予以固定。

③ 螺旋反折包扎法：该法多用于粗细不等的四肢包扎，开始先做螺旋形包扎，待到渐粗的地方，以一手拇指按住布条上面，另一手将布条自该点反折向下，并遮盖前圈的一半或1/3。各圈反折须排列整齐，反折头不宜在伤口和骨头突出部分。

④ "8"字包扎法：该法多用于关节处的包扎，先在关节中部环形包扎两圈，然后以关节为中心，从中心向两边缠，一圈向上，一圈向下，两圈在关节屈侧交叉，并压住前圈的1/2。

（2）毛巾包扎法。

① 头顶部包扎法：毛巾横盖于头顶部，包往前额，两角拉向带头后打结，两后角拉向下颌打结；或者将毛巾横盖于头对侧顶部，包住前额，两前角拉向头后打结，然后两后角向前折叠，左右交叉绕到前额打结，如毛巾太短可接带子。

② 面部包扎法：将毛巾横置，盖住面部，向后拉紧毛巾的两端，在耳后将两端的上、下角交叉后分别打结，在眼、鼻、嘴处剪洞。

③ 下颌包扎法：将毛巾纵向折叠成四指宽的条状，在一端扎一小带，毛巾中间部分包住下颌，两端上提，小带经头顶部在另一侧耳前与毛巾交叉，然后小带绕前额及枕部与毛巾另一端打结。

④ 肩部包扎法：单肩包扎时，毛巾斜折放在伤侧肩部，腰边穿带子在上臂固定，叠角向上折，一角盖住肩的前部，从胸前拉向对侧腋下，另一角向上包住肩部，从后背拉向对侧腋下打结。

⑤ 胸部包扎法：全胸包扎时，毛巾对折，腰边中间穿带子，由胸部围绕到背后打结固定，胸前的两片毛巾折成三角形，分别将角上提至肩部，包住双侧胸，两角各加带过肩到背后与横带相遇打结。背部包扎与胸部包扎法相同。

⑥ 腹部包扎法：将毛巾斜对折，中间穿小带，小带的两部拉向后方，在腰部打结，使毛巾盖住腹部。将上、下两片毛巾的前角各扎一小带，分别绕过大腿根部与毛巾的后角在大腿外侧打结。臀部包扎与腹部包扎法相同。

包扎时应注意以下事项：

（1）包扎时，应做到动作迅速敏捷，不可触碰伤口，以免引起出血、疼痛和感染。

（2）不能用污水冲洗伤口；伤口表面的异物应去除，但深部异物需运至医院取出，防止重复感染。

（3）包扎动作要轻柔，松紧度要适宜，不可过松或过紧，以达到止血目的为准，结头不要打在伤口上，应使伤员体位舒适，绷扎部位应维持在功能位置。

（4）脱出的内脏不可纳回伤口，以免造成体腔内感染。

（5）包扎范围应超出伤口边缘 5~10cm。

5）骨折固定

骨折固定可减轻伤员的疼痛，防止因骨折端移位而刺伤邻近组织、血管、神经，也是防止创伤休克的有效急救措施。操作要点如下：

（1）要进行骨折固定时，应使用夹板、绷带、三角巾、棉垫等物品。

（2）骨折固定应包括上、下两个关节，在肩、肘、腕、股、膝、踝等关节处应垫棉花或衣物，以免压破关节处皮肤，固定应以伤肢不能活动为度，不可过松或过紧。

（3）搬运时要做到轻、快、稳。

6）伤员搬运

搬运时应尽量做到不增加伤员的痛苦，避免造成新的损伤及并发症。现场常用的搬运方法有担架搬运法、单人或双人徒手搬运法等。

（1）担架搬运法。

① 担架可用特制的担架，也可用绳索、衣服、毛毯等做成简易担架。

② 由 3~4 人合成一组，小心谨慎地将伤员移上担架。

③ 伤员头部在后，以便后面抬担架的人随时观察伤员的变化。

④ 抬担架时应尽量做到轻、稳、快。

⑤ 向高处抬时（如走上坡），前面的人要放低，后面的人要抬高，以保持担架水平状；走下坡时相反。

（2）单人徒手搬运法。

单人搬运法适用于伤势比较轻的伤病员，采取背、抱或扶持等方法。

（3）双人徒手搬运法。

一人搬托双下肢，一人搬托腰部。在不影响病伤的情况下，还可用椅式、轿式和拉车式。

（二）现场逃生

1. 火灾环境逃生

（1）工作场所发生火灾时，应按应急处置要求及时断开电源，关闭气阀或切换工艺流程，采取措施防止火灾事故扩大。

（2）发生火灾且火势无法控制时，应立即撤离火场，转移至安全地带。

（3）如果身处高层建筑，一定要冷静，要迅速观察环境并采取正确措施，迅速判明所处房间方位和起火位置，选择逃生路线，避免误入火口。如果门外发生火灾，开门前要先用手背感觉一下门的温度，如已发烫，则不宜开门。

（4）发现门窗、通道、楼梯虽已着火，但火势不猛，可能逃离出去，可向全身淋水，或用浇湿的外衣、被单、毛毯、棉被将身体裹好，沿楼梯冲出险区，不能乘电梯。

（5）如有浓烟，不能直立行走，应弯腰贴近墙壁，向安全出口方向前进，最好用湿口罩或湿毛巾折叠后捂住口鼻，穿过浓烟，以防中毒、窒息。

（6）如果房门已被烈火封住，不要轻易开门，以免引火入室，有条件时可向门上多泼水或用湿被单、湿棉被封门，以延缓火势蔓延。若火源在室内，离开时应关上门，把火焰、浓烟控制在一定的空间内。

（7）如果楼房的窗外有雨水管或避雷针管线，可在确保安全的前提下顺着管线爬到楼下。

（8）可用结实的绳索，一头拴在窗框或床架上，在确保安全的前提下缓慢沿绳而下。如一时找不到绳索，可将被罩、床单、窗帘撕成条（不可过窄）连接起来使用。如果所在房间可通阳台或距楼顶近，可直奔阳台、楼顶平台或靠近窗口等易被发现的地方，等待救援。

（9）无论何种情况都不要盲目从楼上直接跳下来，否则会有生命危险。

（10）不可因贪图财物而延误逃生时间。

2. 硫化氢泄漏环境逃生

（1）发现有人在含硫化氢场所晕倒，或气体检测仪发出报警时，应立即向上风口方向或侧风方向撤离至安全地带。

（2）就近取用逃生用呼吸器或正压式空气呼吸器，迅速撤离。

（3）紧急情况时，可用浸湿的毛或衣物捂住口鼻撤离。

（4）撤离至安全地带后，应立即脱掉被污染的衣物，眼睛受到污染时，用自来水或生理盐水彻底冲洗眼睛，及时到医院治疗。

3. 地震逃生

我国是地震多发的国家，地震震级较大时，瞬间就会造成巨大损失。地震造成人员伤亡的原因有房屋倒塌、触电、火灾和煤气泄漏等，其中导致死伤最多的是房屋倒塌。

1）室内地震逃生

发生地震时，室内人员可采取以下避震措施：

（1）从地震开始到房屋倒塌，一般情况下有 10~15s 的时间，住在平房或楼房一、二层者，可利用这段时间迅速转移到空旷地带。

（2）如果住在楼房高层或虽住在平房但因行动不便不能跑出时，可立即躲到结实的家具和坚固的机器设备旁，或墙根、内墙角等处，头部尽量靠近墙面，一旦发生房屋倒塌，可形成相对安全的三角空间。

（3）可迅速躲进卫生间等面积小、金属管道多的房间（除非管道中是危险物质）。

（4）尽量利用身边物品，如被褥、枕头、皮包等保护住头部。

（5）迅速关掉火源、切断电源。

（6）不要躲在阳台、窗边等不安全的地点或躲在不结实的桌子或床下。

（7）跟随人群向楼下逃生时，应有序撤离，不可拥挤、推搡或不知所措地四处乱跑。

（8）不要站在吊灯或吊顶下面。

（9）不要逃出后又返回房屋中取财物。

（10）不进电梯，不在楼道躲避。

2）室外地震逃生

发生地震时，在室外的人可采取以下避震措施：

（1）室外遇地震，应迅速跑到空旷场地蹲下，尽量避开高大建筑、立交桥、高压线、广告牌及天然气管道、设备设施等危险处。

（2）野外遇地震，应避开山脚、陡崖，以防滚石和滑坡，如遇山崩，应向滚石前进方向的两侧躲避。

（3）海（湖）边遇地震或海（湖）水快速进退时遇地震，应迅速远离海（湖）岸，警惕地震引发的海（湖）啸。

（4）驾车遇地震，司机应迅速躲开立交桥、陡崖、电线杆等，并尽快选择空旷处停车，乘客不要跳车，应在震后有序撤离。

3）地震后的自救互救

根据统计，地震后半小时内救出的被埋压者生存率非常高，所以尽早自救和互救是减少伤亡的主要措施。

（1）自救措施：

① 保持镇静，有坚定的生存毅力，相信能脱离险境。

② 一时不能脱险时，要设法将手脚挣脱出来，推开压在身上的物体。如有重物可能坠落，尽量设法支撑，形成安全空间，最好向有光线、空气流通的方向移动。有烟尘时，要捂住口鼻，防止窒息，等待救援。

③ 没有必要时勿大声呼救，应尽量保存体力，延长生命，可用石块或铁器敲击身旁物体（最好是自来水管、暖气管），据此与外界联系。

④ 注意寻找食品。若一时难以脱险，应在可活动的空间内，设法寻找水、食品或其他可以维持生命的物品，耐心等待营救。

⑤ 在被困环境中勿用火、电。若闻到燃气味，不要使用打火机、火柴，也不要使用电话、电源开关。

（2）互救措施：

① 注意倾听被困者的呼喊、呻吟或敲击声，根据建筑结构特点，先确定被困者的位置，特别是头部的位置，再开挖抢救，以避免抢救时给被救者造成不必要的损伤。

② 先抢救容易获救的被困者，如建筑物边沿瓦砾中的幸存者。

③ 抢救时，先将被救者头部暴露出来，迅速清除其口鼻内的灰土，防止窒息，进而暴露其胸腹部。

④ 对于埋压时间较长的幸存者，要先喂些含盐饮料，不可给予高糖类饮食，然后边挖边支撑，注意保护被救者的头部和眼睛。

⑤ 对怀疑有骨折或颈椎、腰椎受伤的被救者，抢救时一定不可强拉硬拖，避免二次损伤，要设法暴露其全身，再借助门板、床板、床单等将伤者整体搬运。

⑥ 对被抢救出来的幸存者，应采取各种适当的方法进行现场救护。

4. 洪灾逃生

（1）如果来不及转移，不要惊慌，就近迅速向山坡、高地、楼房、避洪台等地转移，或者立即爬上屋顶、楼房高层、大树、高墙等地势高点暂避，等候救援人员营救。

（2）如在室内，应堵住门下空隙以防止洪水涌入屋内，如在门槛外侧放上沙袋等，沙袋可用麻袋、草袋或布袋、塑料袋，里面塞满沙子、泥土、碎石。如果预料洪水还会上涨，那么底层窗槛外也要堆上沙袋。

（3）如果洪水不断上涨，应储备一些食物、饮用水、保暖衣物以及烧开水的用具。

（4）如果水灾严重，水位不断上涨，就必须自制木筏逃生。任何入水能浮的东西，如床板、箱子、柜、门板等，都可用来制作木筏。如果一时找不到绳子，可用床单、被单等。

（5）在爬上木筏之前，一定要试试木筏能否漂浮，收集食品、发信号用具（如哨子、手电筒、旗帜、鲜艳的床单）、划桨等。

（6）在离开房屋漂浮之前，要吃些食物和喝些热饮料，以增强体力；将室内燃气阀门、电源总开关关掉。

（7）千万不要游泳逃生，不可攀爬带电的电线杆、铁塔，也不要爬到泥坯房的屋顶。

（8）如已被卷入洪水中，一定要尽可能抓住固定的或能漂浮的物体，寻找机会逃生。

（9）发现高压线铁塔倾斜或者电线断头下垂时，一定要迅速远避，防止直接触电或跨步电压触电。

第四章

装备制造操作安全知识

第一节　加工制造

一、热加工作业

(一) 铸造作业

铸造是将金属熔炼成符合一定要求的液体并浇进铸型里，经冷却凝固、清整处理后得到有预定形状、尺寸和性能的铸件的工艺过程。铸造毛坯因近乎成型而达到免机械加工或少量加工的目的，降低了成本并在一定程度上减少了制作时间。铸造是现代装置制造工业的基础工艺之一。

铸造作业的主要工艺过程包括金属熔炼、造型、制芯、合箱、浇注凝固、脱模清理、补焊、热处理等。铸造作业常用的设备有电弧炉、精炼炉、混砂机、制芯机、抛丸机、落砂机、砂处理系统等。

1. 铸造生产过程中的危害因素

铸造作业过程中常见的危害因素有机械伤害、物体打击、烫伤、灼伤、触电、火灾、爆炸、高空坠落、窒息、中毒等。铸造生产常见的危险因素来源及类别见表4-1。

表4-1　铸造生产常见的危险因素来源及类别

类别		危害源	危害结果
设备本体	稳定性差	混砂及型砂的输送、造型和制芯、熔炼、浇注、落砂、清理等	机械伤害、物体打击
	制动器缺陷	合箱、物料运输、熔炼加料、熔融金属的吊运、浇注（浇注机、离心浇注）等	机械伤害、起重伤害、物体打击、灼烫
防护措施	无防护	混砂、造型和制芯、物料运输、熔炼、浇注、抛（喷）丸清理、落砂、铸件打磨等	机械伤害、起重伤害、物体打击、灼烫、火灾
	防护措施不当	混砂、机械造型和制芯、物料运输、熔炼、浇注、抛（喷）丸清理、落砂、铸件打磨工具等	机械伤害、起重伤害、物体打击、灼烫、火灾
	防护距离不够	机械造型和制芯、物料运输、熔炼加料、熔融金属的吊运、浇注、落砂、铸件打磨、检修作业、有限空间作业等	机械伤害、起重伤害、物体打击、灼烫、火灾、中毒和窒息

类别		危害源	危害结果
电危险	绝缘不良	混砂及型砂的输送、造型和制芯、熔炼、浇注、抛（喷）丸清理、落砂、铸件打磨、检修作业、有限空间作业等	触电、火灾
	电气设备接地不良	混砂及型砂的输送、机械造型和制芯、熔炼、浇注、抛（喷）丸清理、落砂、铸件打磨等	触电、火灾
运动物危险	固体抛射物	造型、抛（喷）丸清理、落砂、铸件打磨等	物体打击、高处坠落
	坠落物	炼钢炉加料、修补炉体、造型、清理、浇冒口切割、铸件焊补、热处理、检修作业等	起重伤害、物体打击
	料堆（垛）滑动	熔炼炉加料、造型、清理、浇冒口切割、铸件焊补、砂箱库、热处理、检修作业等	物体打击
高温物质	明火	涂料烘干、金属熔炼、烤包、浇注、浇冒口切割、铸件补焊、热处理、检修作业等	灼烫、火灾、爆炸
	高温熔融金属	金属熔炼、精炼、孕育、变质和浇注等	灼烫、火灾、爆炸
	高温固体	金属熔炼、浇注、清理、浇冒口切割、铸件焊补、热处理等	灼烫、火灾
作业环境	安全过道堵塞	所有作业区域	车辆伤害、机械伤害、灼烫、高处坠落
	水管渗漏或地面有残存的水	地坑造型、金属熔炼、浇注等	灼烫、火灾、爆炸
	作业空间狭小或交叉作业	清理和清整、地坑造型、设备检修等	物体打击、火灾、爆炸等
易燃易爆物质	易燃易爆性气体	制芯、砂型烘干、金属熔炼、烘包及浇注、检修作业、有限空间作业等	火灾、爆炸、中毒和窒息
	易燃易爆性液体	制芯、砂型涂料、酒精	火灾、爆炸
	易燃易爆性粉尘	金属熔炼、铸件清理、铸件打磨、抛（喷）丸等	火灾、爆炸
违章作业、违章指挥		所有作业岗位	机械伤害、触电、起重伤害、物体打击、灼烫、火灾、爆炸等
监护不到位		检修作业、有限空间作业等	机械伤害、起重伤害、物体打击、灼烫、火灾、爆炸、中毒和窒息等

2. 铸造生产设备设施本体安全防护要求

1）熔炼设备通用安全要求

（1）炉体金属结构件应完整、牢固，不应腐蚀或破损。

（2）砌体应保持完整，无破损，各部位砌体的允许误差和砖缝厚度应符合规定。

（3）可倾动、旋转或移动的电热熔炼炉应设置倾炉限位、炉顶限位和炉体桥架限位装置，并确保其灵敏、可靠。

（4）电热熔炼炉变压器应符合下列要求：

① 设置地点应无漏雨、无积水和积油，油浸式变压器应设有储油池。

② 变压器的瓷瓶和套管表面应无积尘、无污染物、无裂纹、无破损。

③ 接地部位应与接地系统可靠连接。

④ 配电柜各电气单元绝缘良好、接头无外露，且排列整齐、安装牢固；刀闸、开关、接触器应动作灵活、接触可靠、合闸到位，触头无烧损，且应有操作提示标志。

（5）液压倾炉的泵、工作液储罐和管道应布置合理，避免熔融金属意外流出而造成的损害；倾炉的液压系统应配置两台相同的主泵（一用一备），操纵杆应自动返回零位。

（6）熔炼炉底部应设置紧急倾炉或漏炉情况下盛装全部熔融金属的储存坑或钢包坑，周边应设置护栏或加盖防护。

2）电弧熔炼炉

（1）炉壳应直接或通过炉壳机座接地，并应安装过电压继电器，当炉壳与大地之间出现危险电压时，应能切断电弧炉供电。

（2）电极夹持器应装有水平位置调节装置，电极密封圈应比电极大 40~50mm，冷却水管应采取绝缘措施。

（3）电极升降机构应设置平衡锤，并应设置两只限位装置，其中一只限位装置可用于检测超行程。

（4）电极支撑机构应与驱动机构（电极定位机构）和炉架绝缘，驱动机构和炉架应可靠接地。

（5）对装有底电极的炉子，应设置底电极监测装置，并限定底电极与接地外壳之间的电压值。

（6）电炉变压器应只能从主控制屏合闸。

3）精炼炉

（1）真空精炼炉应采取措施控制钢液溢出，并应采取监视真空罐内钢液面升降的措施。

（2）吹氧、吹氩管道连接可靠，无泄漏。

4）造型、制芯设备

（1）每台单机应设置手动开关；控制台、操作工位及间隔距离 20m 的部位应设置急停装置；开线、停线或急停时应配备声光报警装置。

（2）造型机械手回转机构应设置回转限位器，回转区周围 1500mm 范围应设置护栏，护栏开口处应与动力系统联锁。

（3）搬运小车、下芯小车、移箱机、下芯机、合箱机等应设置限位器。

（4）夹紧装置应设置被夹工装完全锁定后才能执行下一操作程序的联锁装置或控制装置；当作业中突然停电及气（液）压系统出现故障时，夹紧装置应能可靠地处于夹持状态，否则应设置安全防护装置。

5）砂处理设备

（1）振动筛的零部件应连接紧固无松动。

（2）开放式料斗、筒仓和料仓顶部的固定开口处应设置防护装置或防护围栏。

（3）料仓采用自动加料时，应设置相应的自动检测、控制装置，当料斗、筒仓和料仓达到满仓时，应自动停止加料。

（4）气力输送系统的筒仓及输送管道应设置安全阀或其他安全装置，防止过高的压力或真空。

（5）提升机应设置防止逆转的安全装置；罩壳应设置清扫门，清扫门应与动力系统联锁。

（6）整体封闭的振动输送机，检查门或活门应设置联锁装置。

6）清理设备——落砂机

（1）四周护板的高度应能防止浇冒口或砂散落。

（2）激振器零件不允许有裂纹，旋转件不允许焊补修整。

（3）控制系统应能按规定顺序动作和实现互锁。

（4）落砂机激振器和驱动电动机应采取可靠接地措施。

7）抛（喷）丸机

（1）设备上的门应与抛（喷）丸控制装置联锁，只有门都处于关闭状态，抛（喷）丸机才能启动，设备的门应附有固定良好的警示标志。

（2）设备的密封应良好，所有密封件应能抵挡住弹丸的冲击和磨损。

（3）设备上的观察窗应采用厚度不小于 5mm 的抗碎无色透明板。

（4）设备内壁应装有在易损有效期内的、能抵挡住弹丸冲击和磨损的护板。

（5）外漏的运动件应装有防护装置，防护装置应有打开即停止运动的联锁装置，否则应张贴有明确非停滞状态下禁止打开的警示标志。

（6）斗式提升机应装有防止逆转的安全装置。

（7）控制系统应能按规定顺序动作和实现互锁。

8）打磨设备

（1）应配置除尘设施，并与主体设备同时使用和维护，且保持良好状态。

（2）落地砂轮机的砂轮防护罩、挡屑板、砂轮安装、托架等应符合国家标准要求。

（3）悬挂式砂轮机、切割砂轮机和直向手持式砂轮机用砂轮防护罩最大开口不准超过180°。

（4）气动砂轮打磨机的气管及连接处应牢固，无泄漏。

（5）砂轮机不得安装在有腐蚀性气体或易燃易爆场所。

9）吊运熔融金属的起重机

（1）应选用符合国家相关标准的冶金起重机，并应定期检验。

（2）每套驱动装置应设置两套独立的制动器。

（3）应设置防止越程冲顶的第二级起升高度限位器。

（4）吊钩、耳轴销和龙门钩横梁应定期进行探伤检验，钢丝绳应定期保养、维护，必要时报废更换。

10）电动平车

（1）应设置运行时的报警装置，制动和急停装置应齐全、可靠；运行终端应设置限位器。

（2）台车架（或端梁）下面应装设轨道清扫器，清扫器底面与轨道顶面之间的间隙应不大于 10mm。

（3）控制开关应设置在电动平车的侧面，其操作部位应能观察电动平板车运行时的周边环境状况。

（4）电动平板车的拖线应保持绝缘，不应有破损、折裂。

11）加热炉

（1）电加热炉炉门应设置限位装置，并确保进出炉时自动切断电加热系统。

（2）燃气管道应设有总阀门，每台炉子管道上应设有分阀门和放散阀门。

（3）燃气加热炉的燃烧器应设置熄火保护、燃气高低压报警及联锁装置；周边应设置可燃气体检测和报警装置。

12）烘包装置

（1）燃烧器作业区域内宜设置可燃气体检测和报警装置。

（2）燃烧器应具备点火程序控制、熄火保护、燃气高低压报警及联锁装置，且灵敏、可靠。

13）钢包

（1）钢包耳轴磨损或腐蚀不得大于原尺寸的 5%。

（2）耳轴与包体连接不得有裂纹、松动现象。

（3）包壁、包底钢板无明显腐蚀、变形。

（4）滑板（塞杆）机构安装牢固，动作可靠。

14）钢包吊具

（1）危险断面表面无裂纹、无变形、无明显腐蚀。

（2）各销轴连接处无缺损、裂纹、松动。

（3）各销轴防松装置正常，卡板、卡板螺栓无松动脱落。

（4）各吊钩颈部无明显塑形变形、扭曲现象。

（5）板钩开口度无明显增大，钩内接触面无明显磨损。

（6）板钩尖部无明显扭曲变形。

（7）板钩各钢板间无开缝、松动现象。

3. 铸造作业安全要求

1）一般要求

（1）操作人员应按规定穿戴适宜的个体防护用品。

（2）操作人员应了解本岗位及相关岗位的关系，掌握工作方法和措施。

（3）操作人员应熟悉掌握生产过程中存在的风险和危害因素，并能根据其危害性质采取相应的防范措施。

（4）操作人员应掌握消防知识和消防器材的使用和维护方法，掌握与本岗位相关的应急措施和急救方法。

（5）应定期检查设备的电气、测量仪表、安全保护装置等，及时消除设备缺陷。

（6）与熔融金属接触的工具、物品应进行充分预热和干燥。

（7）工作场地应保持整洁，物品应严格按指定区域归类堆放，排列有序，严禁堵塞安全通道和消防通道。

2）炼钢

（1）金属废料应经过严格检验，存在爆炸、腐蚀、辐射等危险的物品应妥善处理，严禁密闭容器、潮湿物料、不明物品进入熔炼炉。

（2）进入炉内修炉时，炉内温度应降至50℃以下，清除渣瘤时应从上往下打，禁止较大震动。

（3）各种熔炼炉、加热炉的使用温度不得超过其额定最高使用温度，装炉量（包括工装、夹具）不得超过规定的最大装炉量。

（4）装料应有专人指挥，抽炉或旋转炉盖时，炉盖应完全抬起，电极应升到顶点且电极下端不许超出炉盖的水冷圈。

（5）采用吹氧助熔时，手不应握在氧气管接缝处；停止吹氧时应先关阀门，再拿出吹氧管，以免炉外燃烧。

（6）捅料、搅拌、扒渣时，炉门槛应加横杆，并使其接地。

3）浇注

（1）盛装熔融金属时，液面与浇注包沿应留有一定的高度，高度应不小于浇包深度的1/8，且不小于60mm。

（2）熔融金属吊运路线下方地面应保持畅通，吊运中严禁从人员或危险物品上部通过。

（3）吊运熔融金属浇包时应进行试吊，确认正常后方可正常吊运。

（4）盛装熔融金属的浇包非浇铸时在空中停留时间不宜大于10min，浇包与邻近设备或建（构）筑物的安全距离应大于1500mm。

（5）采用平板车转运浇包时应放置牢固，平板车轨道及周边不应有障碍物；操作人员位于安全区域位置。

（6）砂型铸造浇注时应确认铸型上、下箱连接牢固，铸型干燥，周边严禁积水积油；浇注大型铸件时，底部应保持良好通气。

（7）浇注时，浇包与浇口、过桥口的距离应保持在150~250mm，浇注大型铸件应设置专人扒渣、挡渣、引气。

4）砂型造型和制芯

（1）叠放砂箱和砂型应整齐、牢固；高度小于600mm的砂箱在地面的叠放高度不应超过2000mm，在电动平车上叠放高度不得超过1500mm。

（2）吊运和翻转大砂箱、大铸型时，宜采用横梁-吊环（或钢丝绳、链条）吊具，重物两边的吊环或钢丝绳保持平行；用手动杠杆、滑轮、动力箱、起重机作为翻转动力时，操作人员严禁站在吊起的砂箱、铸型的上面、下面或正面。

（3）严禁在吊起的砂箱、铸型或型芯下修型，合箱时严禁伸手或探头到砂箱中进行修理、观察；合箱卡螺帽应旋紧。

（4）地坑造型应有良好的防水层，应设置足够的通气孔或管路，并应确保地坑内无渗水和积水现象，以免浇注时水蒸气或瓦斯引起爆炸，作业前对地坑进行检查确认。

（5）使用抛砂机造型时，抛砂机旋转范围内不准堆放杂物，作业间断时应紧固抬臂，不得游动。

5）砂处理

（1）混砂机转动时，禁止用手扒料和清理碾轮，禁止伸手向碾盘内添加黏结剂等附加物料，禁止用手到碾盘内取砂样，应使用工具从取样门取样。

（2）送砂皮带机应有专人负责，禁止在皮带机上坐卧或行走，禁止在运转中的皮带机上过人或递送物件。

6）清理和精整

（1）振动落砂机在开动前，应将铸件摆半放稳，将移动防护罩放置到位，启动除尘设备和落砂机下的输送、破碎等设施，然后进行落砂作业。

（2）用大锤打击砂箱落砂时，锤头方向严禁有人，严禁交叉作业。

（3）使用风铲时，应将风管与风铲连接牢固，风铲严禁对人铲削。

（4）抛丸室悬挂输送链上的铸件，不应超过吊钩的规定载荷。

（5）燃气加热炉在通入可燃气体前，应用中性或惰性气体充分置换炉内气体。

7）检修和维修

（1）设备设施保养和维修时，应关闭涉及本区域的所有动力源；承压设备检修时应将压力卸载至常压。

（2）燃气设施检修时，应切断燃气源，并将设备设施内的燃气吹净；长期检修或停用的燃气设施，应打开上下人孔、放散管等，保持设施内部的自然通风。

（3）作业过程中涉及高处作业、动火作业和临时用电，应办理相应的审批手续，并设置现场指挥和监护人员，采取相应的防范措施。

（4）登高作业中严禁单手登梯，严禁上下抛物，梯子应采取防滑措施。

（5）有限空间安全作业应符合下列要求：

① 作业前应办理审批手续；焊接（切割）的操作现场应通风良好；动火作业前应检测低凹处、地坑和容器内的可燃气体含量，可燃气体含量超标时严禁作业。

② 对作业环境进行评估，制定安全作业方案，设置监护人员。

③ 作业前应先通风监测，当可燃或有毒有害气体降至允许限值内时方可进入作业现场，作业中断超过 30min 时应重新检测。

④ 照明灯具、工具应采用安全电压或设置漏电保护器，当存在可燃性气体和粉尘时，电气设施应符合防爆要求；保持出入口畅通，设置明显的警示标志和说明。

（6）粉尘爆炸危险场所安全作业应符合下列要求：

① 不得在作业区进行动火作业；如确需动火作业或检修作业，应在完全停止操作的状况下进行，并应按规定进行审批，采取防范措施。

② 每班应进行粉尘清理，清理作业时，应采用不产生扬尘的清理方式和不产生火花的清理工具；作业时应遵守安全操作规程，使用的工具应不产生碰撞火花。

③ 作业人员应正确佩戴和使用防尘、防静电等劳动防护用品，不得贴身穿化纤制品衣裤。

④ 作业前，应严格检查通风除尘系统，通风除尘系统应与主机同步运行；每班次应按照规定检测和清理通风管道中的积尘；在除尘系统停运期间和粉尘超标时严禁作业。

⑤ 粉尘爆炸危险场所应杜绝各种明火存在，与粉尘直接接触的设备或装置表面允许

温度应低于相应粉尘的最低着火温度；操作人员应采取防静电措施。

⑥ 灭火时，应根据粉尘的物理化学性质，正确选用灭火剂，并应防止粉尘扬起形成粉尘云。

（二）锻造作业

锻造是一种利用锻压机械对金属坯料施加压力，使其产生塑性变形以获得具有一定机械性能、一定形状和尺寸锻件的加工方法。根据锻造温度，锻造可以分为热锻、温锻和冷锻；根据成形机理，锻造可分为自由锻、模锻、碾环、特殊锻造。

锻造主要的工艺过程有下料、加热、锻造、清理、热处理等，常用的锻造设备有电液锤、空气锤、模锻锤、油压机、快锻机、碾环机、操作机等。

1. 锻造生产过程中的危害因素

锻造生产常见的危险因素有易燃物质、易爆物质、高压电、炽热物体、坠落物体或进出物、高压液体、高压气体等，其来源和危害程度见表4-2。

表4-2　锻造生产常见危险因素的来源及危害程度

类别		危害源	危害结果
设备本体	稳定性差	下料、锻件的装出料、锻件加热、锻造过程、清理等	机械伤害、物体打击、火灾、爆炸
	制动器缺陷	下料、物料运输、炉窑加热、热工件的吊运等	机械伤害、起重伤害、物体打击、灼烫
防护措施	无防护	下料、锻件的装出料、炉窑加热、锻造过程、切割、锻件打磨等	机械伤害、起重伤害、物体打击、车辆伤害、灼烫、火灾
	防护措施不当	下料、物料转运、锻件的装出料、锻件加热、锻造过程、切割、锻件打磨等	机械伤害、起重伤害、物体打击、车辆伤害、灼烫、火灾
	防护距离不够	下料、物料转运、锻件的装出料、锻件加热、锻造过程、切割、锻件打磨、检修作业、有限空间作业等	机械伤害、起重伤害、物体打击、灼烫、火灾、中毒和窒息
电危险	绝缘不良	下料、物料转运、锻件的装出料、锻件加热、锻造过程、检修作业、有限空间作业等	触电、火灾
	电气设备接地不良	下料、锻件的装出料、炉窑加热、天车等	触电、火灾
运动物危险	固体抛射物	锻件装出料、锻件过程、锻件打磨等	物体打击
	坠落物	下料、物料转运、锻件的装出料、锻件加热、锻造过程、切割、锻件打磨、炉体修补、检修作业等	起重伤害、物体打击
	料堆（垛）滑动	下料、物料转运、锻件的装出料、锻件加热、锻造过程、切割、锻件打磨、材料库、检修作业等	物体打击
高温物质	明火	炉窑加热、氧乙炔切割、焊接、检修作业等	灼烫、火灾、爆炸
	高温固体	锻件加热、氧乙炔切割、焊接等	灼烫、火灾

续表

类别		危害源	危害结果
作业环境	安全过道堵塞	所有作业区域	车辆伤害、机械伤害、灼烫、高处坠落
	作业空间狭小或交叉作业	清理和清整、设备检修等	物体打击、火灾、爆炸等
易燃易爆气体	易燃易爆气体	炉窑加热、氧气乙炔切割、检修作业、有限空间作业等	火灾、爆炸、中毒和窒息
违章作业、违章指挥		所有作业岗位	机械伤害、触电、起重伤害、物体打击、灼烫、火灾、爆炸等
监护不到位		检修作业、有限空间作业等	机械伤害、起重伤害、物体打击、灼烫、火灾、爆炸、中毒和窒息等

2. 锻造生产设备设施本体安全防护要求

1）通用要求

（1）操纵手柄、踏板、按钮、制动手柄等应灵活可靠，防止产生误动作，制动器必须可靠。

（2）操作机构应有防止意外触动致使设备误动作而造成事故的措施，按钮上必须注明"启动""停止"字样。

（3）电动机、储气罐等连接部位不得松动。

（4）限位器、紧急制动器、溢流阀等安全装置应齐全有效。

（5）各类低于 2m 的外漏旋转部位以及维护检修平台应设有防护罩或护栏。

（6）设备受力部位不得有裂纹。

2）锻锤

（1）更换、调整、修理砧座、锻模或做其他修理工作时，必须关闭进气阀，用专用支撑支护住锤头后方可进行作业。

（2）更换或修理锤砧时，必须保证锤头行程不超过极限位置，上下砧宽应一致（下砧为方砧、圆砧者除外），并应对齐，上砧不应偏向操作者一边。

（3）为防止锻件、飞边、氧化皮、高温润滑剂或模具碎块飞溅伤人，在锻锤司锤工正面（不影响其视线）及另一侧应设有防护挡板装置。

（4）紧固用的楔铁和垫片厚度及其数量要求：3t 及其以下的锻锤伸出长度不得超过锤头或锻模前边缘 50mm；3t 以上锻锤不得超过 80mm，后边缘不得超过 150mm；垫片的数量不超过 3 片或其总厚度不超过 10mm。

（5）空气锤开锤前应空转，冬季不少于 10min，夏季不少于 3min；以压缩空气为动力的汽锤，在寒冷地区的冬季应预热压缩空气；锻模、锤头和锤杆下部应进行预热。

3）液压机

（1）开关和控制阀必须有明确的标志，便于操作和识别。

（2）液压机工作时应随时观察、检查模具、砧面固定是否松动，发现问题和故障及时排除。

（3）安装砧面时，其上下砧面高度应与设备的闭合高度相适应，砧面固定应可靠，经空车试运转正常后方可运行。

（4）工作结束后应及时关闭电源及动力泵阀。

4）锯床

（1）应在锯床的明显位置标记锯削道具的运动方向或主轴旋转方向。

（2）锯床在锯削过程中应保证工件的加紧压力，避免工件夹持装置松开。

（3）锯床的旋转部位应设置安全防护装置。

5）燃气加热炉

（1）燃气加热炉点火、运行、停炉、须严格按照操作规程进行。

（2）燃气管道应设有总阀门，每台炉子管道上应设有分阀门和放散阀门。

（3）燃气管道须有压力调节阀、压力超高超低自动电磁阀（截止阀）；在燃烧器前应有火焰逆止器。

（4）燃气加热炉的燃烧器应设置熄火保护、燃气高低压报警及联锁装置。

（5）周边应设置可燃气体检测和报警装置。

（6）应设有效的排烟装置，禁止向厂房内作业场所直接排烟。

6）电加热炉

（1）电加热炉操作必须严格遵守操作规程。

（2）带电部分应有良好的绝缘，不带电部分应按要求接地；装料和取料时必须关闭电源，不应使工具、锻件毛坯触及热电偶、加热元件和炉壁（感应加热炉除外）。

（3）电感应加热装置中危及人身安全的部位应有防触电的特别防护装置；开关和控制按钮要置于显眼和人手容易触到的位置。

（4）通水冷却的电阻炉应安装水温、水压、流量继电器，当出现不正常情况时应能断电，并及时报警。

（5）电炉若出现故障，应及时请相关专业人员检修。

7）抛（喷）丸机

（1）设备上的门应与抛（喷）丸控制装置联锁，只有门都处于关闭状态，抛（喷）丸机才能启动，设备的门应附有固定良好的警示标志。

（2）设备的密封应良好，所有密封件应能抵挡住弹丸的冲击和磨损。

（3）设备上的观察窗应采用厚度不小于 5mm 的抗碎无色透明板。

（4）设备内壁应装有在易损有效期内的、能抵挡住弹丸冲击和磨损的护板。

（5）外漏的运动件应装有防护装置，防护装置应有打开即停止运动的联锁装置，否则应张贴有明确非停滞状态下禁止打开的警示标志。

（6）斗式提升机应装有防止逆转的安全装置。

（7）控制系统应能按规定顺序动作和实现互锁。

8）打磨设备

（1）应配置除尘设施，并与主体设备同时使用和维护，并保持良好状态。

（2）落地砂轮机的砂轮防护罩、挡屑板、砂轮安装、托架等应符合国家标准要求。

（3）悬挂式砂轮机、切割砂轮机和直向手持式砂轮机用砂轮防护罩最大开口不准超过180°。

（4）气动砂轮打磨机的气管及连接处应牢固，无泄漏。

（5）砂轮机不得安装在有腐蚀性气体或易燃易爆场所。

9）液压泵站

（1）泵站应位于主机附近的单独厂房内，厂房应封闭良好；泵房内应采取有效的消声减振措施。

（2）液压系统中必须装备有防止液压超载的安全装置。

（3）渗漏、更换废液压油应委托有资质的危废处置单位处置。

10）机械化辅助装置

（1）装置结构坚固，可靠性好，便于安装、拆卸和维修。

（2）装置运转时不应产生强烈的振动和噪声。

（3）可单独运转，必要时可与锻压设备联动和自锁。

（4）在安装、使用、拆卸和维修时，不应存在构成人身伤害的因素。

（5）曲臂、钳口等受力部位应无裂纹。

11）工装模具

（1）在高温状态下应具有足够的强度和韧性。

（2）锻模、切边模的尺寸、材料和热处理必须符合设计规定的技术条件、精度等级。

（3）模具的设计、制造应充分考虑使用中的安全性、可靠性。

（4）夹钳一般用低碳钢制造，钳柄不应有尖锐的尾部，钳口及铆接处不应有裂纹；夹钳不应有妨碍操作的变形，并应定期消除应力。

（5）锻造生产中的工位器具应摆放整齐，加强安全管理，做到文明生产。

3. 锻造作业安全要求

1）基本要求

（1）操作人员应具备以下要求：

① 心理，生理条件应能满足工作性质的要求。

② 应定期进行体检，其健康状况必须符合工作性质的要求。

③ 必须掌握岗位的生产技能，并经HSE培训和考核，合格后持证上岗。

④ 熟悉锻造生产过程中存在的风险和危害因素，并能根据其危害性质和途径采取相应的防范措施。

⑤ 了解本岗位及相关岗位的关系，掌握工作方法和措施。

⑥ 掌握消防知识和消防器材的使用和维护方法。

⑦ 掌握劳动防护用品的使用和维护方法。

⑧ 掌握应急措施和急救方法。

（2）操作人员应按规定穿戴好完整有效的劳动保护用品。

（3）作业前应认真地检查设备是否运转正常，电气、仪表及各类保护装置是否灵敏可靠，各类设备不得带故障运行。

（4）各类设备不得进行超负荷作业。

（5）严格遵守相关规定操作起重机械，并对起重机械及吊具进行定期检查。

（6）作业场地应保持整洁，不应有影响操作的物品存在，物品应严格按指定区域归类堆放，排列有序。

（7）在存放易燃、易爆物质的库房和存在易燃、易爆因素的设备和作业场地，应按消防规范的有关要求配置足够的消防设施和消防器材。

（8）工作中无关人员不得进入操作区内。

2）备料

（1）在锻锤上下料时，首锤应轻击，锻击不得过猛，坯料两端不得站人；工具应完好干净，不得沾有油、水等物，放置要正确，严禁冷剁下料。

（2）锯床下料时应设置防护罩，防止铁屑飞溅伤人。

（3）严禁锯切超出锯床加工能力的工件。

（4）碳钢和低合金钢大锻件采用火焰切割时，应在划定的区域内进行，并设置机械通风装置。

3）加热

（1）新砌的加热炉投入运行前应按烘炉工艺规程规定进行烘炉，烘炉结束后方可投入使用。

（2）装取料的工具及机械应完好，操作人员在钩料时与加热炉出料口应保持一定距离，防止炉门口喷火灼伤。

（3）燃气加热炉点火时，操作人员应避开炉门，以免喷火灼伤。

（4）燃气加热炉点火前应先将炉门全部敞开，将炉膛内吹扫5min以上。

（6）燃气加热炉使用中若突然停止送风，应迅速关闭阀门；在观察燃烧情况时，应距离炉门1.5m之外。

（7）检查燃气管路是否存在渗漏时，严禁使用明火。

（8）中频感应加热设备的冷却水必须经软化处理，其温度不得低于作业场地内空气露点的温度，感应器不得在空载时送电。

4）自由锻造

（1）作业前应确保所有工具符合安全操作的要求，完好无损。

（2）作业人员不得将手或身体各部位伸入锤头行程内，应使用专用工具清扫氧化皮。

（3）锻打时锻件应置于砧座中心部位，首锤应轻击，然后重击，并即时清理氧化皮。

（4）使用脚踏开关操纵空气锤时，在需要悬空锤头时应将脚离开踏板，防止误踏。

（5）大型锻件的锻造使用起重机作辅助工具时，挂链与吊钩应用保险装置钩牢，锻件挂链和送料叉上的位置应平稳可靠，防止滚动脱落。

（6）使用低碳钢制造的夹钳必须与锻件形状、尺寸相适应，夹持较大锻件时应用钳箍箍紧；作业人员手指不得伸入钳柄中间，钳子端部不得正对着身体。

（7）毛坯和锻件传送应采用机械传送装置，不得随意抛掷。

5）模锻

（1）装卸模具应按操作规程进行，模具安装必须安全可靠，经试车合格后方可使用。

（2）模具应按规定进行预热。

（3）蒸汽锤、电液锤锤头、锤杆下部也应预热，开锤前应将气缸中的冷凝水排出，冬季空转 5～10min，夏季空转 2～3min。

（4）工作时应使用专用工具取放锻件，手和身体各部位不得伸入模具之间；氧化皮清扫应使用专用工具。

（5）机械压力机工作中应随时注意观察检查离合器、制动器、滑块与导轨、轴承及各部位连接件等处有无异常，发现问题，及时排除。

（6）安装切边模应测量凸凹模闭合高度，保证在一个冲程内完成切边，并及时清理飞边。

（7）锻件校直时应选择合适的校直设备，校直前锻件应放置稳定牢固，锻件两端不应站人。

（8）禁止超负荷使用设备。

（9）严禁打空锤，严禁打过烧及低于终锻温度的工作。

6）清理

（1）场地应保持整洁，不应乱堆杂物。

（2）应优先采用喷（抛）丸作业，并配有高效安全除尘系统。

7）检修和维修

（1）设备设施保养和维修时，应关闭涉及本区域的所有动力源。承压设备检修时应将压力卸载至常压。

（2）燃气设施检修时，应切断燃气源，并将设备设施内的燃气吹净；长期检修或停用的燃气设施，应打开上下人孔、放散管等，保持设施内部的自然通风。

（3）作业过程中涉及高处作业、动火作业和临时用电，应办理相应的审批手续，并应设置现场指挥和监护人员，采取相应的防范措施。

（4）登高作业中严禁单手登梯，严禁上下抛物，梯子应采取防滑措施。

（5）有限空间安全作业应符合下列要求：

① 作业前应办理审批手续；焊接（切割）的操作现场应通风良好；动火作业前应检测低凹处、地坑和容器内的可燃气体含量，可燃气体含量超标时严禁作业。

② 对作业环境进行评估，制定安全作业方案，设置监护人员。

③ 作业前应先通风监测，当可燃或有毒有害气体降至允许限值内时方可进入作业现场，作业中断超过 30min 时应重新检测。

④ 照明灯具、工具应采用安全电压或设置漏电保护器，当存在可燃性气体和粉尘时，电气设施应符合防爆要求；保持出入口畅通，设置明显的警示标志和说明。

（三）热处理作业

热处理是指材料在固态下，通过加热、保温和冷却的手段获得预期组织和性能的一种金属热加工工艺。

热处理主要的工艺过程有正火、退火、回火、固溶、淬火、时效、渗碳、渗氮、调质等。常用的热处理设备主要有台车式电阻炉、井式炉、底装料炉、箱式炉、多用炉等。

1. 热处理生产的危害因素

热处理生产常见的危害因素来源及类别见表4-3。

表 4-3 热处理生产常见的危害因素来源及类别

类别		危害源	危害结果
设备本体	稳定性差	锻件的装出料、加热、校直过程等	机械伤害、物体打击、火灾、爆炸
	制动器缺陷	物料运输、炉窑加热、热金属的吊运等	机械伤害、起重伤害、物体打击、灼烫
防护措施	无防护	工件的装出料、炉窑加热、打磨、校直等	机械伤害、起重伤害、物体打击、车辆伤害、灼烫、火灾
	防护措施不当	下料、物料转运、吊装、锻件的装出料、锻件加热、锻造过程、淬火等	机械伤害、起重伤害、物体打击、车辆伤害、灼烫、火灾
	防护距离不够	物料转运、工件的装出料、工件加热、校直过程、切割、打磨、检修作业、有限空间作业等	机械伤害、起重伤害、物体打击、灼烫、火灾、中毒和窒息
电危险	绝缘不良	物料转运、工件的装出料、工件加热、检修作业、校直、有限空间作业等	触电、火灾
	电气设备接地不良	工件的装出料、炉窑加热、天车、淬火等	触电、火灾
运动物危险	固体抛射物	工件校直崩裂、攻坚淬火淬裂	物体打击
	坠落物	物料转运、起吊、工件的装出料、工件加热、校直过程、炉体修补、检修作业等	起重伤害、物体打击
	料堆（垛）滑动	物料转运、工件的装出炉、工件加热、切割、检修作业等	物体打击
高温物质	明火	炉窑加热、氧气乙炔切割、焊接、火焰淬火、检修作业等	灼烫、火灾、爆炸
	高温固体、液体	工件加热、氧气乙炔切割、焊接、热工装、热吊具、热淬火油等	灼烫、火灾
制冷物质	制冷剂及其他	氟里昂、液氨等	冻伤
作业环境	安全过道堵塞	所有作业区域	车辆伤害、机械伤害、灼烫、高处坠落
	作业空间狭小或交叉作业	设备检修等	物体打击、火灾、爆炸等
易燃易爆物质	易燃易爆性气体	天然气、丙烷、氮气、火焰淬火、氧气乙炔切割、检修作业、有限空间作业等	火灾、爆炸、中毒和窒息
	易燃易爆性液体	液氨、甲醇、淬火油	
违章作业、违章指挥		所有作业岗位	机械伤害、触电、起重伤害、物体打击、灼烫、火灾、爆炸等
监护不到位		检修作业、有限空间作业等	机械伤害、起重伤害、物体打击、灼烫、火灾、爆炸、中毒和窒息等

2. 热处理生产设备设施本体安全防护要求

1) 电阻加热炉

（1）电阻加热炉内应至少有一支热电偶用于超温保护。

（2）进行人工进出料操作的电阻加热炉应具备炉门（或炉盖）打开时的自动切断电热体和风扇电源的功能。

（3）渗碳炉要有良好的密封性。

（4）可控气氛多用炉淬火室应设安全防爆装置，炉门应设防护装置。

（5）通水冷却的电阻加热炉应安装水温、水压报警装置，当出现不正常情况时应能断电，并及时报警。

（6）保护气氛和可控气氛炉应具备超温自动切断加热电源、低温自动停止通入生产原料气并报警的功能。

（7）淬火室内应安装惰性气体（如氮气）应急通入口，并应保证充分流量。

（8）整条生产线运行中所有相关动作都应设置电气安全联锁装置和相关程序互锁。

（9）当设备发生故障或工艺参数异常时，应发出声光报警信号，可采取手动方式及时排除故障和修复工艺参数，必要时可采用故障自诊断系统和远程监控系统。

（10）气体渗碳炉炉盖升降机构应保持正常，风扇运转平稳，冷却水管应无堵塞，输油管道应畅通、无渗漏，排气管、漏油器必须畅通。

（11）气体氮化炉、氨气管道、炉盖应无泄漏，氨气瓶严禁靠近热源、电源或在强日光下暴晒。

2) 燃料炉

（1）燃料管道应设总阀门，每台设备上应设分阀门。

（2）通入炉内的气、油管道要有压力调节阀、压力超高/超低自动截止阀；燃烧器前应有火焰逆止器。

3) 盐浴炉

（1）硝盐炉应用金属坩埚或用黏土砖砌筑炉衬。

（2）硝盐炉应配备自动控温仪表和超温报警装置以及仪表失控时的主回路电源自动切断装置，同时至少应有 2 支热电偶，1 支偶控温，1 支偶监控。

（3）等温和分级淬火硝盐炉应配备冷却和搅拌装置。

（4）炉膛底部应设放盐孔，并设应急用的干燥的熔盐收集器。

4) 感应加热装置

（1）高频设备必须屏蔽，其上的观察窗口应敷金属丝网，对裸露在机壳外的淬火变压器也应加以屏蔽。

（2）高压部分要有防触电的特别防护装置；当外壳门打开时，主回路电源应自动切断。

（3）中频发电机应配备空载限制器，在出现较长间歇时仅使发电机负载断路，而不停止发电机运转。

（4）控制按钮和开关要置于明显和容易触到的位置；同一台设备供给数个工作点时，可采用集中控制的工作台，但在每个工作点须设有急停按钮。

5）真空热处理设备

（1）真空炉的排抽气系统中应配备与电源联锁的自动阀门。

（2）设备应具有安全防爆装置。

（3）所有排空装置应具有排气管道，并将气体排放到室外。

（4）储气罐应具有安全阀装置。

（5）工件传递中的各个运行机构应有可靠的联锁保护装置。

（6）控制柜应有电源急停装置。

6）热处理冷却装置

（1）等温分级淬火和回火油槽应配备加热、冷却、搅拌和循环装置。

（2）大型淬火油槽槽口四周还应设置氮气或二氧化碳灭火装置。

（3）淬火油和回火油的工作温度至少应比其开口闪点低 80℃以上。

（4）油槽在非工作状态时，加热器发热体应安装在油面 150mm 以下。

7）冷处理装置

（1）应防止制冷剂的泄漏。

（2）设备上要有避免人身受到制冷剂伤害的保护装置。

8）制氮机

（1）制氮机高低压气路均应设有安全阀，当超压时应自动泄压和关机。

（2）控制柜上应设置故障监测功能，并有故障报警，当发生故障时，应自动关机。

（3）氮气排放口应远离操作人员。

（4）高压容器应设置有明显的警告标志，压力表及安全阀应定期检验。

9）清洗设备

（1）应采用无危害的清洗剂。

（2）当超声清洗设备的声强超过 80dB 时应采取降低噪声的措施。

10）校正装置

（1）应设有避免工件断裂伤人的防护装置，压力机应有压力限定装置。

（2）外漏的皮带轮、啮合齿轮齿条等传动件应有防护装置。

（3）工件校直部位应有防护装置。对于自动校直机，该防护装置应具有联锁防护功能或光电防护功能，确保在防护罩未关闭或防护部位光线被阻挡时，校直机不能进行校直动作。

11）夹具、工装及辅助设施

（1）夹具、工装在热处理状态下应有足够的强度和刚度。

（2）在高温状态下使用的工装，一般应选用耐热钢制造。

（3）在所有机械传动裸露部分和电气接头裸露部都应安装防护罩。

（4）炉体应设置固定扶梯，炉顶周围应设置脚踏板，方便操作人员炉顶工作，超过安全高度 2m 以上，应设置安全护栏。

（5）淬火起重机应配备备用电源或其他应急装置。

（6）吊具和吊绳应定期检查，强制更换。

3. 热处理作业安全要求

1）基本要求

（1）操作人员应具备以下要求：

① 心理、生理条件应能满足工作性质的要求。

② 应定期进行体检，其健康状况必须符合工作性质的要求。

③ 必须掌握岗位的生产技能，并经 HSE 培训和考核，合格后持证上岗。

④ 熟悉锻造生产过程中存在的风险和危害因素，并能根据其危害性质和途径采取相应的防范措施。

⑤ 了解本岗位及相关岗位的关系，掌握工作方法和措施。

⑥ 掌握消防知识和消防器材的使用和维护方法。

⑦ 掌握劳动防护用品的使用和维护方法。

⑧ 掌握应急措施和急救方法。

（2）操作人员应按规定穿戴好完整有效的劳动保护用品。

（3）作业前应认真地检查设备是否运转正常，电气、仪表及各类保护装置是否灵敏可靠，各类设备不得带故障运行。

（4）各类设备不得进行超负荷作业。各种加热炉的使用温度不得超过额定最高使用温度，装炉量（包括工装、夹具）不得超过规定的最大装炉量。

（5）严格遵守相关规定操作起重机械，并对起重机械及吊具进行定期检查。

（6）作业场地应保持整洁，不应有影响操作的物品存在，物品应严格按指定区域归类堆放，排列有序。

（7）在存放易燃、易爆物质的库房和存在易燃、易爆因素的设备和作业场地，应按消防规范的有关要求配置足够的消防设施和消防器材。

（8）工作中无关人员不得进入操作区内。

2）整体热处理

（1）新安装和大修后的电阻炉应按相关规定，用 500V 兆欧表检测三相电热元件对地（炉壳）和各相相互间的绝缘电阻，不得低于 0.5MΩ；控制电路对地（在电路不直接接地时）的绝缘电阻应不低于 1MΩ。均合格后方可送电。

（2）人工操作进出料的简易箱式电炉、井式电炉装炉、出炉过程中应切断加热电源。

（3）可控气氛、保护气氛加热炉在通入可燃生产物料前应用中性气体充分置换掉炉内空气，或在高温条件下以燃烧法燃尽炉内的空气。

（4）向炉内通入可燃生产原料时，排气管或各炉门口的引火嘴应正常燃烧。

（5）设备使用中不得人为打开或检修设备安全保护装置。若需检修，必须停止向炉内通入可燃生产原料，确认炉内可燃气氛已燃尽或已充分置换完成后方可操作。

（6）在下列情况下，应向炉内通入中性气体或惰性气体（即置换气体）：

① 工艺要求在炉温低于 750℃ 向炉内送入可燃原料前。

② 炉子启动时或停炉前。

③ 气源或动力源失效时。

④ 炉子进行任何修理之前，中断气体供应线路时。

（7）停炉期间，为防止可燃原料向炉内慢慢地渗漏，应在每一管路上设置两处以上关闭阀或开关。

3）表面淬火

（1）感应设备周围应保持场地干燥，并铺设耐 25kV 高压的绝缘橡胶和设置防护遮拦。

（2）严格按设备的启动顺序启动感应设备，当设备运转正常后方可进行淬火操作。

（3）感应设备冷却用水的温度不得低于车间内空气露点的温度。

（4）感应设备加热用的感应器不得在空载时送电。

（5）氧—乙炔火焰淬火用的氧气瓶和乙炔气瓶在使用中应注意：

① 气瓶应与火源保持 10m 以上的距离，并应避免暴晒、热辐射及电击，气瓶之间的距离应保持在 5m 以上。

② 应有防冻措施，当瓶口结冻时可用热水解冻，严禁用火烤，不应用有油污的手套开启氧气瓶。

③ 应装有专用的气体减压阀，乙炔的最高工作压力禁止超过 147kPa。

④ 瓶中的气体均不应用尽，瓶内残余压力应不小于 98～196kPa。

（6）火焰淬火用的软管应采用耐压胶管，胶管的颜色应符合 GB 7231—2003《工业管道的基本识别色、识别符号和安全标识》的有关规定，与乙炔接触的仪表、管子等零件，禁止使用紫铜或含铜量超过 70% 的铜合金制造。

（7）火焰淬火的每一淬火工位的乙炔管路中都应设管路回火逆止器，并应定期清理。

4）化学热处理

（1）使用气体渗剂、液体渗剂（包括熔盐）和固体渗剂时，应严格按该产品的安全使用要求进行操作。

（2）使用无前室炉渗碳，在开启炉门时应停止供给渗剂；使用有前室炉时，在工艺过程中严禁同时打开前室和加热室炉门；停炉时应先在高温阶段停气，然后打开双炉门，使炉内可燃气体烧尽。在以上两种情况下开启炉门的瞬间，操作人员均不得站在炉门前。

（3）气体渗碳、气体碳氮共渗和氮碳共渗时，炉内排出的废气应经燃烧处理达标后排放。

（4）渗氮炉应先切断原料气源并用中性气体充分置换炉内可燃气体，在无明火条件下方可打开炉门（罩）。

5）真空热处理

（1）通电前应测量电热元件对地（炉壳）的绝缘电阻值，在炉体通水的情况下，不低于 1kΩ 时方可送电。

（2）对于多室真空炉，为避免热闸阀反向的受力，加热室压力应低于预备室压力。

（3）在向炉内通入氢或氮氢混合气体时，炉内密封应达到规定的泄漏率。

（4）使用高真空油扩散泵时，扩散泵真空度达到 10Pa 时方可通电加热扩散泵油，而停泵时扩散泵油完全冷却后方可停止排气。

（5）炉温高于 100℃ 时不应向炉内充入空气或打开炉门。

（6）停炉前炉内温度低于 350℃ 时方可停电断水。

（7）真空油淬炉冷却室内油气排空之前，严禁充入空气或打开炉门。

6）其他安全要求

（1）在存放易燃、易爆物质的库房和可能产生易燃、易爆因素的设备及工艺作业场地，应按有关规定配备相应的消防设备和器材，必要时应设危险气体泄漏报警仪。

（2）对于毒性物质，应制定严格的使用、保管和回收制度，并备有必要的防毒面具。

7）设备检修

（1）维修人员进入现场或工作前，要充分认识到可能发生的危险，采取针对性的安全措施，如断电、停气、停水、降温、通风、换气、卸去载荷、压力等，并做好防护准备。

（2）燃气设施检修时，应切断燃气源，并将设备设施内的燃气吹净；长期检修或停用的燃气设施，应打开上下人孔、放散管等，保持设施内部的自然通风。

（3）作业过程中涉及高处作业、动火作业和临时用电，应办理相应的审批手续，并应设置现场指挥和监护人员，采取相应的防范措施。

（4）登高作业应办理作业许可，严禁单手登梯，严禁上下抛物，梯子应采取防滑措施。

（5）有限空间安全作业应符合下列要求：

① 作业前应办理进入受限空间作业许可等审批手续；焊接（切割）的操作现场应通风良好；动火作业前应检测低凹处、地坑和容器内的可燃气体含量，可燃气体含量超标时严禁作业。

② 对作业环境进行评估，制定安全作业方案，设置监护人员监控区域内的安全状态。

③ 人员进入受限空间时，应根据情况穿戴适宜的个体防护用品。

④ 作业前应先通风监测，可燃或有毒有害气体降至允许限值内，且确保空气含氧量大于19.5%时方可进入作业现场，作业中断超过30min时应重新检测。

⑤ 照明灯具、工具应采用安全电压或设置漏电保护器，当存在可燃性气体和粉尘时，电气设施应符合防爆要求；保持出入口畅通，设置明显的警示标志和说明。

（6）粉尘爆炸危险场所安全作业应符合下列要求：

① 不得在作业区进行动火作业；如确需动火作业或检修作业，应在完全停止操作的状况下进行，并应按规定进行审批，采取防范措施。

② 每班应进行粉尘清理。清理作业时，应采用不产生扬尘的清理方式和不产生火花的清理工具；作业时应遵守安全操作规程，使用的工具应不产生碰撞火花。

③ 作业人员应正确佩戴和使用防尘防静电等劳动防护用品，不得贴身穿化纤制品衣裤。

④ 作业前，应严格检查通风除尘系统，通风除尘系统应与主机同步运行；每班次应按照规定检测和清理通风管道中的积尘；在除尘系统停运期间和粉尘超标时严禁作业。

⑤ 有粉尘爆炸危险场所应杜绝各种明火存在，与粉尘直接接触的设备或装置表面允许温度应低于相应粉尘的最低着火温度；操作人员应采取防静电措施。

⑥ 灭火时，应根据粉尘的物理化学性质，正确选用灭火剂，并应防止粉尘扬起形成粉尘云。

二、钢结构件生产作业

钢结构件的加工制造过程通常分为切割下料、物料的组合焊接，其间通过物料吊装、转运衔接，下面根据钢结构件制造过程各工序中常用的设备、工具及设施来分析操作风险，给出风险的预防控制措施。

（一）切割下料

切割下料主要使用数控切割机、锯床、剪板机等，辅助设备设施有双梁桥式起重机、吊索具，使用的能源设施有天然气或其他可燃气体、氧气等。切割下料工序的作业流程：板材上料—编程切割—物料挑拣—物料存放。切割下料过程中主要风险和预防控制措施如下。

1. 火灾爆炸危害因素

（1）天然气管道连接法兰处泄漏。

风险预防措施：①定期检查管道法兰连接螺栓的紧固性能，对锈蚀、破损的螺栓及时更换。②定期检查垫圈有无破损、老化。③检查法兰外观有无损伤。④对天然气管道安装自动切断电磁阀和探头，并对自动切断装置定期校验。⑤使用可燃气体报警器每个班次对各个连接法兰密封性进行手工检测。⑥对可燃气体报警器定期校验。⑦对气体管理人员定期培训，并确保持证上岗。

（2）在天然气管道禁火区出现明火。

风险预防措施：①加强管道巡检，及时发现潜在的明火隐患。②在禁火区张贴醒目的禁火标志。③气体管理人员必须着防静电服工作。④在需要静电跨接的法兰、软管、隔挡处使用符合要求的跨接线。⑤管道整体要满足静电释放的要求。⑥合理布置消防器材，并对员工进行培训，确保员工具备消防"四个能力"。

（3）巡检人员未发现或未及时处理泄漏现象。

风险预防措施：①气体管理人员应定时对管道设备进行"防泄漏"点检。②应制定易燃易爆场所的应急处置方案，定期组织相关人员进行演练。

（4）数控切割时火焰引燃易燃物。

风险预防措施：①作业前清理设备本体和设备周边，确保无可燃杂物。②切割作业时，密切关注火焰，及时消除不安全火灾隐患。③定期清理切割平台下方杂物和氧化渣。

（5）设备气路管线老化导致天然气或氧气泄漏。

风险预防措施：①作业前对设备完好性进行检查。②定期对设备进行全面性维护保养，及时更换关键件和易损件。③对关键部位建立点检制度，明确点检要求。

2. 灼烫危害因素

（1）切割时，高温氧化渣飞溅伤人。

风险预防措施：①作业前确认将切割设备调节至最佳状态。②确认板材厚度在切割设备切割能力范围以内。③操作人员正确穿戴劳动保护用品。④切割机作业时，操作人员应密切关注设备运行情况，且站位在安全范围。⑤禁止无关人员靠近正在工作的切割设备。

（2）切割件余热烫伤。

风险预防措施：①切割后，更换板材时或者拣料时应保证切割件足够冷却。②搬运工或操作人员应正确穿戴劳保用品。③作业区和切割件存放区应有明显的"防烫伤"标志，必要时应有隔离。④场地应有监护，对外来人员进行风险提示。

3. 触电危害因素

（1）检查设备时触电。

风险预防措施：①设备启动前检查应在断电时进行。②检查设备配电箱（柜）时，应穿戴可靠的绝缘鞋，使用绝缘工具。③设备带电的检查应由专业电工或设备厂家进行。

④电焊机、手持电动工具应有良好的接地。⑤员工熟悉"触电"或"发现他人触电"情况时的应急处置流程。

（2）操作设备时触电。

风险预防措施：①员工得到有效培训，具备上岗操作和应急处置能力。②上岗前对设备进行完好性检查，无裸露带电部分。③操作过程中严格按照岗位操作规程或设备安全操作规程执行。④操作过程中发现触电隐患，要立即停止作业，报告属地管理和维修人员，消除隐患后方可继续作业。⑤员工熟悉"触电"或"发现他人触电"情况时的应急处置流程。

（3）清扫或保养设备时触电。

风险预防措施：①清扫或保养设备应在断电时进行。②清扫时，操作人员应穿戴好劳动保护用品，保证绝缘鞋性能良好。③清扫配电箱（柜）时应保证清洁工具的干燥。④维修人员保养设备时应由多人配合进行，确保有效监护。

4. 起重伤害危害因素

（1）吊索具选择不当。

风险预防措施：①建立与吊运产品相匹配的吊索具选择规范，明确吊索具选取类型和选取标准。②吊索具管理应规范，吊钳、吊卡、钢丝绳、吸盘、护绳工具分类存放，标志清楚，管理责任明确。③搬运人员选取吊索具时按规范执行。

（2）吊索具安全性能不足。

风险预防措施：①吊索具管理人员定期对吊索具进行检查保养。②定期向员工培训吊索具报废标准。③及时清理达到报废标准的吊索具。④护绳工具应完好、可靠。

（3）违规违章吊运。

风险预防措施：①吊点选取应可靠，吊装耳（管）必须满焊，具有足够的承载力。②遵守起重吊装"十不吊"原则。③吊装过程中如需调整方向或保持平稳，应使用长度适宜的牵引绳（杆）。④正确使用起重吊装指挥手势。⑤吊物禁止穿越人员、设备，应提前规划吊运路线，清理路线上的人员。⑥员工熟悉起重吊装事故应急处置流程，确保事故发生时，能在第一时间得到有效处置。

5. 物体打击危害因素

（1）平车转运过程中，板材滑落伤人。

风险预防措施：①平车放置产品时，要确保支撑稳固、支点合理。②产品放置不能超出平车转运区域，避免碰撞周边设施。③转运过程中，搬运人员要全程看护，提醒周边其他人员。

（2）物料摆放不稳，导致滑落或滚动伤人。

风险预防措施：①原料、产品放置前要清理出足够的场地，预留出合理的安全逃生通道。②产品摆放遵循"大不压小""重不压轻"原则。③根据产品特点，对产品进行特殊固定，防止滑落或滚动。

（3）设备操作时，工件飞出伤人。

风险预防措施：①检查并确保设备运行前各种参数正常。②设备危险区域应有醒目的危险警示标志。③及时提醒周边其他人员危险因素。④按章操作，密切关注设备和工件状态，及时消除危险源。

6. 设备损坏危害因素

（1）保养不及时导致设备损坏。

风险预防措施：①根据设备特性（参数）制定合理的保养计划，明确保养规范和保养标准。②按计划进行维护保养。

（2）不按设备操作规程执行导致设备损坏。

风险预防措施：①制定适宜可行的设备操作规程。②培训员工，确保员工熟悉设备操作规程。③通过检查，确保员工严格执行操作规程。

7. 环境污染危害因素

（1）生产过程造成大气污染。

风险预防措施：①选用切割设备的烟尘收集率和处理率要符合标准。②对切割设备和其附属的除尘装置要进行经常性的维护保养。③除尘过滤装置要定期更换，确保烟尘达标排放。④要对大气污染物排放情况进行定期监测。⑤要确保除尘装置周边无扬尘、无抛洒。

（2）生产过程造成水污染或土壤污染。

风险预防措施：①切割设备除尘装置应有可靠的防雨措施，避免雨水冲淋烟尘。②若使用水下切割设备，应建立废水处理装置，对切割废水进行处理。③切割设备所使用的切削液应有防抛洒措施和废切削液回收系统。④切割设备生产过程产生的废液应统一收集，合规合法处置。⑤生产废水和生活废水应区分，生产废水应有废水处理装置。

（二）组合焊接

物料切割完毕，将转运至铆焊车间，进行产品组合焊接，目前较为常见的方式为：先对下料件尺寸进行确认，并对其边角部分进行气割、打磨处理或机加工处理（机加工过程的风险及预防措施将在本节第三部分进行详细阐述，此处不作介绍），再通过点焊的方式对下料件进行组合，组合过程可能会涉及产品的多次翻面，最后对组合的产品进行焊接。下面将铆焊过程风险及预防措施列举如下。

1. 起重伤害危害因素

（1）半成品在翻面时坠落。

风险预防措施：①合理选用吊索具，确保与所吊产品相适应；提前清理场地，确保有足够的翻转空间。②合理选择吊点，要考虑翻面过程中吊绳与产品接触点的变化。③翻面时，搬运指挥人员要站位合理，靠后指挥，同时注意周边人员防护。④翻转大件时，要至少两人以上参与，统一指挥，协调配合。⑤对于新产品、非常规产品的翻面，要编写作业方案，明确详细的吊装步骤。

（2）吊索具选择不当。

风险预防措施：①建立与吊运产品相匹配的吊索具选择规范，明确吊索具选取类型和选取标准。②吊索具管理应规范，吊钳、吊卡、钢丝绳、吸盘、护绳工具分类存放，标志清楚，管理责任明确。③搬运人员选取吊索具时按规范执行。

（3）吊索具安全性能不足。

风险预防措施：①吊索具管理人员定期对吊索具进行检查保养。②定期向员工培训吊索具报废标准。③及时清理到达报废标准的吊索具。④护绳工具应完好、可靠。

（4）违规违章吊运。

风险预防措施：①吊点选取应可靠，吊装耳（管）必须满焊，具有足够的承载力。②遵守起重吊装"十不吊"原则。③吊装过程中如需调整方向或保持平稳，应使用长度适宜的牵引绳（杆）。④正确使用起重吊装指挥手势。⑤吊物禁止穿越人员、设备，应提前规划吊运路线，清理路线上的人员。⑥员工熟悉起重吊装事故应急处置流程，确保事故发生时，能在第一时间得到有效处置。

2. 物体打击危害因素

（1）运输车辆、叉车、电动平车转运产品时，产品滑落或倾倒。

风险预防措施：①产品装载、转运或摆放要平稳，应使用垫木支撑，较长距离转运应使用足够强度的缆绳进行绑扎。②转运过程要有专人负责，注意转运途中产品的状态，确保无松动、滚动、滑动。③转运大件时，要提前清理路线周边人员。

（2）现场产品未放置平稳导致倾倒。

风险预防措施：①作业现场应合理规划物料存放区、半成品存放区、成品存放区和作业区，并预留充分的安全逃生通道。②产品存放遵循"大不压小""重不压轻"原则。③摆放高度一般不超过 1.7m，不规则产品应单独存放。④对于柱形产品与支撑接触点不稳的情况，应加防滚动止挡措施。

（3）高处半成品或工具未放置平稳。

风险预防措施：①高处作业时，应对工具做好管理，登高前后要清点工具，避免遗落；作业时，暂时不用的工具要收好，固定牢靠。②高处安装的半成品要对位准确，销子穿插到位，螺栓安装紧固。③大锤锤头安装牢固，使用完毕要放在安全位置。

（4）气割完成时，被切除部分下落。

风险预防措施：①尽量保持低位切割。②切割前，要对被切割件的支撑点进行确认，对切割后产品的下落路线和位置作预判。③在接近切割完毕时，要注意被切除部分的位置变化，不得靠近被切除产品的下落路线。

3. 火灾爆炸危害因素

（1）电气设备老化。

风险预防措施：①每个班次前，检查作业设备电气线路完好情况。②定期保养作业设备，清理设备中杂物和灰尘。③对老化线路及时维修更换。

（2）不当使用氧气、乙炔（丙烷）气。

风险预防措施：①使用前检查气瓶外观，确保涂色完整、清晰，瓶身无腐蚀、变形、裂纹、破损等缺陷。②检查安全附件（防震圈、瓶帽、瓶阀）是否齐全可靠。③检查压力表、减压阀是否正常，可燃气体是否有防回火装置。④气瓶应在通风良好的区域使用。⑤气瓶不应靠近热源，安放气瓶的地点周围 10m 范围内不应进行有明火作业。⑥气瓶应防止暴晒、雨淋、水浸，环境温度超过 40℃时，应采取遮阳等措施降温。⑦氧气瓶和乙炔（或丙烷）气瓶使用时应分开放置，至少保持 5m 间距。⑧气瓶应立放使用，并应采取防止倾倒的措施。乙炔（或丙烷）气瓶使用前，必须先直立 20min，然后连接减压阀使用。⑨气瓶及附件应保持清洁、干燥，防止沾染腐蚀性介质、灰尘等。氧气或其他强氧化性气体气瓶的瓶体、瓶阀不应沾有油脂或其他可燃物，使用人员的工作服、手套和装卸工具、机具上不应沾有油脂。⑩气瓶瓶阀或减压器有冻结、结霜现象时，不应用火烤，应把气瓶移到较温暖的地方，用温水或温度不超过40℃的热源解冻，再缓慢地打开瓶阀，严禁用温度超过40℃的热源对气瓶加热。⑪瓶内气体不应用尽，必须留有剩余压力。压缩气体气瓶的剩余压力应不小于0.05MPa，液化气体气瓶应留有0.5%~1.0%规定充装量的剩余气体，并关紧阀门，防止漏气，使气压保持正压；禁止自行处理气瓶内的残液。⑫气瓶使用完毕后应关闭阀门，释放减压器压力，并安装好瓶帽。⑬使用乙炔（或丙烷）气瓶的现场，乙炔（或丙烷）气的存储量不能超过5瓶。⑭制定应急处置方案，员工应熟悉气体泄漏着火或爆炸的应急处置流程，最大程度减少突发事件造成的损失。

（3）气割或电焊时，引燃周边易燃物。

风险预防措施：①气割或电焊时，清理作业区及周边可燃物。②气割完毕，及时关闭割枪阀门，消除火源。

4. 触电危害因素

（1）检查设备时触电。

风险预防措施：①设备启动前检查应在断电时进行。②检查设备配电箱（柜）时，应穿安全可靠的绝缘鞋，使用绝缘工具。③设备带电的检查应由专业电工或设备厂家进行。④电焊机、手持电动工具应有良好的接地。⑤员工熟悉"触电"或"发现他人触电"情况时的应急处置流程。

（2）操作设备时触电。

风险预防措施：①员工得到有效培训，具备上岗操作和应急处置能力。②上岗前对设备进行完好性检查，无裸露带电部分。③操作过程中严格按照岗位操作规程或设备安全操作规程执行。④操作过程中发现触电隐患，要立即停止作业，报告属地管理和维修人员，消除隐患后方可继续作业。⑤员工熟悉"触电"或"发现他人触电"情况时的应急处置流程。

（3）保养设备时触电。

风险预防措施：①清扫或保养设备应在断电时进行。②清扫时，操作人员应穿戴好劳动保护用品，保证绝缘鞋性能良好。③清扫配电箱（柜）时应保证清洁工具的干燥。④维修人员保养设备时应由多人配合进行，确保有效监护。

5. 灼烫危害因素

（1）气割时，火焰或高温割嘴烫伤。

风险预防措施：①气割时，提醒周边人员烫伤风险。②气割过程中，割嘴应按指定线路操作，作业人员穿戴防烫伤手套。③气割完成后，割嘴应放指定位置，并提醒周边人员防止余热烫伤。

（2）电焊时，焊道周边高温烫伤。

风险预防措施：①作业人员要穿戴防烫伤手套。②对于刚焊完的产品，提醒周边其他人员烫伤风险。

（3）电焊时，飞溅的焊渣高温烫伤。

风险预防措施：①作业人员要正确穿戴劳保用品，确保焊接作业时身体无裸露部分。②周边其他人员经过焊接作业区时，应绕行通过。

（4）气割或电焊后，高温半成品烫伤。

风险预防措施：气割或电焊后的产品在冷却前应有人看管，确保周边经过的人员远离高温产品。

6. 车辆伤害危害因素

（1）车辆本身存在缺陷。

风险预防措施：每天对车辆外观和操作进行检查，确保轮胎、尾灯、后视镜、倒车提示音等正常，确保刹车正常，操作无异常情况。

（2）驾驶员自身能力不足或状态不佳。

风险预防措施：①建立驾驶员台账，对驾驶员定期培训，确保驾驶员安全驾驶能力和安全意识。②严禁驾驶员酒后驾车和疲劳驾驶。③驾驶车辆时应保持精力集中，不做与驾驶无关的事。

（3）违规行车。

风险预防措施：①厂区道路、车间大门、车间行车区域应设置醒目的行车安全警示标志。②要求驾驶员按规定行车，同时对车辆行驶情况进行检（抽）查，对不按规定行车的行为进行纠正和处理。③经过行人时要注意慢行，有行人穿越时，应小心避让。

（4）进出车间时无指挥人员。

风险预防措施：①进出车间时，要提前与指挥人员联系，确保有专人指挥车辆进出。②指挥人员应与驾驶员有及时和良好的沟通。③指挥人员应及时掌握车辆周边设施情况和人员分布，及时提醒人员避让或向驾驶员有效传达行车指令。

7. 其他伤害危害因素

不当使用电（风）动砂轮机、风铲等电动工具。

风险预防措施：（1）使用前应检查电动工具的电源线，确保无老化和破损，接地良好。（2）检查电（风）动工具护罩有无缺失、破损。（3）正确穿戴劳动保护用品，对于有铁屑、杂物飞出的作业，要佩戴防护眼镜和防尘口罩。（4）使用电（风）动工具作业时，应遵守相应的操作规程，集中注意力，紧握工具，避免工具脱手或飞出伤及身体（面部或头部）。

8. 设备损坏危害因素

参照切割下料工序中设备损坏相关危害因素及风险预防措施。

9. 环境污染危害因素

电焊过程焊烟不易尘降，污染大气。

风险预防措施：（1）在电焊班组设置电焊工位，规定不允许在电焊作业区以外区域进行焊接。（2）在电焊工位配备移动式烟尘净化器或在电焊班组配置厂房整体除尘设施。（3）在电焊作业时，有效使用电焊烟尘收集和处理设备。（4）定期维护保养电焊烟尘收集和处理设备，对收集的烟尘进行清理。

三、机加工作业

机加工是一种用加工机械对工件的外形尺寸或性能进行改变的过程，是将工件或零件按照制造加工的步骤，采用机械加工的方法，直接改变毛坯的形状、尺寸和表面质量等，使其成为零件的过程，主要有手动加工和数控加工两大类，主要流程有车、铣、刨、磨、镗等。机加工作业的危害因素及风险预防措施如下。

（一）设备

1. 机加工设备

（1）电气系统故障，电线绝缘破坏、老化，设备漏电，照明未采用安全电压，设备接地或接零断接，可能造成人员触电。

预防措施：加强设备设施日常检查和维护保养，保持设备完好状态，照明采用安全电压，规范操作，严禁违章作业。

（2）由于设备旋转部位（连轴节、主轴、丝杠、楔子、销子等）未设置防护，可能发生卷绕或绞缠等人身伤害。

预防措施：在设备旋转部位安装防护罩，单向旋转的部件应在明显位置标出转动方向，防止反向转动。严格执行岗位操作规程，按规定佩戴劳保防护用品，操作旋转机床时，严禁佩戴手套。

（3）咬合部位（齿轮、皮带轮、链条和链轮等）未进行防护或防护失效，可能发生引入、卷入或碾轧的危险。

预防措施：有吸入或卷入等危险的运动部位，设置封闭的防护装置或使用信息提示，严格执行岗位操作规程，按规定穿戴劳保防护用品。

（4）往复运动或滑动部位（如机械设备的滑枕、剪切机的刀刃、带锯机的锯齿等）无防护装置或防护装置失效等，可能产生挤压、剪切和冲击和危险。

预防措施：运动部位应设置防护装置，并保证可靠，运动部件在有限滑轨运行或有行程距离要求的，应设置可靠的限位装置，对于有惯性冲击的往复运动部件，应设置缓冲装置。

（5）设备维护不良、工件装夹不牢固或存在缺陷等，造成工件、工具、零部件飞出伤人。

预防措施：刀具、工件必须装夹牢固，各类机床启动后应先进行低速空转，一切正常后方可正式作业。

（6）砂轮作业时，砂轮机防护装置缺失，砂轮有裂纹、缺陷或装卡不牢，导致飞出甩打伤人。

预防措施：砂轮主轴端部螺纹应满足防松脱的紧固要求，砂轮机要设置防护罩，防护罩总开口角度不大于90°，防护罩上方可调护板与砂轮与圆周表面间隙不超过6mm，工件托架与砂轮圆周表面间隙小于3mm。作业前对砂轮进行检查，保证安全可靠，不宜使用侧面进行磨削。

（7）机械设备上锋利的刀刃、锐边、尖角形，或切削加工时长屑未断屑或短屑防护不当，可能造成割伤或划伤。

预防措施：尽量减少刀刃、锐边等危险部位的暴露，当需要对刀具进行维护时，需提供特殊的卡具。采取断屑措施防止产生长带状屑，设防护挡板，手工清除废屑时采用专用工具，严禁手抠嘴吹，操作时严格执行岗位操作规程，按要求穿戴劳保防护用品。

（8）机械设备防护保险装置、警示装置、防护栏、保护盖不全或维修不及时，可能造成人员受伤。

防护措施：作业前，对防护保险装置、警示装置等进行全面的检查，定期对机械设备进行维护保养，及时维修故障，保证作业的安全可靠。

（9）机械加工时，机床会产生噪声和振动，或部分作业会产生粉尘和有毒有害物质，危害作业人员身体健康。

预防措施：产生危害物质排放的设备，应采取整体密闭或局部密闭，密闭后设置排风装置，高噪声、高振动设备宜相对集中，并应布置在厂房的端头。调整连续作业时间，减少作业人员在噪声、粉尘、振动和有毒有害物质环境中的暴露时间；员工作业应严格穿戴防护用品，定期进行职业健康监测。

2. 辅助设备

（1）起重设备吊索具缺陷、断丝、腐蚀、磨损、变形，吊钩缺陷、裂纹、塑性变形等，起吊时易发生断裂，造成人员受伤。

预防措施：严格吊索具管理，作业前进行检查，定期进行维护保养，发现吊索具断股断丝或吊钩缺陷，立即更换或维修，执行吊装作业岗位操作规程，严禁违章作业。

（2）起重设备制动器、限位器、信号灯、鸣铃等安全防护装置和警示装置出现故障或失效、工作不可靠易发生安全事故。

预防措施：定期对起重设备进行维护保养，作业前对各个部位进行检查，确保安全可靠。

（3）起重机电气设备故障或漏电，电线绝缘破坏、老化，未安装接地保护，滑线护板缺失等，可能导致触电事故。

预防措施：加强电气设备维护保养，作业前严格进行检查，非专业人员不得维修电气设备，设备应安装漏电保护装置。严格按照电气标准化施工，杜绝私接、乱接线路等违章作业现象。

（4）起重机机体损坏、支撑不当，或在室外无防风装置，可能导致断臂、倾翻、机体摔伤等事故。

预防措施：设置防护装置，加强对起重机械的管理，认真执行各项管理制度和安全检查制度，做好起重机械的定期检查、维护保养。

（5）叉车制动不合格，车辆的灯光、声响等信号损坏、失灵，车辆的传动部位、安全装置存在问题，可能发生交通事故，导致人员受伤。

预防措施：定期对叉车进行维护和保养，严格按照期限进行检验，作业前进行检查。

（二）作业环境

（1）设备之间，刀具与刀座之间，工作台、滑鞍与墙、柱之间的距离过近，容易导致挤压、剪切和冲击事故的发生。

预防措施：根据工序流程和设备分类，合理布局，按照相关规定和要求，设置设备之间的间距，保证足够的操作空间。

（2）作业现场照明亮度不足、采光不良，长期作业容易使操作者眼睛疲劳，视力下降，产生误操作，导致意外伤亡事故的发生。

预防措施：生产场所的照明应满足相关规定和要求，现场作业岗位照明灯具应完好有效，保证足够的光照度。

（3）车间道路路面不平稳，存在坑、洼，或地面有油污、积水，或地坑、池盖板或护栏缺失，可能产生人员绊倒、跌落和滑倒的风险。

预防措施：作业区域地面应平坦通畅，无积油、积水，坑池边和升降口等位置有跌落危险处应设栏杆或盖板及警示标志。

（4）原材料、半成品及成品堆放无序或过高，占用道路，可能存在绊倒、砸伤人员的风险。

预防措施：物料应摆放整齐、平稳可靠，物料摆放间距、高度适宜，无障碍物和绊脚物，安全通道畅通。

（三）人的不安全行为

（1）操作人员在作业时未按规定穿戴防护用品，可能导致碰伤、砸伤、划伤、割伤等人身伤害事故。

预防措施：按规定严格使用防护用品，操作旋转机床时佩戴护目镜，严禁戴手套操作，女工应将头发挽在帽子内部。

（2）作业时将工具、刀具等放在工作台或机床轨道面上，机床运转过程中，工具飞出，可能导致砸伤等人身伤害事故。

预防措施：严格执行岗位操作规程，机床轨道面、工作台等运动部位禁止放置工具和其他物品。

（3）机床运转中，站位不合理，铁屑飞出，或用手清除铁屑，可能导致划伤、割伤等人身伤害事故。

预防措施：机床开动前要观察周围动态，机床开动后，要站在安全位置，避开机床运动部位和铁屑飞溅；严禁用手清除铁屑，应使用专门工具清扫。

（4）作业前未进行检查，致使机床带病作业或超负荷运转，可能发生人身伤害事故。

预防措施：作业前，应严格进行安全检查，作业中，发现有异常响动时，应立即停车检修，不得强行带病作业，机床严禁超负荷使用。

（5）人员需在高处进行作业时，可能会发生高处坠落，导致人员受伤事故。

预防措施：正确使用安全带，戴安全帽，穿防滑鞋，设置专人监护；作业前检查登高设施（梯子、升降平台），确保完好，且支撑稳妥；佩戴工具袋，传递物件使用绳索，严禁上、下抛掷。

（6）机加过程中，人员触摸高温铁屑或高温产品，可能造成人员烫伤事故。

预防措施：正确、规范穿戴劳保用品，严禁身体直接触摸和接触高温物体，必要时增加防护网或罩。

（7）天车操作人员在进入高处进行巡检、清理、上下扶梯时意外失足，可能造成高处坠落。

预防措施：巡检、清理时应注意周围环境，上下梯子应踩稳、扶牢，禁止双手同时离开扶手。

（8）吊装产品时，捆绑方法不当或吊索具选用不稳，重心不稳或遭到碰撞造成重物失落，可能导致伤人事故。

预防措施：定期对作业人员进行安全技能培训和考核，确保能力符合岗位操作要求。

（9）吊装作业时，指挥信号不明，配合不当，司机误操作，可能导致起重伤害事故。

预防措施：起重机械操作中严格坚持"十不吊原则"，执行岗位操作规程，严禁违章作业。

（10）地面、脚踏板存在油污，未及时进行清理，可能造成作业人员滑倒、摔伤。

预防措施：及时清理地面油污，保持干燥、清洁。

四、钻机组装与调试

钻机组装与调试是将钻机的每个部件，遵照组装工艺和图纸要求，按照先后顺序组装起来，按照试验大纲进行调试、起升、试验的过程。

（一）组装

1. 底座组装

（1）底座进入井场时，运输车辆与吊车可能碰撞、挤压、剐蹭现场作业人员。

预防措施：进入作业现场车辆必须有专人引导、负责接收，在指定区域停车，禁止车辆随意停放。

（2）在底座进入井场、卸车安装时，吊点选择不当、钢丝绳选择不当，或结构件套连时，对产品进行吊装容易造成产品甩落伤人。

预防措施：产品进入井场后，在彻底检查完车辆运输物件状态后，必须参照吊装规范进行吊装，选择合适钢丝绳，严禁违章作业。

（3）导轨、基座测平时，钢丝绳选择不当、违章指挥，作业过程中导轨、基座失控，造成现场作业人员受伤。

预防措施：垫板作业时，必须设专人指挥吊车，选择合理吊装绳索。

（4）导轨表面抛光处理时，摩擦造成铁屑飞出伤人；如摩擦片检查不当，摩擦片破碎飞出伤人；砂轮机护罩不全造成人员伤害；在基座安装滑板时，基座未垫实使基座滑落，造成作业人员挤压受伤。

预防措施：在进行作业前，对使用工装及工具进行安全检查，禁止违章操作；在滑板安装过程中，禁止用吊车吊基座进行滑板安装，并随时检查基座状态。

（5）在导轨测平后，导轨表面涂抹润滑油脂，作业人员在安装基座或进行其他作业中，通过导轨时，造成人员摔伤。

预防措施：在导轨表面处理完成后，禁止人员在导轨表面行走。

（6）安装上座时，作业人员需高位作业，存在高处坠落危险；安装栏杆时，吊点不可靠，造成栏杆晃动伤人。

预防措施：吊装作业必须设专人指挥，作业前对起吊设备进行检查、确认，选择安全可靠吊点；拆卸钢丝绳时必须有人监护。

（7）配焊钻台面铺台、空气硬管管卡时，打磨母材对操作人员造成伤害；电焊作业时，存在触电等危险；这两种作业时，人员站位不合理有可能造成作业人员坠落受伤。

预防措施：作业前必须对作业环境及周围布置进行确认，合理站位后，在专人监护下作业。

（8）穿起升大绳时，绑挂绳、绑挂点选择不当，或绑挂不牢固，有可能造成起升大绳晃动、滑落伤人。

预防措施：必须有专人指挥吊车，选择可靠吊绳并绑挂牢固，作业过程有专人监督、指挥。

（9）配装通风管道时，作业人员存在高处坠落危险；在作业过程中，作业人员上部有异物落下，会造成配焊人员砸伤；操作人员及辅助作业人员存在触电危险。

预防措施：作业前必须对作业环境及周围布置进行确认，合理站位后，在专人监护下作业。

（10）高位安装连接架、缓冲、铺台、坡道、逃生滑道、斜梯等部件时存在高处坠落危险。

预防措施：高位临边作业时必须系安全带，低位设专人监控。

（11）高位作业时，固定件滑落砸伤地面作业人员。

预防措施：固定件必须绑挂牢靠。

（12）底座安装过程中，所有吊装作业存在起重伤害危险。

预防措施：严禁违章指挥，高位安装大件或易旋转件时，吊装必须使用牵引绳。

2. 转盘驱动装置、绞车安装

（1）整体吊装时，挤压、砸伤作业人员；转盘需要现场定位时，转盘找正、转盘配焊定位块存在触电、坠落等危险。

预防措施：必须专人指挥吊车，单车作业时必须使用牵引绳进行吊装作业，作业现场设专人监护；找正时，严禁将手插入销轴孔内。

（2）临边作业时人员站位不正确，造成作业人员坠落。

预防措施：临边作业必须合理站位。

（3）整体吊装时，挤压、砸伤作业人员。

预防措施：必须专人指挥吊车，尽量使用牵引绳进行吊装作业；找正时，严禁将手放入绞车底部。

（4）绞车配焊定位块时，存在触电、坠落等危险。

预防措施：现场必须设专人或互助监护，工装使用前应认真检查。

3. 井架安装

（1）单片翻转时，吊点选择不当，造成井架晃动摔落伤人；单片连接时，对下段螺栓孔和井架之间销轴孔，造成作业人员被夹伤，井架晃动伤人。

预防措施：井架翻倒方向严禁站人，井架单片翻转吊装前必须先进行试吊，吊点牢固、重心平衡后方可起吊；严禁用手比画螺栓孔和销轴孔。

（2）井架下段安装时，井架晃动造成作业人员坠落、挤伤；销轴连接时，销轴脱落造成作业人员被砸伤。

预防措施：安装时，必须使用牵引绳，吊车设专人指挥。

（3）井架主体连接时，井架晃动造成井架上作业人员高处坠落，硬物掉落砸人；井架背梁、撑杆安装时，吊物脱落伤人，摘钩时造成作业人员高处坠落；井架安装过程中，作业人员在井架上移动时，从高处坠落。

预防措施：在安装过程中，井架上作业人员必须跨骑在井架上；登高作业人员必须系安全带并挂点牢靠后方可开始作业；高位作业人员下方必须铺设安全垫；吊装撑杆时必须使用卸扣；整个安装过程中，高空车能触及的工作范围必须使用高空作业车。

（4）井架安装过程中，叉车、吊车、高空车协同作业对作业人员造成伤害。

预防措施：井架安装过程中，必须设一名现场指挥，统一协调、管理。

（5）地面组装时，吊装伤害；人字架地面翻转时，人字架晃动伤人。

预防措施：选择合理吊点；翻转时，翻转方向禁止站人。

（6）整体安装时，作业人员被人字架挤伤，造成高处坠落。

预防措施：高处作业必须有专人指挥，吊装时必须使用引绳；作业人员正确站位。

（7）人字架横梁高位安装时，存在高处坠落、销轴滑落伤人的危险。

预防措施：必须使用高空作业车作业。

（8）人字架高位翻转时，作业人员被前腿挤伤，造成高处坠落。

预防措施：作业前确认安全作业区域，作业人员正确站位。

（9）二层台地面翻转时，造成挡风墙栏杆变形，配装件未紧固滑落伤人，二层台甩动伤人；在井架上安装时，二层台滑落、翻转伤人；安装撑杆时，撑杆甩动伤人。

预防措施：作业前确认安全作业区域，确保逃生通道畅通，二层台台体上、下严禁站人，车辆作业必须有专人统一协调指挥。

（10）套管扶正台在高位需要配装时，存在作业人员高处坠落危险；高位配焊时，司钻房顶有烫伤危险；台体安装时，台体上掉落硬物伤人，台体滑落砸伤作业人员。

预防措施：在安装前，必须提前划线、打磨；对司钻房房顶做好防护；高位作业人员必须系安全带，作业时台体下方严禁站人。

（11）穿快绳时，钢丝绳弹性恢复造成钢丝绳附近作业人员受伤，引绳器脱落造成钢丝绳跳动伤人；作业中出现钢丝绳卡阻，高处查看处理中作业人员从高处坠落；滚筒缠绳，绳头安装时，快绳摆动造成滚筒内作业人员被挤伤，钻台作业人员被快绳打伤。

预防措施：作业过程设专人指挥，穿绳过程禁止其他作业，作业人员位置更改必须由专人负责安排，禁止随意站位；滚筒内有人时必须扳下过圈阀。

（12）井架起升大绳安装时，绑挂绳、绑挂点选择不当，或绑挂不牢固，造成起升大绳晃动、滑落伤人；大绳头在游车侧固定时，绳头晃动造成作业人员高处坠落，绳头摆动伤人。

预防措施：作业过程中人员合理站位。

（13）井架安装作业时，低支架宽度过小可能造成井架滑落伤人。

预防措施：使用宽度足够的低支架。

4. 游吊、起升系统安装

（1）天车地面翻转时，造成人员被挤伤；滑轮未固定牢固滑落伤人。

预防措施：高位安装件，在吊装前必须对紧固件进行检查确认。

（2）天车高位对螺栓孔以及天车和井架顶端贴合时，作业人员手被夹伤，高位作业人员存在高处坠落危险。

预防措施：高位作业必须系安全带；严禁用手比画螺栓孔。

（3）摆放游车时，游车摆动造成游车支架上作业人员坠落。

预防措施：游车摆放前，游车支架上禁止站人。

（4）大钩与游车连接时，大钩旋转造成作业人员坠落、手被夹伤。

预防措施：吊装前必须确认大钩锁紧，高位作业人员站在游车侧进行作业。

5. 辅助设备安装

（1）吊装偏房房顶时，存在高处坠落、物体掉落伤人等危险。

预防措施：高位作业必须系安全带；吊装作业时，吊物下方严禁站人。

（2）偏房整体吊装时，偏房偏重造成偏房摆动，存在作业人员高处坠落、偏房掉落伤人等危险。

预防措施：吊装前必须进行试吊，吊装中必须使用牵引绳。

（3）偏房上方照明灯及监控等设备安装时，人员在偏房上行走可能坠落。

预防措施：尽可能在低位安装；需要在高位安装时，利用加长安全绳悬挂安全带。

（4）BOP移动装置低位安装时，存在作业人员被夹伤的危险；高位安装时，作业人员存在高处坠落的危险。

预防措施：安装中，严禁将手放在导轨面；高位操作严格使用安全带。

（5）安装风动绞车对支座孔时，作业人员被夹伤，绞车滑落伤人；风动绞车排绳时，作业人员被夹伤。

预防措施：严禁用手比画螺栓孔；风动绞车缠绳时，严禁用手排钢丝绳。

（6）提升机地面翻转连接时，作业人员被碰伤。

预防措施：熟悉产品组装工艺后方可开始作业。

（7）提升机高位配装定位时，作业人员从高处坠落、被挤伤；配焊连接耳板时，地面物件被损坏，作业人员存在触电危险。

预防措施：定位件提前确认位置，高位人员悬挂安全带；配焊前清理作业环境。

（8）提升机接电时，存在触电危险。

预防措施：产品接线必须由专业电工作业，并设专人监护、检查。

（9）猫头主体安装时，对螺栓孔造成作业人员被夹伤；高位连接管线时，存在作业人员高处坠落危险。

预防措施：严禁用手比画螺栓孔；管线连接时至少两人作业。

（10）液压站定位时，作业人员配焊定位块存在灼伤危险。

预防措施：配焊定位块时，保证有作业空间、现场通风条件良好。

6. 司钻房安装

吊点不规范，造成司钻房变形；房体摆动，造成作业人员被碰伤、坠落。

预防措施：正确选择吊点，严禁野蛮作业；操作人员应合理站位。

7. 钻井仪表安装

（1）死绳固定器主体安装时，死绳固定器摆动、定位时，作业人员被挤伤、夹伤等。

预防措施：禁止使用吊带吊装死绳固定器；定位时，死绳固定器与井架贴合面禁止用手比画。

（2）死绳固定器上绕钢丝绳时，钢丝绳弹性恢复造成作业人员被挤伤、夹伤。

预防措施：作业前确保钢丝绳无缠绕，作业中设专人指挥、监督。

8. 柴油发电机组安装

（1）房体吊装时，产品摆动造成作业人员被碰伤；钢丝绳选择不当、房体滑落造成作业人员被砸伤、设备损坏。房体定位时，作业人员被房体夹伤；吊车司机看不清指挥人员，吊车失控造成作业人员受伤。

预防措施：必须设专人指挥吊车，且站位正确；作业前对周围环境进行清理，确保逃生通道畅通；吊装作业中，必须使用牵引绳。

（2）气路管线连接不紧固，造成气体携带杂物伤人；管线吹扫时，房体内人员逃生不及，作业人员受物体打击、噪声等危害。

预防措施：作业人员必须戴护目镜；吹扫管线前，必须检查确认连接牢固；且柴油机房内不能有作业人员，由专人作业。

9. 电控系统安装

（1）房体吊装时，产品摆动造成作业人员被碰伤；钢丝绳选择不当、房体滑落造成作业人员被砸伤、设备损坏。房体定位时，作业人员被房体夹伤；吊车司机看不清指挥人员，吊车失控造成作业人员受伤。

预防措施：必须设专人指挥吊车，且站位正确；作业前对周围环境进行清理，确保逃生通道畅通；吊装作业中，必须使用牵引绳。

（2）房体电缆连接时，作业人员触电。

预防措施：严禁带电作业。

（3）钻机电控房电缆布线时人员高位行走可能发生坠落。

预防措施：使用安全带进行作业；地面铺设安全垫，有专人监护。

（4）管线槽电缆布置时，电缆槽毛刺损坏电缆；电缆未紧固，翻转电缆槽时造成电缆被夹伤；电缆布置完后，未及时安装电缆槽螺栓，翻转电缆槽造成翻盖板掉落伤人；翻转电缆槽时，吊点不合适造成电缆槽变形，甚至电缆槽失控伤人；安装电缆槽时，作业人员存在高处坠落等危险。

预防措施：电缆布置前对电缆槽进行检查，电缆必须在电缆槽内紧固且确保电缆槽上所有翻盖板紧固；翻转电缆槽时，必须有专人监护。

（5）钻台面接线时，作业人员存在高处坠落危险；开管线过孔时，电缆防护不到位造成电缆损坏。

预防措施：钻台面接线前对电缆槽进行检查，电缆经过部位必须有防护；现场开孔后必须有防护措施。

（6）工装电缆绝缘性下降可能导致人员触电。

预防措施：定期检测工装电缆绝缘性。

10. 钻井泵安装

（1）钻井泵吊装时，产品摆动造成作业人员被碰伤；钢丝绳选择不当，钻井泵滑落造成作业人员被砸伤、设备损坏。

预防措施：必须设专人指挥吊车，且站位正确；作业前对周围环境进行清理，确保逃生通道畅通；吊装作业中，必须使用牵引绳。

（2）高压管汇连接时，配焊管汇支座造成作业人员被挤伤、砸伤、触电等。

预防措施：专人指挥吊车，定位配焊时必须有专人负责。

（3）安装钻井泵泵冲传感器时，有人员坠落、触电等危险；气割后的碎片造成皮带损坏，钻井泵运转时发生事故。

预防措施：连接传感器等配套件时，严禁单独作业，气割前做好产品防护。

11. 管汇系统安装

（1）拆解包装架时，管汇掉落伤人；管汇未绑挂牢固产生晃动，造成作业人员坠落；管汇安装过程中旋转伤人，或脱钩伤人（特别是从钻台向底座安装两根立管时）。

预防措施：管汇安装前，由厂家指导确定位置并打开包装架；吊装过程中，平吊时禁止单点吊装，确保绑挂牢固。

（2）管汇对接时，作业人员被夹伤；软管连接时，软管甩动造成作业人员受伤。

预防措施：接头连接时，接头处严禁用手比画。

（3）管汇吊装时，吊点选择不当，造成管汇滑脱。

预防措施：安装时，严禁吊物下站人并确保逃生通道畅通。

（4）管汇吊装中管汇碰撞造成螺纹损伤。

预防措施：吊装过程中对螺纹进行防护。

（5）管汇安装后未及时防护，造成接头锈蚀。

预防措施：安装后及时对裸露头涂抹润滑油并安装护帽。

12. 空气系统安装

（1）配装底座气路硬管时，电焊作业造成人员触电；穿管线时作业人员发生坠落。

预防措施：作业前对作业环境进行检查、清理后再开始作业。

（2）井架管线连接时，存在高处坠落危险；接头、管线掉落砸伤底下作业人员。

预防措施：必须使用高空作业车进行作业，作业下方禁止站人。

（3）连接管线时，系统供气导致作业人员被高压气体伤害。

预防措施：管线未检查前，禁止打开气源。

（4）管线连接不牢固可能造成接头脱开管线甩摆伤人。

预防措施：通入压缩空气前检查各接头处是否连接可靠，压缩空气开关应缓慢开启。

13. 井电系统安装

（1）井架安装过程中，在井架单片未安装前布置的预埋件固定不当造成电缆、插接件被损坏。

预防措施：在完成井架预埋后，对插接件及电缆及时做相应防护和固定；井架起升前必须检查。

（2）井架安装后预埋管线，作业人员存在高处坠落危险；随身携带工具、插接件等部件滑落会造成低位作业人员伤害。

预防措施：高位作业必须系安全带，低位铺设安全垫；作业下方禁止站人，工具绑挂牢靠。

（3）偏房、电控房等房体焊接灯座时，接地选择不当造成房体内设备损坏。

预防措施：在房体焊接时，做好接地处理，设备禁止供电。

（4）井场电缆在布置时，存在人员坠落危险；电缆防护、固定不当造成电缆损坏。

预防措施：电缆布置必须与电控系统同时布线，并做好相应防护和固定。

（5）在连接插接件时，相序、地线端子检查不到位造成设备供电后损坏；在电缆插接件固定时，电控房供电造成作业人员触电；临时接线未紧固造成线路短路损坏设备、人员触电。

预防措施：电缆端头插接件未完成制作时，禁止与电控房连接，插接件未紧固前禁止供电；在系统供电后，检查与设备连接端触点电压等级后再正确连接。

14. 固控系统安装

（1）罐体吊装时，摆动造成人员碰伤。

预防措施：对周围环境进行清理，确保逃生通道畅通。

（2）钢丝绳选择不当，罐体滑落造成作业人员被砸伤、设备损坏。

预防措施：必须设专人指挥吊车，并确保站位正确，吊装作业中，必须使用牵引绳。

（3）罐体之间连接时，配焊连接架造成作业人员被挤伤、砸伤、触电等。

预防措施：专人指挥吊车，定位配焊时必须有专人负责。

（4）罐面作业造成人员摔伤，坠落。

预防措施：及时安装铺台、栏杆并在醒目位置张贴相应警示标志。

（5）电动机绝缘性未检查，造成设备断路损坏设备、人员触电。

预防措施：电动机接线前必须检测绝缘性并做好接地。

15. 顶驱安装

（1）摆放顶驱控制房时，房体摆动造成作业人员被碰伤；钢丝绳选择不当、房体滑落造成作业人员被砸伤、设备损坏。

预防措施：必须设专人指挥吊车，且站位合理；作业前对周围环境进行清理，确保逃生通道畅通；吊装作业中，必须使用牵引绳。

（2）连接板、电缆悬挂架后未紧固，在钻机起升时，连接板、电缆悬挂架等高处滑落造成低位人员伤害。

预防措施：在井架上安装的部件必须固定牢靠。

（3）连接板与导轨连接时，作业人员存在高处坠落的危险；作业人员随身携带工具滑落造成低位作业人员伤害。

预防措施：高处作业必须系安全带，保证通信畅通，随身携带工具应绑挂牢靠。

（4）顶驱主体安装时，作业人员被夹伤。

预防措施：专人指挥，严禁用手直接调整位置。

（5）人员在井架横梁上行走可能发生坠落。

预防措施：使用双钩安全带，同时悬挂至少单钩方可作业或移动；安全带无法悬挂时，在上方悬挂加长安全绳作为安全带悬挂点。

16. 钻机移动装置

（1）导轨安装测平中，在导轨垫片时，吊车落钩或泄压造成作业人员被压伤。

预防措施：吊车吊装工作时，严禁吊物离岗。

（2）导轨表面抛光处理时，摩擦造成铁屑飞出伤人；如摩擦片检查不当，摩擦片破碎飞出伤人；砂轮机护罩不全造成人员伤害。

预防措施：在进行作业前，对使用工装及工具进行安全检查，禁止违章操作。

（3）在导轨表面处理光滑后，导轨表面涂抹润滑油脂，作业人员在安装基座或其他作业中，通过导轨时，造成人员摔伤。

预防措施：在导轨表面处理完成后，禁止在导轨表面行走。

（4）在基座安装滑板时，基座未垫实使基座滑落，造成作业人员被挤压受伤；连接滑板螺栓未带劲松开滑板，滑板滑落造成作业人员受伤。

预防措施：在滑板安装过程中，禁止用吊车吊着基座进行滑板安装，并随时检查基座状态；安装滑板时，必须有人监护。

（5）棘爪耳座定位中，操作液压系统对耳座进行定位时，棘爪未翻起导致底座移动造成作业人员被挤伤，钻机移位，无法确保耳座位置准确。

预防措施：耳座定位时，必须翻起棘爪再伸油缸；作业人员禁止用手去调整耳座位置。

（6）焊接耳座时，作业人员触电；导轨表面未做保护，破坏导轨表面清洁度与光滑度，在试验中损坏导轨。

预防措施：电焊作业前对设备及作业环境进行检查、清理；做好导轨表面防护。

17. 管柱自动化处理系统

1）井架工安装

（1）带包装架双车抬吊时，可能出现配合不当或连接不牢靠故障，造成井架工翻倒砸伤人。

预防措施：认真检查井架工与包装架连接的可靠性，确认无误后由专人指挥吊装过程。

（2）井架工长度超过10m，吊装时可能出现旋转、磕碰，引起本体附件或井架附件坠落，存在物体打击伤人及设备的危险。

预防措施：井架工安装全过程至少使用3根牵引绳，避免其大幅度旋转或与井架部件间的磕碰，下方严禁站人，并清理无关物品及设备。

（3）井架工重11t，吊装时可能出现吊索具断裂、脱钩而引起井架工坠落，造成人员伤亡及设备损伤。

预防措施：按井架工重量选取合适吊索具进行吊装，安装时吊车悬挂安全绳以防井架工坠落，井架工包装架脱开时使用32m高空车进行作业，包装架下钻台时使用牵引绳拖拽。

（4）作业人员操作不当或站位不正确造成夹手、砸脚等机械伤害。

预防措施：作业人员应站位合理，应严格遵守操作规章；钻台以上避免一切交叉作业。

（5）高处作业人员及安装工具存在从高处坠落造成物体打击伤人的危险。

预防措施：高处作业人员应使用吊篮作业，办理相关作业许可，并系挂好安全带，使用对讲机与下方人员、吊车司机进行有效沟通；低位操作人员保持一定安全距离，避免站在井架工旋转半径范围内。

2）钻杆排放

（1）二层台舌台比常规尺寸短，人员可能从舌台处坠落。

预防措施：登高作业人员及时系挂安全带，尽量使用吊装工装。

（2）井架工吊装钢丝绳、撑杆，挡住人员过道，不方便行走及操作，可能出现人员踩空或绊倒的危险。

预防措施：由专人统一指挥并及时清理过道的障碍物，保证通道畅通。

（3）二层台小风动绞车未装钢丝绳，且位置过高，无法使用，需靠人力排放钻杆，存在物体打击的风险。

预防措施：排放钻杆时，人员站位应正确，并安排2名操作人员高空监护。

（4）二层台、钻台均有人配合排放钻杆，可能配合不当或站位不当，造成砸脚、夹手等物体打击和机械伤害。

预防措施：所有配合人员听从总指挥统一安排，站位应合理，如有异常暂停作业。

（5）钻杆排放过程中，钻杆可能从麻绳中滑出，指梁无法及时打开或关闭，钻杆从指梁倾倒。

预防措施：所有人员避免站在钻杆倾倒的路线上。

（6）工具或对讲机从高空坠落，砸伤人员或设备。

预防措施：高位作业使用的工具、对讲机等做好防坠措施。

3）井架工起重架拆装

（1）作业人员操作不当或站位不正确造成夹手、砸脚等机械伤害。

预防措施：高空作业人员应站位合理，遵守操作规章，避免一切交叉作业。

（2）高处作业人员从高处坠落、高位安装工具从高处坠落造成物体打击伤人。

预防措施：高处作业人员使用吊篮作业时，系挂好安全带及牵引绳，使用对讲机与下方人员、吊车司机进行沟通指挥；低位操作人员保持一定安全距离，避免站在起重架正下方及旋转半径范围内。

（3）起重架长度较长，吊装时可能出现旋转、磕碰，引起本体或附件坠落，出现物体打击伤人及设备的危险。

预防措施：在起重架本体上悬挂牵引绳，防止物件旋转及磕碰，禁止下方站人。

4）井架工拆除

（1）井架工含附件重约9t，吊装时可能出现吊索具断裂、脱钩而引起井架工坠落，造成人员伤亡及设备损伤。

预防措施：正确选择吊装索具，在井架工本体上悬挂安全绳，使用110t吊车作为防坠落保险。

（2）作业人员操作不当或站位不正确造成夹手、砸脚等机械伤害。

预防措施：作业人员应站位合理，遵守操作规章，避免一切交叉作业。

（3）高处作业人员及安装工具存在从高处坠落造成物体打击伤人的危险。

预防措施：高处作业人员随时系挂好安全带，工具等做好防坠落措施，使用对讲机与下方人员、吊车司机进行沟通；低位操作人员保持一定安全距离，避免站在井架工正下方及旋转半径范围内。

（4）井架工长度约10m，吊装时可能出现旋转、磕碰引起本体附件或井架附件坠落，造成物体打击伤人及设备的危险。

预防措施：清理钻台无关物品及设备，井架工本体及与其连接的油管、电缆须捆绑牢靠防止坠落，本体上至少绑2根牵引绳，避免其大幅度旋转或与井架部件间的磕碰。

（5）双车抬吊可能因为配合不当造成井架工翻倒砸伤人。

预防措施：双车抬吊翻转井架工时，由专人指挥吊装过程。

（6）前期安装井架工过程中吊装偏重，与井架工包装架连接不稳，造成本体倾翻。

预防措施：使用风动绞车作为辅助吊装设备，必要时使用吊车扶正，并随时提醒人员站位，防止砸脚、碰伤人员或设备。

（二）调试及试验

1. 钻机起升作业

（1）在进行钻机起升前井架逐点检查时，人员在井架上方工作可能有坠落的危险。

预防措施：必须系安全带，正确佩戴安全帽，地面铺设安全垫，必须使用高空作业车进行作业；现场必须设专人或互助监护。

（2）起升准备过程中，吊车、叉车移运过程中可能有发生碰撞、挤压、刷挂蹭等危险。

预防措施：必须设专人指挥车辆，作业过程注意提醒、回避，严禁车辆交叉作业。

（3）穿起升大绳与倒换起升大绳时，绑挂绳、绑挂点选择不当，或绑挂不牢固，有可能造成起升大绳晃动、滑落伤人；在起吊公母锥时，绑挂点不牢固，绑挂绳选择不当，有可能造成公母锥掉落伤人。

预防措施：吊装作业必须设专人指挥，作业前对起吊设备进行检查、确认，选择安全可靠吊点。

（4）起升前松解快绳时，有可能发生快绳甩动伤人的危险；大绳绷紧操作中，自身弹性恢复有可能造成甩动伤人；起升过程中，使用过的工具未及时收取，可能从高处滑落伤人；起升过程中，设备故障或其他不可预见危害可能造成设备倒塌伤人。

预防措施：起升前、起升中，所有作业必须设专人指挥、监督；起升前严格按照逐点检查表进行检查、确认；作业前，用警示带标示清楚并确保逃生路线畅通、安全。

（5）起升前确认起升大绳绳头合格、无裂纹或滑移现象、大绳绷紧带劲，否则可能造成起升过程中井架处于失控状态；大绳未绷紧带劲，可能造成井架处于失控状态。

预防措施：确保起升大绳连接可靠、指重表初始压力正常；大绳必须绷紧带劲至指重表读数在钻井钢丝绳未绷紧前悬重的 1.1~1.2 倍。

（6）穿快绳时，因配合不当或受力不均衡，绳头容易甩动、掉落，有可能击打、砸伤周围作业人员；滚筒缠绳时，操作或配合不当可能造成身体部位被钢丝绳夹伤；在调试盘刹、缓冲设备时，检查、操作不当可能造成液压油高压泄漏伤人；绞车工作过程中，动力端或润滑油泵电动机护罩不全，旋转设备运转可能造成缠绕、挤压、碰撞、冲击等伤害；游车支架放置不当，可能移位造成人员碰伤、摔伤；倒换起升大绳时，大绳自身弹性恢复及绳头悬空摆动可能造成周围作业人员碰撞伤害。

预防措施：作业前，对作业环境中设备进行检查，如有危害区域，应及时标示并整改；作业过程中，设专人指挥、协调；调试液压设备时，必须严格按照操作规程进行作业，设专人监护。

（7）现场使用电缆意外损伤，检查不到位可能造成人员触电；现场设备如使用工装井电，接线不到位可能造成人员触电或设备损害伤人。

预防措施：定期对设备电缆进行检查、防护，如有临时接电，必须由有资格证人员进行操作，并设专人监护。

（8）雨天电焊作业固定井架公母锥或底座连接耳板时，有可能造成触电。

预防措施：雨天如没有安全防护措施禁止电焊作业。

（9）底座起升完成后连接耳板配焊不牢固可能导致连接脱。

预防措施：设置专人进行检查确认。

2. 钻机下放作业

（1）进行高低支架摆放，有可能造成人员从高处坠落；拆除井架 U 形卡及安装缓冲设备有可能造成人员从高处坠落。

预防措施：必须系安全带并选择安全可靠的挂点，正确佩戴安全帽，必须使用高空作业车进行作业；现场必须设专人或互助监护。

（2）下放准备过程中，吊车、叉车移运过程中有可能发生碰撞、挤压、剐蹭等危险。

预防措施：必须设专人指挥车辆，作业过程注意提醒、回避，严禁车辆交叉作业。

（3）倒换起升大绳时，绑挂绳、绑挂点选择不当，或绑挂不牢固，有可能造成起升大绳晃动、滑落伤人。

预防措施：吊装作业必须设专人指挥，作业前对起吊设备进行检查、确认，选择安全可靠吊点。

（4）大绳绷紧操作中，自身弹性恢复有可能造成甩动伤人；下放前，拆除的井架、底座固定件滑落，有可能造成地面作业人员被砸伤；下放过程中，设备故障或其他不可预见危害可能造成设备意外倒塌伤人。

预防措施：下放前、下放中，所有作业必须设专人指挥、监督；下放前，严格按照逐点检查表进行检查、确认；作业前，用警示带标示清楚并确保逃生路线畅通、安全。

（5）在操作盘刹、缓冲设备时，检查、操作不当有可能造成液压油高压泄漏伤人；绞车工作过程中，动力端或润滑油泵电动机护罩不全，旋转设备运转有可能造成缠绕、挤压、碰撞、冲击等伤害；倒换起升大绳时，大绳自身弹性恢复及绳头悬空摆动，有可能造成周围作业人员碰撞伤害。

预防措施：作业前，对作业环境中设备进行检查，如有危害区域应及时标示并整改；作业过程中，设专人指挥、协调；调试液压设备时，必须严格按照操作规程进行作业，设专人监护。

（6）下放前启动液压站、拆除U形螺栓，可能造成严重安全、质量事故。

预防措施：严格按照作业步骤进行作业。

（7）现场使用电缆意外损伤，检查不到位有可能造成人员触电；现场设备如使用工装井电，接线不到位可能造成人员触电或设备损害伤人。

预防措施：定期对设备使用电缆进行检查、防护，如有临时接电，必须由有资格证人员进行操作，并设专人监护。

3. 柴油发电机组试验

（1）柴油机检查时，供电端子外露或防护不当，造成调试人员触电；旋转部件造成人员机械伤害。

预防措施：所有设备护罩、盖板必须安装齐全。

（2）气源杂质过多、柴油供给不足、空气关断开关一端关闭，容易导致设备部件损坏；重载荷试验时，柴油机失控损坏设备。

预防措施：柴油机试验过程必须有柴油机厂家人员在现场，并对柴油机定时巡查。

（3）柴油机加载试验完成后有可能会发生放电现象，导致人员触电。

预防措施：试验完成后由电工进行检查，需要时进行放电。

4. 空气系统试验

（1）空压机等气源设备调试时，空压机、干燥机、气包等设备异常，容易造成设备损坏、高压气体携带杂物泄漏，对作业人员造成伤害。

预防措施：气源设备必须由专业人员进行调试，在使用前对设备安全阀进行检查。

（2）管线未连接紧固，通气调试时，高压气体携带杂物泄漏、软管甩动，对作业人员造成伤害。

预防措施：空气系统通气前，必须对所有连接处进行检查。

（3）气动马达操作手柄未复位时开启气源，使气动马达失控，造成设备损坏、作业人员受伤。

预防措施：设备运转后，气动马达操作手柄必须复位。

（4）气源压力低，使绞车不能正常启动，动力端气胎离合器不能正常工作，绞车、风动绞车等设备失控，造成设备损坏、人员伤害。

预防措施：在试验中，气源压力必须符合试验要求，并保证气源设备正常运转。

5. 电控系统试验

（1）电控房未检查便供电，造成设备损坏。

预防措施：设备检查确认后方可供电。

（2）接线时供电，造成作业人员触电。

预防措施：接线过程禁止供电。

（3）电动机脱轴时电动机启动，造成作业人员受伤。

预防措施：脱轴过程禁止供电。

（4）电控调试时配合不当，损坏设备，对现场作业人员造成伤害。

预防措施：严禁电控厂家在司钻房内单独调试；必须有井场作业人员配合调试。

（5）防碰试验时，绞车运转防碰失效，造成设备损坏、作业人员受伤。

预防措施：保证防碰设施安装齐全、设置正确有效；游车下方禁止站人。

（6）变频器、发电机急停，造成绞车乱绳等故障，甚至造成游车滑落，作业人员受伤；功率转移、分配时，系统载荷过大损坏柴油机组及设备。

预防措施：电控试验必须严格按照试验大纲进行，由电控厂家服务人员进行操作；必须有井场作业人员配合试验。

6. 绞车试验

（1）绞车排绳试验、防碰试验、游吊系统试验时，刹车不当容易导致滚筒乱绳、游车晃动、钢丝绳跳动、游车冲顶，造成人员伤害、设备损坏。

预防措施：严格按照操作规程进行操作；特殊试验必须在试验前制定预案；钻台面禁止其他作业。

（2）试验工装快绳长期使用可能出现打弯、散股、断股等问题，试验中可能断裂。

预防措施：每次试验完成后对快绳进行检查，必要时及时更换。

7. 转盘系统试验

（1）转盘调试中，检查相关设备时，作业人员可能触电、从高处坠落。

预防措施：检查时系安全带，严禁带电维修。

（2）转盘风道未吹扫，造成转盘电动机损坏。

预防措施：在风道配焊结束后，必须清理通风管道，之后才能进行相关操作。

（3）转盘运转时，作业人员被转盘伤害。

预防措施：转盘试验前，必须鸣笛警示；转盘试验中，有专人监护，杜绝作业人员跨越转盘。

8. 泵组试验

（1）钻井泵运转前未检查闸阀，造成系统憋压，损坏设备，甚至造成人员受伤。

预防措施：在钻井泵运转前必须检查闸阀开关。

（2）高压试验中，系统意外渗漏，对巡检人员造成伤害。

预防措施：试验中，禁止无关人员进入；禁止人员在连接处逗留。

（3）在加压过程中，由于操作不当，负载异常变化，造成设备损坏、人员伤害。

预防措施：严格按照操作规格进行加压。

（4）放喷阀剪切销安装位置不合理、放喷口方向不正确，钻井泵意外放喷或不能起到保护作用，造成设备损坏、人员伤害。

预防措施：试验前，必须做好检查；试验中，放喷区域内严禁通行。

（5）压力试验时管汇、水龙带表面破损可能导致高压介质喷出伤人。

预防措施：试验前检查危险部位管汇、水龙带是否存在破损，试验时缓慢加压以观察是否有泄漏；做好防护措施，使用远程调压装置。

9. 司钻房试验

（1）空调、照明、暖风机等设备试验时，线路故障造成设备损坏。

预防措施：电气设备通电试验前，必须对线路进行检查。

（2）试验时设备电压等级不对应，造成设备损坏。

预防措施：通电前，必须对电压等级进行检查确认。

（3）试验中，高位旋转件安装固定不牢靠，从高处滑落，对作业人员造成伤害。

预防措施：高位旋转件安装时必须固定牢靠，安全绳连接正确。

（4）钻井仪表在校核时，站位不合理、操作不当容易造成作业人员伤害。

预防措施：仪表校核必须由专业人员进行，作业时合理站位，有专人监护。

（5）高压系统泄漏对作业人员造成伤害。

预防措施：高压系统在试验前，必须对连接部位进行检查确认。

10. 钻机外围设备试验

（1）拉力试验前，猫头座耳板检查不到位，耳板拉裂，猫头飞出对作业人员造成伤害，设备损坏。

预防措施：拉力试验前，必须对猫头座耳板进行探伤，合格后才能进行试验；试验中，所有人员必须在有防护的地方。

（2）猫头拉力试验悬挂点选择不当，造成设备损坏。

预防措施：严禁在大门立柱中上部悬挂钢丝绳；猫头拉绳带劲后钻台作业人员禁止靠近，拉力传感器显示屏固定在有防护的地方。

（3）在拉力试验卸载时，钢丝绳跳动，造成拉力传感器损坏，钢丝绳甩动伤人。

预防措施：拉力试验卸载时，必须缓慢泄压。

（4）BOP 移动装置试验时，操作不当或人员站位不合理，造成设备损坏、人员伤害。

预防措施：移动轨迹内禁止站人，配重块应固定牢靠。

（5）液气大钳伸缩时，操作不当或人员站位不合理，造成作业人员挤伤；旋转时，造成作业人员被夹伤。

预防措施：液气大钳移动行程内禁止站人；旋转部位禁止用手触摸。

（6）液压站系统压力选择不当，造成设备损坏，高压会造成系统管线破裂，对作业人员造成伤害。

预防措施：系统第一次启动前，必须检查溢流阀，确认系统压力为零方可启动液压站进行液压系统调试、使用。

（7）货物提升机载人，设备发生故障造成人员伤害。

预防措施：载货提升机严禁载人。

（8）提升机调试中失控，造成作业人员被砸伤。

预防措施：提升机运转时，吊篮下方禁止站人，并应做相应防护。

（9）套管扶正台试验时，操作不当或设备故障造成高位作业人员坠落，台体下方人员被砸伤。

预防措施：严格按照操作规程进行操作，试验前检查所有保护措施是否有效，台体下方禁止站人。

（10）风动绞车载荷试验时，配重块晃动造成作业人员伤害。

预防措施：载荷试验中，配重块必须有牵引绳，禁止单人操作。

11. 钻机移运试验

1）轮式移运

（1）操作顶升油缸过程中，顶升油缸不同步，可能存在钻机重心偏移的风险，从而可能导致钻机整体侧翻。

预防措施：移运装置操作者应选择具备相关丰富操作经验的人员，并设专人统一指挥；在油缸顶升过程中，随时测量油缸起升高度，保持所有油缸同步起升。

（2）在油缸顶升、移运过程中，存在油漆起皱、焊缝开裂、屈服变形、残余变形等现象，导致结构件变形。

预防措施：试验前应严格按照试验大纲要求进行检查项的确认，试验过程中各观测点应密切注意可能存在的变形，一旦发现情况，立即汇报指挥员。

（3）在油缸顶升、移运过程中，地面可能无法承受钻机整体重量，存在地面下陷的风险，可能导致钻机整体侧翻。

预防措施：第一次进行油缸顶升时，将油缸起升100m，保压20min，观察地面下陷情况及结构件变形情况；试验过程中各观测点应注意地面情况，一旦发现钻机发生重心偏移，应立即停止移运，待调整之后方可继续进行试验。

（4）移运过程中，轮胎泄压，可能存在钻机重心偏移的风险，从而可能导致钻机整体侧翻。

预防措施：首先在轮胎移运路线的两侧设置警戒区域，防止轮胎泄压造成的伤害；其次在移运过程中设专人观测轮胎情况，一旦发生情况，立即停止移运，调整后再进行试验。

（5）移运过程中，移运部件体积、重量大，牵引力不足或两台牵引车不同步，可能导致钻机整体偏移、钻机整体晃动。

预防措施：移运过程中，牵引车要操作平稳，避免急起步、急刹车，听从统一指挥；移运过程中，牵引车牵引力不足时，采用两台叉车从后方进行推动。

（6）移运路径上如有障碍物或未清理干净，可能会有设备损毁的风险。

预防措施：试验前要保持工作区域干净整洁，移运路径上不得有障碍物，并设置安全区域。

（7）顶部驱动装置如不固定牢靠，移运过程中可能会有晃动，存在碰撞井架主体的风险。

预防措施：试验前对顶部驱动装置的机械锁紧机构进行再次确认。

2）导轨式移运

（1）移运中，钻机电缆缠绕绷劲，损坏电缆。

预防措施：移运前，必须对钻机电缆进行检查，确保无缠绕。

（2）移运中，底座内侧作业人员未撤离，造成人员被挤伤。

预防措施：移运中基座内禁止站人。

（3）试验时，导轨往复拆装指挥不当，造成作业人员被碰伤。

预防措施：严格按照操作规程执行。

3）步进式移运

（1）操作顶升油缸过程中，顶升油缸不同步，可能存在钻机重心偏移的风险，从而导致钻机整体侧翻，在钻机整体离开地面时也可能存在焊缝开裂、结构件变形等风险。

预防措施：顶升前，用警示带进行试验区域的隔离；试验前确保所有油缸、管线无渗漏，液压源无泄压；通过调节油缸上的阀，尽可能地使油缸同步起升，并对顶升过程全程监测，如有异常立即停止试验；最好选用有经验的操作人员进行试验。

（2）移运过程中，地面可能无法承受钻机整体重量，存在地面下陷的风险，可能导致钻机整体侧翻。

预防措施：移运试验前对区域进行隔离，避免闲杂人员进入现场；应选择能见度较好的晴朗天气进行，避免雨雪天气造成的不利影响，风速不得超过 16.5m/s；移运过程中，移运操作者不得站在移运方向或轨迹上，如有异常情况立刻停止试验；遇钻机出现倾斜、侧翻时，指挥地面人员按预定路线进行紧急逃生。

（3）配装连接螺栓时，连接耳板有掉落钻台面的危险。

预防措施：配装调整过程中禁止人员在底座正前下方。

（4）配装耳板过程在底座起升后，属于高位配装，人员有坠落危险。

预防措施：配焊、打磨人员作业时必须系挂安全带。

（5）配焊作业中有触电危险。

预防措施：必须检查点焊接电缆，雨天禁止作业，且应有专人看护。

12. 钻机负荷试验

（1）工装安装过程中容易造成作业人员挤伤、碰伤。

预防措施：作业人员应站位合理，吊装由专人指挥。

（2）钻机底座连接耳板烧焊不牢靠，拉裂造成设备损坏、人员伤害。

预防措施：严格执行焊接工艺。

（3）吊卡与井口干涉，工装未垫实、紧固，造成人员伤害、设备损坏。

预防措施：严密监控井口工况，试验区域严禁无关人员进入，试验工装安装正确。

13. 联调试验

联调试验中，指挥混乱、误操作，造成设备损坏、人员伤害。

预防措施：联调试验必须严格按照试验大纲进行，有专人统一指挥。

三、整改、拆除、包装

（1）结构件整改时，电缆槽内电缆防护不到位造成电缆损坏。

预防措施：电缆槽内有电缆禁止进行气割作业。

（2）气路整改验证时，管线内杂物飞出伤人。

预防措施：气路管线整改后必须先进行低压吹扫试验。

（3）油路管线整改存在火灾等危险。

预防措施：油路管线禁止使用电焊、气割。

（4）拆除过程中，高位、低位交叉作业造成作业人员伤害。

预防措施：禁止垂直方向交叉作业。

（5）井架抽绳时，绳头开裂造成钢丝绳在滑轮中卡阻，高位处理存在人员坠落、钢丝绳跳动伤人等危险；抽绳中，钢丝绳跳动或绳头摆动造成作业人员伤害、设备损坏。

预防措施：抽绳中，当滚筒钢丝绳抽完时，必须先检查绳头并做相应处理才能继续作业；整个作业过程所有人员应站位合理，严禁从钢丝绳下方通行。

（6）井架拆除中，吊装钢丝绳未带劲拆除井架连接销轴，井架摔落造成作业人员伤害、设备损坏；拆除井架销轴时，人员站位不合理，销轴飞出伤人。

预防措施：拆除中必须有专人指挥，高位作业人员必须系安全带，下方铺安全垫，人员站位合理。

（7）拆除高压回路管线时，系统憋压造成作业人员伤害。

预防措施：拆除高压回路前，必须确保系统压力为零。

（8）电缆拆除时，系统供电造成作业人员触电。

预防措施：严禁带电拆除电缆。

（9）铺台拆除时，铺台连挂使铺台晃动或变形严重，造成作业人员伤害、设备损坏。

预防措施：拆除铺台前，必须对连接处进行检查，进行试吊后开始拆除。

（10）高位拆除中，作业人员移动时踩空造成坠落；高位硬物滑落造成低位作业人员伤害。

预防措施：高位拆除必须有专人指挥、监督，易滑落件应绑扎牢固，作业下方禁止人员通行。

（11）铁包装箱箱盖意外关闭可能造成箱内人员被困。

预防措施：制作专用工装防止箱盖意外合上；制作包装箱时增加支撑装置。

四、产品装卸运输

危害控制措施：

（1）在无特殊情况下，产品原则上由从重到轻、从大到小、形态分类逐一装车，防止运输过程中相互碰撞。相反，在无特殊情况下，产品原则上由从轻到重、从上到下、从后到前、形态分类逐一卸车。

（2）产品转运前，有必要对产品的封装进行细致的检查；能够进行装箱的产品尽量装箱；无条件装箱的散装产品应按规格、形态进行分类，装车、卸车时按车辆货箱区域进行装卸，避免产品混杂。

（3）吊车装卸产品必须设置专人指挥，在安全指令下进行装卸。

（4）产品装卸应根据货运车辆的货箱形态来决定装卸点位置；一旦确定装卸点位置，装卸点所处的位置满足安全条件时方可进行产品装卸。

（5）无箱体保护的固态产品装车时，应根据产品形态按顺序、按类别装车，并确保装车后捆扎结实、牢固平稳，突兀的部件有软材料保护。

（6）完成产品装车后，应仔细地检查产品绷绳是否捆扎牢实，无破损之处。

（7）启动产品运输作业后，必须严格执行国家道路交通安全法、驾驶员"十不准"条例，全力确保货运安全。

五、涂装作业

涂装是指将涂料敷于物面（基底表面），经干燥成膜的工艺，主要流程有涂装前表面处理（打砂）、清洗、喷漆和烘干。先对产品进行表面处理，使其具有一定的附着力，对产品清洗后进行底中面漆的喷涂，喷涂下一道漆之前要对上道漆膜进行烘干、对漆膜厚度进行检测、对不符合厚度要求的区域进行打磨或漆膜修补，烘干结束后，对产品进行清洗。由于油性漆本身具有毒性有机物挥发，所以在喷涂过程要严格要求员工做好自身的职业健康防护。涂装作业的危害因素及风险预防措施如下。

（一）表面处理（打砂）

（1）在打砂作业时，由于快速运动，钢珠可能飞出或弹出，造成人员受伤。

预防措施：严格执行操作规程，作业时合理站位，做好防护措施。

（2）作业时，钢砂快速运动发生摩擦会产生静电，可能会导致电击或者火灾爆炸事故的发生。

预防措施：对砂枪安装接地装置，操作人员穿戴专业防护服进行作业，做好现场监护。

（3）在高处进行打砂作业时，可能会发生高处坠落事故，导致人员受伤。

预防措施：高处作业时必须按要求系挂安全带，作业前检查登高设施（梯子、升降平台），确保完好并支撑稳妥；严格执行操作规程，专人监护。

（4）打砂作业产生的噪声、粉尘和震动，可能对作业人员健康产生伤害。

预防措施：调整连续作业时间，减少作业人员在噪声、粉尘和振动环境中的暴露时间；按照规定穿戴劳动防护用品，定期进行职业健康监测。

（二）清洗

（1）清洗前未对设备进行检查，设备故障或电源线老化等，可能导致触电伤人事故。

预防措施：定期对设备设施进行维护保养，作业前进行全面检查，确保安全可靠。

（2）作业时，高压管接头松动或脱落，导致人员受伤。

预防措施：作业前进行检查，高压管连接时必须加装防脱扣进行防护。

（3）清洗作业时，操作不当或压力过大，可能导致高压水流喷射伤人。

预防措施：隔离作业现场，禁止无关人员进入作业现场，严格执行操作规程，控制好水流压力，做好操作人员防护。

（4）作业人员未按操作规程作业或劳保用品穿戴不规范，导致人员受伤。

预防措施：作业人员严格执行岗位操作规程，按要求穿戴劳保用品，杜绝违章作业。

（5）在清洗间进行高压冲洗产品时，地面湿滑，站位不合理易滑倒。

预防措施：冲洗产品时控制好压力，站位要正确，及时清理地面。

（三）喷漆

（1）在调漆时，撬开油漆桶盖工具不合规、搅拌机故障缺陷等易产生火花，或排风系统不畅、温度过高等，可能造成火灾、爆炸事故。

预防措施：严禁明火，严格穿戴防护用品，使用油漆、稀料、固化剂后，及时盖上盖子，作业前认真检查防爆设施、搅拌机、工具，确保安全可靠。

（2）在涂装作业过程中，由于通风不良、设备设施缺陷，可能会产生静电火花或使易燃易爆气体达到爆炸极限，导致发生火灾、爆炸事故。

预防措施：在喷漆间应设置配套通风净化系统和可燃气体报警装置，定期对设备设施进行检查及维护保养，保证完好性及可靠性；所有金属制件、处理涂料和溶剂的设备和管道、通风系统，必须具有完好可靠的电气接地装置。

（3）电气设备故障或检查维护不到位、电线绝缘老化等，引起电气火灾，还可能由于电气火灾扩大引起爆炸。

预防措施：喷漆间应按照相应的防爆等级选用防爆型电气设备，定期对电气设备及线路进行检查及维护保养。

（4）在高处进行喷漆作业时，因扶梯松动、站位不合理或未系安全带，发生高处坠落，导致人员受伤。

预防措施：作业前检查登高设施（梯子、升降平台），确保完好并支撑稳妥；佩戴工具袋，传递物件使用绳索，严禁上、下抛掷；高处作业时必须按要求系挂安全带，严格执行操作规程，专人监护。

（5）电气设备绝缘不良、接地错误或误操作等原因造成电伤害事故或其他伤害。

预防措施：作业前认真检查电气设备的完好性，加强电气设备维护，非专业人员不得维修电气设备；设备应安装漏电保护设施；严格按照电气标准化施工，杜绝私接、乱接线路等违章作业现象。

（6）喷漆作业场所未配置相应的消防器材或配置不符合要求，或消防器材未定期进行保养，可能造成发生火灾时无法及时扑灭。

预防措施：喷漆间设禁火标志，并按照要求配备足够的消防器材，定期对消防器进行检查及维护保养，确保有效可靠；定期开展火灾爆炸突发事件应急演练，提高员工应急处置能力。

（7）涂料中含有苯系物，如苯、甲苯、二甲苯等有毒有害物质，如喷漆间通风不良、作业人员未正确佩戴防护用品或防护用品失效，可能引起慢性中毒或急性中毒，甚至引起职业病。

预防措施：喷漆间设置配套通风净化通风，作业时，须打开通风系统，保证空气新鲜、通畅；为喷漆作业人员配备符合要求的防护服、手套及防毒面具，喷漆人员在作业过程中，严格按照要求穿戴劳保防护用品。

（8）作业结束后，喷漆作业场所存在的有机溶剂和涂料以及被污染的废布、废油棉丝等未及时清理造成堆积，在存在点火源的情况下极易发生火灾。

预防措施：喷漆作业现场，严禁明火；及时清理现场的有机溶剂、涂料以及废布、废油棉丝等，禁止在现场存放。

（9）涂装作业过程中设备运转产生的噪声、振动，可能危害作业人员健康。

预防措施：调整连续作业时间，减少作业人员在噪声、振动环境中的暴露时间，佩戴耳塞等防护用具。

（10）在进行漆渣清理或加水、排水等进入受限空间的作业时，废气排放不彻底，易造成作业人员窒息中毒。

预防措施：进入受限空间作业前必须使用气体检测仪进行检测，受限空间通风设施保持完好状态，随时进行废气排放，专人进行监护。

（11）在清理漆渣时，站位不合理或操作不规范，可能导致人员掉入漆渣池。

预防措施：上下扶梯时，扶稳抓牢，清理时，合理站位，做好防护措施，每次清理漆渣量不宜过大。

（四）烘干

（1）烘干室内工件涂层在干燥、固化过程中释放出易燃易爆气体，当其浓度达到爆炸极限时，遇到点火源将引起火灾爆炸。

预防措施：严禁明火，在烘干室安装通风系统和可燃气体报警仪，严格按照操作规程作业。

（2）烘干室内电气线路或电气绝缘发生故障，或未进行接地，可能导致触电伤人。

预防措施：安装保护接地，定期检测，定期对电气设备进行检查和维护保养，作业前进行检查。

（3）温度控制系统故障，烘干温度超过工件涂层溶剂的引燃温度，可能发生火灾、爆炸事故。

预防措施：作业前对设备设施进行检查，设置温度报警装置，严格执行操作规程。

（4）烘干过程中，有毒气体挥发，可能导致人员中毒。

预防措施：烘干时须打开通风系统，保证空气新鲜、通畅；严格按要求佩戴防毒口罩。

（5）高温时从烘干室装卸工件，可能造成人员烫伤。

预防措施：装卸工件时，等工件降温后进行操作或佩戴防烫手套。

第二节　钢管制造

焊接钢管生产主要的作业方式是将钢卷、钢板经过成型、焊接等工序制造成为钢管，在油气输送类管道中用的数量最多的是直缝埋弧焊管（SAWL）、螺旋埋弧焊管（SAWH），涉及的主要生产还包括内、外防腐作业。钢管采取生产线连续作业方式生产，正常生产时，钢板、钢管等物流量非常大，工厂内的生产线也是连续作业，生产节奏比较紧凑。钢管生产作业在安全风险方面与离散型加工企业还是有一定的区别，有其自己的特点，易发和多发的安全风险及防控措施见表4-4。

表 4-4　钢管作业各工序共有操作安全的危害因素辨识与风险防控

危害事件	危害因素	风险防控措施
机械伤害（钢板、钢管的挤伤、碰伤）	钢板、钢管运动（工厂内钢板、钢管有大量物料传输，其中很多物料是自动传输的，生产线有些区域不适合设置安全隔离通道，甚至有时需要进入这些区域操作）	(1) 对生产线本质安全进行评估，在所有可能的区域均设置安全通道，实现人、物分流。 (2) 在无法分流区域设置安全护栏进行隔离；尽可能设置安全互锁装置。 (3) 在上述情况均不适合的区域或场所，通知操作人员停止输送后方可进行操作或穿过生产区域。 (4) 在进入钢板、钢管运行区域检修、调整设备时必须切断电源，进行能量隔离，并告知本岗位与相邻岗位员工，禁止输送钢板、钢管，对有关人员进行作业监护，现场设置安全警示牌。 (5) 严禁不采取任何措施进入生产线内
起重伤害	吊物坠落、管垛塌落（钢管生产中有大量吊装作业，钢管管垛也是多层码放，装卸作业不当很易造成伤害）	(1) 起重机驾驶员和指挥人员持证上岗。 (2) 钢板、钢卷以及钢管吊装作业时，应使用专用吊具吊装；吊具要定期进行检查、更换，岗位员工作业前对吊具进行检查，确保完好符合要求。 (3) 真空吊具、电磁吊具等特重吊具应按生产厂家提供的使用说明书定期进行检查，并按照要求更换相关部件，如密封条、电池和密封胶圈等，严禁超期使用吊具。 (4) 在不能使用专用吊具的场所进行吊装作业时，必须安排具备专业资质的挂吊人员操作。 (5) 岗位员工作业严格遵守 HSE 作业指导书。 (6) 作业人员主动避让吊物，严禁吊物下站人。 (7) 作业时吊钩挂稳进行试吊后再起吊。 (8) 人员与吊物保持安全距离，起吊前作业人员撤离到安全位置。 (9) 根据需要现场设置警示标志。 (10) 起重机各类限位、报警装置、保磁装置完好有效
物体打击	砂轮片、铁屑飞出（生产中需要较大批量的钢管和钢板表面修磨）	(1) 作业前，操作人员应检查有效检验标志、砂轮额定转速，确保正确选用和安装缓冲垫、防护罩、砂轮等；检查、维护、调整间隙时必须停机操作。 (2) 选择的砂轮额定转速应不小于砂轮机的额定转速，砂轮片尺寸及防护罩准确适宜，尽量需用不易碎的砂轮片。 (3) 使用砂轮机时，必须正确佩戴护目镜等防护装备，使用台式砂轮机、落地式砂轮机时，严禁戴手套或用棉纱等包裹工件。 (4) 砂轮机启动并正常运行后方可使用；新装砂轮启动时，应行试转至少 5min 后方可使用。 (5) 同一砂轮机上禁止两人同时作业，严禁使用砂轮的侧面进行磨削作业。 (6) 砂轮机在操作时的磨切方向严禁对着周围的人员及一切易燃易爆危险物品。 (7) 使用手持式砂轮机时不可用力过猛，要缓慢均匀用力，以免发生砂轮片破裂现象
触电	使用电动工具（钢管生产作业时，需大量使用电动工具对钢板表面缺陷进行打磨）	(1) 设备设施控制标志清晰，电气设备应接线规范，接地良好；电工每日巡检，尤其是相对潮湿、已发生漏电环境的电气设备，应制定合理有效的检查和检修周期，发现问题及时处理。 (2) 工程电源箱内增设漏电保护器，定期进行检查；手持电动工具必须从装有漏电保护装置的电源接电。 (3) 所有手持电动工具每季度进行一次检验，确保完好。 (4) 进行特殊作业，如钻管等使用手持电动工具的作业，应在交接班时对手持电动工具、电源线进行检查，确保绝缘完好，并应定期更换。 (5) 如钻管等特殊环境使用手持电动工具作业时，必须将电动工具接在近距离内明确的电源上，并每班检测确保漏电保护有效，作业时必须有专人监护

危害事件	危害因素	风险防控措施
摔伤等 其他伤害	作业环境不良（焊管生产线受功能限制，部分设备作业空间狭窄，作业环境复杂）	（1）进入生产现场劳保穿戴齐全。 （2）注意力集中，上下平台时不得将双手插入衣带或做接打电话等动作，手扶护栏。 （3）交接班时对设备基础坑防护网和防护链完好性进行巡回检查，定期更换安全防护网。 （4）及时清理台阶和平台上的积水、油污，挂好防护链。 （5）确保作业现场照明良好

一、直缝焊管生产

（一）直缝焊管生产线

直缝埋弧焊管生产线是以单张定尺长度钢板为原料，经过成型、焊接和精整等工序加工成的成品钢管。大口径直缝埋弧焊管生产线根据成型方式不同分为 JCOE、UOE、RBE 生产线，其中 JCOE 生产线以其管径适应范围宽、规格适应范围广、产能适中等特点，在国内外应用最为广泛，以下主要介绍 JCOE 生产线工艺。

该生产线是将合格的热轧宽厚钢板通过 JCO 渐进折弯成型，内、外多丝埋弧焊接，全管体机械扩径制成各种规格的直缝埋弧焊管。大口径直缝埋弧焊钢管生产线主要包括钢板准备和成型区、焊接区、精整和检查区三个区域，主要工艺说明如下：

（1）钢板准备和成型区：生产用钢板表面外观检查合格后，用二氧化碳气体保护焊进行引熄弧板的焊接；然后用超声波板探装置进行探伤检查；进入铣边机进行板边焊接坡口加工后送入预弯机弯边；成型机将弯边钢板通过多步渐进折弯逐步成型为开口管坯。

（2）焊接区：成型后开口管坯送入预焊机，进行连续预焊；预焊后钢管进行内、外焊工序；完成焊接的钢管进行焊渣清理、切除引熄弧板，对要求抽样检查的钢管进行管端取样。

（3）精整和检查区：成型焊接后的钢管进行全焊缝超声波检查及 100% 的焊缝 X 射线工业电视检查，无缺陷钢管用辊道输送至扩径工序，对钢管进行全管体机械冷扩径；扩径后对钢管管端进行平头取样和管端内外焊缝磨削，钢管逐根进行水压试验及倒棱工序，将管端加工成符合标准要求的坡口和钝边；然后进行全焊缝超声波自动探伤，对没有缺陷的钢管两端进行盲区超声波手探复查、磁粉检验、X 光射线拍片复查等无损检验，合格钢管进入成品检查台架；对成品进行最终检验，包括管端切斜、椭圆度、直线度、焊缝余高、壁厚等，最后进行称重、测长及喷涂标志。

JCOE 生产线工艺流程图如图 4-1 所示。

（二）主要生产、检验岗位危害因素辨识与风险防控

1. 上料、检查和板探岗位

钢板上料和检查，是直缝埋弧焊管的第一道工序，用吊车将钢板放在特定的平台上进行钢板尺寸和表面检查，合格的钢板焊上引、熄弧板后进入到钢板自动探伤工序。钢板超声波自动探伤是钢管生产制造无损检验的关键工序，该工序对钢板进行超声波无损检测，

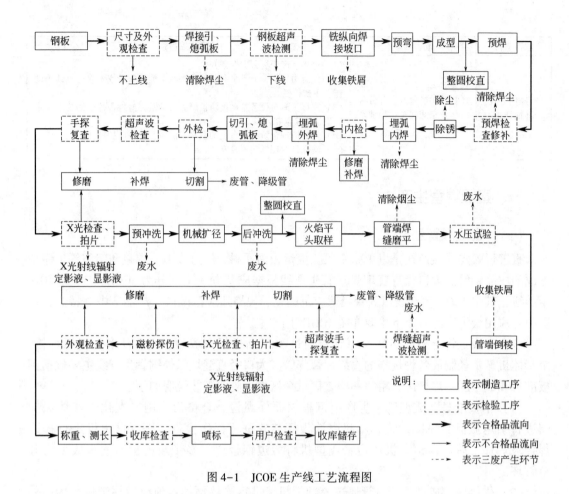

图 4-1 JCOE 生产线工艺流程图

以保证钢板内部没有超过标准规定标的缺陷存在，保障原料质量，为后续工序提供良好的生产基础。上料、检查和板探岗位主要的安全危害因素和风险防控措施见表 4-5。

表 4-5 上料、检查和板探岗位安全的危害因素辨识与风险防控

危害事件	危害因素	风险防控措施
机械伤害	钢板、设备运行	（1）钢板运行过程中严禁直接用手钢管板边等危险部位，严禁进入危险区域； （2）设置安全护栏进行隔离； （3）进入钢板辊道区检修、调整设备时必须关闭辊道开关，同时切断动力电源，并告知本岗位与相邻岗位员工，禁止输送钢板； （4）对有关人员进行作业监护，挂好警示牌
起重伤害	吊物坠落（上料检查时有大量的钢板吊装作业）	（1）起重机驾驶员和指挥人员持证上岗； （2）吊索具要定期进行检查、更换，岗位员工作业前对吊索具进行检查，确保完好符合要求； （3）岗位员工作业严格遵守 HSE 作业指导书； （4）作业人员主动避让吊物，严禁吊物下站人； （5）作业时吊钩挂稳进行试吊后再起吊； （6）人员与吊物保持安全距离，起吊前作业人员撤离到安全位置； （7）根据需要现场设置警示标志； （8）起重机各类限位、报警装置、保磁装置完好有效

2. 铣边岗位

铣边机对钢板进行铣边加工，把钢板加工出符合工艺要求的板边坡口角度、尺寸，同时对板边一定范围进行除锈，保证板边固定宽度内无锈蚀，为后续焊接工序做准备。铣边岗位主要的安全危害因素和风险防控措施见表4-6。

表4-6　铣边岗位操作安全的危害因素辨识与风险防控

危害事件	危害因素	风险防控措施
机械伤害	进入钢板运行区人工测量板边参数	(1) 进行钢板板边数据人工测量时必须关闭辊道开关，进行能量隔离； (2) 告知本岗位员工，禁止输送钢板，对有关人员进行作业监护； (3) 人员应站位在管道运行方向两侧作业
划伤、烫伤	刀盘、板边	更换刀盘时佩戴防护用具，检板边时佩戴防护用具
起重伤害	吊物坠落	(1) 使用岗位自备电葫芦吊装更换刀盘作业前，应对吊葫芦、挂钩、吊环进行检查，确保安全； (2) 岗位员工作业严格遵守HSE作业指导书； (3) 作业时佩戴好防护用具，避免刀片划伤； (4) 刀盘必须放置在专用支架上固定，以防掉落伤人； (5) 确认吊钩挂稳再移动
高处坠落	铁屑坑、设备基础坑	(1) 交接班时对设备基础坑防护网和防护链完好性进行巡回检查，定期更换安全防护网； (2) 及时清理地面和坑边的积水油污，挂好防护链，盖好防护网； (3) 基础坑区域设施安全护链进行隔离，张贴小心坠落警示标志进行警示
噪声聋	噪声	(1) 设置操作隔音间； (2) 作业时打开操作间时应戴好防护耳塞； (3) 设置警示标志、职业健康告知卡； (4) 定期监测现场噪声值，进行职业健康查体

3. 预弯岗位

预弯机是大直缝埋弧焊管生产线的主要设备之一，它将经过铣边的钢板的两个板边进行弯曲，使钢板板边处的曲率半径与成品管一致，分段进行整张钢板板边预弯，然后进入下一步成型工序。预弯岗位主要的安全危害因素和风险防控措施见表4-7。

表4-7　预弯岗位操作安全的危害因素辨识与风险防控

危害事件	危害因素	风险防控措施
机械伤害	进入钢板运行区人工测量预弯结果	(1) 进行钢板板边数据人工测量时必须关闭辊道开关，进行能量隔离； (2) 告知本岗位员工，禁止输送钢板，对有关人员进行作业监护； (3) 人员应站位在管道运行方向两侧作业
物体打击	故障状态下高压液压油喷射	(1) 巡检时与液压站保持一定距离； (2) 禁止非专业人员在高负荷状态时进入液压站范围； (3) 定期检查和更换高压胶管； (4) 悬挂安全警示牌
起重伤害	模具等吊物坠落	(1) 牵引模具作业时，人员与吊物保持安全距离； (2) 每次使用前检查索具完好性； (3) 滑道加涂润滑油减少阻力； (4) 作业时，专人进行监护

4. 成型岗位

成型是直缝埋弧焊管重要的加工工序之一，成型机将预弯等工序准备好的钢板通过自动送料系统送入成型机进行分步的压制成型，成型机首先将预弯后的钢板的一半经过多次步进冲压压成 C 形，再将钢板的另一半同样弯曲，最后形成开口的 O 形。成型岗位主要的安全危害因素和风险防控措施见表 4-8。

表 4-8　成型岗位操作安全的危害因素辨识与风险防控

危害事件	危害因素	风险防控措施
机械伤害	进入设备运行区对成型过程中的钢管进行测量	（1）进入钢板辊道区域时停机、挂牌，同时告知同岗位作业人员看护，告知相邻岗位人员禁止接管、送板； （2）对成型过程中的钢管进行测量时，必须告知上道工序作业人员，测量时站在钢管端部两侧安全位置
物体打击	高压液压油喷射	（1）巡检时与液压站保持一定距离； （2）禁止非专业人员在高负荷状态时进入液压站范围； （3）定期检查和更换高压胶管； （4）悬挂安全警示牌
高处坠落	设备基础坑	（1）交接班时对设备基础坑防护网和防护链完好性进行巡回检查，定期更换安全防护网； （2）及时清理地面和坑边的积水油污，挂好防护链，盖好防护网； （3）对基础坑区域设施安全护链进行隔离，张贴小心坠落警示标志进行警示

5. 预焊岗位

预焊岗位对成型后开口钢管进行合缝和连续预焊接作业，合缝后的钢管送入内、外焊缝焊接岗位进行焊接。预焊岗位主要的安全危害因素和风险防控措施见表 4-9。

表 4-9　预焊岗位操作安全的危害因素辨识与风险防控

危害事件	危害因素	风险防控措施
机械伤害	进入钢管运行区域检查作业	（1）钢管辊道区内人员检查设备、点检时穿越辊道，告知岗位人员停机挂牌，设专人监护； （2）生产过程中检查钢管时严禁站在钢管运行通过方向
物体打击	链条运行受阻时钩头飞出	（1）岗位人员注意观察钢管运行情况，发现异常过载或声响及时停机处理； （2）加强作业过程中的巡检，确保钢管运行顺畅，确保过载保护装置完好
高处坠落	设备基础坑	（1）交接班时对设备基础坑防护网和防护链完好性进行巡回检查，定期更换安全防护网； （2）及时清理地面和坑边的积水油污，挂好防护链，盖好防护网； （3）对基础坑区域设施安全护链进行隔离，张贴小心坠落警示标志进行警示
烫伤	焊瘤飞溅	（1）劳保穿戴整齐，必须佩戴防护手套； （2）焊接时观察应保持安全距离； （3）选择合适的工艺参数，减少飞溅的产生
电焊工尘肺、电光性眼炎	电焊烟尘、紫外线	（1）近距离观察时佩戴防尘用具，佩戴防护眼镜或设置防紫外线屏； （2）定期对岗位除尘装置检查清理，确保除尘设备运行良好有效； （3）定期进行职业健康查体，现场设置警示标志

6. 内焊岗位

采用焊接小车和内焊焊接装置对钢管实施多丝埋弧焊接，为外焊岗位提供合格钢管。

内焊岗位主要的安全危害因素和风险防控措施见表4-10。

表4-10 内焊岗位操作安全的危害因素辨识与风险防控

危害事件	危害因素	风险防控措施
机械伤害	钢管、设备运行（内焊作业需要经常进入钢管运行区进行作业）	(1) 进入钢管运行区作业，应有其他人员进行监护，单人作业时应切断运管小车电源，并挂牌警示； (2) 岗位人员进行钢管输送作业时，先观察钢管运行方向，确认无人无物后方可启动辊道； (3) 严禁不采取任何保护措施进入钢管运行区域
烫伤	热焊剂和焊渣灼伤	劳保穿戴整齐，必须佩戴防护手套，禁止裸手触碰热焊剂和焊渣
电焊工尘肺、电光性眼炎	电焊烟尘、紫外线	(1) 佩戴防护眼镜或设置防紫外线屏，穿好防护服； (2) 定期对岗位除尘装置进行检查清理，确保除尘装置有效； (3) 更换焊剂、需近距离观察等操作必要时佩戴防尘护具； (4) 定期进行职业健康查体，现场增加警示标志

7. 外焊岗位

采用焊接小车和外焊焊接装置对钢管实施多丝埋弧焊接，对钢管外焊缝进行一次焊接成型，是钢管自动焊接完成的最终工序。外焊岗位主要的安全危害因素和风险防控措施见表4-11。

表4-11 外焊岗位操作安全的危害因素辨识与风险防控

危害事件	危害因素	风险防控措施
机械伤害	钢管、设备运行（内焊作业需要经常进入钢管运行区进行作业）	(1) 进入钢管运行区作业应有其他人员进行监护，单人作业时应切断运管小车电源，并挂牌警示； (2) 岗位人员进行钢管输送作业时，先观察钢管运行方向，确认无人无物后方可启动辊道； (3) 严禁不采取任何保护措施进入钢管运行区域
烫伤	热焊剂、焊渣灼伤	劳保穿戴整齐，必须佩戴防护手套，禁止裸手触碰热焊剂和焊渣
电焊工尘肺、电光性眼炎	电焊烟尘、紫外线	(1) 佩戴防护眼镜或设置防紫外线屏，穿好防护服； (2) 定期对岗位除尘装置进行检查清理，确保除尘装置有效； (3) 更换焊剂、需近距离观察等操作必要时佩戴防尘护具； (4) 定期进行职业健康查体，现场增加警示标志

8. 超声波探伤岗位

超声波探伤岗位需采用自动超声波探伤设备对钢管全焊缝内在质量和焊缝两侧母材进行超声波综合自动探伤，对于自动探伤报警的部位采用手动超声波复查，同时用手动仪器对自动探伤的盲区部分补充探伤。根据生产线工艺流程布局，超声波探伤一般分为扩径前1号超声波探伤和扩径后2号超声波探伤。超声波探伤岗位主要的安全危害因素和风险防控措施见表4-12。

表4-12 超声波探伤岗位操作安全的危害因素辨识与风险防控

危害事件	危害因素	风险防控措施
机械伤害	钢管运送挤伤	(1) 进入钢管运行区进行探伤仪调整和校验时，应有其他人员进行监护，单人作业时应切断运管小车电源，并挂牌警示； (2) 手动探伤时应站在钢管运行方向两侧安全位置； (3) 岗位人员进行钢管输送作业时，先观察钢管运行方向，确认无人无物后方可启动探伤小车或辊道； (4) 严禁不采取任何保护措施进入钢管运行区域

续表

危害事件	危害因素	风险防控措施
其他伤害	钢管表面的毛刺、铁屑伤人	(1) 进入厂房按规定穿戴劳保用品（戴安全帽、穿防砸鞋佩戴防护手套）； (2) 检验前应清理毛刺、铁屑以及焊渣避免划伤

9. X 射线探伤岗位

射线检验工序是钢管无损检验的关键工序之一，通过 X 射线数字成像法通过监视屏幕对钢管进行全焊缝检测，检查钢管焊缝及热区存在的缺欠。同时，采用胶片或数字图像存储方法对钢管管端进行拍片检测，保证钢管内在质量。X 射线探伤岗位主要的安全危害因素和风险防控措施见表 4-13。

表 4-13　X 射线探伤岗位操作安全的危害因素辨识与风险防控

危害事件	危害因素	风险防控措施
机械伤害	探伤车运行	(1) 进入钢管运行区进行探伤仪调整和校验时，应有其他人员进行监护，单人作业时应切断运管小车电源，并挂牌警示； (2) 岗位人员进行钢管输送作业时，先观察钢管运行方向，确认无人无物后方可启动探伤小车与辊道； (3) 严禁不采取任何保护措施进入钢管运行区域
灼伤	显影液、定影液灼伤	(1) 洗片作业时按规定穿戴好劳保用品，佩戴护目镜、橡胶手套； (2) 显影液、定影液进入眼睛后立即用清水清洗
放射性疾病	X 射线	(1) X 光射线作业时，现场设置安全警示标志； (2) 作业前，员工仔细检查 X 射线房铅门互锁开关是否完好，检查警示灯是否完好，家高压检验作业时严禁进入铅房内； (3) 定期将射线计量笔送检，对射线岗位人员进行体检，定期对作业现场防护进行放射性环境监测

10. 钢管扩径岗位

扩径是直缝埋弧焊管重要的精整工序之一，按照相关标准对钢管分步进行全管体机械扩径，达到消除应力、改善钢管管型等目的，为后续各工序提供良好生产检验条件。钢管扩径岗位主要的安全危害因素和风险防控措施见表 4-14。

表 4-14　扩径岗位操作安全的危害因素辨识与风险防控

危害事件	危害因素	风险防控措施
机械伤害	钢管输送辊道、横移车运行	(1) 进入钢管运行区进行模具调整时，应有其他人员进行监护，单人作业时应切断运管小车电源，并挂牌警示； (2) 岗位人员进行钢管输送作业时，先观察钢管运行方向，确认无人无物后方可启动横移车与辊道； (3) 严禁不采取任何保护措施进入钢管运行区域
物体打击	高压液压油喷射	(1) 巡检时与液压站保持一定距离； (2) 禁止非专业人员在高负荷状态时进入液压站范围； (3) 定期检查和更换高压胶管； (4) 悬挂安全警示牌
高处坠落	人员跌落基础坑	(1) 交接班时对设备基础坑防护网和防护链完好性进行巡回检查，定期更换安全防护网； (2) 及时清理地面和坑边的积水油污，挂好防护链，盖好防护网； (3) 对基础坑区域设施安全护链进行隔离，张贴"小心坠落"警示标志进行警示

11. 水压试验岗位

水压试验是逐根对钢管进行规定屈服强度下的静水压试验，检验钢管是否具有在规定时间下承受规定压力的强度和改善扩径后钢管残余力，且在试验过程中不允许泄漏。水压试验岗位主要的安全危害因素和风险防控措施见表4-15。

表4-15 水压试验岗位操作安全的危害因素辨识与风险防控

危害事件	危害因素	风险防控措施
机械伤害	钢管输送、滚动挤伤	(1) 岗位人员先观察钢管运行方向，确认无人无物后方可启动辊道； (2) 进入台架前先观察钢管位置，确认钢管稳定后再进入； (3) 严禁未关闭电源开关进入钢管运行区域； (4) 进入作业区域内工作前停机，并挂牌警示，同时告知本岗位其他人员进行监护； (5) 严禁不采取任何保护措施进入钢管运行区域
物体打击	高压水泄漏、高压部件飞出	(1) 检查大盘、压环是否变形，螺栓是否缺失以防飞出伤人； (2) 钢管试压时，操作人员严禁离开防护操作间； (3) 加高压试验时必须开启四周声光报警灯； (4) 对防护隔离设施完好性进行巡回检查； (5) 对水压机密封圈进行定期检查和更换； (6) 水压机加压时注意避让，不得进入加压区域，无关人员不得进入作业区域

12. 钢管管端倒棱岗位

倒棱工序是直缝埋弧焊管生产过程中十分重要的精整工序之一，钢管管端进行切削成型，达到钢管标准要求的坡口角度、钝边尺寸、切斜及坡口面质量，为施工现场的钢管焊接提供标准的焊接坡口，以便钢管在施工现场进行环焊缝对接。钢管管端倒棱岗位主要的安全危害因素和风险防控措施见表4-16。

表4-16 倒棱岗位操作安全的危害因素辨识与风险防控

危害事件	危害因素	风险防控措施
机械伤害	调整花盘、更换刀片	(1) 上岗前对互锁开关完好情况进行巡检，等待刀盘停止转动再开启防护门，确保联锁开关有效； (2) 调整花盘、更换刀片时关闭控制电源； (3) 穿戴好个人劳动防护用品
机械伤害	更换卡瓦时垫块滑落	(1) 制作并使用垫块防脱落卡子； (2) 使用专用合格吊具； (3) 站在侧面作业，专人指挥天车
物体打击	铁屑飞出	(1) 作业前对防护和联锁装置完好情况进行巡检； (2) 作业时关好防护门，保持防护门完整； (3) 无关人员不得进入作业区域
机械伤害	钢管输送挤伤	(1) 岗位人员先观察钢管运行方向，确认无人无物后方可启动辊道； (2) 作业前对互锁装置进行检查，确保倒棱作业两端完成后才能进行钢管搬运作业； (3) 进入台架前先观察钢管位置，确认钢管稳定； (4) 严禁未关闭电源开关进入钢管运行区域，及时挂"停机"警示牌，告知岗位人员进行监护； (5) 严禁不采取任何保护措施进入钢管运行区域

13. 管端焊缝磨削岗位

直缝埋弧焊管管端焊缝磨削是指对成品钢管进行管端焊缝磨削，去除管端内外焊缝余高，为现场对接做准备。管端焊缝磨削岗位主要的安全危害因素和风险防控措施见表4-17。

表4-17 管端焊缝磨削岗位操作安全的危害因素辨识与风险防控

危害事件	危害因素	风险防控措施
机械伤害	横移车托管移动	（1）保持光电开关等联锁装置灵敏有效； （2）操作前观察运行区域内是否有人； （3）运管作业时严禁人员进入运行区
其他伤害	修磨作业飞溅、砂轮片伤人	（1）修磨作业时穿戴好劳保防护用品，佩戴防护眼镜； （2）定期检查磨削机防护罩和磨削轮，保证设备运行良好，防止磨削砂带脱出； （3）手工磨削时尽量选用不易破碎的砂轮片； （4）磨削作业不得将飞溅方向对着其他人； （5）砂轮机的护罩、手柄齐全完好

14. 钢管初检岗位

初步检查内、外缝焊接质量，按工艺要求画样、取样、送样，检查内、外焊缝宏观形貌和尺寸。初检岗位主要的安全危害因素和风险防控措施见表4-18。

表4-18 初检岗位操作安全的危害因素辨识与风险防控

危害事件	危害因素	风险防控措施
灼烫	酸液泄漏腐蚀	（1）佩戴专用橡胶手套； （2）佩戴防护口罩，轻拿轻放
其他伤害	试样修磨	（1）单人操作砂轮机； （2）禁止侧面磨削； （3）砂轮片完好，防护罩齐全； （4）挡屑屏板、托架与砂轮间隙符合要求； （5）佩戴防护眼镜

15. 补焊岗位

补焊岗位需对按照标准检验出的允许进行补焊的钢管进行补焊作业。按照工艺标准要求，可采用焊条电弧焊、埋弧焊及气保焊等方法对存在缺陷并可修补的钢管进行补焊处理。补焊岗位主要的安全危害因素和风险防控措施见表4-19。

表4-19 补焊岗位操作安全的危害因素辨识与风险防控

危害事件	危害因素	风险防控措施
电焊工尘肺、电光性眼炎	电焊烟尘、紫外线	（1）佩戴防护眼镜或设置防紫外线屏，穿好防护服； （2）定期检查清理岗位除尘装置，确保除尘装置有效； （3）必要时佩戴防尘护具，保持作业环境通风良好； （4）定期进行职业健康检查
灼烫	焊接飞溅	（1）使用焊接防护罩； （2）穿着电焊专用阻燃服； （3）整理好衣领、袖口、裤管

续表

危害事件	危害因素	风险防控措施
中毒与窒息 其他伤害	钻管作业	(1) 用风扇进行通风； (2) 外部应有人监护； (3) 钻管时防止管端坡口碰伤头部和脚部； (4) 加强人员沟通

16. 成品检验岗位

成品检验工序需对钢管内外外观、钢管重量、长度进行检验测量，为后续钢管喷标交库、防腐和发运工序提供正确的数据。成品检验岗位主要的安全危害因素和风险防控措施见表4-20。

表4-20 成品检验岗位操作安全的危害因素辨识与风险防控

危害事件	危害因素	风险防控措施
高处坠落	垛区作业	(1) 梯子有防滑垫； (2) 有专人监护； (3) 劳保用品穿戴齐全
中毒与窒息 其他伤害	钻管作业	(1) 用风扇进行通风； (2) 外部有人监护； (3) 钻管时防止管端坡口碰伤头部和脚部； (4) 加强人员沟通
其他伤害	钢管端面棱角、毛刺	(1) 测量钢管尺寸前修磨管端坡口、毛刺； (2) 劳保用品穿戴齐全； (3) 注意观察

17. 喷标交库岗位

喷标交库工序需在成品钢管检验合格后，对钢管内、外进行喷标，为后续钢管防腐和发运工序提供正确的数据标志。喷标交库岗位主要的安全危害因素和风险防控措施见表4-21。

表4-21 喷标交库岗位操作安全的危害因素辨识与风险防控

危害事件	危害因素	风险防控措施
中毒与窒息	稀料中含有害物质苯	(1) 手动喷标时佩戴防毒面具； (2) 自动喷标时佩戴防护口罩； (3) 加强通风，确保作业环境通风良好； (4) 废稀料集中收集、分类存放； (5) 劳保穿戴齐全
火灾	漆料泄漏	(1) 漆料与火源隔离； (2) 定量领取涂料，专用箱放置涂料； (3) 严禁使用尖利铁质器物敲、凿漆桶； (4) 悬挂"严禁烟火"警示牌； (5) 就近配备灭火器
机械伤害	钢管搬运	(1) 上管箍作业时，应站立在两侧管端安全区域； (2) 安装防护栏杆，区域悬挂"非工作人员禁止入内"警示牌

二、螺旋埋弧焊钢管作业

（一）螺旋埋弧焊管生产线

螺旋埋弧焊管生产线是以热轧卷板为原料，经过开卷、矫平、成型、焊接和精整等工序加工成成品钢管，螺旋埋弧焊管生产线根据焊接工艺方式不同分"一步法"和"两步法"生产。

螺旋埋弧焊管主要工艺流程：螺旋埋弧焊管生产线将合格的热轧卷板通过与带钢纵向成一定角度布置的三辊弯板机构及辅助辊卷制成各种规格的钢管管坯，同时进行内、外多丝埋弧焊接（一步法生产）或气体保护预焊后，离线内、外埋弧精焊（两步法生产），从而制成螺旋缝埋弧焊管。

螺旋埋弧焊管生产线主要包括开卷和成型预焊区，精焊区，精整和检查区三个区域（以预精焊生产工艺为例），主要工艺说明如下：

（1）开卷和成型预焊区：起重机运输钢卷放置到备卷车上，备卷车进入拆卷机拆卷工位，依次拆卷、直头、矫平、剪切、铣削板头，与上卷料剪切铣削好的板尾在对焊工位完成焊接；钢带到达成型预机组，通过粗铣边、精铣边工序将钢带宽度加工到工作宽度并加工出焊接坡口，再经递送机、预弯装置及导板进入成型器上螺旋成型。

焊接工艺采用两步法工艺：钢带螺旋成型后实施气体保护焊预焊成管坯，在成型大桥输出辊道上定尺切断，再由运管小车将切断的钢管送到精焊区。

焊接工艺采用一步法工艺：钢带螺旋成型后实施内外埋弧焊，在后桥输出辊道上定尺切断，再由运管小车将切断的钢管输送到精整检验区。

（2）精焊区：采用两步法预焊后的钢管依次进入预焊清理机、预焊焊缝外观检查工序；预焊检验合格的钢管送入焊接引熄弧板工位，不合格的钢管送至预焊修补工位；预焊钢管焊接引熄弧板之后送入精焊机组，完成钢管的内外自动埋弧焊接；精焊后的钢管完成切除引熄弧板、清渣和内外焊缝外观检查后，经检查发现有宏观缺陷的钢管由输送辊道送到补焊工位进行修补，无宏观缺陷的钢管输送到精整及检验区。

（3）精整和检查区：精焊焊接后进行管端内焊缝磨削、管端整径，随后进行100%的焊缝X射线工业电视检查、管端拍片、静水压试验、全焊缝超声波自动探伤、母材超声波自动探伤、管端盲区超声波手探复查、磁粉检验等无损检验；合格钢管进行管端外焊缝磨削、倒棱，将管端加工成符合标准要求的坡口和钝边；在成品检查台架进行最终检验，包括管端切斜、椭圆度、直线度、焊缝余高、壁厚等，最后进行称重、测长及喷涂标志。

螺旋埋弧焊钢管作业工艺流程图如图4-2所示。

（二）主要生产、检验岗位的危害因素辨识与风险防控

1. 拆卷、矫平、对头岗位

拆卷对头岗位是螺旋钢管制造的第一道工序，钢卷完成上料检查后，使用直头机将钢卷拆开，并经过矫平机进行钢板矫平，使钢板的平直度达到标准要求，有利于后续的板头板尾对接焊接，确保铣边和钢管成型焊接的稳定性。拆卷、矫平、对头岗位主要的安全危害因素和风险防控措施见表4-22。

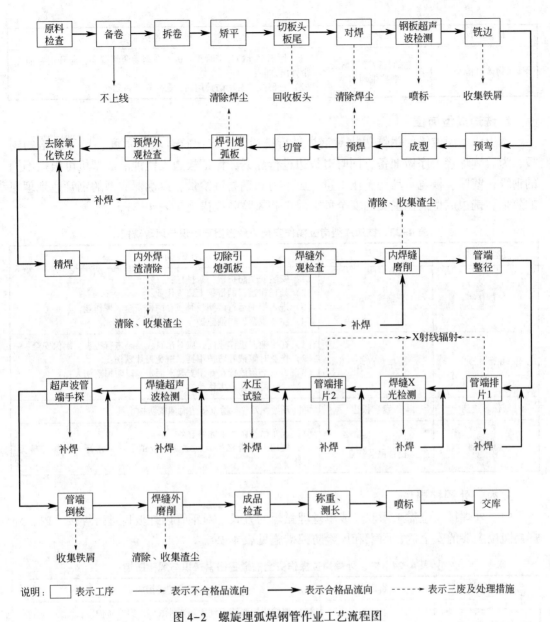

说明：□ 表示工序 ──→ 表示不合格品流向 ━━━▶ 表示合格品流向 ┈┈┈▶ 表示三废及处理措施

图 4-2 螺旋埋弧焊钢管作业工艺流程图

表 4-22 拆卷、矫平、对头操作安全的危害因素辨识与风险防控

危害事件	危害因素	风险防控措施
起重伤害	钢卷脱钩坠落伤人	(1) 使用专用合格吊具，并定期进行吊具检查； (2) 距钢卷 5m 以上（安全区）指挥天车； (3) 备料车两侧平台不能站人； (4) 指挥手势明确、规范，保证料卷慢起慢落
容器爆炸	氧气、乙炔钢瓶泄漏、切割回火	(1) 气瓶安装合格减压阀、回火防止器； (2) 切割作业点距瓶位大于 10m，氧气瓶和乙炔瓶距离 5m 以上； (3) 输气管连接牢固，无泄漏、损坏、龟裂； (4) 气瓶外观完好，瓶帽、防震胶圈配备齐全

续表

危害事件	危害因素	风险防控措施
物体打击	钢卷捆扎带弹开伤人、捆扎带划伤	(1) 切割钢卷捆扎带时，人员站在钢卷两侧端部，避开钢卷捆扎带弹出方向； (2) 正确佩戴劳动防护用品，避免捆扎带划伤

2. 铣边成型岗位

铣边成型岗位需使用铣边机对钢板进行铣边，生产出符合坡口角度、尺寸合格的钢板，为后续焊接工序做准备，同时对板边进行除锈，保证板边无锈蚀。成型机可根据不同的钢级、壁厚、板宽自动调整压下量、压下力和钢卷进给量，以确保成型的钢管达到理想的效果。铣边成型岗位主要的安全危害因素和风险防控措施见表4-23。

表4-23　铣边成型岗位操作安全的危害因素辨识与风险防控

危害事件	危害因素	风险防控措施
机械伤害	带钢连续运行	(1) 安装安全防护罩、防护栏； (2) 禁止在运行的带钢上违规作业； (3) 进入带钢运行区测量时应在两侧安全区域作业； (4) 注意观察、加强监护
起重伤害	吊物坠落	(1) 在更换刀盘作业前，应对吊具、吊环进行检查，确保安全； (2) 作业时佩戴好防护用具，避免刀片划伤； (3) 刀盘必须放置在专用支架上固定，以防掉落伤人； (4) 确认吊钩挂稳再移动
划伤、烫伤	刀盘、板边	更换刀盘、刀片、检查板边时佩戴防护用具
起重伤害	拆装成型器2号机臂吊装作业	(1) 天车吊钩防脱卡完好有效； (2) 使用专用合格吊具，定期检查销子端部吊环，确保完整无损坏

3. 内、外焊接岗位

内、外焊接岗位需采用双丝或单丝埋弧焊的方式，对钢管内外坡口进行焊接。内、外焊接岗位主要的安全危害因素和风险防控措施见表4-24。

表4-24　内、外焊岗位操作安全的危害因素辨识与风险防控

危害事件	危害因素	风险防控措施
电焊工尘肺、电光性眼炎	电焊烟尘、紫外线	(1) 佩戴防护眼镜或设置防紫外线屏，穿好防护服； (2) 定期检查清理岗位除尘装置，确保除尘装置有效； (3) 更换焊剂、需近距离观察等操作，必要时佩戴防尘护具； (4) 定期进行职业健康检查，现场增加警示标志
烫伤	热焊剂和焊渣灼伤	劳保穿戴整齐，必须佩戴防护手套，禁止裸手触碰热焊剂和焊渣
中毒与窒息、其他伤害	钻管作业	(1) 用风扇进行通风； (2) 外部有人监护； (3) 钻管时防止管端坡口碰伤头部和脚部； (4) 加强人员沟通
物体打击	焊丝捆扎带弹开	(1) 在剪焊丝捆扎带时将焊丝头部夹紧固定； (2) 捆扎带弹出方向不能站人； (3) 个人防护用品佩戴齐全

4. 切管岗位

按工艺要求，采用等离子切断钢管，输送钢管到下一个岗位。切管岗位主要的安全危害因素和风险防控措施见表4-25。

表4-25　切管岗位操作安全的危害因素辨识与风险防控

危害事件	危害因素	风险防控措施
机械伤害	钢管运送坠落	（1）缓慢升降运管车接料钩； （2）特殊情况需进入钢管运行区时，有人监护方可进入，挂禁止操作提示牌
容器爆炸	氧气、乙炔钢瓶泄漏、切割回火	（1）气瓶安装合格减压阀、回火防止器； （2）切割作业点距瓶位大于10m，氧气瓶和乙炔瓶距离5m以上； （3）输气管连接牢固，无泄漏、损坏、龟裂； （4）气瓶外观完好，瓶帽、防震胶圈配备齐全
机械伤害	自动运管区域	（1）大桥边缘安装护栏； （2）安装电子门（自锁装置）、联锁报警装置； （3）进入自动运管区域作业时关闭自动程序，并有人员监护方可进入
灼烫	钢管切割飞溅	（1）穿戴好劳保防护用品； （2）佩戴好切割深色防护眼镜
其他伤害	等离子烟尘	（1）定期检查烟尘处理设备，确保完好有效； （2）佩戴个人防护口罩

5. 初检岗位

见直缝埋弧焊管初检岗位主要的安全危害因素和风险防控措施。

6. 磨削扩径岗位

磨削扩径岗位需磨削管端内外焊缝，为钢管扩径和现场环焊缝对接做好准备；对钢管管端进行机械式扩径整圆，有效改善钢管管端应力分布状态，提高钢管管端椭圆度等外形尺寸精度。磨削扩径岗位主要的安全危害因素和风险防控措施见表4-26。

表4-26　磨削扩径岗位操作安全的危害因素辨识与风险防控

危害事件	危害因素	风险防控措施
机械伤害	横移车托管移动	（1）保持光电开关等联锁装置灵敏有效； （2）操作前观察运行区域内是否有人； （3）运管作业时严禁人员进入运行区
机械伤害	管端扩径	（1）保持互锁开关状态良好； （2）自动扩径时，严禁人员进入运行区； （3）进入自动区域作业时关闭自动程序，并挂"禁止操作"牌
其他伤害	修磨作业飞溅、砂轮片伤人	（1）修磨作业时穿戴好劳保防护用品，佩戴防护眼镜； （2）定期检查磨削机防护罩和磨削轮，保证设备运行良好，防止磨削砂带脱出； （3）手工磨削时尽量选用不易破碎的砂轮片； （4）磨削作业时应避开飞溅方向； （5）砂轮机的护罩、手柄齐全完好

7. X射线检验岗位

见直缝埋弧焊管X射线检验岗位主要的安全危害因素和风险防控措施。

8. 补焊岗位

见直缝埋弧焊管补焊岗位主要的安全危害因素和风险防控措施。

9. 水压检验岗位

见直缝埋弧焊管水压试验岗位主要的安全危害因素和风险防控措施。

10. 超声波检验岗位

见直缝埋弧焊管超声波检验岗位主要的安全危害因素和风险防控措施。

11. 倒棱岗位

见直缝埋弧焊管倒棱岗位主要的安全危害因素和风险防控措施。

12. 成品检验岗位

见直缝埋弧焊管水压试验岗位主要的安全危害因素和风险防控措施。

13. 喷标交库岗位

见直缝埋弧焊管水压试验岗位主要的安全危害因素和风险防控措施。

三、钢管防腐作业

钢管防腐作业是钢管表面通过除锈处理后，在外表面和内表面进行涂装作业，涂装后的防腐钢管具有抗腐蚀性、抗水汽渗透性以及力学性能，增加管道的使用寿命，同时能够降低输送介质对管道的摩擦力，降低管道建设投资，通过外除绣、外涂敷、端切、内除锈、内喷涂、辊道传输、最终检验、挂吊等工序，使钢管内外表面涂敷防腐层，增加钢管防腐特性。

（一）钢管防腐生产线

钢管防腐生产线分为外防腐、内涂层两大相对独立的区域。

外防腐区域：需要进行外防腐的钢管，通过电动平车运至检查台架进行外观检查，外观检查合格的钢管进入中频预热，将钢管加热到 40~60℃，温度达到要求后进行抛丸处理，去除钢管表面的氧化层，以达到标准要求的锚纹度、灰尘度和清洁度；在除锈检验平台上对除锈后的钢管进行表面的锚纹度、灰尘度、清洁度及钢管表面缺陷检查，对于上述检验不合格的钢管，在管端做好标记，输送到返回线上，重新进行抛丸处理或降废处理。

检验合格的钢管，在管端 150mm 范围内进行管端缠纸，然后输送到涂敷传动线上，接着对钢管表面进行中频加热，将钢管整体加热到涂敷所需的温度后进行涂敷；涂敷后的钢管进入喷淋房内，采用外部喷淋水冷却的方法冷却涂敷管，使涂敷管冷却到 60℃以下。

完成涂敷后的钢管进入检验平台，对剥离强度、涂层厚度和外观等进行检验；检验合格后的涂敷管进入管端打磨工位，将钢管两端的防腐层打磨掉，达到标准要求或客户需要的管端预留宽度，然后对钢管进行电火花漏点检测及喷标；最后将钢管直接运输至成品区存放或进入内涂层。

内涂层区域：在检查台架上对钢管内表面进行检查，检验合格的钢管通过输送辊道运至内涂层入管工位，然后进行内表面的抛丸除锈处理，在钢管内表面上形成一定的锚纹度；内抛丸后对钢管内表面的锚纹度、灰尘度及清洁度及钢管内表面缺陷进行检验；钢管内除锈后，在管端 50mm 范围内进行管端缠纸，再进行内表面喷涂，喷涂后进行涂层质量检验，合格的钢管进入固化炉进行涂层固化处理。对涂层固化后的钢管进行外观检验，检验合格后，对钢管进行喷标；最后将钢管输送到成品区。

钢管防腐作业工艺流程图如图 4-3 和图 4-4 所示。

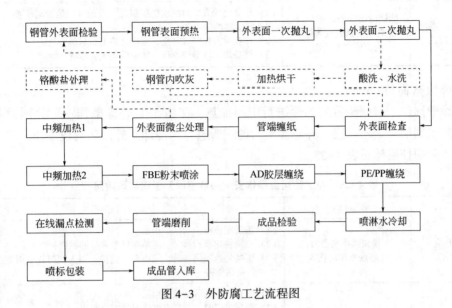

图 4-3　外防腐工艺流程图

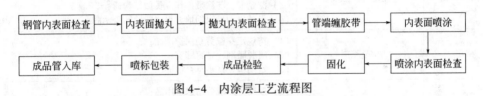

图 4-4　内涂层工艺流程图

（二）主要生产、检验岗位危害因素辨识与风险防控

1. 外表面处理岗位

外表面处理岗位：钢管进入抛丸室去除钢管外表面锈蚀，达到工艺所要求的除锈质量。外表面处理岗位主要的安全危害因素和风险防控措施见表 4-27。

表 4-27　外表面处理岗位危害因素辨识与风险防控

危害事件	危害因素	风险防控措施
划伤、烫伤	防腐层扒皮	（1）按规定穿戴劳保用品； （2）用力均匀，避免用力过猛划空； （3）两人同时作业时要提醒对方避免对方受到伤害
机械伤害（碰伤、挤伤）	钢管运动	（1）严格按照操作规程操作，禁止在钢管未完全脱离翻料钩时提前落钩； （2）禁止未采取有效措施进入钢管运动区域作业； （3）定期检查侧挡管器等防撞设施； （4）检维修设备时须停机挂警示牌，并有专人监护
机械伤害（夹伤）	扳管	（1）作业时穿戴好劳动保护用品； （2）使用专用扳管器，使用前做好工（器）具检查； （3）在钢管端部操作，严禁进入钢管摆放台架内作业； （4）做好防护措施确保单根钢管运动

危害事件	危害因素	风险防控措施
物体打击（钢砂飞出伤人）	除锈时钢砂密封不严或抛丸室密封胶皮磨损，与钢管存在间隙	(1) 作业前检查密封胶皮磨损情况，发现有问题及时更换，确认密封良好后再操作； (2) 作业时劳保穿戴齐全，佩戴合格的护目镜； (3) 设备周围明显位置设立防钢砂伤人警示牌

2. 外涂敷岗位

外涂敷岗位：对除锈后的钢管进行中频加热，实施 3PE 外涂敷作业，分别为环氧粉末层、胶黏剂层、聚乙烯层，并对涂敷后的钢管进行水冷却。外涂敷岗位主要的安全危害因素和风险防控措施见表 4-28。

表 4-28　外涂敷岗位操作安全的危害因素辨识与风险防控

危害事件	危害因素	风险防控措施
机械伤害（碰伤）	更换快速换网器时，柱塞意外飞出伤人	(1) 按规定穿戴劳动保护用品； (2) 更换快速换网器时，应站在柱塞来处的侧面； (3) 更换快速换网器时，应由专人监护，两人同时作业时要提醒对方避免受到伤害
挤伤、烫伤	测量管体温度	(1) 按规定穿戴劳动保护用品； (2) 测量温度时，与高温钢管保持安全距离； (3) 测量前，与涂敷操作人员做好沟通； (4) 设备周围显眼的地方设立防烫伤警示牌
摔伤	喷脱膜剂	(1) 按规定穿戴劳动保护用品； (2) 喷脱膜剂，站稳踏实； (3) 定期检查踏步是否稳固
闪爆、燃烧	喷粉区域动用明火	(1) 按规定穿戴劳动保护用品； (2) 禁止在喷粉区域动用明火，确需要动火需办理动火作业许可，且周围不能有易燃易爆物品； (3) 定期检查防火阀，及时清理积粉
烫伤	排料、搭胶、切断防腐层	(1) 按规定穿戴劳动保护用品； (2) 排料、搭胶时必须戴头盔和石棉手套，系好袖口； (3) 切断防腐层使用专用工具，使用前做好工（器）具检查； (4) 两人同时作业时要提醒对方，做好配合； (5) 设备周围显眼的地方设立防烫伤警示牌

3. 端切岗位

端切岗位：对外涂敷后的合格防腐钢管管端 PE 涂层进行处理，使管端达到工艺卡预留要求。端切岗位主要的安全危害因素和风险防控措施见表 4-29。

表 4-29　端切岗位操作安全的危害因素辨识与风险防控

危害事件	危害因素	风险防控措施
高处坠落（踏空、摔伤）	修磨管端	(1) 按规定穿戴劳动保护用品； (2) 修磨时，注意踩稳踏实； (3) 两人同时作业时要提醒对方，避免对方受到伤害
机械伤害（夹伤、划伤）	调整刀具	(1) 按规定穿戴劳动保护用品； (2) 调整刀具时，应切断控制电源再操作； (3) 调整刀具时，注意抓稳扶好，踩稳踏实

续表

危害事件	危害因素	风险防控措施
物体打击 （碰伤）	剥离防腐层	(1) 按规定穿戴劳动保护用品； (2) 剥离防腐层时，确保周边无人，且不要用力过猛； (3) 两人同时作业时要提醒对方，避免对方受到伤害
物体打击 （碰伤、划伤）	使用角磨机	(1) 按规定穿戴劳动保护用品； (2) 使用角磨机时，检查角磨机电源线、角磨片等是否完好，确认无误后再使用； (3) 修磨过程中，踩稳踏实，且用力均匀，不要过猛； (4) 作业过程中，应制止他人靠近端切小车后面，避免被小车碰伤、钢丝飞出伤人； (5) 设备周围显眼的地方设立防钢丝飞出伤人警示牌

4. 内除锈岗位

内除锈岗位：钢管经过抛丸除锈机去除钢管内表面锈蚀，达到工艺所要求的除锈质量。内除锈岗位主要的安全危害因素和风险防控措施见表4-30。

表4-30 内除锈岗位操作安全的危害因素辨识与风险防控

危害事件	危害因素	风险防控措施
机械伤害 （划伤）	管端贴纸	(1) 按规定佩戴皮手套； (2) 检查管端，发现毛刺及时修磨； (3) 贴纸时避免用力过猛
机械伤害 （挤伤）	修磨钢管、进入 钢管滚动区域	(1) 按规定穿戴劳动保护用品； (2) 进入平台修磨钢管时，须对前后钢管稳固支垫； (3) 修磨钢管时有专人做好监护； (4) 无可靠防护禁止进入钢管滚动运行区域； (5) 检维修设备时须停机挂警示牌
物体打击 （钢砂飞溅）	钢管两端未封闭开启 抛丸机，操作台挡 砂板磨损、固定室、 活动室密封胶皮磨损	(1) 作业时劳保穿戴齐全； (2) 严格按照操作规程操作，钢管两端进入活动室和固定室后启动抛丸机； (3) 作业前确认挡砂板完好，防护有效，作业前检查密封胶皮磨损情况，发现有问题及时更换，确认密封良好后再操作； (4) 定期检查活动室和固定室限位装置； (5) 检维修设备时须停机挂警示牌； (6) 设备周围显眼的地方设立防钢砂伤人警示牌
机械伤害 （碰伤、挤伤）	运行的内喷涂小车	(1) 小车运行时，人员应远离； (2) 小车停止后，确认安全后方可上下喷涂小车； (3) 检维修设备时须停机挂警示牌

5. 内喷涂岗位

内喷涂岗位：在钢管内壁喷涂一定厚度的涂层。内喷涂岗位主要的安全危害因素和风险防控措施见表4-31。

表4-31 内除锈岗位操作安全的危害因素辨识与风险防控

危害事件	危害因素	风险防控措施
物体打击 （飞溅伤人）	配料或加料	(1) 按规定穿戴好劳动保护用品，佩戴防护目镜； (2) 配料时做好防护，作业人员与料桶保持一定距离； (3) 加料时缓慢倾倒，避免涂料飞溅

危害事件	危害因素	风险防控措施
烫伤	检查内熔结涂层质量	（1）按规定穿戴劳动保护用品； （2）与钢管保持一定距离，避免与钢管接触； （3）设备周围显眼的地方设立防烫伤、涂料喷溅伤人警示牌
物体打击 （喷溅伤人）	更换喷枪喷嘴	（1）按规定穿戴劳动保护用品，佩戴好护目镜； （2）严格按照操作规程操作，更换前关闭喷涂泵，确认管路泄压后再进行操作； （3）更换喷嘴时操作台悬挂警示牌
机械伤害 （碰伤、挤伤）	进入喷涂小车运行区域	（1）小车运行时，人员应远离小车； （2）确认喷涂小车运行区域无人后方可开启喷涂小车； （3）作业前检查限位器，确保完好，发现问题及时通知维修、更换； （4）检查喷涂小车轮防夹伤装置，确保完好，发现问题及时通知维修、更换； （5）检维修设备时须停机挂警示牌
燃烧	配料室及喷涂区域动用明火	（1）禁止动用明火，维修设备焊接或气割动火需远离易燃物品； （2）定期对设备周边散落涂料进行清理，保持设备及地面干净整洁； （3）定期检查消防器材，确保完好有效

6. 辊道传输辅助操作岗位

辊道传输辅助操作岗位：负责传输运送钢管及辅助操作工作。辊道传输辅助操作岗位主要的安全危害因素和风险防控措施见表4-32。

表4-32　辊道传输辅助操作岗位操作安全的危害因素辨识与风险防控

危害事件	危害因素	风险防控措施
机械伤害 （夹伤、碰伤）	扳管	（1）扳管前检查扳管器有无脱焊、断裂等现象，确保扳管器完好性； （2）扳管时注意观察来管方向有无滚动的钢管； （3）使用专用扳管器，禁止用手推或用脚端等方式推送钢管，禁止用扳管器等其他工（器）具替代铁鞋支垫钢管； （4）禁止用吊起的钢管撞推台架的钢管
机械伤害 （砸伤）	装、卸管端连接器	（1）按规定穿戴好防护用品； （2）搬运及装卸连接器时，要拿稳抓牢
机械伤害 （碰伤、挤伤）	运管小车运行	（1）认真观察，小车运行期间禁止穿越轨道，或进入小车轨道内作业； （2）小车运送钢管前，需确认液压挡管器、报警装置、限位、插销等完好有效； （3）小车运行时，行人应远离并做好避让
机械伤害 （夹伤、碰伤）	接翻钢管	（1）作业前检查液压挡管器、报警装置完好性； （2）接翻钢管时认真观察，确保台架无人时方可翻钢管； （3）无可靠防护措施禁止进入钢管滚动区域； （4）作业过程中及时做好沟通，做好钢管支垫，禁止无任何防护措施进入两根钢管间作业或通过； （5）注意做好岗位间安全提示，防止相邻岗位被钢管碰伤、夹伤
物体打击 （砸伤）	辅助料垛坍塌	（1）按规定穿戴好防护用品； （2）物料摆放整齐高度不得超过2m； （3）及时避让运送原料车辆，防止车辆转弯过急原料倒塌砸伤行人
机械伤害 （砸伤、碰伤）	台架推挡器、极限限位失灵	（1）作业前必须认真检查台架液压操作按钮、极限限位等，确保极限限位完好有效； （2）检查如发现极限限位故障，及时告知维修人员进行更换处理； （3）作业过程中规范操作，集中注意力，防止极限限位失灵造成钢管直接掉落砸伤设备

7. 最终检验岗位

最终检验岗位：检验防腐钢管内外涂层质量，合格后喷印标志，对防腐钢管做好防护。最终检验岗位主要的安全危害因素和风险防控措施见表4-33。

表4-33　最终检验岗位操作安全的危害因素辨识与风险防控

危害事件	危害因素	风险防控措施
机械伤害（碰伤）	喷标机械人	（1）机械手工作时，人员应远离机械手运行区域； （2）清洗机械人喷头时应断电并在操作台悬挂警示牌
起重伤害（砸伤）	吊运作业	（1）作业前检查吊索吊具完好状态，发现有问题及时通知维修，确认安全后方可操作； （2）用专用钢丝绳将吊物捆绑牢固； （3）天车吊运钢管时，注意避让； （4）设备周围显眼的地方设立防吊物坠落伤人的警示牌
灼伤	使用汽油喷灯	（1）按规定穿戴劳动保护用品； （2）作业时必须佩戴手套，按规定系好衣服领口及袖口； （3）禁止将喷灯对人
机械伤害（夹手、挤伤、碰伤）	安装篷布和保护器	（1）按规定穿戴劳动保护用品； （2）作业时，应在钢管管端两端操作，不要将手置于钢管两端水平方向； （3）台架钢管必须支垫牢固，防止液压挡管器失灵导致钢管滚动，造成挤伤、碰伤

8. 挂吊辅助操作岗位

挂吊辅助操作岗位：将光管原料挂吊上线生产；将成品管交于成品库垛。挂吊辅助岗位主要的安全危害因素和风险防控措施见表4-34。

表4-34　挂吊辅助岗位操作安全的危害因素辨识与风险防控

危害事件	危害因素	风险防控措施
机械伤害（夹伤）	扳管	（1）扳管时注意观察来管方向有无滚动的钢管； （2）使用专用扳管器，并站在钢管两端安全处操作； （3）扳管时必须踩稳踏实并与钢管保持安全距离
高处坠落（摔伤）	管垛、台架上作业	（1）按规定穿戴好防护用品； （2）上、下管垛必须使用扶梯，直梯须有专人扶，禁止从管垛上直接跳下； （3）管垛上挂吊作业时，禁止站在管垛边沿作业； （4）台架上作业时，禁止站在台架边沿作业，防止坠落
起重伤害（砸伤、碰伤、夹伤）	吊运钢管	（1）天车工挂吊作业时，严格执行"十不吊"规定，规范操作，禁止大车、小车、卷扬等同时启动； （2）使用专用吊具进行钢管吊装作业，作业前检查吊索吊具、极限限位、运管小车完好状态，发现有问题及时通知维修，确认安全后方可操作； （3）天车吊运时必须提示地面人员，运管小车警报装置必须正常有效运行； （4）挂钩人员与天车工做好沟通交流，挂钩、卸钩时禁止天车启动作业； （5）天车起吊、落钩时须轻起轻落，禁止猛起猛落； （6）挂钩、卸钩时应将手置于吊钩上方，禁止将手置于吊钩与钢管之间； （7）作业人员挂卸吊钩后，及时远离，保持一定距离，禁止站在起吊钢管管头下方； （8）吊运物体时，天车工及时提醒地面行人做好避让

续表

危害事件	危害因素	风险防控措施
机械伤害 （碰伤、挤伤、 夹伤）	钢管输送	（1）严格按照岗位操作规程规范操作，无可靠防护措施禁止进入钢管滚动区域； （2）辊道运行中禁止穿越辊道、在辊道进行其他作业； （3）作业过程中及时沟通，做好岗位间安全提示； （4）认真观察，确保台架无人时方可翻管； （5）台架作业时必须支垫好钢管，且与钢管保持一定距离，禁止台架钢管无支垫进入两管间进行作业； （6）台架作业时，注意观察来管方向，严禁将手置于来管方向，防止夹伤； （7）检维修设备时须停机挂警示牌
起重伤害 （砸伤）	真空吸盘吊吊运中断电	（1）按照生产厂家要求定期对真空吊具进行检查与检修，定期更换密封条等易损件； （2）定期对吊具真空度进行检查，确保在非计划断电时钢管不坠落

第三节　钢绳制造

一、酸洗作业

酸洗作业是钢丝绳制造的第一道工序，主要是利用盐酸溶液去除盘条表面的氧化皮和锈蚀物，通过盐酸酸洗、中温磷化、烘干等工序，使盘条表面清洁并覆盖一层磷化膜，热处理时钢丝表面无锈蚀有利于半成品的拔丝作业。

酸洗设备主要包括隧道式酸洗设备、酸雾处理设备、盐酸存储设施。

（一）人的不安全行为

1. 从事禁忌作业

酸洗岗位属于接触有毒有害岗位。

预防措施：

（1）心脏病、高血压或身体有其他职业禁忌证的应调离该岗位。

（2）定期组织岗位人员参加职业健康体检。

2. 违章作业

1）危害因素

（1）巡检盐酸存储区域未携带防酸面具。

（2）剪切盘条、钢带等金属材料未使用安全帽、防护面屏。

（3）生产运行期间清理废酸或磷化渣未使用防酸手套。

（4）设备检维修或盐酸泄漏应急处置过程个人防护不当。

（5）未按周期检查维护防酸面罩和洗眼器。

（6）巡检高处未按要求系挂安全带。

2）预防措施

（1）在作业现场配备安全带、防酸护具等劳动防护用品。

（2）定期培训劳动防护用品的使用方法。

（3）检查并确保劳动防护用品及应急物资的数量和质量能够满足作业需求。

3. 冒险心理

1）危害因素

（1）单手攀爬设备直梯。

（2）在运行的设备下方穿行。

2）预防措施

在现场醒目处张贴禁止类警示标志。

4. 监护失误

1）危害因素

（1）输送盐酸作业时，未设专人监管。

（2）未经作业许可进入隧道式酸洗设备内部作业。

2）预防措施

（1）执行作业许可票证管理制度。

（2）监护人员须经过安全培训，佩戴监督标志或黄色安全帽。

（二）物的不安全状态

1. 设备、设施、工具、附件缺陷

1）危害因素

（1）酸雾处理设备密封不良。

（2）盐酸、蒸汽等各类管道锈蚀、滴漏、缺少标志。

（3）自动化生产系统传感元器件失效。

（4）工业梯台或护栏锈蚀、松动。

2）预防措施

（1）张贴巡检条例和设备设施维护保养制度，并定期组织培训学习。

（2）如实记录巡检结果，精准做好交接班和维修信息传递。

（3）定期组织人员对设备、设施、工具、附件开展维修保养作业。

2. 运动物伤害

1）危害因素

（1）盘条堆垛不稳，出现滑动。

（2）盘条包装物和盘条经剪切、采样后的端口比较锋利，金属物反弹伤人。

（3）液体或气体管道、阀门失效引起盐酸和蒸汽喷射、阀门元件飞出，造成飞溅物伤害。

（4）静止的盘条端口能够刺伤靠近运动的人体。

2）预防措施

（1）对原辅材料进行定置管理，划定存放区域。

（2）产生的废料及时送至指定区域，避免在现场堆放。

（3）正确佩戴使用劳动防护用品。

3. 腐蚀品

1）盐酸

盐酸（hydrochloric acid）是氯化氢（HCl）的水溶液，属于一元无机强酸，为无色至

淡黄色清澈液体，有强烈的刺鼻气味，具有较高的腐蚀性和挥发性。

（1）挥发的盐酸与空气中的水蒸气结合产生盐酸雾，对眼睛和呼吸道等人体软组织有刺激性，严重时可能造成眼角膜损伤或呼吸困难。

（2）盐酸能够使防护鞋、雨靴、氧气（乙炔）气带等橡胶制品老化。

（3）如果发生泄漏且处置不当，对水体、大气或土壤可能构成不同程度的污染。

2）磷化液

磷化液的主要成分是磷酸二氢盐，同时含有适量的游离磷酸和促进剂。当酸洗后的盘条浸入磷化液进行表面覆膜反应时，磷酸盐在槽体中沉积，形成磷化渣。

（1）磷化渣属于危险废物，处置不当将对环境造成污染。

（2）磷化液能够快速渗入物体表面，促使劳动防护用品老化。

（3）磷化液或磷化渣与皮肤接触后，可能造成皮肤发红、瘙痒等过敏反应。

3）预防措施

（1）防酸面罩能够有效减少盐酸雾对眼睛和呼吸道的刺激。

（2）检查并确保酸雾净化装置有效投入运行。

（3）配备连体雨裤、雨靴、防酸手套、防酸面罩等应急物资。

（4）张贴化学品相关的职业病危害因素告知卡和化学品使用说明书。

（5）化学品存储、使用区域应做地面防渗处理。

4. 防护缺陷

1）危害因素

（1）用电设备防护缺陷可能造成触电。

① 潜水泵绝缘不良。

② 插座漏电保护器失效。

③ 电气设备接地不良。

④ 潮湿、腐蚀环境使用大于 24V 的照明电压。

（2）电气联锁装置失效造成的防护缺陷。

① 急停装置性能不可靠，安装位置不合适。

② 机械互锁装置、限位装置、压敏防护装置性能不可靠或失灵。

③ 数控系统的传感器失效，引起设备意外启动或误动作、速度变化失控和运动不能停止。

④ 机械臂配重系统中的压敏装置失效，机械臂断裂。

2）预防措施

（1）定期开展用电设备安全检查和维护，强制更换易老化的电气元件。

（2）配电箱符合防爆、防腐环境的使用标准。

（3）检查系统自检信号的同时，实地检查联锁装置和传感器的状态。

二、热处理作业

钢丝热处理作业是指钢丝通过明火奥氏体化加热炉（简称明火加热炉）、铅浴、酸洗、水洗、磷化、烘干等一系列工艺加工，改变钢丝金属结构和表面性状，为钢丝拉拔作业提供结构、性能更稳定的钢丝。

钢丝热处理作业过程中存在天然气明火、起重机械、高温物质、酸性腐蚀品、钢丝反弹、外露运动件等危险和有害因素。

钢丝热处理生产线主要包括明火加热炉、铅浴炉及布袋除尘设备、表面处理槽（含酸洗、水洗、磷化、烘干等工艺）、放线机和收线机。

（一）明火加热炉作业

1. 人的不安全行为

1）违章作业

（1）首次给天然气烧嘴点火时，未吹扫炉膛。

预防措施：开炉点火前，先开鼓风机吹风 8~12min，方可打开炉前天然气阀门。

（2）挂车作业需要开启炉门时，未站在侧面。

预防措施：

① 使用防烫手套试动炉门手柄，检查手柄灵活性。

② 拉动手柄使弹簧脱离卡扣，确保人的面部和身体没有正对炉门。

③ 向下扳动炉门。

（3）维保加热炉时，未佩戴棉布口罩及其他劳动防护用品。

预防措施：加热炉熄火后，2~3h 仍然存在余热。人员应使用棉布口罩和佩戴护目镜，防止热灰被吸入呼吸道或吹入眼睛。

（4）在炉子周围烘烤衣物或食品。

预防措施：

① 衣物和食品经过充分干燥后，容易引起燃烧，炉内有害物质可能会吸附在衣物或食品上面。

② 经常提醒员工在更衣室备份一套干净的工作服，在车间办公室使用微波炉加热食品。

2）监护失误

（1）生产过程中，未按频次检查和判断燃气压力和风压的匹配。

预防措施：冬季采暖期间经常出现市政燃气压力不稳定的情况，制定严格的周期巡检制度，定时查看并报告燃气压力，及时将市政燃气切换为 CNG 燃气，避免出现燃气沿烧嘴回火。

（2）维保设备时，未经许可批准将身体探进炉膛。

预防措施：

① 遵守公司受限空间作业许可管理程序，办理作业许可证。

② 先通风、再检测、后作业。

（3）从炉膛内抽取钢丝重新穿线时，徒手操作或未提醒周围其他人员。

预防措施：

① 从炉膛内抽取的钢丝存在余热，操作时戴双层帆布手套或防烫手套。

② 提醒周边人员保持安全距离。

（4）在炉体周围从事焊接、打磨、钻孔作业时，未办理动火作业票。

预防措施：

① 炉体周围存在燃气管路，属于消防重点区域。开展动火作业前，兼职消防员应协助办理动火作业票，现场确认作业点。

② 采用防火毯隔离易燃品或管路。

③ 作业期间有专人旁站监督。

2. 物的不安全状态

（1）燃气管道出现漏气或法兰跨接线出现断裂。

预防措施：

① 保持燃气泄漏检测仪器有效性，定期校验，留存校验合格报告。

② 定期使用肥皂水进行人工检测接口、阀门是否存在泄漏，防止仪器出现故障而不察觉。

（2）加热炉周围堆放易燃易爆物品。

预防措施：

① 车间执行精益管理制度，物品定置摆放。

② 及时将临时使用的易燃物易爆物品清离出加热炉现场。

（3）管道颜色未按标准颜色区分。

预防措施：

① 检查管道腐蚀情况，及时消除管道色差或者锈蚀。

② 标注醒目的管道内介质及其流向。

（4）炉体内外壁出现结构性变形或色差。

预防措施：炉体内外壁出现变形或色差的原因一般是因为耐火砖（泥）出现脱落，应列入设备维保项目，及时修复。

（二）铅浴炉作业

1. 人的不安全行为

1）违章作业

（1）未将浸入或盛放液铅的工具或铅锭提前预热或充分干燥。

预防措施：将工具或铅锭放置在铅浴槽一侧的平台上预热 20min，充分干燥除去潮气，避免产生水蒸气使液铅迸溅。

（2）站在铅浴槽边沿上从事添加液铅覆盖剂、清理铅渣作业，或在铅浴槽边沿上行走。

预防措施：

① 生产运行期间禁止人员站立在铅浴槽边沿上作业。

② 非常规维修期间，在铅浴槽边沿铺设防滑隔热垫，至少安排两人作业，一人作业一人监护。

（3）清槽作业时，人员未佩戴棉布口罩、石棉手套、石棉衬布等防护用品。

预防措施：

① 严格执行"舀铅安全技术操作规程"，开展作业前安全分析，对清槽作业人员进行再培训。

② 安排专人旁站监督，强制安排人员分组轮换作业，杜绝疲劳作业。

③ 提醒作业人员规范使用劳动防护用品。

2）监护失误

（1）起吊铅泵时，人员未保持足够的安全距离。

预防措施：

① 严格执行"起重设备安全技术操作规程"。

② 提前拆除铅泵与铅槽的紧固件。

③ 起吊前人员保持 2 米以上的安全距离，采用点动的方式试动，平稳吊起后摆放在开阔地面使铅泵冷却。

（2）捞取的铅渣、绿豆石或铅锭未经充分冷却转移至其他区域。

预防措施：

① 从铅槽内清理出的物品带有余热，就地摆放后设置安全警示栏和"当心烫伤"警示牌。

② 冷却不少于 2h，再周转至危废存储区域。

（3）冷却后的铅渣未及时粘贴危废标志或送至危废存储区域。

预防措施：

① 周转至危废存储区域的铅渣，按危废另行处置。

② 从现场转移前由班组长负责粘贴危废标志。

③ 转移过程中若出现洒漏，立即安排人员清扫归置。

2. 物的不安全状态

（1）检查、维护作业后，未及时将铅浴锅防护罩落下。

预防措施：

① 铅锅罩是布袋除尘器的组件之一，能够有效保持风机形成的负压。生产运行过程中，由质量员和班长负责保持铅锅罩常闭。

② 出现故障时及时报修并于当班予以修复。

（2）与铅浴槽配套使用的布袋除尘器停止运行。

预防措施：

① 布袋除尘器的关停采取备案制，避免生产线运行后，由于疏忽没有及时开启布袋除尘器。

② 交接班过程中，记录布袋除尘器的运行情况。

③ 出现故障后须在当班予以修复。

（3）周转绿豆石或铅渣时，未采取覆盖、喷淋等防扬尘措施。

预防措施：

① 由具备危废处置资质的合格承包商清理外运铅渣和含有铅尘的绿豆石。对外来清运含铅废物作业的人员开展作业前安全分析和职业健康风险告知。

② 处置过程中安排专人旁站监督，及时采取覆盖和喷淋措施，避免产生扬尘。

（三）表面处理槽作业

1. 人的不安全行为

1）违章作业

（1）加注盐酸或磷化液时，发生溢出现象。

预防措施：

① 加注化学品作业时，由班组质量员全程监控，到达指定液位后，关闭输送阀门。

② 在化学品使用登记台账上记录化学品加注的数量。

（2）挂车作业或清理槽体内磷化渣时，操作人员未佩戴防护面罩或护目镜。

预防措施：

① 安排两人或以上参与挂车或清渣作业，作业时互相监护劳动防护用品的正确使用。

② 若出现化学品迸溅入眼睛内的情况，立即使用洗眼器冲洗，冲洗时强制翻开眼睑，避免冲洗不充分。

③ 送医过程中，使用便携式洗眼器。

2. 物的不安全状态

（1）酸洗槽抑制酸雾的装置运行失效。

预防措施：

① 抑制酸雾的水帘密封装置关停采用备案制，避免设备主体运行后，因疏忽没有开启水帘密封装置。

② 交接班过程中，记录水帘密封装置的运行情况。

（2）盐酸或磷化液（渣）洒漏。

预防措施：

① 定期维护酸洗槽和磷化槽附属管件和设备周边花岗岩围堰。

② 当班修复存在"跑、冒、滴、漏"的管道阀门，发现化学品结晶物要立即擦拭或冲洗。

③ 出现大量泄漏时，执行"化学品泄漏突发事件现场处置预案"。

（3）盐酸或磷化液缺少化学品安全使用说明书。

预防措施：

① 盐酸或磷化液供应来源发生变化时，应在供货前索取化学品安全使用说明书。

② 更新现场定置区域公示的化学品安全使用说明书。

③ 在班前会上组织新的化学品安全使用说明书培训。

④ 必要时依据化学品安全使用说明书修订应急处置方案并开展演练。

（4）槽、坑活动盖板未及时复位。

预防措施：

① 使用安全警示带将槽、坑围起来。

② 夜间提供照明。

③ 作业完成后，将槽、坑盖板恢复到安全状态，并撤除安全警示带。

（四）放（收）线机作业

1. 人的不安全行为

1）违章作业

（1）剪断或焊接钢丝时，未佩戴防护面罩或护目镜。

预防措施：

① 进入岗位前检查防护面罩或护目镜的完好性，并放置在操作台前。

② 准备作业时，戴好防护面罩或护目镜。

③ 严格执行现场作业违章考核办法。

（2）拆卸挂线钩、挑起钢丝或将解开缠绕的钢丝时，未使用专用工具。

预防措施：

① 进入岗位前检查专用工具的完好性，并放置在操作台前。

② 使用后的工具定置摆放并检查完好性。

③ 及时更换出现故障的专用工具。

（3）在线槽或钢丝变形轮前面，触摸运行的钢丝。

预防措施：

① 放线人员应使用扩音器告知收线人员钢丝的接头时间，使收线人员提前做好接应准备。

② 在线槽或钢丝变形器后部触摸核查钢丝接头位置。

③ 在线槽或钢丝变形器前面安装防护挡板，避免手指被带入狭小空间。

2. 物的不安全状态

（1）工字轮、线捞子等工装出现变形或脱焊。

预防措施：

① 将变形或脱焊的工装转移至待修区暂存。

② 作业人员挑选完好的工装投入使用，避免在吊装过程中脱钩造成起重伤害。

（2）吊具出现裂隙或变形。

预防措施：

① 常用的吊具包括工字轮卡盘、索具吊带、定制副钩，班后检查以上吊具并定置摆放。

② 将不合格的吊具脱离出现场，避免再次投入使用。

③ 定期淘汰超期服役的索具吊带。

④ 对副钩进行年检并留存检测合格报告。

（3）收线罐急停开关失效、控制手柄断裂或控制按钮缺少标志。

预防措施：

① 下线空车时测试急停开关的完好性，恢复正常功能后挂车运行。

② 收线控制手柄断裂的，应在当班予以修复。

③ 经常检查按钮标志，备份相同的按钮标志，当出现模糊不清或者缺失时更换或粘贴。

三、拔丝作业

拔丝作业为钢丝绳制造的中间工序，主要是指盘条经过酸洗、磷化、烘干等工序后形成的过火线，在拔丝机的外力作用下通过不同直径的模具，进行一次或多次的拔拉，改变其外部形状和物理特性，由粗变细，增强强度和抗疲劳韧性，使其达到目标直径的加工过程。

（一）人的不安全行为

1. 误操作

（1）在作业过程中，挂车换工艺时，脚手配合不当，夹伤手指。

预防措施：点车时手脚配合到位，肢体禁止接触转动罐体。

（2）钢丝背罐时，脚手配合不当或动作不正确，造成伤害。

预防措施：处理背罐时，人一定要选择正确姿势，脚手配合得当，用掌心接触钢丝，手指不可伸入钢丝中，以免夹伤手指。

（3）上工字轮时，手扶工字轮的部位不准确，压伤手指。

预防措施：手扶工字轮的部位应远离拨块或是扶轮子的另一边上轮子。

（4）拔丝操作人员与行车工配合时，发生配合失误，可能造成起重伤害。

预防措施：站位合适，指挥手势正确，严禁吊物从人员头顶通过，并与行车工密切配合。

（5）在选用吊索具时，吊索具载荷选择错误或选用断股断丝的吊索具，可能造成起重伤害。

预防措施：根据起吊物的重量选择吊索具，严禁使用无载荷标志，以及有断丝、断股、麻芯外露、打结等现象的吊索。

（6）上拔丝机平台时，手未扶稳，可能坠落。

预防措施：上操作平台工作时扶好踩稳，随时保持有一只手扶扶梯，双手不能同时离开扶手。

（7）剪断钢丝时，手握钢丝位置不正确，钢丝弹起伤人。

预防措施：在剪钢丝时，劳保穿戴规范，手握离剪断点比较长的一端。

2. 违章作业

（1）放线架上钢丝甩出大圈或乱线，未关闭设备，直接用手去排除大圈和整理乱线，夹伤手指。

预防措施：必须停车排除大圈和整理乱线。

（2）用压头机进行钢丝压头时，站在压头机的背面进行作业，手被拉进压头机。

预防措施：进行压头作业时，站在压头机的正面进行作业，并在压头机的背面安装护板。

（3）人员在给配电柜进行设备复位操作时，电气元件或线路产生电弧，未正确穿戴用品，造成灼伤。

预防措施：操作时人员应侧身站在配电柜前、戴防护手套背向单手送电，严禁带负荷送电以防产生电弧。

（4）下工字轮时，未佩戴劳保手套，手被烧伤。

预防措施：进行操作时，必须佩戴双层手套，以防高温钢丝烧伤。

（5）进行接头作业时，未正确佩戴劳保眼镜，火花飞溅或钢丝加固不牢，造成人员伤害。

预防措施：在接头作业时，必须佩戴劳保眼镜。

（二）物的不安全状态

1. 防护不当

（1）防护罩、防护门、防护网未正确使用，身体部位接触到旋转设备，造成人员伤害。

预防措施：开启设备前，先关闭防护罩、防护门等，然后再开启设备，有断线投入、保护功能的设备，必须将断线投入、保护功能投入使用。

（2）进行接头时，接头机门未关闭，钢丝弹入接头机电气部位，造成触电。

预防措施：在使用接头机前，先检查接头机的配电柜是否处于关闭状态，再进行作业。

2. 防护装置防护缺陷

（1）防护罩转轴虚焊，或关闭不严，防护罩可能被工字轮打飞，造成人员伤害。

预防措施：严格执行设备点检制度，检查防护罩安全性，有虚焊情况应及时补焊。

（2）挂车换工艺时，钢丝未紧固、链条牙口磨损严重，可能导致钢丝脆断、拔脱，造成伤害。

预防措施：挂车时，检查夹固装置是否正常，以及链条牙的完好性，确保夹紧装置、链条完好后再使用。

（3）拔丝机锁紧装置失效，工字轮可能飞出伤人。

预防措施：锁紧装置失效及时进行维修，恢复正常后，方可开启设备。

（4）接头机砂轮片护罩破损、砂轮片破裂飞出，造成人员伤害。

预防措施：在使用接头前，检查砂轮片、护板的完好性。

（5）使用的起重设备，刹车失灵，限位失效，造成伤害。

预防措施：行车工每天严格按照要求对起重设备进行点检，刹车失灵、限位失效及时报修，维修完成后方可使用。

（6）托架链条，挂耳缺损，托架内工字轮滚出翻到，造成人员伤害。

预防措施：在使用托架时，不使用损坏的托架，并及时报告维修人员，进行维修。

3. 带电部位裸露

使用移动电气设备时，因线缆、插头破损及接地失效等，可能造成人员触电事故。

预防措施：在使用移动电气设备时，对线缆、插头、接地等进行检查，确认完好后再使用。

四、合股、合绳作业

合股、合绳作业是钢丝绳制造工序的最后一道工序，是利用起重设备将盛有钢丝的工字轮吊装到合股、合绳机上，按照工艺要求，以一定规律捻制钢丝束，使之成为股绳的作业。为了防止股绳在使用中生锈，在股绳捻制过程中需添加润滑油。

（一）工字轮吊运作业

工字轮吊运作业是将工字轮从拔丝工序转运至股绳车间操作区域的作业。

1. 人的不安全行为

1）冒险心理

（1）吊运不完整，损坏的钢丝托架，工字轮可能从托架中掉出，造成人员起重伤害。

预防措施：吊运前检查托架完好性，检查托架链条、门子、门轴以及挂钩，必须完好才能起吊作业。

（2）滚动工字轮时人员站在工字轮滚动前方可能造成碾压伤害。

预防措施：

① 滚动工字轮时看清工字轮前方，不能有人或障碍物。

② 滚动工字轮时人员必须站在工字轮的侧面进行推动，以免碾压伤害。

2）误操作

（1）吊运过程中选用小规格索具，专用索具混用，捆绑拴挂不规范可能造成起重伤害。

预防措施：

① 起吊过程中必须选用同吊物相匹配的吊索具，不能超规格使用。

② 捆绑拴挂吊物时必须考虑平衡，拴挂牢靠进行起吊。

（2）托架在平板车上摆放，超出平板车侧沿过多，可能造成倒塌。

预防措施：平板车转运时托架侧沿不能超出平板车边沿 20cm。

（3）托架摆放时两个托架叠放，不平稳，可能造成托架倒塌。

预防措施：摆放托架时两层叠放，平衡、平稳。

2. 物的不安全状态

设备、设施工具附件缺陷，托架损坏，可能造成工字轮滚落伤人。

预防措施：使用前检查托架，确保托架连接部件完好，门子、链条拴挂可靠。

（二）股绳机作业

股绳机作业是将钢丝或股吊装到股绳机上，捻制成股绳或绳的过程。

1. 人的不安全行为

1）冒险心理

（1）上下工字轮时，选用不合规范的吊索具，或捆绑不规范，可能造成人员起重伤害。

预防措施：

① 起吊过程中必须选用同吊物相匹配的吊索具，不能超规格使用。

② 捆绑拴挂吊物时必须考虑平衡，拴挂牢靠进行起吊。

（2）下工字轮时，工字轮卡在线架中，行车持续起吊，可能造成工字轮弹出或吊绳拉断，造成人员物体打击伤害。

预防措施：下工字轮过程中，起吊时，行车必须点动观察，当工字轮完全吊出线架时才能持续起吊。

（3）在清理线架轴头缠绕的钢丝时，将线架翻转 180°，线架 180° 复位可能造成人员手部夹伤。

预防措施：

① 插入线架及筒体间的铁棒必须支于地面，以免滑落，线架翻转。

② 翻转后，一手必须将线架固定，再清理缠绕的钢丝，避免线架翻转。

（4）筒体式股绳机开动过程中，开、合防护罩可能造成筒体将人卷入，造成机械伤害。

预防措施：严禁股绳机开动过程中开、合防护罩。

（5）接触高速旋转的股绳机筒体可能造成人员机械伤害。

预防措施：

① 股绳机开机过程中必须关闭好防护罩，禁止防护罩不关开机。

② 开机以前认真检查防护罩，确保完好。

（6）断股、断丝、断绳时使用模子等硬物敲砸丝股，可能造成钢丝碎屑崩出伤人。

预防措施：

① 断丝、断股、断绳时必须使用切割机或断线钳操作，禁止用硬物敲砸丝股，造成

人员伤害。

② 断丝、断股、断绳操作时必须劳保用品穿戴齐全，特别是佩戴好护目镜。

2）误操作

（1）上、下工字轮时人员将手部放于工字轮侧沿，工字轮倾斜可能造成人员手部夹于钢绳与工字轮之间。

预防措施：上、下工字轮时，人员注意身体位置，同时手部放于工字轮 2/3 上部，避免工字轮倾斜夹手。

（2）股绳机在穿丝、穿股时，未抓牢丝、股，锋利的股头可能造成人员划伤、扎伤。

预防措施：

① 在穿丝、穿股时，手拿丝、股必须抓在丝股的根部，避免丝、股乱甩伤人。

② 人员必须佩戴好护目镜。

（3）收线机处推动工字轮，人员处于工字轮滚动方向上，可能造成人员碾压伤害。

预防措施：

① 滚动工字轮时看清工字轮前方，不能有人或障碍物。

② 滚动工字轮时人员必须站在工字轮的侧面进行推动，以免碾压伤害。

（4）在收线机处检查偏摆按错按钮，可能造成股绳夹手。

预防措施：

① 收线机处关闭力矩时必须先按"力矩停止"，再"整机停止"。

② 禁止按"整机停止"关闭电源代替关闭力矩，再"整机开机"电源启动设备，造成力矩反弹。

（5）收线机处缠绕股绳，留头过短，点动力矩，造成绳头甩出伤人。

预防措施：下绳时，必须留出足够长的绳头，长度为在所上的空绳轮上缠绕一圈半。

（6）绳头绑扎时，没有绑扎牢靠，在绳轮侧沿没有缠绕固定可靠，可能造成绳头甩出伤人。

预防措施：绑扎绳头时，按照工艺要求缠绕铁丝，在绳轮侧沿绑扎可靠。

（7）两人操作时，没有沟通，一人操作，另一人开启设备，可能造成人员伤害。

预防措施：两人操作过程中，必须分清主次，开机以前两人共同确认完毕后方可开机。

2. 物的不安全状态

1）外漏旋转物

股绳机开机过程中，高速旋转的筒体、旋转的变形器、定径轮、牵引轮、旋转缠绕股绳的工字轮等可能造成机械伤害。

预防措施：

（1）筒体式股绳机开机过程中必须关闭好防护罩，禁止不关闭防护罩开机。

（2）禁止在运行的股、绳上触摸。

（3）禁止靠近、触摸转动的定径轮、变形器、旋转的工字轮。

2）防护装置、设施缺陷

未支垫防滚动垫的工字轮可能造成碾压伤害。

预防措施：

（1）停放工字轮时，吊运至规定位置的槽钢位置。

（2）停放在地面的大成品绳轮停稳后用三角木支垫。

3）设备设施工具附件缺陷

（1）开机过程中工字轮没有锁紧，或工字轮线架损坏失效，可能造成线架及工字轮飞出。

预防措施：

① 开机前认真检查线架及工字轮锁紧，确保线架及其锁紧装置完好可靠。

② 上工字轮时将线架锁紧到位。

（2）筐篮式股绳机刹车失灵，吊装过程中线架滚动，卡住工字轮，造成人员夹手伤害。

预防措施：上车前检查车体刹车，确保有效，有装载位置的，必须将手柄放于装载位置。

（3）工字轮阻尼块呈"十"字状，起吊过程中易于卡住，造成人员伤害。

预防措施：工字轮在接收时必须检查，如出现"十"字状态，必须返修。

4）漏电

（1）移动式电动设备破损或电源线破损，可能造成触电。

预防措施：

① 使用移动设备前认真检查电气部件，电缆线、插头、插座，确保完好。

② 电缆线定期进行更换，避免老化。

③ 技术人员定期检查车间插座的漏电保护器，确保完好。

（2）车体上电动机电线破损、电气元件外壳破损，可能造成触电事故。

预防措施：

① 定期检查车体接地线，确保完好。

② 开机前检查车体电动机电缆线、电线外壳，确保完好。

5）锋利的钢丝头、股头、绳头

（1）整理废丝、废股、废绳头时，锋利的绳头、股头、丝头可能扎伤、划伤操作人员。

预防措施：

① 拿丝、股时必须抓在丝股的根部，避免丝、股乱甩伤人。

② 禁止拽钢丝时生拉硬扯。

③ 人员必须佩戴好护目镜。

④ 现场丝、股必须整理清楚，定置摆放，干净有序。

（2）成品绳轮中没有绑扎可靠的绳头，可能甩落。

预防措施：绑扎绳头时，按照工艺要求缠绕铁丝，在绳轮侧沿绑扎可靠。

（3）接头作业时火花飞溅、锋利的钢丝头可能造成灼伤及扎伤眼部。

预防措施：

① 劳保用品穿戴齐全，特别是佩戴好护目镜。

② 接头时抓紧钢丝根部，避免钢丝乱甩伤人。

③ 使用前检查接头机，确保钳口完好，夹持可靠。

6）高温液体

表面脂加热箱处温度较高，可能发生烫伤或火灾事故。

预防措施：

（1）在加热箱处工作时，劳保用品穿戴齐全。

（2）上班前检查表面脂加热箱，确保热电偶及温控仪完好。

（3）及时添加表面脂，确保表面脂液位盖过加热管。

（4）表面脂加热温度不能超过120℃。

（三）切割机作业

切割机作业是在钢丝绳收线机成品绳制造完成以后使用切割机进行切割捆绑，在合绳车头处进行切割断股，在合股机收线机处进行的断股切割作业。

1. 人的不安全行为

1）冒险心理

切割过程中使用低于1/3的切割片进行切割，可能造成砂轮片破碎伤人。

预防措施：及时更换切割片。

2）误操作

（1）切割过程中股绳没有夹持牢固，可能造成股绳弹出伤人。

预防措施：切割过程中夹持牢固可靠。

（2）切割过程中人员站在切割机正面，砂轮破碎后可能伤人。

预防措施：切割过程中人站在切割机的侧面，避免碎屑伤人。

（3）切割完成后，切割机处于旋转状态，没有停止，可能造成人员切割伤害。

预防措施：

① 切割机手柄采取按压式开关，不置常开装置。

② 置有常开装置的切割机，使用完后立即停止。

2. 物的不安全状态

1）防护装置、设施缺陷

切割过程中防护罩损坏或没有防护罩作业，切割片破碎可能造成物体打击伤害。

预防措施：切割机使用前检查防护罩，确保完好。

2）飞溅物

切割机切割物料时，火花飞溅。

预防措施：

（1）切割前检查切割机防护装置，确保导屑罩完好。

（2）切割时必须佩戴防护眼镜。

（四）清理油锅作业

清理油锅作业是在股绳工序中定期将存在积炭、杂物的表面脂加热箱进行清理，确保表面脂加热箱正常工作。

1. 人的不安全行为

误操作

清理过程中不关电源，可能造成触电伤害。

预防措施：作业前必须关闭电源，并挂"有人作业、禁止合闸"警示牌。

2. 物的不安全状态

1）高温液体

清理油锅后内部油污较多，油品没有及时添加，加热后造成火灾。

预防措施：油锅清理完成以后，及时添加表面脂，直至覆盖住加热管。

2）飞溅物

敲砸积炭时碎屑可能飞入眼部造成伤害。

预防措施：敲砸积炭时必须佩戴好护目镜。

（五）倒绳返绳作业

倒绳返绳作业是指在作业过程中，需要将收好绳或股的工字轮重新缠绕在另一个工字轮上的作业。

1. 人的不安全行为

1）冒险心理

返绳过程中进入返绳区域，可能造成旋转的绳轮碰伤以及运行的绳或股碰伤。

预防措施：

（1）返股返绳时划定区域，非操作人员禁止进入。

（2）返绳返股时必须将股绳固定可靠。

2）误操作

（1）交绳交股时没有及时停机，可能造成返绳返股架子倒塌，造成人员伤害。

预防措施：返股、返绳快结束时必须降低速度，结束时立即停机。

（2）返绳时，穿轴两边不平衡，可能造成一端掉落伤人。

预防措施：返股、返绳选择长度、粗细合适的穿轴，上工字轮时，穿轴在绳架上两边长度均衡。

2. 物的不安全状态

设备设施工具附件缺陷：返绳架子返绳时穿轴磨损严重、返绳架子变形等，可能造成倒塌伤人。

预防措施：返绳、返股前确认架子及器具完好，方可操作使用。

五、锁具制造

（一）挤压索具

挤压索具是将钢丝绳一端或两端采用铝合金或低碳钢套管通过机械压制制成的索具。在钢丝绳两端形成固定环眼和配件，用于后续钢丝绳的连接、起吊或者安装作业。

1. 人的不安全行为

1）冒险心理

（1）下料时，钢丝绳撞击躯干造成伤害。

预防措施：

① 按规定穿戴劳动防护用品。

② 观察钢丝绳运行方向，一主一次，互相配合。

（2）安装、拆卸模具、工装时，工件滑落，可能造成伤害。

预防措施：

① 按规定穿戴劳动防护用品。

② 安装、拆卸模具、工装时，要配合协调，平稳推拿。

③ 放置模具、工装工件时，要平稳牢靠。

④ 紧固所有螺栓，确认牢固方可开机。

（3）盘吊索时，旋转转盘可能造成伤害。

预防措施：

① 按规定穿戴劳动防护用品。

② 严禁肢体接触旋转盘绳机。

③ 盘绳操作时，严禁启动按钮调整转盘位置。

2）**风险意识不足**

在上下楼梯、生产区域地面有油污或水，造成人员滑倒。

预防措施：

（1）正确规定穿戴好劳动保护用品。

（2）发现油污或水及时清理。

（3）注意力集中，行走时观察台阶有无杂物，及时清理。

3）**误操作**

（1）使用压力机挤压吊索时，操作失误造成挤压伤害。

预防措施：

① 按规定穿戴劳动防护用品。

② 操作时人站在机头侧面，双手距离机头 50cm 以上。

③ 严禁肢体进入模具工作区域。

（2）使用吸盘作业时，操作失误造成伤害。

预防措施：

① 按规定穿戴劳动防护用品。

② 使用前，检查吸盘是否完好，及时清理的表面油污。

③ 使用时，吸盘与金属物体吸合面达到 80%以上方可起吊。

2. 物的不安全状态

1）**防护装置、设施缺陷**

使用移动电气设备时，线缆、插头破损、接地失效等，可能造成伤害。

预防措施：

（1）按规定穿戴劳动防护用品。

（2）使用前检查线缆、插头，确保完好，发现问题及时通知检修、更换。

（3）执行"触电突发事件处置方案"。

2）**设备设施工具附件缺陷**

挤压索具时，模具或工装安装缺陷造成模具掉落伤人。

预防措施：

（1）按规定穿戴劳动防护用品。

（2）使用前，检查模具或工装是否完好。

3）**强度不够**

（1）吊索具选用不当、断股断丝，可能造成起重伤害。

预防措施:

① 正确选择吊索具,使用前进行检查,挂绑可靠。

② 站位合理,指挥手势正确。

③ 严禁从吊物下通行或停留。

(2) 放绳架、绳轮中间孔用钢管质量缺陷,可能造成伤害。

预防措施:使用前检查放绳架及绳轮中间孔用钢管是否完好。

4) 飞溅物

(1) 挤压下料切割钢丝绳时,产生的火花可能导致烫伤或遇到可燃物着火。

预防措施:

① 按规定穿戴劳动防护用品。

② 切割对面放置防火花挡板。

③ 清理周围可燃物。

(2) 使用切割机、角磨机时,可能造成伤害。

预防措施:

① 按规定穿戴劳动防护用品。

② 执行"砂轮切割机、常用工器具安全操作规程"。

(3) 挤压吊索时,模具崩裂或打磨索节时碎铝片飞出伤人。

预防措施:

① 按规定穿戴劳动防护用品。

② 操作时站在机头侧面,且距机头 50cm 以上。

③ 操作挤压机时,严格执行挤压力工艺要求。

(二) 插编索具

插编索具是将钢丝绳股末端反向插入钢丝绳主体内,在钢丝绳端部构成一个环孔或环眼。在钢丝绳两端形成固定环眼和配件,用于后续钢丝绳的连接、起吊或者安装作业,钢丝绳也可单独制成索具。

1. 人的不安全行为

1) 误操作

使用插编机时,插针可能插伤手指。

预防措施:

(1) 按规定穿戴劳动防护用品。

(2) 严禁身肢体进入插针工作区域。

(3) 手脚配合到位。

2) 冒险心理

(1) 下料时,钢丝绳撞击躯干造成伤害。

预防措施:

① 按规定穿戴劳动防护用品。

② 观察钢丝绳运行方向,一主一次,互相配合。

(2) 吊索尾部切割修整时丝头划手扎脚。

预防措施:

① 按规定穿戴劳动防护用品。

② 作业前,及时清洁工作现场。

(3) 上下楼梯、生产区域地面有油污或水,造成人员滑倒。

预防措施:

① 正确穿戴好规定劳动保护用品。

② 发现油污或水及时清理。

③ 注意力集中,行走时观察台阶有无杂物,及时清理。

2. 物的不安全状态

1) 漏电(带电部位裸露)

使用移动电气设备、插编机时,线缆、插头破损、接地失效等,可能造成伤害。

预防措施:

(1) 按规定穿戴劳动防护用品。

(2) 使用前检查线缆、插头,确保完好,发现问题及时通知检修、更换。

(3) 执行"触电突发事件处置方案"。

2) 飞溅物

(1) 插编下料切割钢丝绳时,产生的火花可能导致烫伤或遇到可燃物着火。

预防措施:

① 按规定穿戴劳动防护用品。

② 切割对面放置防火花挡板。

③ 清理周围可燃物。

(2) 使用切割机、角磨机时,可能造成伤害。

预防措施:

① 按规定穿戴劳动防护用品。

② 执行"砂轮切割机、常用工器具安全操作规程"。

3) 强度不够

(1) 吊索具选用不当、断股断丝,可能造成起重伤害。

预防措施:

① 正确选择吊索具,使用前进行检查,挂绑可靠。

② 站位合理,指挥手势正确。

③ 严禁从吊物下通行或停留。

(2) 放绳架、绳轮中间孔用钢管质量缺陷,可能造成伤害。

预防措施:使用前确认放绳架及绳轮中间孔用钢管完好。

(三) 浇铸索具

浇铸索具是将钢丝绳两端通过浇铸材料与索节固结连接成的索具,用于后续钢丝绳的连接、起吊或者安装作业。

1. 人的不安全行为

1) 冒险心理

下料时,钢丝绳撞击躯干造成伤害。

预防措施：

（1）按规定穿戴劳动防护用品。

（2）观察钢丝绳运行方向，一主一次，互相配合。

2）辨识意识不够

（1）从浇铸平台楼梯上滑落。

预防措施：

① 按规定穿戴劳动防护用品。

② 上下楼梯注意力集中，检查油污或杂物，及时清理。

（2）卷扬钢绳在牵引过程中，连接小绳受到阻力断开，导致卷扬钢绳甩出伤人。

预防措施：

① 按规定穿戴劳动防防护用品。

② 操作卷扬按钮人员，密切关注卷扬钢绳运行线路，发现异常立即停止。

③ 其他人员站位得当。

3）误操作

（1）索节定位时，与行车工配合不当使绳头脱落可能造成伤害。

预防措施：

① 按规定穿戴劳动防防护用品。

② 操作工发出的起吊指令要清晰、明确；行车工要严格执行操作工指令。

③ 起吊索节头一端时，附近严禁站人。

（2）未按要求用铁丝捆绑连接绳与钢轮，造成人员伤害。

预防措施：

① 穿戴好劳动保护用品。

② 必须用至少 4 根铁丝或小绳进行捆绑连接。

③ 人员站位必须在绳轮侧面。

④ 检查全面，相互提醒。

2. 物的不安全状态

1）防护装置、设施缺陷

使用移动电气设备时，线缆、插头破损、接地失效等，可能造成伤害。

预防措施：

（1）按规定穿戴劳动防护用品。

（2）使用前检查线缆、插头，确保完好，发现问题及时通知检修、更换。

（3）执行"触电突发事件处置方案"。

2）飞溅物

（1）插编下料切割钢丝绳时，产生的火花可能导致烫伤或遇到可燃物着火。

预防措施：

① 按规定穿戴劳动防护用品。

② 切割对面放置防火花挡板。

③ 清理周围可燃物。

（2）使用切割机时，可能造成伤害。

预防措施：

① 按规定穿戴劳动防护用品。

② 执行"砂轮切割机、常用工器具安全操作规程"。

3）强度不够

（1）吊索具选用不当、断股断丝，可能造成起重伤害。

预防措施：

① 正确选择吊索具，使用前进行检查，挂绑可靠。

② 站位合理，指挥手势正确。

③ 严禁从吊物下通行或停留。

（2）放绳架、绳轮中间孔用钢管质量缺陷，可能造成伤害。

预防措施：使用前确认放绳架及绳轮中间孔用钢管完好。

4）可燃液体

用汽油清洗绳头时，摩擦或遇火源可能造成火灾。

预防措施：

（1）按规定穿戴劳动防护用品。

（2）清洗绳头区域严禁明火和使用手机。

（3）吊运、清洗绳头时要轻拿轻放。

（4）执行"火灾突发事件处置方案"。

5）高温液体

（1）浇铸起升大绳时，使用的合金液可能造成伤害。

预防措施：

① 按规定穿戴劳动防护用品。

② 从坩埚炉中舀出的合金液不能超过盛放器皿高度的2/3。

③ 浇铸索节时，合金液要缓慢平稳倒入，防止溢出、溅出。

（2）清洗绳头时，高温清洗液可能造成烫伤。

预防措施：

① 按规定穿戴劳动防护用品。

② 清洗的绳头进、出清洗机时要轻拿轻放，防止清洗液飞溅。

③ 严禁非操作人员靠近清洗机。

6）反弹物

钢丝绳拆刷时，钢丝弹性恢复，可能造成伤害。

预防措施：

（1）按规定穿戴劳动防护用品。

（2）拆刷时一次拆丝不超过5根。

7）坠落物

浇铸平台上的物件掉下，造成人员砸伤。

预防措施：

（1）按规定穿戴劳动防护用品。

（2）平台上的物件摆放平稳牢靠。

（3）作业时平台下面严禁站人，设立警示牌。

六、镀锌钢丝作业

钢丝镀锌作业是在钢丝表面镀上一层纯锌，使之在具备一般钢丝性能的同时还具备很好的抗腐蚀性，这一工艺将增加钢丝的使用寿命，主要包括放线、铅浴脱脂、化学处理（碱洗+酸洗）、锌锅镀锌、收线等工序。

（一）铅浴脱脂

铅浴脱脂是钢丝进入熔融的铅液中除去表面残余的油脂。

1. 人的不安全行为

1）思想麻痹

（1）补加铅锭时被高温铅液灼伤。

预防措施：

① 按规定穿戴防高温防护服。

② 补加新的铅锭必须提前预热。

③ 天车工起吊过程中指挥信号简洁、准确。

（2）在铅锅上作业时被钢丝灼伤。

预防措施：

① 按规定穿戴防高温防护服。

② 通过铅锅的钢丝不能用手触碰，作业时要两人以上（含两人）配合作业。

③ 按规定系好衣服领口及袖口。

（3）作业时禁止携带易燃易爆物品。

预防措施：

① 工服内不能携带打火机、火柴等易燃品。

② 维修用氧气乙炔瓶要在安全距离之外。

③ 加热炉和铅锅附近不能堆放易燃物品。

④ 作业完成后检查现场，确保无杂物遗留。

（4）开关防雾门窗时易造成打击、碰撞伤害。

预防措施：

① 开关门时要双手握紧手柄用力。

② 人的身体不能和手柄成一条直线。

③ 两人同时作业时要提醒对方避免对方受到伤害。

④ 作业完成后关门后手柄处于安全状态。

2）违章操作、违章指挥

（1）作业时易造成自己受到伤害。

预防措施：

① 严格按照安全操作规程作业。

② 识别危险因素后方可作业。

③ 消除不良的陋习。

（2）违章指挥易造成他人受到伤害。

预防措施：

① 严格按照安全操作规程作业。

② 确认安全后方可协助或指挥。

③ 消除急功近利思想。

3）知识缺乏

（1）对铅锅操作工艺流程不熟悉易造成自己烫伤。

预防措施：

① 认真学习铅锅安全操作规程。

② 对不熟悉的按钮不能操作。

（2）安全生产知识不足造成他人受伤。

预防措施：

① 认真学习铅锅安全操作规程。

② 不能不懂装懂误操作造成他人受到伤害。

③ 两人同时作业时服从统一指挥，协调一致。

2. 物的不安全状态

1）警示告知标牌不健全

（1）对设备性能不清楚。

预防措施：

① 设备周围显眼的地方设立防烫伤标牌。

② 告知他人在该设备周围有受到烫伤的危险。

③ 作业时必须穿戴特殊防护服。

（2）作业时未按要求使用工具造成伤害。

预防措施：

① 作业时穿戴好特殊防护服。

② 使用前检查工具，干燥、预热过方可使用。

③ 工具使用完放置回定置区域，避免烫伤别人。

2）防护装置缺陷

（1）铅锅上设立防护栏杆脱焊可能造成人员受伤害。

预防措施：

① 作业前检查防护栏杆牢固可靠，发现有问题及时通知维修，确认安全后方可操作。

② 作业时身体与栏杆保持 30cm 以上距离，避免烫伤。

（2）铅锅两侧踏板不稳锈蚀可能造成人身伤害。

预防措施：

① 上踏板前检查稳固可靠后方可上去作业。

② 定期检查踏板有无锈蚀，定期防腐。

（3）吊装铅锭时吊索具选取错误造成伤害。

预防措施：

① 吊装铅锭时选取合适的索具，小马拉大车易造成断裂，造成人员伤害。

② 吊装前检查索具完好性，如果发现断丝断股及时更换。

③ 捆绑牢固后方可起吊，严禁使用吊带起吊铅锭。

④ 与天车工配合时站位合理，起吊指令清晰准确。

（二）化学处理

化学处理是对钢丝表面残余的铁锈、动植物油通过化学方式予以去除，保证钢丝进锌锅前表面干净。

1. 人的不安全行为

1）专业知识缺乏

对化学反应学习不够造成腐蚀性伤害。

预防措施：

（1）按规定穿戴防腐蚀防护服。

（2）认真学习酸碱反应原理。

（3）不清楚酸碱特性的人员不允许在该区域内作业。

（4）溶液溅到皮肤上及时用大量流动清水冲洗。

2）麻痹思想

（1）酸碱槽作业时受到化学性烫伤。

预防措施：

① 按规定穿戴防腐蚀防护服。

② 严禁用手直接触碰酸碱溶液。

③ 溶液溅到皮肤上及时用大量清水冲洗。

（2）新配槽内溶液时易受到烫伤。

预防措施：

① 按规定穿戴防腐蚀防护服。

② 认真学习岗位操作规程，严禁直将酸碱溶剂添加进槽内。

③ 溶液溅到皮肤上及时用大量流动清水冲洗。

（3）风险识别不到位易受到伤害。

预防措施：

① 按规定穿戴防腐蚀防护服。

② 在该区域作业前必须要进行风险识别，在保证安全的前提下方可作业。

③ 无故不打开槽体盖板，如需要打开，打开时不能将脸部对着槽体，应侧身查看，且保证距离 50cm 以上。

④ 维修时必须在维修人员后方向前吹风，需两人以上方可作业，严禁动用电焊、气焊等明火作业。

2. 物的不安全状态

1）警示、警告标志不健全

作业或巡检时，随意打开槽体盖板或直接用手触摸钢丝，易受到化学腐蚀。

预防措施：

（1）按规定穿戴防腐蚀防护服。

（2）周围显眼的地方设立警示标牌。

（3）告知标志上注明溶液名称、特性及受伤害后正确的治疗方法。

2）防护装置、设施缺陷

（1）使用移动电气设备时，线缆、插头破损、接地失效等可能造成伤害。

预防措施：

① 按规定穿戴劳动防护用品。

② 作业前检查线缆、插头，确保完好，发现问题及时通知检修、更换。

③ 执行"触电突发事件处置预案"。

（2）设备巡检时，人行踏板不稳固、脚下打滑等可能造成伤害。

预防措施：

① 按规定穿戴劳动防护用品。

② 作业或巡检前检查踏板牢固性，及时冲洗踏板，发现问题及时通知检修。

③ 定期对踏板进行防护、防腐。

（三）锌锅镀锌

1. 人的不安全行为

（1）不了解钢丝进锌锅后反应，易受到烫伤。

预防措施：

① 按规定穿戴好防高温防护服。

② 钢丝进锌锅前烘干预热，预防锌液受冷飞溅。

③ 不能将水或者别的液体洒入锌液表面，防止液体升华烫伤。

（2）安全意识不强，易受到伤害。

预防措施：

① 规定穿戴劳动防护用品。

② 加强岗位安全操作培训，与同事多交流、多沟通。

③ 两人或多人一起作业时，服从安排。

④ 安全检查要严格，考核及时。

（3）思想麻痹，急功冒进，易发生人身伤害。

预防措施：

① 按规定穿戴防高温劳动保护用品。

② 作业时严格按照操作规程要求执行。

③ 锌锅上作业时，锌锅防护罩不允许打开，以免掉入锅内。

④ 补加锌锭前必须充分预热，以免锌液飞溅被烫伤。

⑤ 作业过程中，所有进入锌液的工具要预热，衣服袖口、领口要系好，胳膊不能裸露，以防灼伤。

⑥ 需要在锌锅长时间作业时，要从身体后方向前吹风降温，旁边要预备清水、毛巾等物品，衣服内不允许装有打火机等易燃易爆物品，以免受热燃烧或爆炸。

（4）操作不当易使自己或他人受到伤害。

预防措施：

① 作业前确认工具预热过，以免锌液飞溅伤到自己或他人。

② 工具进入锌锅后操作要慢，动作要小，同时观察周围人员。

③ 开启点火按钮时应该检查烧嘴周围有无人员，确认无人后方可开启。

④ 在调整气刀作业时必须戴防护面罩，防止钢丝断或锌液飞溅烫伤面部。

⑤ 进出锌锅导轮上的钢丝使用铁质工具分线，严禁直接用手（戴防护手套）操作，防止手被带入。

⑥ 锌锅后方升温区周围严禁动用明火作业，确需要动火需办理动火作业许可且周围不能有易燃易爆物品。

2. 物的不安全状态

1）警示、警告标志不健全

警示标志没有设立或设立不明显，易造成人员受伤。

预防措施：

（1）按规定穿戴防高温防护服。

（2）周围显眼的地方设立警示标志。

（3）提醒路过人员注意。

2）防护装置、设施缺陷

（1）使用移动电气设备时，线缆、插头破损、接地失效等，可能造成伤害。

预防措施：

① 按规定穿戴劳动防护用品。

② 作业前确保查线缆、插头，确保完好，发现问题及时通知检修、更换。

③ 检查所使用工具（电笔手钳等）绝缘层完好后方可作业。

④ 执行"触电突发事件处置预案"。

（2）更换锌锅加温用瓷瓶时易受到伤害。

预防措施：

① 更换前检查吊索具，转动不灵活不能使用。

② 拆旧瓷瓶时必须穿戴好防护服，特别是防高温手套（石棉手套），衣服领口、袖口系好，避免提出瓷瓶黏附的锌液烫伤，身上不能装打火机等易爆物品。

③ 检查新瓷瓶完好后预热，缓慢放入锌锅，身体与锌液保持 1m 以上的距离，预防锌液受冷飞溅，整个瓷瓶放入至少需要 2h 以上。

④ 更换完所使用的工具不能遗留锌锅上，清理纸屑、木板等易燃物。

⑤ 确认周围无人时方可开启点火开关，运行正常后方可离开。

（3）锌锅出口冷却水开关时易受到烫伤。

预防措施：

① 定期检查水阀门，如有损坏及时通知维修更换。

② 开、关阀门时要迅速，以免水流入锌液表面造成水蒸气烫伤，太多水流入锌液时会使锌液飞溅伤人。

③ 及时调整水量大小，避免水流速快喷向钢丝产生水珠流入锌液表面产生水蒸气，

调整水量时身体与锌液保持尽量大的安全距离。

（四）收放线

1. 人的不安全行为

思想麻痹易造成伤害；收线机旋转时易对身体造成伤害。

预防措施：

（1）按规定穿戴防护服。

（2）巡检时不能打开防护罩检查钢丝，不能直面观察，避免钢丝断开打击面部，应侧身观察。

（3）钢丝运转过程中不能用手触摸钢丝，容易被钢丝夹伤，测量丝径时应积线使钢丝停止后再测量。

（4）上、下线时，人不允许站在工装正面转动工装，以免被工装压伤，应在工装侧面转动工装。

（5）起吊工装不允许从设备上方经过，应绕开。

2. 物的不安全状态

1）警示、警告标志不健全

警示标志没有设立或设立不明显，易造成人员伤害。

预防措施：

（1）周围显眼的地方设立警示标志，告知设备旋转可能发生的伤害。

（2）提醒操作及路过人员注意。

2）防护装置、设施缺陷

（1）使用移动电气设备时，线缆、插头破损、接地失效等可能造成伤害。

预防措施：

① 按规定穿戴劳动防护用品。

② 作业前确保线缆、插头，确保完好，发现问题及时通知检修、更换。

③ 检查所使用工具（电笔手钳等）绝缘层完好后方可作业。

④ 执行"触电突发事件处置预案"。

（2）防护罩损坏或缺失易造成人身受到伤害。

预防措施：

① 检查防护罩是否完后，如有损坏及时通知维修人员更换。

② 巡查时肢体不能靠在防护罩上，距离保持在 30cm 以上。

③ 作业时轻开轻关，不允许用脚踢踏防护罩。

第五章

危险作业管理

第一节　作业许可管理

作业许可（PTW）是指在从事高危作业（如进入受限空间作业、动火作业、挖掘作业、高处作业、移动式吊装作业、临时用电作业、管线打开作业等）及缺乏工作程序（规程）的非常规作业等之前，为保证作业安全，进行风险评估、安全确认和有效沟通，必须取得授权许可方可实施作业的一种安全管理制度，是控制作业现场风险的一项重要的安全措施。

作业许可证是作业许可实施过程中产生的票证，所有的签字方（包括申请人、批准人以及相关方）都可以将其要求表达在这个票证中，并将这些要求在作业人员中进行沟通和传达，并在现场确认这些要求是否得到落实。

一、作业许可的范围

（1）在所辖区域内，进行下列工作均应实行作业许可管理，办理作业许可证：

① 非计划性维修工作（未列入日常维修计划的工作）；

② 由承包商完成的非常规作业；

③ 未形成作业指导书的作业；

④ 偏离安全标准、规则、工序要求的作业；

⑤ 交叉作业；

⑥ 生产运行单位在承包商作业区域进行的作业。

（2）如果工作中包含下列作业，还应同时办理相应的专项作业许可证：

① 进入受限空间；

② 挖掘作业；

③ 高处作业；

④ 移动式吊装作业；

⑤ 管线打开作业；

⑥ 临时用电；

⑦ 动火作业。

二、作业许可的管理环节

作业许可证的管理环节包括书面审查、现场核查、许可证审批、许可证取消、许可证延期和关闭。

三、作业许可的执行与监督

（1）作业的执行人员必须经过安全与技能的教育培训，特种作业人员必须持国家及地方政府有关部门颁发的特种作业操作资格证书。

（2）作业过程中必须有安全监督人员进行现场监控，监控的主要内容包括作业细节是否符合规定文件要求，作业许可证是否按规定填写、批准、签发且在有效期内。

（3）在作业过程中出现异常情况，应立即停止作业，并通知现场安全监督人员，由安全监督人员和现场作业负责人决定是否采取变更程序或应急措施。

第二节　进入受限空间作业

一、概念

一切通风不良、容易造成有毒有害气体集聚和缺氧的设备、设施和场所都称为受限空间，在受限空间的作业都称为受限空间作业。受限空间可为生产区域内的炉、塔、罐、仓、槽车、管道、烟道、隧道、下水道、沟、坑、井、池、涵洞等封闭或半封闭的空间或场所，也可为堤、动土或开渠、惰性气体吹扫空间等可能会遇到类似于进入受限空间时发生的潜在危害的特殊区域。

受限空间是指符合以下所有物理条件外，还至少存在以下危险特征之一的作业空间：

（1）物理条件（必须同时符合以下三条）：

① 有足够的空间，让员工可以进入并进行指定的工作；

② 进入和撤离受到限制，不能自如进出；

③ 并非设计用来给员工长时间在内工作的空间。

（2）危险特征（还须至少符合以下特征之一）：

① 存在或可能产生有毒有害气体或机械、电气等危害；

② 存在或可能产生掩埋作业人员的物料；

③ 内部结构（如内有固定设备或四壁向内倾斜收拢）可能将作业人员困在其中。

（3）其他受限空间界定。

有些区域或地点不符合受限空间的定义，但是可能会遇到类似于进入受限空间时发生的潜在危害（如把头伸入30cm直径的管道、洞口、氮气吹扫过的罐内）。在这些情况下，应进行工作危害分析，采用进入受限空间许可证控制此类风险。

① 围堤符合下列条件的，视为受限空间：

高于1.2m的垂直墙壁围堤，且围堤内外没有到顶部的台阶（不利于快速撤离）。

② 动土符合下列条件之一的动土或开渠，可视为受限空间：

a.动土深度大于1.2m，或作业人员的头部在地面以下的；

b. 在动土或开渠区域内，身体处于物理或化学危害之中（如地下污水管道、电缆会造成人员中毒、火灾爆炸、人员触电等危害）；

c. 在动土或开渠区域内，可能存在相对密度比空气大的有毒有害气体；

d. 在动土或开渠区域内，没有撤离通道的（在动土开渠时，必须留有梯子、台阶等一定数量的进出口，用于安全进出）。

二、受限空间分类

（1）工艺设备：电炉、冲天炉、工频炉、精炼炉、退火炉、加热炉、燃气（电）干燥炉、保护气氛热处理炉等。

（2）槽罐：电镀（氧化）槽、酸碱槽、油槽、电泳槽、浸漆槽，储料仓、储罐、油罐、液氨罐等。

（3）公辅设备设施：塔（釜），锅炉、压力容器、管道、烟道、地下室、地下仓库、地坑、地下润滑油室、电缆沟、电缆井等；喷漆室、探伤室、铸造坑、除尘器室等，煤气（天然气）转供设备、煤气发生炉等；污水池（井）、下水道、窨井、地下蓄水池等。

三、受限空间主要危害因素

进入受限空间作业可能存在的危险，包括但不限于以下方面：

（1）缺氧（空气中的含氧量低于18%：正常氧气浓度为18%~21%，当氧浓度低于18%时，缺氧环境的潜在危险会对生命构成威胁，严重时会导致窒息死亡。受限空间通风不良、燃烧或者氧化导致氧气消耗、气体或蒸气泄漏使氧气含量下降或被其他可燃物及惰性气体（如氮气）置换等，都会引起缺氧。

（2）富氧（氧浓度高于23.5%）：富氧环境会增加燃烧的可能性，从而引发火灾、爆炸事故。受限空间富氧环境的形成一般与氧焊、切割作业有关，如氧气管破裂及氧气瓶置于受限空间内发生的氧气泄漏，用纯净氧气吹洗密闭空间、吹洗氧气管道方法不当等。

（3）易燃易爆气体（沼气、氢气、乙炔气或汽油挥发物等）：可燃性气体主要是采用的防腐油漆含有的大量挥发性有机溶剂、泄漏的可燃性气体、存放的易挥发的危险化学品以及清洗后残留的易燃蒸气等。可燃性气体或蒸气在密闭空间中产生并聚积，与空气混合并达到爆炸极限范围，从而形成爆炸性混合气体，如果一旦有点火源存在，就会立即引起爆炸。焊接、电火花，甚至静电都可能成为点火源。

（4）有毒气体或蒸气（一氧化碳、硫化氢、焊接烟气等）：泄漏的气体或蒸气，有机物分解所产生的一氧化碳、硫化氢都是致命的气体；清洁剂与某些物质反应会产生有毒气体；焊接气割时的不完全燃烧会产生大量一氧化碳，还会产生其他有毒气体。

（5）物理危害：极端的温度；噪声，湿滑的作业面；坠落、尖锐锋利的物体。

（6）吞没危险：储存在筒仓或容器中的松散物，如谷物、沙子、煤渣等；管道或阀门中可能释放有害物质；下水道水流。

（7）接触化学品：人的眼/皮肤接触、吸收、吞食、吸入、注射化学品。危害可能会在接触或暴露化学品后几个小时后才显现出来，也有可能会立即表现，应尽快得到医疗救助。

四、受限空间作业安全措施

（一）配备通风设施

通风注意事项：

（1）机械强制通风，通风次数每小时不得少于3~5次。

（2）严禁使用纯氧通风换气。

（3）可能存在可燃、可爆气体机械通风时，应采用防爆通风机械。

（4）使用风机进行强制通风时，要充分考虑有限空间内部机构的结构和风管的位置设定，以保障风机的换气效率。

（二）气体检测

凡是有可能存在缺氧、富氧、有毒有害气体、易燃易爆气体、粉尘等，事前应进行气体检测，注明检测时间和结果；受限空间内气体检测30min后，仍未开始作业，应重新进行检测；如果作业中断，再次进入之前应重新进行气体检测。

检测标准：氧浓度应保持在18%~21%；有毒有害气体浓度应符合国家相关规定要求；易燃易爆气体或液体挥发物的浓度都应满足以下条件：

（1）当爆炸下限不低于4%时，浓度低于0.5%（体积分数）。

（2）当爆炸下限低于4%时，浓度低于0.2%（体积分数）。

气体检测设备必须经有检测资质单位检测合格，每次使用前应检查，确认其处于正常状态。气体取样和检测应由培训合格的人员进行，取样应具有代表性，取样点应包括受限空间的顶部、中部和底部。检测次序应是氧含量、易燃易爆气体浓度、有毒有害气体浓度。

（三）配备个体防护用品

（1）受限空间作业应配备空气呼吸器、长管式防毒面具、救生绳、安全梯等。

（2）在缺氧、有毒环境下，使用隔离式呼吸器，不能使用过滤式呼吸器；隔离式防毒面具要自供空气（氧气），不能使用染毒空气。

（3）在对受限空间进行初次气体检测或不确定空间内有毒有害气体浓度的情况下，进入者必须穿戴正压式呼吸器或长管式呼吸器。

（四）配备安全照明和防爆工（器）具

（1）受限空间作业场所的电气设备设施宜具有防爆、防静电功能。

（2）进入金属容器（炉子、塔、罐等）和特别潮湿、工作场地狭窄的非金属容器内作业时，照明电压应不高于12V。

（3）使用电动工具或照明电压大于12V时，应按规定安装漏电保护器。

（4）受限空间内进行焊接作业时，电焊机需加防触电保护器。

（5）作业人员应穿戴防静电服装，使用防爆工具。

（五）配备应急联络器和消防器材

作业人员应配备对讲机等应急联络器材，作业现场应配备灭火器等消防器材。

（六）设置醒目的安全警示标志

受限空间安全警示标志有作业告知牌、危险警示牌等。

第三节　挖掘作业

一、概念

挖掘作业是指在生产、作业区域采用人工或使用推土机、挖掘机等施工机械，通过移除泥土形成沟、槽、坑或凹地的挖土、打桩、地锚入土作业；或建筑物拆除以及在墙壁开槽打眼，并因此造成某些部分失去支撑的作业。

二、基本要求

（1）挖掘作业实行作业许可管理，应针对作业内容进行工作前安全分析，开展危害因素辨识，作业前应按要求办理挖掘作业许可证。

（2）挖掘作业许可证是现场作业的依据，只限在指定的地点和时间范围内使用，且不得涂改、代签。

（3）对有规程可依且风险管控要求不高的区域进行挖掘作业，按照规程执行，可不办理挖掘作业许可证。

（4）挖掘工作开始前应根据工作前安全分析制定安全措施，必要时制定挖掘方案。

（5）挖掘工作开始前应根据最新的地下设施布置图确认地下设施的位置、走向及可能存在的危害，必要时可采用探测设备进行探测，不具备条件时应用手工工具（如铲子、锹、尖铲）来确认 1.2m 以内的任何地下设施的正确位置和深度。

（6）对于地下情况复杂、危险性较大的挖掘项目，施工区域主管部门应根据情况组织电力、生产、机动设备、调度、消防和隐蔽设施的主管单位联合进行现场地下设施交底，根据施工区域地质、水文、地下管道、埋地电力电缆、永久性标桩、地质和地震部门设置的长期观测孔等情况，向施工单位提出具体要求。

（7）施工区域所在单位应指派监督人员，对开挖地点、邻近区域和保护系统进行检查，发现异常情况，应立即停止作业；连续挖掘超过一个班次的挖掘作业，每日作业前应进行安全检查。

（8）所有暴露后的地下设施都应及时予以确认，并采取有效的保护措施；不能辨识时，应立即停止作业，并报告批准人和监督人。

（9）在坑、沟、槽内作业时，应正确穿戴安全帽、防护鞋、手套等个人防护装备；作业相关人员不应在坑、沟、槽内休息，不得在升降设备、挖掘设备下或坑、沟、槽上端边沿站立、走动。

（10）在油气场所等危险区域从事挖掘作业应使用防爆工具。

（11）挖掘作业现场应设置警戒隔离带和警示标志。

（12）施工结束后，应根据要求及时回填，并恢复地面设施。

（13）挖掘深度不小于 1.2m 时，应同时执行进入受限空间作业许可管理。

三、挖掘作业安全要求

（一）保护系统

（1）对于挖掘深度 6m 以内的作业，为防止挖掘作业面发生坍塌，应根据土质的类别设置斜坡和台阶、支撑和挡板等保护系统；挖掘深度超过 6m 所采取的保护系统应由技术负责人设计。

（2）在稳固岩层中挖掘或挖掘深度小于 1.5m，且已经过专业技术人员检查，认定没有坍塌可能性时，不需要设置保护系统，作业负责人应在挖掘作业许可证上说明理由。

（3）应根据现场土质的类型，确定斜坡或台阶的坡度允许值高宽比；技术负责人设计斜坡或台阶，制定施工方案，并以书面形式保存在作业现场。

（4）在挖掘开始之前，技术负责人应根据土质类型确定是否需要支撑和挡板；在选择液压支撑、沟槽千斤顶和挡板等保护措施时，应遵循制造商的技术要求和建议。

（5）保护性支撑系统的安装应自上而下进行，支撑系统的所有部件应稳固相连，严禁用胶合板制作构件。

（6）如果需要临时拆除个别构件，应先安装替代构件，以承担加载在支撑系统上的负荷；工程完成后，应自下而上拆除保护性支撑系统，回填和支撑系统的拆除应同步进行。

（7）挖出物或其他物料至少应距坑、沟槽边沿 1m，堆积高度不超过 1.5m，坡度不大于 45°，不得堵塞下水道、窨井以及作业现场的逃生通道和消防通道。

（8）在坑、沟槽的上方、附近放置物料和其他重物或操作挖掘机械、起重机、卡车时，应在边沿安装板桩并加以支撑和固定，设置警示标志或障碍物。

（二）邻近结构物

（1）挖掘前应确定附近结构是否需要临时支撑，必要时由有资质的专业人员对邻近结构物的基础进行评价并提出保护措施建议。

（2）如果挖掘作业危及邻近的房屋、墙壁、道路或其他结构物，应使用支撑系统或其他保护措施，如支撑、加固或托顶替换基础来确保这些结构物的稳固性，并保护员工免受伤害。

（3）不得在邻近建筑物基础的水平面下或挡土墙的底脚下进行挖掘，除非在稳固的岩层上挖掘或已经采取了下列预防措施：

① 提供诸如托换基础的支撑系统。

② 建筑物距挖掘处有足够的距离。

③ 挖掘工作不会对员工造成伤害。

（4）在铁路路基 2m 内的挖掘作业，须经铁路管理部门审核同意。

（三）进口、出口

（1）挖掘深度超过 1.2m 时，应在合适的距离内提供梯子、台阶或坡道等，用于安全出入。

（2）在深度不小于 1.2m、水平最大间距不小于 7m 的人工施工作业坑、沟内，必须提供两个方向的逃生通道。

（3）对于作业场所不具备设置逃生通道的，应设置逃生梯等逃生装置。

（4）作业场所不具备设置进口、出口条件，应设置逃生梯、救生索及机械升降装置等，并安排专人监护作业，始终保持有效的沟通。

（5）当允许人员、设备在挖掘处上方通过时，应提供带有标准栏杆的通道或桥梁，并明确通行限制条件。

（四）排水

（1）雷雨天气应停止挖掘作业；雨后复工时，应检查受雨水影响的挖掘现场，监督排水设备的正确使用，检查土壤稳定和支撑牢固情况，若发现问题，应及时采取措施，防止骤然崩坍。

（2）如果有积水或正在积水，应采用导流渠、构筑堤防或其他适当的措施防止地表水或地下水进入挖掘处，并采取适当的措施排水，方可进行挖掘作业。

（五）危险性气体环境

（1）对深度超过 1.2m，可能存在危险性气体的挖掘现场，应进行气体检测。

（2）在填埋区域及危险化学品生产、储存区域，可能产生危险性气体和易燃易爆场所，进入狭小、风险和危害未确定的空间进行挖掘时，应对作业环境持续进行气体检测，并采取相关防护及保护措施，如使用呼吸器、通风设备和防爆工具等。

（六）标志与警示

（1）采用机械设备挖掘时，应确认活动范围内没有障碍物（如架空线路、管架等）。

（2）挖掘作业现场应设置护栏、盖板和明显的警示标志；在人员密集场所或区域施工时，夜间应进行警示。

（3）挖掘作业如果阻断道路，应设置明显的警示和禁行标志，对于确需通行车辆的道路，应铺设临时通行设施，限制通行车辆吨位，并安排专人指挥车辆通行。

（4）采用警示路障时，应将其安置在距开挖边缘至少 1.5m 之外；如果采用废石堆作为路障，其高度不得低于 1m；在道路附近作业时应穿戴警示背心。

（5）运输挖出物的车辆必须保持离坑道 3m 的距离（为支柱车辆提供特别装置情况的除外），必要时采用醒目的围栏设施。

（七）特殊作业

（1）在野外长输管线管沟开挖、穿越公路、穿越河流、野外基坑、已建管线旁 5m 外施工时，可不办理挖掘工作许可证，但现场安全管理标准应不低于票据管理的标准，承包商应有作业程序或专项方案。

（2）新建项目施工单位提出申请，申请人组织工艺设备、电气仪表、生产运行、公用工程、安全等专业人员对挖掘工作计划进行现场勘查确认，进一步明确隐蔽设施的位置等信息及应采取的安全措施，由各专业人员签字确认后，批准人批准实施。

（3）在有潜在危险的设备周围工作时，应确认是否需要安装检测设备或指派专人监督挖掘工作；挖掘作业涉及阻断道路时，普通道路要制定相应交通疏通方案并报当地交通管理部门备案，取得其帮助。

（4）若存在多人同时作业或上下交叉作业时，应保证作业人员之间具有足够的安全间距（2.5m 以上），以防止意外伤人；多台机械开挖时，最小间距 10m。

（5）如果需要或者允许人员、设备跨越坑、槽、井、沟等，必须提供带扶手的通道或桥梁。

第四节 高处作业

一、概念

高处作业是指任何可能导致人员坠落 2m 及以上距离的作业（包括在孔洞附近区域作业或安装拆除栏杆等作业）。坠落高度基准面是指可能坠落范围内最低处的水平面。

高处作业类型有临边作业、洞口作业、攀登作业、悬空作业、交叉作业等。

（1）临边作业是指施工现场中，工作面边沿无围护设施或围护设施高度低 80cm 的高处作业。

（2）洞口作业是指孔、洞口旁边的高处作业，包括施工现场及通道旁深度在 2m 及 2m 以上的桩孔、沟槽与管道孔洞等边沿作业。

（3）攀登作业是指借助建筑结构或用脚手架上的登高设施或采用梯子或其他登高设施在攀登条件下进行的高处作业。

（4）悬空作业是指在周边临空状态下进行高处作业，其特点是在操作者无立足点或无牢靠立足点条件下进行高处作业。

（5）交叉作业是指在施工现场的上下不同层次，于空间贯通状态下同时进行的高处作业。

二、高处作业主要危害因素

（一）发生地点

发生地点主要包括临边地带、作业平台、高空吊篮、脚手架、梯子等。

（二）人的行为

人的行为包括高处作业人员未佩戴（或不规范佩戴）安全带；使用不规范的操作平台；使用不可靠立足点；冒险或认识不到危险的存在；身体或心理状况不健康。

（三）管理方面

管理方面包括未及时为作业人员提供合格的个人防护用品；监督管理不到位或对危险源视而不见；教育培训（包括安全交底）未落实、不深入或教育效果不佳；未明示现场危险。

三、高处作业安全措施

控制高空作业风险应通过采取消除坠落危害、坠落预防和坠落控制等措施来实现。高处作业人员应接受培训，患有高血压、心脏病、贫血、癫痫、严重关节炎、手脚残疾、饮酒或服用嗜睡、兴奋等药物的人员及其他禁忌高处作业的人员不得从事高处作业。

（一）消除坠落危害

（1）在作业项目的设计和计划阶段，应评估工作场所和作业过程高处坠落的可能性，制定设计方案，选择安全可靠的工程技术措施和作业方式，避免高处作业。

（2）在设计阶段，应考虑减少或消除攀爬临时梯子的风险，确定提供永久性楼梯和护栏的可能性；在安装永久性护栏系统时，应尽可能在地面进行。

（3）在与承包商签订合同阶段，凡涉及高处作业，尤其是屋顶作业、大型设备的施工、架设钢结构等作业，应制定坠落保护计划。

（4）项目设计阶段，设计人员应能够辨识坠落危害，熟悉坠落预防技术、坠落保护设备的结构和操作规程；安全专业人员应在项目规划的早期阶段推荐合适的坠落保护措施与相关设备。

（二）坠落预防

（1）如果不能完全消除坠落危害，应通过改善工作场所的作业环境来预防坠落，如安装楼梯、护栏、屏障、行程限制系统、逃生装置等。

（2）应避免临边作业，尽可能在地面预制好装设缆绳、护栏等设施的固定点，避免在高处进行作业；如必须进行临边作业时，必须采取可靠的防护措施。

（3）应预先评估，在合适位置预制锚固点、吊绳及安全带的固定点。

（4）尽可能采用脚手架、操作平台和升降机等作为安全作业平台；高空电缆桥架作业（安装和放线）应设置作业平台。

（5）禁止行为：

① 禁止在不牢固的结构物（如石棉瓦、木板条等）上进行作业。

② 禁止在平台、孔洞边缘、通道或安全网内休息；楼板上的孔洞应设盖板或围栏。

③ 禁止在屋架、桁架的上弦、支撑、檩条、挑架、挑梁、砌体、不固定的构件上行走或作业。

（三）坠落控制

如不能完全消除和预防坠落危害，应评估工作场所和作业过程的坠落危害，选择安装使用坠落保护设备，如安全带、安全绳、缓冲器、抓绳器、吊绳、锚固点、安全网等。

应使用个人坠落保护装备，包括锚固点、连接器、全身式安全带、吊绳、带有自锁钩的安全绳、抓绳器、缓冲器、缓冲安全绳或其组合。使用前，对坠落保护装备的所有附件进行检查。

第五节　移动式起重机吊装作业

一、概念

移动式起重机即自行式起重机，包括履带起重机、轮胎起重机，不包括桥式起重机、龙门式起重机、固定式桅杆起重机、悬挂式伸臂起重机以及额定起重量不超过 1t 的起重机。

二、基本要求

（1）移动式起重机吊装作业实行作业许可管理，吊装前需办理吊装作业许可证。

（2）起重机司机应取得资质证书，身体和心理条件满足要求。

（3）使用前，起重机各项性能均应检查合格；吊装作业应遵循制造厂家规定的最大负荷能力，以及最大吊臂长度限定要求；随机备有安全警示牌、使用手册、载荷能力铭牌并根据现场情况设置。

（4）禁止起吊超载、质量不清的货物和埋置物件；在大雪、暴雨、大雾等恶劣天气及风力达到五级及以上时应停止起吊作业，并卸下货物，收回吊臂。

（5）任何情况下，严禁起重机带载行走；无论何人发出紧急停车信号，都应立即停车。

（6）在可能产生易燃易爆、有毒有害气体的环境中工作时，应进行气体检测。

（7）起重机吊臂回转范围内应采用警戒带或其他方式隔离，无关人员不得进入该区域内。

（8）如果起重机遭受了异常应力或载荷的冲击，或吊臂出现异常振动、抖动等，在重新投入使用前，应由专业机构进行彻底的检查和修理；加油时起重机应熄火，行驶中吊钩应收回并固定牢固。

三、移动式起重机检查

（1）使用前的外观检查：设备技术人员、起重机司机应对新购置的、大修改造后的、移动到另一个现场的、连续使用时间在1个月以上的起重机进行外观检查，如钢丝绳、吊索吊钩、固定销、支腿垫板等。

（2）经常性检查：起重机司机每天工作前应对控制装置、吊钩、钢丝绳（包括端部的固定连接、平衡滑轮等）和安全装置进行检查，发现异常时应在操作前排除；若使用中发现安全装置（如上限位装置、过载装置等）损坏或失效，应立即停止使用；每次检查及相应的整改情况均应填写检查表并保存。

（3）定期性检查：起重机应进行定期检查，检查周期可根据起重机的工作频率、环境条件确定，但每年不得少于1次。检查内容由企业根据起重机的种类、使用年限等情况综合确定。此项检查应由本单位专业维修人员或企业指定维修机构进行。起重机还应接受政府部门的定期检验，从启用到报废，应定期检查并保留检查记录。

四、吊装作业"十不吊"

（1）信号指挥不明不准吊。

（2）斜牵斜挂不准吊。

（3）吊物重量不明或超负荷不准吊。

（4）散物捆扎不牢或物料放过满不准吊。

（5）吊物上有人不准吊。

（6）埋在地下物不准吊。

（7）安全装置失灵或带病不准吊。

（8）现场光线阴暗看不清吊物起落点不准吊。

（9）棱刃物与钢丝绳直接接触无保护措施不准吊。

（10）六级以上强风不准吊。

第六节　管线打开作业

一、概念

管线打开是指采取任何方式改变封闭管线或设备及其附件的完整性，包括通过火焰加热、打磨、切割或钻孔等方式使一个管线的组成部分形体分离。

管线中危险物料是指因其化学、物理或毒性特性，能够产生或带来危害的物质，如腐蚀物、有毒液体/固体、有毒/挥发气体、热介质（≥60℃）、低温介质、氧化剂、易燃物、高压系统中介质和窒息物。

清洁管线应符合3个条件：（1）系统温度低于60℃，高于-10℃；（2）已达到大气压力；（3）管线内介质的毒性、腐蚀性、易燃性等危险已降低到可接受的水平（以化学物质安全技术说明书为准）。

受控排放是指在两个截止阀之间设排放口，排放口装有截止阀并保持敞开，或在两个截止阀之间装压力表检测阀间压力。

双重隔离是指截止阀加盲板或盲法兰。

管线打开作业是指采取下列方式（包括但不限于）改变封闭管线或设备及其附件的完整性：

（1）解开法兰；

（2）从法兰上去掉一个或多个螺栓；

（3）打开阀盖或拆除阀门；

（4）去除阀帽和单向阀的盖子；

（5）转换八字盲板；

（6）打开管接、断开细管（活接头）；

（7）去掉盲板、盲法兰、堵头和管帽；

（8）断开仪表、润滑、控制系统管线，如引压管、润滑油管等；

（9）用机械方法或其他方法穿透管线；

（10）开启检查孔。

二、基本要求

（1）管线打开实行作业许可，作业前办理作业许可证。凡是没有办理作业许可证，没有按要求编制安全工作方案，没有落实安全措施的，禁止管线打开作业。当管线打开作业涉及高处作业、动火作业、进入受限空间作业等时，应同时办理相关作业许可证。

（2）管线打开作业前，作业单位应进行风险评估，根据风险评估的结果制定相应控制措施，必要时编制安全工作方案。

（3）作业前安全工作方案应与所有相关人员沟通，必要时应专门进行培训，确保所有相关人员熟悉相关的 HSE 要求。

三、管线打开作业安全措施

（一）设计要求

在项目的设计阶段，应考虑消除或降低管线打开产生的风险，需要考虑的隔离和清理内容如下：

（1）选择隔离的优先次序为双截止阀、单截止阀、其他。

（2）应考虑隔离和清理，包括但不限于以下内容：

① 为清理管线增加连接点，同时要考虑可能产生泄漏的风险；

② 能够隔离第二能源。

（二）作业前准备

（1）管线打开作业前，作业单位应进行风险评估，根据风险评估的结果制定相应控制措施，必要时编制安全工作方案。

（2）作业前安全工作方案应与所有相关人员沟通，必要时应专门进行培训，确保所有相关人员熟悉相关的 HSE 要求。

（3）清理。

① 需要打开的管线或设备必须与系统隔离，其中的物料应采用排尽、冲洗、置换、吹扫等方法除尽。清理合格应符合以下要求：

a. 系统温度在 -10~60℃ ；

b. 已达到大气压力；

c. 与气体、蒸汽、雾沫、粉尘的毒性、腐蚀性、易燃性有关的风险已降低到可接受的水平。

② 管线打开前并不能完全确认已无危险，应在管线打开之前做好以下准备：确认管线（设备）清理合格；如果不能确保管线（设备）清理合格，如残存压力或介质在死角截留、未隔离所有压力或介质的来源、未在低点排凝和高点排空等，应停止工作，重新制定工作计划，明确控制措施，消除或控制风险。

（4）隔离。

所有要准备进行管线打开的系统必须进行隔离。

（5）个人防护。

无论系统是否已做好准备，都必须准备好使用个人防护装备。

（三）管线打开

（1）所有的管线打开都被视为具有潜在的液体、固体或气体等危险物料意外释放的可能性。

（2）明确管线打开的具体位置。

（3）必要时在受管线打开影响的区域设置路障或警戒线，控制无关人员进入。

（4）管线打开过程中发现现场工作条件与安全工作方案不一致时（如管线堵塞、不合格），应停止作业，并进行再评估，重新制定安全工作方案，办理相关作业许可证。

（5）打开注意事项：

① 人员应避免站在管内物质可能喷出的位置。

② 从设备/管线最小部分着手，以便有效控制意外发生。

③ 打开管线前从情况的最坏角度考虑管线内泄漏物质的毒性、体积、温度及压力等。

④ 当螺栓严重腐蚀时，考虑发生意外时的控制措施。

（6）区域控制注意事项：

① 可能喷溅和受影响的区域必须有足够的围栏和警示。

② 围栏的区域大小应考虑被开启设备/管线的尺寸、其中危害物质、可能的意外泄流量、压力以及风向、可能受影响的区域等。

③ 无关人员不得进入围栏区域，任何人进入正在进行管线打开的围栏区域内，必须穿着与打开人员一致的防护装备。

（四）工作交接

当作业需超过一个班时间才能完成时，要进行书面工作交接，工作交接的关键要素包括下列各项。

（1）内容：隔离位置、已做的清理、确认方法、设备状况、资料。

（2）沟通：系统或设备状况和残留物料危险性。

（3）保存：交接资料及签字记录。

（4）在开始作业前，验证系统或设备是否可以继续安全作业。

（5）所有涉及作业的人员应在交接班的文件上进行确认。

（五）作业后的完善工作

（1）检查管线及设备是否可安全操作。

（2）检查环境整洁是否达到标准。

（3）检查所有残留化学品是否被清理干净。

（4）检查围栏是否已移除。

第七节　临时用电作业

一、概念

（1）临时用电作业是指在生产或施工区域内临时性使用非标准配置380V及以下的低压电力系统不超过6个月的作业。

（2）非标准配置的临时用电线路是指除按标准成套配置的，有插头、连线、插座的专用接线排和接线盘以外的，所有其他用于临时性用电的电气线路，包括电缆、电线、电气开关、设备等（简称临时用电线路）。

（3）手持式电动工具按电击保护方式分为Ⅰ类工具、Ⅱ类工具、Ⅲ类工具。

Ⅰ类工具是指工具在防止触电的保护方面不仅依靠基本绝缘，而且还包含一个附加的安全预防措施，其方法是将可触及的可导电的零件与已安装的固定线路中的保护（接地）导线连接起来，以这样的方法来使可触及的可导电的零件在基本绝缘损坏的事故中不成为带电体。

Ⅱ类工具是指工具在防止触电的保护方面不仅依靠基本绝缘，而且还提供双重绝缘或加强绝缘的附加安全预防措施，没有保护接地或依赖安装条件的措施。Ⅱ类工具分为绝缘外壳Ⅱ类工具和金属外壳Ⅱ类工具。Ⅱ类应在工具的明显部位标有Ⅱ类结构符号。

Ⅲ类工具是指工具在防止触电的保护方面依靠由安全特低电压供电和在工具内部不会产生比安全特低电压高的电压。

二、临时用电作业主要危害因素

临时用电作业时，如果没有有效的个人防护装备和防护措施，容易造成人员伤亡、设备损坏，还有可能造成火灾爆炸。

（一）触电事故

1. 电击

电击是指电流通过人体内部对人体内器官造成的伤害。人受到电击后，可能会出现肌肉抽搐、昏厥、呼吸停止或心跳停止等现象；严重时，甚至危及生命。大部分触电死亡事故都是电击造成的，通常说的触电事故基本上是对电击而言的。按照发生电击时电气设备的状态，可分为直接接触电击和间接接触电击。

2. 电伤

电伤是由电流的热效应、化学效应或者机械效应直接造成的伤害，电伤会在人体表面留下明显的伤痕，有电烧伤、电灼伤、皮肤金属化、机械性损伤和电光性眼炎，造成电伤的电流通常都比较大。

（二）电流对人体的伤害

电流作用于人体，表现的症状有针刺感、压迫感、打击感、痉挛、疼痛，乃至血压升高、昏迷、心律不齐、心室颤动等。电流通过人体内部，对人体伤害的严重程度与通过人体电流的大小、电流通过人体的持续时间、电流通过人体的途径、电流的种类以及人体的状况等多种因素有关，而且各因素之间是相互关联的，伤害严重程度主要与电流的大小与通电时间长短有关，电流对人体的伤害见表5-1。

表5-1 电流对人体的伤害

电流，mA	持续时间	生理效应
0~0.5	连续通电	没有感觉
0.5~5	连续通电	开始有感觉，手指手腕等处有麻感，没有痉挛，可以摆脱带电体
5~30	数分钟以内	痉挛，不能摆脱带电体，呼吸困难，血压升高，是可以忍受的极限
30~50	数秒至数分钟	心脏跳动不规则，昏迷，血压升高，强烈痉挛，时间过长即引起心室颤动
50至数百	低于脉搏周期	受强烈刺激，但未发生心室颤动
	超过脉搏周期	昏迷，心室颤动，接触部位留有电流通过的痕迹
超过数百	低于脉搏周期	在心脏搏动周期特定相位电击时，发生心室颤动，昏迷，接触部位留有电流通过的痕迹
	超过脉搏周期	心脏停止跳动，昏迷，可能致命的电灼伤

三、临时用电作业安全措施

(一) 基本要求

(1) 临时用电作业实行作业许可管理,应办理临时用电作业许可证,只限在指定的地点和规定的时间内使用,不得涂改、代签;用电申请人、用电批准人、作业人员必须经过相应培训,具备相应能力;电气专业人员应经过专业技术培训,并持证上岗。

(2) 安装、维修、拆除临时用电线路应由电气专业人员进行,按规定正确佩戴个人防护用品,健康状况良好,正确使用工(器)具。

(3) 在开关上接引、拆除临时用电线路时,其上级开关应断电锁定管理。

(4) 临时用电线路和设备应按供电电压等级和容量正确使用,所有的电气元件、设施应符合国家标准规范要求;临时用电电源施工、安装应严格执行电气施工安装规范,并接地或接零保护。

(5) 各类移动电源及外部自备电源,不得接入电网;动力和照明线路应分路设置。

(6) 临时用电作业实施单位不得擅自增加用电负荷,变更用电地点、用途。

(7) 临时用电线路和电气设备的设计与选型应满足爆炸危险区域的分类要求。

(二) 用电线路安全要求

(1) 所有的临时用电线路必须采用耐压等级不低于 500V 的绝缘导线。

(2) 临时用电设备及临时建筑内的电源插座应安装漏电保护器,在每次使用之前应利用试验按钮进行测试;所有的临时用电都应设置接地或接零保护。

(3) 送电操作顺序为总配电箱—分配电箱—开关箱(上级过载保护电流应大于下级)。停电操作顺序为开关箱—分配电箱—总配电箱(出现电气故障的紧急情况除外)。

(4) 配电箱应保持整洁、接地良好;配电箱(盘)、开关箱应定期进行检查、维修;进行作业时,应将其上一级相应的电源隔离开关分闸断电、上锁,并悬挂警示性标志。

(5) 所有配电箱(盘)、开关箱应有电压标志和安全标志,在其安装区域内应在其前方 1m 处用黄色油漆或警戒带作警示;室外的临时用电配电箱(盘)还应设有安全锁具、防雨防潮措施;距配电箱(盘)、开关及电焊机等电气设备 15m 范围内,不应存放易燃、易爆、腐蚀性等危险物品。

(6) 固定式配电箱、开关箱的中心点与地面的垂直距离应为 1.4~1.6m;移动式配电箱(盘)、开关箱应装设在坚固、稳定的支架上,其中心点与地面的垂直距离宜为 0.8~1.6m。

(7) 所有临时用电线路由电气专业人员检查合格后方可使用,在使用过程中应定期检查,搬迁或移动后的临时用电线路应再次检查确认。

(8) 在接引、拆除临时用电线路时,其上级开关应当断电,并做好上锁挂牌等安全措施。

(9) 临时用电线路的自动开关和熔丝(片)应符合安全用电要求,不得随意加大或缩小,不得用其他金属丝代替熔丝(片)。

(10) 临时电源暂停使用时,应在接入点处切断电源,并上锁挂牌;搬迁或移动临时用电线路时,应先切断电源。

（11）在防爆场所使用的临时用电线路和电气设备，应达到相应的防爆等级要求。

（12）临时用电线路经过有高温、振动、腐蚀、积水及机械损伤等危害部位时，不得有接头，并采取有效的保护措施。

（三）工具

（1）移动工具、手持电动工具等用电设备应有各自的电源开关，必须实行"一机一闸一保护"制，严禁两台或两台以上用电设备（含插座）使用同一开关直接控制。

（2）使用电气设备或电动工具作业前，应由电气专业人员对其绝缘进行测试，Ⅰ类工具绝缘电阻不得小于 $2M\Omega$，Ⅱ类工具绝缘电阻不得小于 $7M\Omega$，合格后方可使用。

（3）使用潜水泵时应确保电动机及接头绝缘良好，潜水泵引出电缆到开关之间不得有接头，并设置非金属材质的提泵拉绳。

（4）使用手持电动工具应满足以下安全要求：

① 有合格标牌，外观完好，各种保护罩（板）齐全。

② 在一般作业场所，应使用Ⅱ类工具；若使用Ⅰ类工具时，应装设额定漏电动作电流不大于 15mA、动作时间不大于 0.1s 的漏电保护器。

③ 在潮湿作业场所或金属构架上作业时，应使用Ⅰ类或由安全隔离变压器供电的Ⅱ类工具。

④ 在狭窄场所，如锅炉、金属管道内，应使用由安全隔离变压器供电的Ⅲ类工具。

⑤ Ⅲ类工具的安全隔离变压器，Ⅱ类工具的漏电保护器及Ⅱ、Ⅲ类工具的控制箱和电源连接器等应放在容器外或作业点处，同时应有人监护。

⑥ 电动工具导线必须为护套软线，导线两端连接牢固，中间不许有接头。

⑦ 必须严格按照操作规程使用移动式电气设备和手持电动工具，使用过程中需要移动或停止工作、人员离场或突然停电时，必须断开电源开关或拔掉电源插头。

（四）临时照明安全要求

（1）现场照明应满足所在区域安全作业亮度、防爆、防水等要求；

（2）使用合适的灯具和带护罩的灯座，防止意外接触或破裂；

（3）使用不导电材料悬挂导线；

（4）行灯电源电压不超过 36V，灯泡外部有金属保护罩；

（5）在潮湿和易触及带电体场所的照明电源电压不得大于 24V，在特别潮湿场所、导电良好的地面、锅炉或金属容器内的照明电源电压不得大于 12V。

第八节　动火作业

一、概念

能直接或间接产生明火的工艺设置以外的可能产生火焰、火花和炽热表面的非常规作业称为动火作业，常见动火作业包括但不限于：

（1）各种焊接、切割作业；

（2）使用喷灯、火炉等明火作业；

（3）煨管、熬沥青、炒沙子等施工作业；

（4）打磨、喷沙、锤击等产生火花的作业；

（5）临时用电或使用非防爆电动工具等；

（6）使用雷管、炸药等进行爆破作业；

（7）在易燃易爆区使用非防爆的通信和电气设备；

（8）其他动火作业。

二、动火作业主要危害因素

（1）眼部损伤：施工过程中产生的红外线、紫外线易对眼睛造成视力减退、角膜损伤等危害；熔渣、切割产生的火花能引起角膜溃疡及结膜炎等眼部危害。

（2）施工过程产生的紫外线会危害皮肤的健康。

（3）施工过程产生的有毒烟雾，可能导致呼吸系统的疾病。

（4）被火焰、灼热的熔渣或工件灼伤。

（5）搬运气瓶或大型工件导致筋骨劳损。

三、动火作业安全措施

（一）动火作业许可管理

除固定动火区外，在任何时间、地点进行动火作业时，应办理动火作业安全许可证。

（1）动火作业许可的申请与批准。

① 动火作业批准人：负责审批动火作业许可证的责任人或授权人。

② 动火作业监督人：对动火作业负有监督责任，对动火作业审批人直接负责。

③ 动火作业监护人：在作业现场对动火作业过程实施安全监护的指定人员。

④ 动火作业人：动火作业的具体操作者。

（2）按照所批复的动火方案，最终由现场动火指挥在动火前签发动火作业许可证。

（3）动火作业许可证是动火作业现场操作依据，不得涂改、代签。

（4）动火作业许可证的期限要求如下：

① 动火作业许可证签发后，动火开始执行时间不应超过 2h。

② 在动火作业中断后，动火作业许可证应重新签发。

③ 动火作业许可证的期限应按动火方案确定的动火作业时间规定，如果在规定的动火作业时间内没有完成动火作业，应办理动火延期，但延期后总的作业期限不宜超过24h；对不连续的动火作业，则动火作业许可证的期限不应超过一个班次（8h）。

（5）动火作业结束后，现场指挥、动火监护、监督应按动火方案内容对动火现场进行全面检查，指挥清理作业现场，解除相关隔离设施，动火监护人留守现场并确认无任何火源和隐患后，动火申请人与批准人在动火作业许可证的"关闭"栏签字。

（二）动火作业一般要求

（1）做好围挡，加强通风，控制火花飞溅；

（2）位于动火点的上风向作业；

（3）动火作业中断 1h 以上应重新确认安全条件；

（4）发现异常情况停止动火作业。

（三）系统隔离与置换

（1）动火作业前应首先切断物料来源并加盲板，经彻底吹扫、清洗、置换后，打开人孔，通风换气，经气体检测合格后方可动火作业。

（2）如气体检测超过 30min 后进行动火作业，应对气体进行再次检测，如采用间断监测，间隔时间不应超过 2h。

（3）与动火作业部位相连的易燃易爆气体、易燃（可燃）液体管线必须进行可靠的隔离、封堵或拆除处理。

（4）与动火作业直接有关的阀门必须上锁、挂签、测试；需动火作业的设备、设施和与动火作业直接相关阀门的控制必须由车间人员操作。

（5）动火作业区域应设置警戒，严禁与动火作业无关人员或车辆进入动火区域。

（四）气体检测

（1）凡需要动火作业的罐、容器等设备和管线，必须进行内部和环境气体检测与分析，检测分析数据填入动火作业许可证中，检测单附在"动火作业许可证"的存根上。

（2）可燃气体含量必须低于介质与空气混合浓度的爆炸下限的 10%，氧含量 19.5%～23.5%为合格。

（3）气体样品要有代表性；出现异常现象，应停止动火，重新检测。

（4）用于检测气体的检测仪必须在校验有效期内，确定其处于正常工作状态。

（5）动火部位存在有毒有害物质介质的，必须对其浓度做检测分析，若其含量超过空气中有害物质最高容许浓度的，必须采取相应的安全措施。

（6）停工大修装置在彻底撤料、吹扫、置换后应分析合格，并与系统采取有效隔离措施后，设备、容器、管道动火作业前，必须采样分析合格。

（7）气体检测顺序：氧含量、可燃气体、有毒有害气体。

（五）动火作业区域要求

在动火作业前必须清除动火作业区域一切可燃物，并根据动火作业级别、应急预案的要求配备相应的消防器材。

（1）半径 15m 内不准有其他可燃物泄漏和暴露。

（2）半径 15m 内生产污水系统的漏斗、排水口、各类井、排气管、管道等必须封贴盖实。

（3）在动火作业区域必须设置安全标志。

（4）在危险区域内进行多处动火作业时，相连通的各个动火作业部位不能同时进行，上一处动火作业部位的施工作业完成后方可进行下一个部位的施工作业。

（5）动火作业涉及进入受限空间、临时用电、高处作业等其他特种作业时，必须办理相应的作业许可证，严禁以动火作业许可证代替。

第六章

事故事件管理

第一节　事故事件定义

　　事件与事故合理管控，关乎企业的生存与发展，正确认识事件与事故的界定标准，是事件事故合理管控的基础，也是确定正确应对措施、编制应急预案、实施处置及事件事故主动预防的关键。

一、事件

　　事件泛指与人意志无关的客观现象，即这些事实的出现与否，是无法预见或控制的事情、事件。在 GB/T 45001—2020（ISO 45001：2018）《职业健康安全管理体系要求及使用指南》中，事件定义为由工作引起的或在工作过程中发生的可能或已经导致伤害和健康损害（对人的身体、心理或认知状况的不利影响）的情况。事件的发生可能造成事故，也可能并未造成任何损失，因此说事件包括事故。

（一）突发事件

　　突发事件是"公共突发事件"的简称，根据联合国人道主义事务部的定义，突发事件是指突然发生，往往不能预见，需要迅速采取措施减少不利影响的事件。突发事件能直接给公众生命、健康、财产及环境带来现实危险，通常需要采取应急管理措施来干预。普遍认为突发事件具有随机性、突发性、隐蔽性、不确定性以及紧迫性与威胁性。

　　从应急管理的角度出发，突发事件可分广义与狭义两种。从狭义来讲，突发事件是指在一定区域内突然发生，规模较大且对社会产生广泛负面影响的，对生命和财产构成严重威胁的突发事件或灾难。从广义上来说，突发事件是指在组织或者个人原定计划之外或者在其认识范围之外突然发生的，对其利益具有损伤性或潜在危害的一切事件，语义要素包括事发突然、影响重大、危害严重。

（二）生产安全事件

　　生产安全事件是指在生产经营活动中发生的严重程度未达到《中国石油天然气集团公司生产安全事故管理办法》所规定事故等级的人身伤害、健康损害或经济损失等情况。

生产安全事件发生在生产经营活动中，人、设备、环境等因素造成意外事件，事件产生的后果较小，无人员伤亡，产生较小的经济损失和较小的影响，是尚不能定为生产安全事故的事件。

（三）事故

事故是发生在人们的生产、生活活动中的意外事件。对于事故的定义也有很多种，现今伯克霍夫的定义较为著名。

伯克霍夫认为，事故是人（个人或集体）在为实现某种意图而进行的活动过程中，突然发生的、违反人的意志的、迫使活动暂时或永久停止的事件。事故的含义包括：

（1）事故是一种发生在人类生产、生活活动中的特殊事件，人类的任何生产、生活活动过程中都可能发生事故。

（2）事故是一种突然发生的、出乎人们意料的意外事件。由于导致事故发生的原因非常复杂，往往包括许多偶然因素，因而事故的发生具有随机性质。在一起事故发生之前，人们无法准确地预测什么时候、什么地方、发生什么样的事故。

（3）事故是一种迫使进行着的生产、生活活动暂时或永久停止的事件。事故中断、终止人们正常活动的进行，必然给人们的生产、生活带来某种形式的影响。因此，事故是一种违背人们意志的事件，是人们不希望发生的事件。

一般地，生产安全事故是指生产经营单位在生产经营活动（包括与生产经营有关的活动）中突然发生的，伤害人身安全和健康，或者损坏设备设施，或者造成经济损失的，导致原生产经营活动（包括与生产经营有关的活动）暂时中止或永远终止的意外事件。

第二节　突发事件分类分级

一、突发事件分类

突发事件，按照事件的影响范围对象、事件的发生诱因来源分四大类：自然灾害、事故灾难、公共卫生事件和社会安全事件。

（一）自然灾害

1. 定义与分类

自然灾害是指给人类生产、生活、生存带来危害或损害人类生活环境的自然现象，是自然界中所发生的异常现象，具有自然和社会两重属性。

自然灾害主要包括洪涝、干旱、台风龙卷风、冰雹、酸雨、暴风雪、沙尘暴等气象灾害，火山活动、地震、山体崩塌、滑坡、泥石流等地质灾害，海啸等海洋灾害，物种入侵、害虫爆发等生物灾害，森林草原火灾等。

2. 特点

（1）自然灾害具有广泛性与区域性。自然灾害的分布范围广，无论是陆地还是海洋、农村与城市，它的发生与所处地域无关，可以发生在地球上的任何地方，发生的概率范围较广。同时，自然灾害发生具有区域性特点，各类自然灾害的发生受自然地理环境的影响，比如泥石流只会发生在山区，而暴风雪多发生在温带与寒带，因此关于自然灾害的防治也突显出这些特点。

（2）自然灾害具有一定的周期性和不重复性。自然灾害的发生受地球自然环境与气候的影响，呈现一定的周期性，通常所说的某自然灾害的"十年一遇""五十年一遇"指的就是其周期性。不重复性指灾害的损害过程与结果的不重性。

（3）自然灾害具有联系性，自然灾害的发生与某一因素存在一定的联系性或因果关系，比如工业含硫废气的过度排放会导致酸雨的发生，二氧化碳的过度排放会导致厄尔尼诺现象等。

（4）自然灾害具有危害的严重性。自然灾害的发生往往会造成巨大的损失，全球每年因自然灾害发生而造成的损失多达数百亿美元，比如"5·12"汶川地震、1970年的秘鲁大雪崩。

（5）自然灾害具有两面性。自然灾害的发生，虽然看起来不可避免，给人类的生存带来较大损失与威胁，但随着人类文明的进步、科技的发展，有些自然灾害可以缓减与避免甚至变害为利，比如兴修水利，将洪水变为电力。

（6）自然灾害具有不确定与变化性。自然灾害的发生时间、地点具有一定的不确定性，需要通过较高的科技手段加以预测，给防灾减灾工作的开展带来一定的困难。同时一种自然灾害，当其较为严重时，会发生次生灾害或衍生灾害。

（二）事故灾难

1. 定义与分类

事故灾难是具有灾难性后果的事故，是在人们生产、生活过程中发生的，直接由人的生产、生活活动引发的，违反人们的意志的、迫使活动暂时或永久停止，并且造成大量的人员伤亡、经济损失或环境污染的意外事件。

2. 特点

（1）危害的严重性。事故灾难的发生经常会造成较大的经济财产损失，同时多发生大范围的或较多的人员伤亡。

（2）一定的范围。事故灾难一般是由人类自主的生产活动造成的，发生在生产活动区域及影响范围内，与人类生产活动密切相关。

（3）巨大的影响性。事故灾难由于是企业为主体的生产活动管理不善的直接恶性事件，具有较大影响性，除对周边环境、人员、财产造成加大损失外，还会产生一定的社会负面影响及对企业发展的影响。

（4）前兆性。事故灾难的发生多由企业管理、工艺、人员素质等方面存在的问题诱发，是无视规则的行为所致，在相关方面具有一定的显性或隐性表象预兆，很大一部分可以通过加强管理等有效方式进行防控或减少损失。

（5）与企业安全管理关联性。事故灾难的发生，调查结果显示，大部分存在企业安全管理死角与漏洞，并且呈现一定的线性关系。

（三）公共卫生事件

1. 定义与分类

公共卫生事件是指突然发生，造成或可能造成社会公众健康严重损害的重大传染病疫情、群体性不明原因疾病，重大食物和职业性中毒以及其他严重影响公众健康和生命安全的事件。

公共卫生事件一般按事件的原因分为重大传染病疫情、群体性不明原因疾病、重大食物和职业性中毒、新发传染性疾病、群体性预防接种反应和群体性药物反应，和重大环境污染事故、核事故和放射事故、生物、化学、核辐射恐怖事件，以及其他影响公众健康的事件。

2. 特点

（1）突发性。突发性公共卫生事件不易预测，突如其来，但其发生与转轨也具有一定的规律性，比如一些传染病的爆发，具有与季节、气候、地域相关的规律。

（2）公共属性。事件所危及的对象不是特定人，而是不特定的社会群体，在事件影响范围内的人都有可能受到伤害。

（3）危害的严重性。事件可对公众健康和生命安全、社会经济发展、生态环境等造成不同程度的危害，这种危害既可以是对社会造成的即时性严重损害，也可以是从发展趋势看对社会造成严重影响的事件，其危害可表现为直接危害和间接危害。直接危害一般为事件直接导致的即时性损害，间接危害一般为事件的继发性损害或危害。

（四）社会安全事件

1. 定义与分类

社会安全事件是指在社会安全领域发生的，人为因素造成或可能造成严重的社会危害，需要采取应急处置措施的事件。

社会安全事件主要包括重大刑事案件、网络与信息安全突发事件、公共文化场所和文化活动突发事件、恐怖袭击事件、涉外突发事件、金融安全事件、规模较大的群体性事件、新闻媒体突发事件、民族宗教突发群体事件、学校安全事件以及其他社会影响严重的突发性社会安全事件等。

2. 特点

（1）事件引发的人为性。人为故意或恶意导致的社会安全事件以及人为处置不当其他衍生、次生的社会安全事件。

（2）事件发生领域的特定性。事件发生在社会公共安全领域内，即涉及不特定人员或多数人员的生命、健康或财产安全的领域，涉及重大公私财产的安全领域，涉及重大生产安全或公众利益安全的领域，涉及公众生活安宁的领域等特定区域。

（3）事件发生的预谋性。事件发生多数具有行为人预谋、策划，存在从量变到质变的过程。

二、突发事件分级标准

此标准规定了企业对各类突发事件的分级条件，以此作为突发事件信息报送和分级处置的参考依据。

（一）自然灾害突发事件

1. Ⅰ级事件

（1）因灾造成 10 人及以上伤亡和失踪；

（2）因灾疏散、转移、安置人员 1000 人以上；

（3）因灾严重影响公司正常生产运行，导致设备装置停运、停产；

（4）因灾直接经济损失 1000 万元以上。

2. Ⅱ级事件

（1）因灾造成 3 人及以上 10 人以下伤亡和失踪；

（2）因灾疏散、转移、安置人员 500 人以上 1000 人以下；

（3）因灾直接经济损失 100 万元以上 1000 万元以下。

3. Ⅲ级事件

低于Ⅱ级事件标准的自然灾害突发事件，为Ⅲ级事件。

（二）事故灾难突发事件

1. 生产现场突发事件

1）Ⅰ级事件

（1）造成或可能造成 3 人及以上死亡，或 10 人以上重伤；

（2）造成或可能造成直接经济损失 1000 万元以上。

2）Ⅱ级事件

（1）造成或可能造成 1 人以上、3 人以下死亡，或 3 人以上、10 人以下重伤，或 10 人以上轻伤；

（2）造成或可能造成直接经济损失 100 万元以上 1000 万元以下。

3）Ⅲ级事件

（1）造成或可能造成 3 人以下重伤，或 10 人以下轻伤；

（2）造成或可能造成直接经济损失 100 万元以下。

2. 火灾与爆炸突发事件

1）Ⅰ级事件

（1）造成或可能造成 3 人以上死亡，或 10 人以上重伤，或造成直接经济损失 500 万元以上；

（2）对社会安全、环境造成较大影响，需要紧急转移安置 300 人以上；

（3）火势长时间（大于 1h）未能有效控制，需要消防增援，并造成周边大面积停产。

2）Ⅱ级事件

（1）造成或可能造成 1 人以上、3 人以下死亡，或 3 人以上、10 人以下重伤，和直接经济损失 100 万元以上 500 万元以下；

（2）对社会安全、环境造成一定影响，需要紧急转移安置 100 人以上、300 人以下；

（3）火势 1h 未能有效控制，并可能上升为Ⅰ级事件。

3）Ⅲ级事件

（1）造成或可能造成 3 人以下重伤，或 10 人以下轻伤，或直接经济损失 100 万元以下；

（2）对社会安全、环境造成影响，需要紧急转移安置 100 人以下；

（3）火势半小时未能有效控制，并可能上升为Ⅱ级事件。

3. 油品泄漏中毒突发事件

1）Ⅰ级事件

造成或可能造成 3 人以上死亡，或 30 人以上中毒，或 500 万元以上直接经济损失，或较大社会、环境影响等。

2）Ⅱ级事件

造成或可能造成 1 人以上、3 人以下死亡，或 10 人以上、30 以下中毒，或 100 万元以上、500 万元以下直接经济损失，或一定社会、环境影响等。

3）Ⅲ级事件

造成或可能造成 10 人以下中毒，或 10 万元以上 100 万元以下直接经济损失。

（三）公共卫生突发事件

根据公共卫生突发事件性质、危害程度、涉及范围，公共卫生突发事件划分为特别重大（Ⅰ级）、重大（Ⅱ级）、较大（Ⅲ级）和一般（Ⅳ级）四级。

1. Ⅰ级事件

（1）肺鼠疫、肺炭疽在大、中城市发生并有扩散趋势，或肺鼠疫、肺炭疽疫情波及 2 个以上的省份，并有进一步扩散趋势。

（2）发生传染性非典型肺炎、人感染高致病性禽流感病例，并有扩散趋势。

（3）涉及多个省份的群体性不明原因疾病，并有扩散趋势。

（4）新传染病或我国尚未发现的传染病发生或传入，并有扩散趋势，或发现我国已消灭的传染病重新流行。

（5）发生烈性病菌株、毒株、致病因子等丢失事件。

（6）周边以及与我国通航的国家和地区发生特大传染病疫情，并出现输入性病例，严重危及我国公共卫生安全的事件。

（7）国务院卫生行政部门认定的其他特别重大公共卫生突发事件。

2. Ⅱ级事件

（1）在一个县（市）行政区域内，一个平均潜伏期内（6 天）发生 5 例以上肺鼠疫、肺炭疽病例；或者相关联的疫情波及 2 个以上的县（市）。

（2）发生传染性非典型肺炎、人感染高致病性禽流感疑似病例。

（3）肺鼠疫发生流行，在一个市（地）行政区域内，一个平均潜伏期内多点连续发病 20 例以上，或流行范围波及 2 个以上市（地）。

（4）霍乱在一个市（地）行政区域内流行，1 周内发病 30 例以上，或波及 2 个以上市（地），有扩散趋势。

（5）乙类、丙类传染病波及 2 个以上县（市），1 周内发病水平超过前 5 年同期平均发病水平 2 倍以上。

（6）我国尚未发现的传染病发生或传入，尚未造成扩散。

（7）发生群体性不明原因疾病，扩散到县（市）以外的地区。

（8）发生重大医源性感染事件。

（9）预防接种或群体预防性服药出现人员死亡。

（10）一次食物中毒人数超过 100 人并出现死亡病例，或出现 10 例以上死亡病例。

（11）一次发生急性职业中毒 50 人以上，或死亡 5 人以上。

（12）境内外隐匿运输、邮寄烈性生物病原体、生物毒素，造成我境内人员感染或死亡的事件。

（13）省级以上人民政府卫生行政部门认定的其他重大公共卫生突发事件。

3. Ⅲ级事件

（1）发生肺鼠疫、肺炭疽病例，一个平均潜伏期内病例数未超过 5 例，流行范围在一个县（市）行政区域以内。

（2）肺鼠疫发生流行，在一个县（市）行政区域内，一个平均潜伏期内连续发病 10 例以上，或波及 2 个以上县（市）。

（3）霍乱在一个县（市）行政区域内发生，1 周内发病 10~29 例，或波及 2 个以上县（市），或市（地）级以上城市的市区首次发生。

（4）一周内在一个县（市）行政区域内，乙、丙类传染病发病水平超过前 5 年同期平均发病水平 1 倍以上。

（5）在一个县（市）行政区域内发现群体性不明原因疾病。

（6）一次食物中毒人数超过 100 人，或出现死亡病例。

（7）预防接种或群体预防性服药出现群体心因性反应或不良反应。

（8）一次发生急性职业中毒 10~49 人，或死亡 4 人以下。

（9）市（地）级以上人民政府卫生行政部门认定的其他较大公共卫生突发事件。

4. Ⅳ级事件

（1）肺鼠疫在一个县（市）行政区域内发生，一个平均潜伏期内病例数未超过 10 例。

（2）霍乱在一个县（市）行政区域内发生，1 周内发病 9 例以下。

（3）一次食物中毒人数 30~99 人，未出现死亡病例。

（4）一次发生急性职业中毒 9 人以下，未出现死亡病例。

（5）县级以上人民政府卫生行政部门认定的其他一般公共卫生突发事件。

注："X 例以上"包括 X 例。

（四）社会安全突发事件

1. Ⅰ级事件

（1）在企业当地一次参与人数 200 人以上的；

（2）到首都北京重点地区聚集，上访人数 5 人以上的；

（3）到中央国家机关、省（市）党委、自治区、政府机关、集团公司总部机关聚集的上访人数 10 人以上的；

（4）跨企业、跨地区或跨行业的互动性连锁反应 100 人以上的；视情况需要作为Ⅰ级对待的其他事件。

2. Ⅱ级事件

（1）在企业当地一次参与人数 100 人以上的，200 人以下的；

（2）到首都北京重点地区聚集，上访人数 2 人以上的；

（3）到中央国家机关、省（市）党委、政府机关、集团公司总部机关聚集的上访人数 5 人以上的；

（4）跨企业、跨地区、跨行业联片、纠合、串联进京上访人数50人以上的，100人以下的。

3. Ⅲ级事件

（1）在企业当地一次参与人数50人以上，100人以下的；

（2）到中央国家机关、省（市）党委、政府机关、集团公司总部机关聚集的上访人数2人以上的；

（3）跨企业、跨地区、跨行业联片、纠合、串联进京上访人数20人以上的，50人以下的。

4. Ⅳ级事件

（1）在企业当地一次参与人数10人以上的，50人以下的；

（2）跨企业、跨地区、跨行业联片、纠合、串联进京上访人数10人以上的，20人以下的；

（3）在企业当地聚集上访，人数未达到上述标准，但过激行为和负面影响已达到危及企业、社会稳定程度的。

上述分级标准有关数量的表述中，"以上"含本数，"以下"不含本数。

（五）工业生产安全事件

生产安全事件按照事件发生的领域分为工业生产安全事件、道路交通事件、火灾事件、其他事件四类。

（1）工业生产安全事件：在生产场所内从事生产经营活动中发生的造成人员轻伤以下或直接经济损失小于1000元的情况。

（2）道路交通事件：企业车辆在道路上因过错或者意外造成人员轻伤以下或直接经济损失小于1000元的情况。

（3）火灾事件：在企业生产、办公以及生产辅助场所发生的意外燃烧或燃爆事件，造成人员轻伤以下或直接经济损失小于1000元的情况。

（4）其他事件：上述三类事件以外的，造成人员轻伤以下或直接经济损失小于1000元的情况。

工业生产安全事件、道路交通事件、火灾事件以及其他事件根据损害程度分为五级：

（1）限工事件：人员受伤后下一工作日仍能工作，但不能在整个班次完成所在岗位全部工作，或临时转岗后能在整个班次完成所转岗位全部工作的情况。

（2）医疗事件：人员受伤需要专业医护人员进行治疗，且不影响下一班次工作的情况。

（3）急救箱事件：人员受伤仅需一般性处理，不需要专业医护人员进行治疗，且不影响下一班次工作的情况。

（4）经济损失事件：在企业生产活动中发生，没有造成人员伤害，但导致直接经济损失小于1000元的情况。

（5）未遂事件：已经发生但没有造成人员伤害或直接经济损失的情况。

（六）工业生产安全事故

生产安全事故是指在生产场所内从事生产经营活动中发生的造成企业员工和承包商人

员人身伤亡、急性中毒或者直接经济损失的事故，不包括火灾事故和交通事故，事故按等级划分为特别重大事故，重大事故，较大事故，一般事故A级、B级、C级。

（1）特别重大事故：一次事故造成30人以上死亡，或者100人以上重伤（包括急性工业中毒，下同）；一次事故造成1亿元以上直接经济损失的事故。

（2）重大事故：一次事故造成10人以上、30人以下死亡，或者50人以上、100人以下重伤；一次事故造成5000万元以上1亿元以下直接经济损失的事故。

（3）较大事故：一次事故造成3人以上、10人以下死亡，或者10人以上、50人以下重伤；一次事故造成1000万元以上、5000万以下直接经济损失的事故。

（4）一般事故A级：一次事故造成3人以下死亡，或者3人以上、10人以下重伤，或者10人以上轻伤；一次事故造成100万元以上、1000万元以下直接经济损失的事故。

（5）一般事故B级：一次事故造成3人以下重伤，或者3人以上、10人以下轻伤；一次事故造成10万元以上、100万元以下直接经济损失的事故。

（6）一般事故C级：一次事故造成3人以下轻伤；一次事故造成10万元以下、1000元以上直接经济损失的事故。

（七）道路交通事故

道路交通事故是指企业车辆在道路上因过错或者意外造成的人身伤亡或者财产损失的事件，分级如下。

（1）轻微事故：一次造成轻伤1~2人；机动车财产损失不足1000元，或非机动车损失不足200元。

（2）一般事故：一次造成重伤1~2人或轻伤3人以上；财产损失不足3万元。

（3）重大事故：一次造成死亡1~2人或重伤3~10人；财产损失3万~6万元。

（4）特大事故：一次造成死亡3人以上、重伤11人以上；或死亡1人，同时重伤8人以上，或死亡2人，同时重伤5人以上；财产损失6万元以上。

（八）火灾事故

火灾事故是指失去控制并对财物和人身造成损害的燃烧现象。以下情况也列入火灾统计范围：民用爆炸物品爆炸引起的火灾；易燃可燃液体、气体、粉尘以及其他化学易燃易爆物品爆炸和爆炸引起的火灾；机电设备内部故障导致外部明火燃烧需要组织扑灭的事故，或者引起其他物件燃烧的事故；车辆、船舶以及其他交通工具发生的燃烧事故，或者由此引起的其他物件燃烧的事故。

第三节 生产安全事故分类方法

一、按伤害程度分类

（1）轻伤，指损失工作日为1个工作日以上（含1个工作日），105个工作日以下的损能伤害。

（2）重伤，指损失工作日为105个工作日以上（含105个工作日）的失能伤害，重伤的损失工作日最多不超过6000日。

（3）死亡或永久全失能伤害，其损失工作日定为 6000 日，这是根据我国员工的平均退休年龄和平均死亡年龄计算出来的。

二、按事故类别分类

（1）物体打击，指失控物体的惯性力造成的人身伤害事故。例如，落物、滚石、锤击等造成的伤害，不包括爆炸而引起的物体打击。

（2）车辆伤害，指在道路内由机动车辆引起的机械伤事故。

（3）机械伤害，指机械设备与工具引起的铰、碾、碰、割、戳、切等伤害，但属于车辆、起重设备的情况除外。

（4）起重伤害，指从事起重作业时引起的机械伤害事故，但不包括触电、检修式制动器失灵引起的伤害以及上下驾驶室时引起的坠落式跌倒。

（5）触电，指电流经人体，造成生理伤害的事故，适用于触电、雷击伤害。

（6）淹溺，指因大量液态物质经口、鼻进入肺内，造成呼吸道阻塞，发生急性缺氧而窒息死亡的事故。

（7）灼烫，指强酸、强碱溅到身体上引的灼伤，或因火焰引起的烧伤，高温物体引起的烫伤，放射线引起的皮肤损伤等事故，但不包括电烧伤以及火灾事故引起的烧伤。

（8）火灾，指造成人身伤亡、财产损失的企业大火事故，不适用于非企业原因造成的火灾，比如居民火灾蔓延到企业。

（9）高处坠落，指由于危险重力势能差引起伤害事故，但排除其他类别为诱发事件的坠落，如因触电失足坠落应定为触电事故，不能按高处坠落划分。

（10）坍塌，指建筑物、构筑物、堆置物等的倒塌以及土石方引起的事故，不适用于矿山冒顶片帮事件，或因爆炸、爆破引起的坍塌事故。

（11）冒顶片帮，矿井工作面、巷道侧壁由于支护不当、压力过大造成的坍塌，称为片帮，顶板垮落为冒顶。二者常同时发生，简称为冒顶片帮。

（12）透水，指矿山、地下开采或其他坑道作业时、意外水源带来的伤亡事故。

（13）放炮，指施工时放炮作业造成伤害事故，适用于各种爆破作业。

（14）火药爆炸，指火药与炸药在生产、运输、储藏的过程中发生的爆炸事故。

（15）瓦斯爆炸，指可燃气体瓦斯、煤尘与空气混合形成达到爆炸极限的混合物，接触火源时引起的化学性爆炸事故。

（16）锅炉爆炸，指锅炉发生的物理性爆炸事故，适用于使用工作压力大于 0.7atm，以水为介质的蒸汽锅炉；但不适用于铁路机车、船舶上的锅炉，以及列车电站和船舶电站的锅炉。

（17）容器爆炸，指比较容易发生事故，且事故危害性较大的密闭装置发生的爆炸。

（18）其他爆炸，指凡不属于上述爆炸的事故均列为其他爆炸事故。

（19）中毒和窒息，指人接触有毒物质，如误食有毒食物或吸入有毒气体引起人体急性中毒事故，或在受限空间内工作，因为氧气缺乏有时会发生突然晕倒甚至死亡的事故；不适用于病理变化导致的中毒和窒息事故，也不适用于慢性中毒职业病导致的死亡。

（20）其他伤害，指凡不属于上述伤害事故的均称为其他伤害。

三、按受伤性质分类

受伤性质，指人体受伤的类型，实质上这是从医学的角度给予创伤的具体名称。

（1）电伤，指由于电流的热效应、化学效应和机械效应对人体的局部伤害。

（2）挫伤，指由于挤压、摔倒及硬性物质打击，致使皮肤、肌肉、肌腱、等软组织损伤。

（3）割伤，指由于刃具、玻璃片等带刃的物体或器具割破皮肤肌肉引起的创伤。

（4）擦伤，指由于外力摩擦，使皮肤破损而形成的创伤。

（5）刺伤，指由尖锐物刺破皮肤肌肉形成的创伤。其特点是口径小但深度深。

（6）撕脱伤，指因机器的碾扎或爆炸使人体的部分皮肤肌肉由于外力牵扯造成大片撕脱而形成的创伤。

（7）扭伤，指关节在外力作用下，超过了正常活动范围，致使关节周围的筋受伤而形成的创伤。

（8）倒塌压埋伤，指在冒顶、塌倒塌事件中，泥土、砂石将人全部埋住，因缺氧引起窒息导致的死亡或局部被挤压时间过长而引起肢体麻木或血管、内脏破裂等一系列创伤。

（9）冲击伤，指在冲击波超压或负压作用下，人体所产生的原发性创伤。其特点是多部位、多脏器损伤，体表伤害较轻而内脏伤较重，死亡迅速，救治较难。

（10）冻伤，指由寒冷所致的末梢部局限性炎症性皮肤病，以暴露部位出现充血性水肿红斑，遇温高时皮肤瘙痒为特征，可能会出现皮肤糜烂、溃疡等现象。

（11）烧伤，指由火焰、高温和强辐射热引起的损伤。

（12）中毒，机体过量接触化学毒物，引发组织结构和功能损害、代谢障碍而发生疾病或死亡。

（13）其他。

四、按伤害方式分类

伤害方式，指致害物与人体发生接触的方式。致害物，指直接引起伤害及中毒的物体或物质。

（1）碰撞，包括人撞固定物体、运动物体撞人、互撞等。

（2）撞击，包括落下物、飞来物等。

（3）坠落，包括由高处坠落平地、由平地坠入井（坑洞）等。

（4）中毒，包括吸入有毒气体、经口、皮肤吸收有毒物质等。

（5）接触，包括高低温环境、高低温物体等。

（6）跌倒、坍塌、淹溺、灼烫、火灾、辐射、爆炸、掩埋、倾覆等。

（7）其他。

第四节　事故事件处置流程

事件事故的主要处置流程包括事故报告、应急响应、调查分析、处理总结。

一、事故报告

（一）生产安全事件的报告程序

发生生产安全事件时，当事人或有关人员应视现场实际情况及时处置，防止事件扩大，并立即向属地主管报告。

（1）班组岗位应对发生的生产安全事件进行分析，填写《生产安全事件报告单》。

（2）企业所属二级单位或车间（站队）应组织对《生产安全事件报告单》进行审核确认。

（3）生产安全事件发生后，企业所属二级单位或车间（站队）应在 5 个工作日内将事件信息录入 HSE 信息系统，需要整改验证的应在整改工作完成后及时补录。

（二）生产安全事故报告程序

事故发生后，事故现场有关人员应按本单位管理规定立即向本单位负责人报告，并根据实际情况及时拨打 110、119、120、122 等相关电话。《中国石油天然气集团公司生产安全事故管理办法》规定：当事故发生后，事故现场有关人员应立即向基层单位负责人报告，基层单位负责人应立即向上一级安全主管部门报告，安全主管部门逐级上报至企业安全主管部门，由安全主管部门向本单位主管领导报告。较大及以上事故，企业安全主管部门应当向企业办公室通报。情况紧急时，事故现场相关人员可以直接向企业安全主管部门报告。

（1）企业接到报告后，应当向集团公司总部机关有关部门报告。

① 一般事故 C 级、B 级，在事故发生后 1h 之内由企业安全主管部门向集团公司安全主管部门报告。

② 一般事故 A 级，在事故发生后 1h 之内由企业安全主管部门向集团公司安全主管部门报告。集团公司安全主管部门应当立即向集团公司分管安全工作的副总经理报告。

③ 较大事故，在事故发生后 1h 之内由发生事故的企业办公室向集团公司办公厅和安全主管部门报告。集团公司办公厅接到企业事故报告后，应当立即向集团公司分管安全工作副总经理、总经理报告。

④ 重大及以上事故，在事故发生后 30min 之内由发生事故的企业办公室向集团公司办公厅和安全主管部门报告。集团公司办公厅接到企业事故报告后，应当立即向集团公司总经理报告，同时报告集团公司分管安全工作的副总经理。

（2）对承包商发生的生产安全事故，企业也应当按以上规定报告。

（3）发生事故后，企业在上报集团公司的同时，应当于 1h 内向事故发生地县级以上人民政府安全生产监督管理部门和负有安全生产监督管理职责的有关部门报告。

（4）集团公司办公厅接到较大及以上事故报告后，应当按《中国石油天然气集团公司突发事件信息报送管理办法》执行。

（5）发生事故，应当以书面形式报告，情况紧急时，可用电话口头初报，随后书面报告。书面报告至少包括以下内容：

① 事故发生单位概况。

② 事故发生的时间、地点以及事故现场情况。

③ 事故简要经过。

④ 事故已经造成或者可能造成的伤亡人数（包括下落不明的人数）和初步估计的直接经济损失。

⑤ 已经采取的措施。

⑥ 其他应当报告的情况。

（6）事故情况发生变化的，应当及时续报。

自事故发生之日起 30 日内，事故造成的伤亡人数发生变化的，应当及时补报。交通事故、火灾事故自发生之日起 7 日内，事故造成的伤亡人数发生变化的，应当及时补报。

（7）企业发生事故后，事故的信息披露按照《中国石油天然气集团公司重大敏感信息发布管理暂行规定》执行。

（三）事故报告的其他要求

（1）事故报告要快速及时，以最快的方式上报。

（2）报告内容要求简单扼要，按要求内容汇报。

（3）事故发生单位的行政一把手对事故报告的准确性和即时性负责。

（4）如有隐瞒、虚报或故意延迟不报的，除责成补报外，应对责任者给予处罚，情节严重的追究法律责任。

（5）事故报告其他内容中还应注明报告人、原因的初步判断等内容。

（6）火灾事故应先报火警。

（7）事故事件发生后，应在报告的同时进行现场处理。

二、应急响应

紧急事件发生后，有关组织和人员应采取应急行动。在 GB/T 29639—2013《生产经营单位生产安全事故应急预案编制导则》中，应急响应的定义：针对发生的事故，有关组织或人员采取的应急行动。应急响应是各类综合与专项应急预案中的主要内容，主要明确预案中各响应部门的应急响应工作流程，是总体的工作流程。

（一）应急响应程序

当事故发展较为严重，事故上报后，根据现场事故发展与控制情况，上级部门综合分析确认需要启动应急响应级别，按企业应急响应程序落实现场救援方案。

依据《生产经营单位生产安全事故应急预案编制导则》6.5.2 条，应急响应程序是按照突发事件事故的发展态势和过程顺序、特点，根据需要明确接警、报告和记录、应急机构启动、资源调配、媒体沟通和信息告知、后期保障、应急状况解除和现场恢复等程序。主程序一般包括报警、接警、事态分析、预警、确定响应级别、应急行动与应急处置、行动结束、应急恢复与关闭。

实际应用中，总体的应急响应程序流程图比较抽象，而企业应急响应体现分级的特性，图 6-1 是一个较为详尽的流程样例。

（二）应急响应启动

应急响应的启动：根据具体生产单位具体应急管理规定，以及事故紧急和危害程度，确定响应级别，明确事故状态下的决策与方法、程序、保障措施。

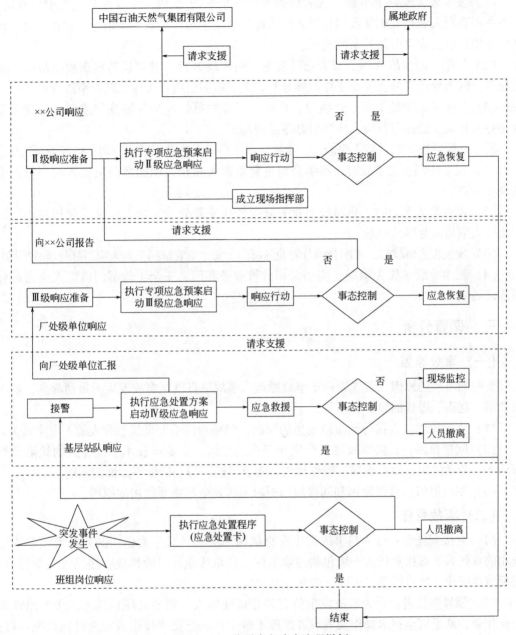

图 6-1 ××公司应急响应流程样例

符合下列条件之一，经公司应急领导小组决定，启动有关应急响应程序：

（1）发生Ⅰ级或Ⅱ级突发事件；

（2）发生Ⅲ级突发事件，事发单位请求公司给予支援；

（3）接到地方政府、上级部门和建设方应急联动要求。

（三）事故应急对企业负责人的要求

事故发生后，企业或者企业所属事故单位负责人和相关部门负责人，应当立即赶赴事故现场，组织抢险救援，不得擅离职守。

（1）发生较大及以上事故，或者已经发生一般事故 A 级，并可能造成次生事故时，企业主要负责人和相关职能部门负责人应当赶赴事故现场。企业主要领导出差在外时，接到事故报告后，应立即赶赴事故现场。

（2）发生一般事故 A 级，或者已经发生一般事故 B 级，并可能造成次生事故时，企业业务分管领导或者分管安全工作的领导和相关职能部门负责人应当赶赴事故现场。

（3）发生一般事故 B 级、C 级时，企业所属事故单位业务分管领导或者分管安全工作领导和相关职能部门负责人应当赶赴事故现场。

发生一般事故 A 级及以上事故时，集团公司应当派人赶赴现场，协调、指挥救援工作。

（1）发生特别重大事故时，集团公司主要负责人和相关职能部门负责人应当赶赴事故现场。

（2）发生重大事故时，集团公司业务分管领导或者分管安全工作领导和相关职能部门负责人应当赶赴事故现场。

（3）发生较大事故时，集团公司分管业务部门、安全主管部门负责人应当赶赴事故现场。

（4）发生一般事故 A 级时，集团公司分管业务部门、安全主管部门负责人应当赶赴事故现场。

三、调查分析

（一）事故原因

要明确事故的原因，首先要确定事故原点。事故原点就是事故发生的最初起点，如火灾的第一起点、爆炸的第一起点等。

（1）直接原因：直接导致事故发生的原因，包括物的不安全状态和人的不安全行为。

（2）间接原因：直接原因得以产生和存在的原因，主要指技术、设计上的缺陷及教育培训、劳动组织、检查指导、操作规程、隐患整改、防范措施等方面的问题。

（3）主要原因：直接原因和间接原因中对事故发生起主要作用的原因。

（二）事故责任

（1）直接责任者：行为与事故发生有直接因果关系，对重大伤亡结果的发生起决定作用的责任人。直接责任人一般包括违章指挥、违章作业、冒险作业；违反安全责任制、违反劳动纪律；擅自拆除、更改、毁坏安全设施。

（2）领导责任者：行为事故发生负有领导责任的人。领导责任包括工人未经培训即上岗作业；缺乏安全技术操作规程或者规程不健全；缺乏安全设施或安全设施状况不好；对事故隐患未采取预防措施；对事故熟视无睹，致使发生同类事故。

（3）主要责任者：在直接责任者和领导责任者中对事故发生有主要责任的人。确定事故主要责任者的原则：事故的主要原因是谁造成的，谁就是事故的主要责任者。

（三）事故的经济损失分析

1. 直接经济损失

（1）人身伤亡支出的费用与善后费用。人身伤亡支出的费用包括医疗费用、丧葬费用及抚恤费用、补助及救济费用、歇工工资。善后费用包括处理事故的义务性费用、清理现场费用、事故罚款费用。

（2）固定资产损失情况：

① 报废的固定资产，按固定资产净值减残值计算。

② 损害后能修复使用的固定资产，按实际损坏的修复费用计算。

（3）流动资产损失：

① 原材料、原料、辅助材料等均按账面值减残值计算。

② 成品、半成品、在制品等均按企业实际成本减残值计算。

2. 间接经济损失

（1）停产期间计算从事故发生时起至恢复正式生产时止。

（2）停产损失按企业产品的计划成本计算。

（3）多系统停产损失按各企业计划成本计算。

四、处理总结

（一）集团公司对事故处理相关规定

（1）《中国石油天然气集团公司生产安全事故管理办法》规定，发生一般事故 A 级及以上事故的企业应当向集团公司做出检讨。

① 发生较大事故，企业主要领导、业务分管领导、分管安全领导和相关职能部门负责人应当到集团公司总部，向集团公司做出检讨。

② 发生一般事故 A 级，企业分管业务领导、企业所属事故单位主要领导和企业相关职能部门负责人到集团公司总部，向集团公司主管部门做出检讨。

（2）对事故发生负有责任的人员，应当按照负责事故调查人民政府的批复和集团公司生产安全事故处理相关规定进行处理。

发生较大及以上事故，按照干部管理权限，属于集团公司党组管理的干部，由集团公司监察部门在 30 日内落实事故处理意见；发生一般及以上事故，按照管理权限，由企业及其直属单位监察部门、人事劳资部门在 15 日内落实事故处理意见，并报上级部门备案。

（3）事故发生单位应当认真吸取事故教训，落实防范和整改措施；企业或者所属单位业务主管部门和安全主管部门应当对事故发生单位落实防范和整改措施的情况进行监督检查；企业或者所属单位工会和员工应当对事故防范和整改措施的落实情况进行监督。

（二）"四不放过"原则

所有事故均应按"四不放过"原则进行处理：事故原因分析不清不放过，事故责任者和群众没有受到教育不放过，没有防范措施不放过，事故责任者没有受到处理不放过。

（三）处罚形式

处罚形式主要有罚款、行政处分、党内处分。

罚款依据有关法律法规执行。

行政处分：警告、记过、记大过、降职、撤职、开除留用、开除。

党内处分：警告、严重警告、撤职、留党察看、开除党籍。

（四）事故统计与档案管理

（1）事故发生后，企业安全主管部门应当在 5 个工作日内将事故信息录入到 HSE 信息系统。

（2）所有事故处理结案后，必须建立事故档案，并分级保存，事故档案应当至少包括事故调查报告及有关证据资料。

① 一般事故 C 级事故档案，由企业所属事故单位安全主管部门建立，并送档案室保存；

② 一般事故 B 级及以上事故档案由企业安全主管部门建立，并送档案馆保存。

（3）进行教训资源分享，将事故教训和安全做法总结出来，在一定范围内进行讲解，使事故教训得到分享，安全做法得到推广，达到提高全员安全意识和技能的目的。

① 事故教训包括自己的事故或遇险经历、别人的事故事件、违章违规现象等。

② 安全做法包括自己的安全做法、别人的安全做法、其他典型的安全做法。

第七章

案例分析

第一节　机械伤害类事故

一、未断电情况下，进行设备保养

（一）事故经过

2008 年 7 月 3 日 8 时 10 分左右，内蒙古白林运煤专用线第九合同段 5 号混凝土搅拌站，对搅拌站电子秤校验、配合比调试时，料斗仓门发生故障，一名操作手在没有任何人安排，也没有通知任何人的情况下，拿了一根撬杠进入搅拌机搅拌筒，此时该分包队伍技术人员乱动操作台按键，5~6min 后，搅拌站负责人到搅拌机平台上寻找操作手时，发现此人头部被拌浆叶片卡住，经抢救无效死亡。

（二）原因分析

（1）搅拌机在维修保养时没有断开电源，非操作人员在操作室内逗留乱动操作台按键，严重违反操作规程是这次事故的主要原因。

（2）该搅拌站安全管理混乱，安全技术操作规程不落实，操作室逗留非操作人员，是此次事故的间接原因。

（三）预防措施

（1）必须严格规定只有设备操作人才能启动设备。

（2）现场必须配置"正在维修，禁止操作"的警示标志。

（3）维修作业时，必须有专人监护，并确保除操作人外，电源开关、闸刀无他人触动。

二、操作数控折弯机机械伤害事故

（一）事故经过

2018 年 4 月 9 日中午 12 时 30 分，某分厂钣金成型班员工戴某操作数控折弯机开始加工 140 机房软连接压条，外形尺寸为 1155mm×35mm。13 时 26 分，戴某在对其中一件压条进行折弯时，因工件狭窄意外滑落，下意识用手去抓取滑落的工件，在惯性作用下右手瞬间冲到上下压模之间，此时右脚未脱离操纵踏板，压模继续下行，致使右手挤压在了两压模之间，戴某感到疼痛后立即松开脚踏开关，上压头停止下行，并大声呼叫。塔冲操作者梁某某听到呼救后，立即赶到折边机按下紧急上升按钮，压头上升后将手取出。

13 时 30 分，分厂将戴某送往医院，医院影像诊断结果显示右手第 3、4 掌骨骨折。

（二）原因分析

1. 直接原因

（1）操作者操作过程中违反了"数控折弯机操作规程"，在设备运行时，将手部伸进上下模之间。

（2）操作者在工件未固定完成前，右脚接触脚踏开关，违反了设备安全操作要求。

2. 间接原因

分厂风险辨识不到位，针对操作规程中"折弯工件过窄或过小时，应使用夹子、钳子等辅助工具进行操作"这一规定，未明确工件的具体尺寸。

3. 管理原因

（1）分厂对操作者执行安全操作规程检查督导不到位。

（2）分厂对员工的安全教育不深入，不彻底。

（三）预防措施

（1）针对尺寸较小、加工中风险较大的工件，分厂采取工序外协方式生产加工，以达到削减此类零部件可能带来的风险。

（2）安装红外线检测防护装置，进一步提升设备的安全性能，实现设备本质安全。

（3）完善岗位操作规程。对操作规程中"折弯工件过窄或过小时，应使用夹子、钳子等辅助工具进行操作"这一规定进行修改，明确宽度小于 60mm 的零部件折弯时必须采用钳子等辅助工具进行操作。

（4）强化员工日常安全操作和风险辨识管理，加强对不安全行为的考核力度，杜绝不按安全操作规程操作的行为。

第二节　中毒窒息事故

一、消防供水管道检修维护中毒窒息事故

（一）事件经过

2013 年 8 月 12 日 7 时 50 分，某工程公司对消防供水管道检修维护过程中，工人张某在未通风、未检查的情况下，违章下井作业，下去后很快就感到呼吸困难，失去知觉。井边的两名工友见状以为张某高血压病犯，毫不犹豫下去救人。8 时 04 分，下井的另外两名工友也在井下动弹不得。此刻井上其他人才感到问题的严重，急忙拨打 119、120 报警。消防人员佩戴防护设备进入井内将三人拖拽至井口。经现场医生抢救发现三人已经全部没有生命体征。

（二）原因分析

1. 直接原因

井下存在有毒气体，作业前没有通风和检测有毒气体浓度，造成进入井下的三人窒息昏迷，导致死亡。

2. 间接原因

（1）未办理进入受限空间作业许可，未对井下气体进行有毒气体检测分析，盲目下井作业。

（2）发生险情后，在未佩戴正压式空气呼吸器的情况下，盲目下井施救，导致事故扩大。

3. 管理原因

（1）没有为作业人员配备呼吸器、防毒面具等必要的个人防护装备。

（2）作业人员缺乏必要的事故应急救援知识和技能，不能正确地处置突发事故，盲目施救，导致事故扩大。

（3）施工单位对中毒窒息危害认识不足，防范意识差，没有按规定办理作业许可票证。

（三）防范措施

（1）要严格执行作业许可审批制度，制定详细的施工方案和应急处置方案。

（2）必须严格执行"先通风、再检测、后作业"的原则，未经通风和检测，严禁作业人员进入有限空间。

（3）作业现场必须有负责人员、监护人员。

（4）在作业现场配置符合国家标准要求的通风设施，作业人员佩戴正压式空气呼吸器、防毒面具以及出现意外施救的绳索、梯子等防护用品和用具。

（5）加强作业人员的安全教育培训，知悉作业场所存在的危险有害因素及防控措施，掌握防护用品正确使用。

（6）发现有中毒窒息情况时，不能贸然施救，应立即启动应急处置预案，正确施救。

二、清理污水处理池中毒窒息事故

（一）事故经过

2013年8月6日下午，位于杭州萧山区义桥镇蛟山村的岳利床垫面料整理厂内，发生一起污水处理池毒气伤人事故，一位民工进入污水处理池进行清理时被熏倒。为了救人，又有5名人员先后进入污水处理池，结果均被毒气毒倒。事故造成1人死亡，3人重伤，2人轻伤。

（二）原因分析

（1）施工前，没有对污水处理池主要存在的硫化氢等有毒有害气体进行检测分析，在没有采取安全防护措施、未佩戴防毒防护器具的情况下盲目进入，造成中毒事故发生。

（2）没有对施工人员进行安全教育，安全意识差，安全防护技能差，现场无安全监护。

(三) 预防措施

(1) 污水处理池存有死角、通风不畅，不同程度存在有毒气体。进去作业，应按照有限空间作业的要求，严格遵守"先通风、再检测、后作业"的原则，确认无危险再进行施工。

(2) 当有人在存在有毒有害气体的受限空间中毒窒息晕倒后，其他人员在采取好防护措施后方可进入施救，盲目施救只能导致事故扩大。

第三节 触电类事故

一、接线错误，发生触电事故

(一) 事故经过

某厂焊工到室外临时施工点焊接，焊机接线时因无电源闸盒，便将电缆每股导线头部的胶皮去掉，分别接在露天的电网线上，由于错接零线在火线上，当其调节焊接电流用手触及外壳时，即遭电击身亡。

(二) 原因分析

由于焊工不熟悉有关电气安全知识，将零线和火线错接，导致焊机外壳带电，酿成触电死亡事故。

(三) 预防措施

(1) 严格执行临时用电管理规定，由专业电工负责接线。

(2) 加强员工安全教育工作，提高安全意识。

二、酒后上岗触电事故

(一) 事故经过

2010 年 8 月 22 日，某油田某采油厂大修队作业一班班长刘某带领班组员工共 8 人，在采油一队××油井放大修架子准备搬迁。上午一切准备工作结束，等待牵引拖拉机，中午 12 时 30 分，员工杨某、张某提出去饭店吃饭，8 人步行 1.5km 到某饭店吃午饭。在饭店里，由杨某点菜，并将两瓶白酒平分给 8 个人。除邢某、陈某和张某 3 人没喝酒，其他 5 人都不同程度喝了酒，半小时后，没喝酒的 3 名工人同时返回井场挂牵引钩拖大修井架，20min 后，喝酒的 5 名工人先后返回井场。4 人向车上盘装电缆，2 人在井口作业，孙某、杨某 2 人后到井场，班长没有安排工作，在电缆线快收完距变压器 15m 时，杨某从井口走来，伸手准备帮助装电缆，邢某、陈某说："快装完了，你别占手了，休息一会吧。"杨某没有伸手，坐到一边休息，邢某等人继续往前盘装电缆。15 时 10 分，陈某见杨某嘴含着烟向变压器跌落开关走去，伸手要拉熔丝管，就高喊"大杨子，别拉！有电，电源没撤。"随着喊声杨某拉下了 A 项熔丝管，又转回身去拉 B 项熔丝管，邢某高喊"快把大杨子拉回来。"这时，孙某正从井口向变压器走来，听到喊声急跑上前去拉杨某上衣，同时杨某右手已接触到 B 项熔丝管，造成触电，右手粘到跌落开关熔丝管上，孙某被强大电流击退三四步远，反身又同邢某等人将杨某踢倒脱离电源，由孙某做人工呼吸后送医院，杨某经抢救无效死亡。

（二）原因分析

1. 直接原因

修井工杨某不听劝阻和制止，执意冒险蛮干，徒手带电拉跌落开关，导致触电事故发生。

2. 间接原因

（1）作业一班员工对现场操作相关制度执行不严，对作业现场安全管理规定执行不严，存在侥幸心理。

（2）作业一班员工安全意识淡薄，在工作时间内饮酒，酒后上岗、作业现场吸烟，严重违章。

3. 管理原因

（1）大修队没有按照"五同时"的要求严格执行，人员安全意识淡薄，使员工上岗违章作业和违反劳动纪律。

（2）属地管理和直线责任不落实，现场安全监督管理存在死角。

（3）风险识别不够认真。对作业环境的危害识别不全面，未能认真、有效地判断高压线可能造成的严重后果，作业人员缺少自我保护意识和能力，违章作业。

（4）管理存在问题，安全责任制没有落实。事故的发生暴露出在安全管理上存在隐患，在员工培训、隐患治理、制度执行等方面还存在不到位的现象，"安全第一"的思想还没有深入脑海，对安全工作的责任感、危机感不够，工作不细，要求不严。

（三）预防措施

（1）切实提高管理者和操作员工的安全意识。积极开展"案例经验分享"活动，用事故教训教育和警醒干部员工，增强风险意识，杜绝违章行为。继续深入开展 HSE 九项管理原则和《反违章禁令》的宣贯工作，解读和细化其内涵，保证 HSE 体系有效运行。

（2）加强现场安全监管，狠反"三违"。全面强化各级领导、安全监管人员责任心，进一步加强现场安全巡查，确保在安全生产的前提下开展各项工作。

（3）开展"增强责任，严格纪律，完善制度，夯实基础"的主题教育活动。教育全体员工吸取事故教训，结合本单位、本岗位实际，查思想、查制度、查违章、查隐患，针对存在问题，制定整改措施，扭转安全生产的被动局面。

第四节 灼伤类事故

一、润滑脂装置发生皂化釜突沸、润滑脂原料喷出事故

（一）事故经过

1994 年 7 月 30 日，润滑脂装置进行并完成了 940729 批号锂基脂生产。按操作标准规定，皂化釜中物料输送完毕后应关闭皂化釜釜底阀，但 7 月 30 日的操作中未关皂化釜釜

底阀。8月1日进行940801批号锂基脂生产，当天完成了加料、升温、皂化、脱水等项工作。按操作标准规定，在加料前应检查皂化釜釜底阀是否关闭，但在8月1日的操作中未对皂化釜釜底阀的关闭状况进行检查确认。8月2日上午继续升温。下午1时15分，操作员进行急冷操作准备，向调脂釜加急冷油和添加剂，清扫皂化釜后的泵出口至调脂釜入口的管线。1时20分，组长黄某在未检查釜底阀的情况下进行扫线。由于违章操作，皂化釜发生突沸，200℃以上的物料夹带油气，抵开釜盖冲向房顶并四处飞溅，使在场的7名职工全部烫伤。喷溅在地面上的高温物料使地面发滑，伤员无法行走，只得爬行撤离现场，致使伤员的手、手臂、脚、腿、臀等部位再次受到严重烫伤。

（二）原因分析

1. 直接原因

（1）皂化釜釜底阀按规定在加料前应关闭，扫线前要检查确认，但是直到事故发生，该阀门一直处于半开状态，无人检查、无人发现。

（2）由于皂化釜釜底阀未关闭，在加料时含水的原料通过釜底阀进入釜底阀下面的管线中。吹扫皂化釜后面的泵出口至调脂釜的管线时，扫线的压缩空气（1MPa）又将含水的原料经未关闭的釜底阀反吹入皂化釜。热的皂液使原料中的水汽化，体积迅速膨胀，加上压缩空气的吹入而发生突沸。

2. 间接原因

（1）组长黄某在未检查釜底阀的情况下进行扫线，安全意识不强，属于严重违章操作。

（2）作业人员对高温烫伤的风险认识不足。

3. 管理原因

（1）事故单位对安全生产重视不够，管理不严，工艺纪律、劳动纪律松弛，对生产岗位缺乏有效的检查和监督。

（2）当班操作人员严重违反操作标准规定，有章不循。部分操作人员严重违反着装规定，没有按要求穿戴劳动保护用品。

（三）预防措施

（1）将润滑脂循环剪切管线与皂送管线分开；

（2）严格执行皂化釜及皂送管线清洗规定；

（3）扫线前要严格检查釜底阀，并实行挂牌操作；

（4）加强劳动保护用品的穿戴管理。

二、违章冒险作业、掉入隔油池烫伤

（一）事故经过

某公司炼油厂焦化车间回收隔油池中的废油时，清洗班班长为图方便，冒险作业，站在高1.3m、宽40cm左右的隔油池防护堤上，手握水枪进行冲洗赶油，由于水压波动，消防水龙带抖动，作业人员不慎失足，掉入隔油池南面的小池内，造成该作业人员烫伤。

（二）原因分析

1. 直接原因

清洗班班长安全意识淡薄，思想麻痹，未按照焦化车间在现场安全交底时明确提出的"临边作业防止滑跌、禁止攀爬"的要求，未使用现场平台，擅自上到 1.3m 高的隔油池围墙上冒险违章作业，是导致其坠落到小隔油池内、造成烫伤事故发生的直接原因。

2. 间接原因

清洗队负责人作为现场安全监护，没有及时制止清洗班班长存在的不安全行为。

3. 管理原因

现场管理有漏洞，生产科管理人员作业前没有到现场查看作业环境中存在的风险。存在违反消防管理规定，擅自使用消防水的问题。

（三）预防措施

（1）组织在厂内施工单位的施工负责人和安全技术人员进行现场分析会，对事故的学习和认识，提高施工单位管理人员的自主管理和自我防范意识。

（2）完善作业票的管理，对危险作业以及其他零星作业及异常生产处理实行作业票管理制度。

（3）在焦炭池四周设置"严禁攀爬、防止坠落"的安全警示牌。

（4）加强消防水的管理，严禁擅自使用消防水和将消防设施挪作他用。

第五节　火灾爆炸类事故

一、某商场火灾事故

（一）事故经过

2013 年 10 月 11 日凌晨 2 时 59 分，石景山区苹果园南路喜隆多商场商户麦当劳杨庄餐厅，甜品操作间内的一个电动自行车蓄电池在充电过程中发生电气故障引起火灾，商场自动报警及灭火系统未置于自动状态，值班员李某操作延误，现场商铺人员未及时扑救初期火灾，火情未得到有效控制，导致大火持续了 8 个多小时，过火面积共计 3800 余平方米，火灾直接财产损失估算值为人民币 1308.42 万元，灭火过程中 2 名消防警官牺牲。

（二）原因分析

直接原因是电动自行车蓄电池在充电过程中发生电气故障，导致发生火灾。间接原因是发现初期火灾，没有第一时间处置火情，也没有提醒人员疏散；中控室值班人员应急处置业务能力不足。

（三）预防措施

（1）公共聚集场所应建立健全消防安全责任制度，明确消防安全责任。公共聚集场所消防重点单位应每半年开展一次消防安全培训，每半年开展一次消防应急演练。

（2）应定期开展消防检查，营业期间每 2h 开展一次巡查，及时消除火灾事故隐患。

二、电焊切割，引燃二甲苯蒸气导致爆炸

（一）事故经过

某日上午9时50分，两名电焊工在上海某公司化工厂区违规进行用电焊切割钢管，火星引燃了一旁储罐内的二甲苯蒸气，突发火灾，导致一个2m高、直径1.5m左右存放有4t二甲苯的储罐发生爆炸。爆炸发生后，现场工人迅速逃离，有两人躲闪不及，被大火灼伤，被随后赶至的120救护车送往医院抢救。大火于上午10时38分被完全扑灭。

（二）原因分析

（1）施工前，没有进行危害识别，没有对动火区域可燃气体进行分析，没有编制专项安全技术措施。

（2）动火施工前没有办理动火作业许可证，没有落实安全措施、现场无安全监护，电焊工违章动火。

（三）预防措施

（1）工业动火等危险环节作业前，应对作业过程及作业环境风险进行分析，编制安全技术措施。

（2）办理作业许可证，做好安全技术措施交底，检查、确认安全措施落实情况，带班领导和安全人员做好现场监护，发现问题立即停止作业，确保危险作业环节施工安全。

第六节　车辆伤害类事故

一、未按照操作规范驾驶，导致事故

（一）事故经过

2010年9月27日13时35分左右，某机械制造企业总装分厂员工宋某驾驶CPD45合力牌蓄电瓶平衡重式叉车沿厂区创业路由东向西行驶至创业路西50m、大件二分厂天井门口处时，与从大件二分厂天井路由北向南左转向创业路刘某驾驶的无牌照轻骑牌二轮摩托车发生道路交通事故，造成驾驶人刘某抢救无效死亡，无牌照轻骑牌二轮摩托车和合力牌蓄电池平衡重式叉车不同程度损坏。

（二）原因分析

（1）直接原因：驾驶人宋某未按照操作规范驾驶，驾驶人刘某驾驶转弯的机动车未让直行的车辆先行。

（2）间接原因：驾驶与驾驶证载明的准驾车型不相符合。

（3）管理原因：总装分厂因安排尚未报审的叉车投入生产使用，且安排无证人员（已通过考试尚未发证）宋某驾驶车辆，在安全管理上存在一定漏洞。大件二分厂对刘某违反骑摩托车进入生产区域规定，在严格落实执行厂规章制度和对员工培训教育等方面存在一定的漏洞。

（三）预防措施

（1）迅速将这起事故通报到基层班组，深刻汲取事故教训，认真查找违章指挥、违章操作和违反劳动纪律的行为，杜绝伤亡事故的发生，确保安全生产。

（2）要进一步补充和修订完善 HSE 管理规章制度和操作规程。组织对原有的交通管理制度等进行一次梳理，对不适宜的制度重新进行修订和完善，确保相关部门及责任落实到位，防止出现管理漏洞。

（3）要加大对特种设备的严格管理，高度重视设备设施的定期审验、设备挂牌、检维修等工作，防止特种设备出现漏检、带故障运行等不符合安全要求及规定的现象发生。对特种设备存在的隐患要坚决彻底整改，验收合格后方能正常使用。

（4）要充分利用事故资源，采取各种宣传形式，广泛开展事故案例教育，组织员工学习讨论，举一反三，对照分析事故和执行规章制度开展反思教育和反违章、反事故活动。同时加大对专职、私家车驾驶员及全体员工交通安全意识的培训教育，加大对外来车辆及驾驶员的管理，使员工牢固树立遵章守纪的意识，杜绝违章行为，共同营造一个安全的氛围。

二、连日降雨，道路泥泞湿滑，导致交通事故

（一）事故经过

某石油管理局固井工程技术处长庆项目部庆阳项目组驾驶员张某驾驶冀 J×××水泥车于 2003 年 4 月 21 日 9 时 30 分在陕西省宁县金村西北 3km 处发生翻车，造成 2 人死亡、车辆严重损坏的较大交通事故。2003 年 4 月 21 日凌晨 4 时，固井工程技术处长庆项目部庆阳项目组三辆作业车一同前往长庆油田宁 10 井执行表层固井任务，完成固井任务后随即向基地返回，上午 9 时 30 分左右，第一辆由驾驶员张某驾驶的冀 J×××牌照水泥车以 20km/h 左右的速度行驶至宁县金村西北 3km 处（此路段为山涧 S 弯路），张某发现有三四名小学生正在路面上玩耍，正欲避开小学生时对面有一辆桑塔纳黑色轿车急驰而来，挤占车道，张某驾驶的水泥车被迫制动并驶向路左侧（路宽 4.5m），连日降雨致使道路泥泞湿滑，车轮轧在土路肩上，而路肩下有新埋入的水管，土质松软，致使车辆侧滑失控，掉入公路左侧 100m 左右的山沟，车上共有驾驶员张某和乘车人卢某（操作工）两人。后面跟随的两辆灰罐车相继开到该路段，两辆车上的工作人员和附近群众立即对张某和卢某进行搜救，上午 10 时左右将张某从驾驶室内救出并立即送往宁县医院进行抢救，经抢救无效于当日上午死亡；当日 20 时左右将埋在土里的卢某找到，经现场医生抢救无效死亡。

（二）原因分析

（1）直接原因。长庆地区多山地，沟谷纵横，坡多、路窄、弯多，地理环境复杂，又加上连日降雨致使道路泥泞湿滑等因素，都增加了行车的危险系数。路上有行人，对面来车速度快，侵占路面。

（2）间接原因。驾驶员对山险路段行车的危险性没有足够认识，应急处置能力不足，长庆项目部对特殊的地理环境出台了诸多安全管理办法和措施，但宣传培训不到位。

（三）预防措施

（1）要进一步完善各种特殊路段行车安全措施，并认真抓好落实。结合实际，举一反三，吸取教训。地形险峻路段，施工前，管理人员必须组织提前探路，摸清道路状况并制定事故预防措施和应急预案。

（2）驾驶员认真学习山路安全行车规范并严格执行。出车必须进行安全行车交底和教育、检查，规定行车路线和速度，并随时向单位报告行车情况和作业情况。

（3）禁止疲劳驾驶，发现驾驶员有疲劳或其他不适应驾驶车辆时，应立即采取措施，暂时调离驾驶员岗位，待其恢复正常后再驾驶车辆。

第七节　起重伤害类事故

一、维修作业起重机械伤害事故

（一）事故经过

某机械制造公司铸造分厂一名维修工胡某，在抛丸机顶部对提升机构皮带开展维修作业时，被行车大梁底部从背部挤压，导致其左侧腹部撕裂死亡。

（二）原因分析

1. 直接原因

维修工胡某在抛丸机顶部检修提升机构皮带时，被行车工陈某操作的行车大梁底部从背部剪切、挤压，导致其左侧腹部撕裂死亡。

2. 间接原因

现场维修作业未有安全监督，行车操作人员作业前未能发现该名维修工，同时该名维修工背对行车进行作业，且行车警铃缺失，未能对行车运行情况有所察觉。

3. 管理原因

（1）行车运行管理不到位。行车工在启动行车前检查不到位，运行行车过程中观察不到位。

（2）交叉作业监管不到位。班组长作为作业区负责人，没有起到统一指挥和相互协调的作用，维修现场无人监护。

（3）维修作业安全措施不落实。没有在维修作业现场设置安全警示标志，没有进行现场隔离。

（4）设备设施不完整。行车的警示电铃已损坏拆除，在未修复的情况下行车一直在使用。

（三）预防措施

（1）强化全员安全意识。深挖思想根源问题，进一步强化全员安全生产"红线"意识，敲响生产安全警钟。

（2）强化安全风险管控。开展安全风险因素辨识工作，并严格制定、落实防控消减措施，坚决确保重点区域、关键环节风险受控。

（3）强化隐患排查治理。牢固树立"一切事故都是可以避免"的理念，强化违章和隐患动态排查。

（4）强化安全生产管理，加强生产现场、设备设施管理，增强基层班组对安全管理制度的执行贯彻能力。

二、起重机吊臂下穿行伤害事故

（一）事故经过

1999 年 4 月 5 日下午 1 时 30 分，2 名钢筋工用井字架吊臂吊三层柱子钢筋，用直径 18mm 的生麻绳捆绑约 74 根平均长度为 3.2m、直径为 14mm 的螺纹钢，质量约 270kg。当吊物起吊至 13m 高处时，现场施工员唐某经过吊臂下，工地有人叫喊"老唐，老唐，吊臂在吊钢筋危险"，因当时工地上切割机、砂浆机杂音较大，唐某未能听见，这时吊在空中的钢筋捆绑索具（生麻绳）突然断裂，钢筋在空中散落，正巧砸在唐某的头部和身上，施工现场人员立即将伤者送医院，经抢救无效死亡。

（二）原因分析

（1）现场 2 名钢筋工负责采用生麻绳作为索具，直径 18mm 生麻绳破断力为 254.34kgf，而起吊钢筋质量约 270kg，索具的破断力不够是造成这起事故的直接原因。

（2）施工员唐某安全意识淡薄，站位不当，不应站在吊臂下。在吊运钢筋索具断裂时，散落的钢筋正巧击中唐某的头部和身子，6 根钢筋击穿安全帽，进入头部钢筋最深 12cm，其中 2 根钢筋穿透红色安全帽，钢筋抽去后，在安全帽上留有 2 个洞，这是事故伤害的主要原因。

（3）施工现场安全管理薄弱，安全教育不到位，安全技术措施不落实，对作业人员使用生麻绳吊运钢筋的违章行为没有进行制止，这是事故发生的间接原因。

（三）预防措施

（1）吊运物件起重索具必须有足够的抗拉强度。在吊装货物时，应采用钢丝绳捆绑平衡吊装。

（2）在起重吊运过程中，必须有专人指挥，设定警戒区，起重臂及吊装物下禁止人员进入。

第八节　高空坠落类事故

一、机器安装不系安全带，高空坠落亡

（一）事故经过

某机械制造公司组织人员在起重机安装现场进行大型机器安装作业过程中，安装工赵某在没有采取防止坠落的安全措施情况下，擅自爬上大型机器上方，欲调整司机室位置，不慎从机器上坠落到地面摔伤，经抢救无效死亡。

（二）原因分析

1. 直接原因

安装工赵某在未捆扎好安全带、没有采取将安全带固定系在牢固的结构架上或专设的绳索上的情况下进行登高作业。

2. 间接原因

高空作业预防措施落实不到位，对高空作业过程中的风险认识不足，高空作业人员没有将安全带固定在结构架上，在不具备安全条件的情况下作业，没有及时发现。

3. 管理原因

对作业人员的安全教育不到位。作业现场安全管理不到位，现场监护人未认真履行监护职责，现场监管不到位，检查不力，对赵某未捆扎安全带的行为未及时发现。

（三）预防措施

（1）对从事高处作业人员要坚持开展经常性安全教育和安全技术培训，使其认识掌握高处坠落事故规律和事故危害，牢固树立安全意识，掌握预防、控制事故能力，并做到严格执行安全操作规程。

（2）健全完善岗位安全生产责任制，制定切实可行的安全考核制度，形成安全网络体系。

（3）加强作业现场的监督检查，加大违章作业的处罚力度，坚决杜绝"三违"行为。

二、脚手架高空坠落事故

（一）事故经过

2013年5月5日，某公司承包商负责加油站罩棚视频监控线路的敷设工作（距地面8m），地面人员在2名高处作业人员未下脚手架的情况下，直接推动脚手架向下一处作业点移动，移动过程中脚手架失稳倾倒，2名高处人员坠落，造成1人死亡、1人骨折受伤的事故。

（二）原因分析

承包商违章作业，在脚手架上有人的情况下移动脚手架，移动过程中脚手架万向轮遇沟坎障碍失稳倾倒，造成两名作业人坠落伤亡事故。

（三）预防措施

（1）总结汲取集团公司相关方事故案例教训，强化相关方、承包方"五关"管理，严格落实安全生产主体责任，严格执行"相关方HSE管理程序"，严格执行公司作业许可制度，对重要环节进行严格监督，及时发现动态操作过程中的违章行为。

（2）加强承包商、相关方施工作业队伍的负责人、作业人员进行安全培训，做好技术交底和风险告知，制定相应实施方案。

第九节　淹溺类事故

一、打捞镀件淹溺事故

(一) 事故经过

2015 年 1 月 16 日，热镀车间杜某班上夜班，炉前工吕某负责锌锅打土、冷却水槽捞件工作，2015 年 1 月 17 日 7 时 45 分左右，在交接班过程中，班长杜某清点镀件时，发现镀件的数量不够，就安排职工吕某、彭某看看冷却水槽和锌锅内有没有剩下的镀件，这样，职工彭某就站在锌锅南侧打捞锌锅内镀件，抬头时看到吕某站在了冷却水槽的台阶上打捞镀件。当时，职工吕某下钩时失去重心，头向下掉入冷却水槽内。职工彭某看到此情况就赶紧喊班长杜某，班长听到喊声也赶紧往冷却水槽处跑，彭某告诉班长杜某职工吕某掉入水槽内，二人马上找到工具实施打捞，同时班长杜某电话通知车间主任田某，车间主任田某接到电话就赶紧往车间跑，跑到车间冷却水槽旁时，急忙进行打捞。经过打捞，三人把吕某拽出冷却水槽，放在了平地上进行急救，等待 120 到来。急救中心的医生赶到现场，立即进行抢救，经抢救无效确认死亡。

(二) 原因分析

1. 直接原因

作业人员违反安全操作规程，在打捞镀件时，违章作业，站在冷却水槽台阶上工作，不慎掉入水槽中，造成此次事故的发生。

2. 间接原因

(1) 职工安全意识淡薄，缺乏必要的安全意识，吕某虽然经过了公司的岗前"三级"教育，培训了岗位安全操作规程，也经考核合格，但是，本人对所处岗位危险因素认识不足，自我保护意识和安全防护意识差，从而导致事故的发生。

(2) 安全管理不到位，安全生产制度和操作规程执行不严格，落实不到位，对职工违章作业没有及时制止，是事故发生的重要原因。

(3) 隐患排查治理不到位，安全防护措施不到位，对造成事故的危险因素判断分析不足，隐患排查治理工作不彻底、不扎实，仍然存在死角和盲区，没有达到全覆盖。

(三) 预防措施

(1) 在冷却水槽周围安装护栏，悬挂安全警示标志。

(2) 认真汲取事故教训，举一反三，规范作业区域，对出现的隐患及时整改，从而彻底消除隐患，扫除盲点，堵塞漏洞，严防类似事故的再度发生。

(3) 加强安全管理，建立健全安全生产规章制度，重新修订并完善操作规程，并制作成公示牌上墙提醒告知，从而强化制度和操作规程的落实，并严格落实到位，狠抓"三违"现象，全面提升安全管理水平。

(4) 严格落实安全生产责任，完善安全生产责任体系，从主要负责人、安全管理人员到每一个员工，层层建立安全责任制，层层落实责任，并严格加强管理。

(5) 加强安全培训，公司在严格"三级"安全教育的基础上加强了形式多样的安全培训教育。特别是重点岗位的安全培训，强化职工的安全意识培训和安全技能培训，增强职工的安全操作技能，全面提高职工的安全防范意识，并开展全员参与的不同内容的培训教育，提升知识技能，强化安全生产，提高岗位应急处置能力，防止安全生产事故。

二、违章搭桥淹溺事故

（一）事故经过

2003 年，某工程处承担马颊河治理工程。5 月初开始拆除老桥，同时在桥头两端 50m 处各设置了明显的"前方施工请绕行"的安全警示牌，并且用土堆封闭了交通。为了便于施工，某工程处在老桥的北侧搭设宽 2.6m 的钢管施工便桥，并安排人看护。5 月 17 日早 6：30 左右，一个约 12 岁的小女孩骑一辆人力三轮车带着一个约 8 岁的小孩，经过施工便桥时，由于年龄太小，没有自我保护能力，又无监护人在场，心理慌张，方向没把握好，致使连人带车翻入河中，未能及时救起，待打捞出来时两个孩子已溺水死亡。

（二）原因分析

（1）安全警示标志不齐全，未按规定对施工现场以及临时搭建的便桥进行全封闭管理。

（2）现场监督管理不到位，安全人员擅自脱离岗位，没有及时发现两个孩子骑三轮车过桥，以及孩子坠入马颊河后不能及时救捞。

（三）预防措施

在安排专人进行监护的同时，施工现场要使用彩钢瓦等进行全面封闭，特别是临时搭建的便桥，要在桥面两侧做到全封闭，在位置明显处要设置足够多的安全警示牌，同时要在施工周围居民区张贴安全提示卡，提醒广大居民注意安全。

第十节　物体打击类事故

一、搬运过程，物体打击事故

（一）事故经过

2016 年 3 月 17 日上午 10 时左右，总装分厂试车检验班产品电工组组织进行发电机组试验。试验前，由产品电工组组长张某带领徐某和王某，使用手动液压车把重 360kg 的控制屏（800mm×800mm×2000mm）从试车中间跨（七号座对面）的存放区，搬移至机组试验间内。其中徐某负责操作手动液压车，张某、王某负责将控制屏倾斜后放到手动液压车上。搬运时，三人先将挡在试验用控制屏（1200kW，6300V）前面的一组控制屏（1200kW，400V）移至安全通道上暂时摆放，然后三人将所使用的控制屏（1200kW，6300V）顺利搬运至机组试验间。之后，三人便陆续返回存放区，准备将放在安全通道上的另一组控制屏（1200kW，400V）移回存放区摆好。当张某还未走到控制屏处时，王某便自己抓住控制屏朝自己一侧倾斜，准备让徐某将液压车伸入控制屏底部。旁边的徐某提醒王某："你一个人搬不了"。远处的张某看到也喊："等等，你先别搬"。此时，控制屏倾斜度过大，加之王某个人力量薄弱，没能顶住倾倒的控制屏，控制屏瞬间倒下，王某被控制屏砸倒，压住双手，致使左手尺桡骨粉碎性骨折、右手尺骨骨折。

（二）原因分析

1. 直接原因

在搬运控制屏作业时，在张某还未就位的情况下，王某便独自抓住控制屏朝自己一侧倾斜。由于控制屏倾斜度过大，王某个人力量薄弱，无法支撑360kg的控制屏的重量，导致控制屏失去重心倾倒，致使王某双臂受伤，是事故发生的直接原因。

2. 间接原因

（1）搬运方式不当。控制屏顶部设计了吊耳，未使用起重设备将控制屏吊运至液压车上，而是直接采用人工倾斜方式将控制屏到手动液压车上进行搬运。

（2）岗位操作规程与岗位作业活动不匹配。该岗位执行的是"电气维修工岗位安全操作规程"，该规程未针对控制屏搬运作业制定相关的操作规程或安全注意事项，对操作者作业缺乏安全指导。

（3）忽视安全警告，冒险操作。王某忽视安全警告，擅自移动控制屏。

3. 管理原因

（1）危害因素辨识不到位。未对该岗位从事的控制屏搬运作业活动可能存在的风险进行识别，未能制定相应的防范措施。

（2）安全培训不到位。该名员工分到产品电工组后，未对其进行岗位作业活动的相关培训教育，致使该员工未意识到搬运控制屏的风险，安全意识不强。

（三）预防措施

（1）分析事故原因，吸取事故教训。组织召开事故现场会，分析事故发生的原因以引起该专业操作员工对此事故的高度关注和对搬运作业安全的重视。

（2）明确岗位设置，修订岗位安全技术操作规程。制订产品电工岗位安全技术操作规程，进一步明确控制屏搬运过程安全操作要求。

（3）改进搬运方式，制作专用工装托盘。一是明确在有行车作业区域搬运时，必须使用起重设备吊装搬运。为安全方便搬运控制屏，设置专用控制屏托盘，方便液压车顺利伸入控制屏底部，消除和杜绝人工倾斜控制屏的方式，以减少搬运作业风险。

（4）梳理作业过程，继续开展岗位危害辨识。立即开展控制屏搬运作业危害辨识，查找存在的风险，并对其他作业过程存在的风险重新进行梳理，开展隐患排查，及时消除已存在的及潜在的风险。

（5）开展岗位安全培训，注重培训效果。结合基层岗位HSE培训矩阵，按作业类型和岗位进行培训，重点抓好岗位实操培训，培训就要达到相应的效果，提高员工的安全意识，使员工真正掌握操作要领和规避风险的技能。

二、物体高处坠落打击事故

（一）事故经过

2002年8月24日上午，在上海某建筑公司总包、某建筑有限公司分包的某高层工地，分包单位外墙粉刷班为图操作方便，经班长同意后，拆除机房东侧外脚手架项排朝下第四步围档密目网，搭设了操作小平台。在 10 时 50 分左右，粉刷工张某在取用粉刷材料时，觉得小平台上料口空档过大，就拿来了一块 180cm×20cm×5cm 的木板，准备放置在小平台空档上。在放置时，因木板后段绑着一根 20 号铁丝钩住了脚手架密目网，张某想用力甩掉铁丝的钩扎，不料用力太大而失手，木板从 100m 高度坠落，正好击中运送建筑垃圾至工地东北角建筑垃圾堆场途中的员工杨某脑部。事故发生后，现场立即将杨某送往医院抢救，终因杨某伤势过重，经医院全力救治无效于 8 月 29 日 7 时 30 分死亡。

（二）原因分析

（1）粉刷工在小平台上放置 180cm×20cm×5cm 木板时，因用力过大失手，导致木板从 100m 高度坠落，击中底层推车的清扫员工杨某，是造成本次事故的直接原因。

（2）分包单位管理人员未按施工实际情况落实安全防护措施，导致作业班组擅自搭设不符规范的操作平台。

（3）缺乏对作业人员的遵章守纪教育和现场管理不力。

（4）总包单位对分包单位管理不严，对现场的动态管理检查不力。

（三）预防措施

（1）分包单位召开全体管理人员和班组长参加的安全会议，通报事故情况，并进行安全意识和遵章守纪教育，加强内部管理和建立相互监督检查制度。

（2）总包单位召开全体员工大会，通报事故情况，并重申项目安全管理有关要求。组织有关人员对施工现场进行全面检查。

（3）总包单位进一步加强对施工队伍的安全管理和监督力度。

第十一节 坍塌类事故

一、基础不稳坍塌事故

（一）事故经过

2014 年 12 月 29 日 8 时 20 分许，北京市海淀区清华大学附属中学体育馆及宿舍楼工程工地，作业人员在基坑内绑扎钢筋过程中，筏板基础钢筋体系发生坍塌，造成 10 人死亡、4 人受伤。12 月 29 日 6 时 20 分，作业人员到达现场实施墙柱插筋和挂钩作业。7 时许，现场钢筋工发现已绑扎的钢筋柱与轴线位置不对应，劳务队长接到报告后通知劳务公司技术负责人和放线员去现场查看核实。8 时 10 分，经现场确认筏板钢筋体系整体位移约 10cm。随后，劳务公司技术负责人让钢筋班长立即停止钢筋作业，通知信号工配合钢筋工将上层钢筋网上集中摆放的钢筋吊走，并调电焊工准备加固马凳。8 时 20 分许，筏板基础钢筋体系失稳整体发生坍塌，将在筏板基础钢筋体系内进行绑扎作业和安装排水管作业的人员挤压在上下层钢筋网之间。事故发生后，现场人员立即施救，并拨打报警电话。市区两级政府部门立即启动应急救援，对现场人员开展施救，及时将受伤人员送往医院救治。

（二）原因分析

（1）直接原因：未按照方案要求堆放物料、制作和布置马凳，马凳与钢筋未形成完整的结构体系，致使基础底板钢筋整体坍塌。

（2）间接原因：施工现场管理缺失、备案项目经理长期不在岗、专职安全员配备不足、经营管理混乱、项目监理不到位。

（三）预防措施

（1）深刻吸取清华附中工程"12·29"筏板基础钢筋体系坍塌重大事故的沉痛教训，牢固树立科学发展、安全发展理念，切实贯彻落实"党政同责、一岗双责"的有关规定，坚守"发展决不能以牺牲人的生命为代价"红线，严格落实建筑企业安全生产主体责任，坚定不移抓好各项安全生产政策措施的落实，全面提高建筑施工安全管理水平，切实加强建筑安全施工管理工作。

（2）严格落实主体责任。严格规范企业内部经营管理活动，落实对工程项目的安全管理责任，严禁对施工项目"以包代管"，严禁利用任何形式实施出借资质、违法分包等违法行为。加强技术管理、安全管理、合同履约管理，加强对相关方施工队伍的指导、管理，督促各级管理人员严格落实安全生产责任制，切实落实《建设工程安全生产管理条例》中规定的设计单位的安全责任。

二、安全意识淡薄，引起坍塌事故

（一）事故经过

2013年8月26日，中原工程公司发生一起自然灾害导致2人死亡的事故。8月26日23时，钻井一公司陕北项目部50517井队在长庆油田分公司昌南项目776-10井井架崩撞了山体，突然滑坡，滑坡长度为40m，滑坡高度为30m，将4栋驻井场掩埋，造成2人死亡。

（二）原因分析

（1）井队所在的陕北地区8月23日连续降雨，山体倾斜，井队安全意识淡薄，对连续降雨造成的山体滑坡风险认识不足，也没有采取防范措施，导致事故发生。

（2）国家、上级单位多次强调注意防范强台风、强降雨引发的山体滑坡等地质灾害，下发了相关通知要求，该公司没有引起重视，也没有吸取类似事故教训。

（三）预防措施

野外施工是建筑安装施工企业的特点，施工项目所在地域分布广，在山区沟壑、穿跨越、水上等施工环境、地理环境复杂，山体滑坡、泥石流、台风、强降雨、雷电等自然灾害频繁，因此，在抓好施工过程安全管理的同时，还应该将预防自然按灾害作为管理的重点，严格按照上级要求和相关规范、制度执行，确保员工人身安全和设备安全。

练 习 题

第一章 安全理念与风险防控

一、单选题（每 4 个选项，只有 1 个是正确的，将正确的选项号填入括号内）

1. 下列属于地方政府规章的是（   ）。
  （A）《特种设备安全法》   （B）《中华人民共和国安全生产法》
  （C）《安全生产许可证条例》   （D）《天津市危险废物污染环境防治办法》

2.《中华人民共和国安全生产法》第三章对从业人员的安全生产权利义务作了全面、明确的规定，以下不属于从业人员权利的是（   ）。
  （A）从业人员的人身保障权利
  （B）得知危险因素、防范措施和事故应急措施的权利
  （C）对本单位安全生产的批评、检举和控告的权利
  （D）接受安全培训，掌握安全生产技能的权利

3.《中华人民共和国安全生产法》不但赋予了从业人员安全生产权利，也设定了相应的法定义务，以下不属于从业人员义务的是（   ）。
  （A）遵章守规，服从管理的义务
  （B）正确佩戴和使用劳动防护用品的义务
  （C）紧急情况下停止作业或紧急撤离的义务
  （D）发现事故隐患或者其他不安全因素及时报告的义务

4. 下列关于劳动安全卫生描述错误的是（   ）。
  （A）用人单位必须对所有劳动者定期进行职业健康体检
  （B）从事特种作业的劳动者必须经过专门培训并取得特种作业资格
  （C）劳动者在劳动过程中必须严格遵守安全操作规程
  （D）劳动者对用人单位管理人员违章指挥、强令冒险作业，有权拒绝执行，对危害生命安全和身体健康的行为，有权提出批评、检举和控告

5. 依据《工伤保险条例》规定，职工有下列情形之一的，不应当认定为工伤的是（   ）。
  （A）在工作时间和工作场所内，因工作原因受到事故伤害的

（B）在上下班途中，受到本人主要责任的交通事故或者城市轨道交通、客运轮渡、火车事故伤害的

（C）工作时间前后在工作场所内，从事与工作有关的预备性或者收尾性工作受到事故伤害的

（D）因工外出期间，由于工作原因受到伤害或者发生事故下落不明的

6. 下列不是企业在员工安全生产权利保障方面职责的是（　　）。

（A）与员工签订劳动合同时应明确告知企业安全生产状况

（B）为员工创造安全作业环境

（C）提供合格的劳动防护用品和工具

（D）为员工子女提供餐饮住宿

7. 下列关于从业人员安全生产权利义务的描述错误的一项是（　　）。

（A）基层操作人员、班组长、新上岗、转岗人员安全培训，确保从业人员具备相关的安全生产知识、技能以及事故预防和应急处理的能力

（B）发生事故后，现场有关人员应当立即向基层单位负责人报告，并按照预案应急抢险

（C）在发现不危及人身安全的情况时，应当立即下达停止作业指令、采取可能的应急措施或组织撤离作业场所

（D）任何个人不得迟报、漏报、谎报、瞒报各类事故

8. 下列行为中，不属于《环境保护违纪违规行为处分规定（试行）》中给予警告或者记过、撤职处分的是（　　）。

（A）违章指挥或操作引发一般或较大环境污染和生态破坏事故的

（B）发现环境污染和生态破坏事故未按规定及时报告，或者未按规定职责和指令采取应急措施的

（C）在生产作业过程中误操作导致设备损坏的

（D）在生产作业过程中不按规程操作随意排放污染物的

9.《中国石油天然气集团公司职业卫生管理办法》中对员工职业健康权利作出了明确规定，以下不属于员工权利的是（　　）。

（A）学习并掌握职业卫生知识　　　　（B）接受职业卫生教育、培训权

（C）职业健康监护权　　　　　　　　（D）拒绝违章指挥和强令冒险作业

10.《中国石油天然气集团公司职业卫生管理办法》中对员工职业健康义务作出了明确规定，以下不属于办法中规定的员工义务的是（　　）。

（A）遵守各种职业卫生法律、法规、规章制度和操作规程

（B）发现事故事件立即上报的义务

（C）正确使用和维护职业病防护设备和个人使用的职业病防护用品

（D）发现职业病危害事故隐患及时报告

11. 中国石油的 HSE 方针是（　　）。

（A）以人为本，预防为主，全员参与，持续改进

（B）零伤害、零污染、零事故

（C）安全源于质量、源于设计、源于责任、源于防范

（D）环保优先、安全第一、质量至上、以人为本

12. 下列不属于中国石油"六大禁令"的是（　　　）。
　　（A）严禁无票证从事危险作业
　　（B）严禁特种作业无有效操作证人员上岗操作
　　（C）严禁不遵纪守法
　　（D）严禁违章指挥、强令他人违章作业

13. 下列不属于"四条红线"内容的是（　　　）。
　　（A）可能导致火灾、爆炸、中毒、窒息、能量意外释放的高危和风险作业
　　（B）可能导致着火爆炸的生产经营领域内的油气泄漏
　　（C）节假日和敏感时段（包括法定节假日，国家重大活动和会议期间）的施工作业
　　（D）国家两会期间的车间巡检活动

14. 下列作业不属于"四条红线"中的高危风险作业的是（　　　）。
　　（A）动火作业　　　（B）挖掘作业　　　（C）受限空间作业　　　（D）涉水作业

15. 中国石油 HSE 管理原则是对各级管理者提出的 HSE 管理基本行为准则，是管理者的"禁令"，以下不属于 HSE 管理原则的是（　　　）。
　　（A）任何决策必须优先考虑健康、安全、环境
　　（B）企业必须对员工进行健康、安全、环境培训
　　（C）员工必须参与岗位危害辨识及风险控制
　　（D）企业必须对员工提供安全保障

16. 对中国石油"有感领导"内涵描述错误的一项是（　　　）。
　　（A）"有感领导"，实际就是领导以身作则，把安全工作落到实处
　　（B）通过领导的言行，使下属听到领导讲安全，看到领导实实在在做安全、管安全，感觉到领导真真正正重视安全
　　（C）"有感领导"重要功能是领导布置安排工作，检验检查基层员工执行的情况
　　（D）"有感领导"的核心作用在于示范性和引导作用

17. 《工伤保险条例》第十五条规定，在工作时间和工作岗位，突发疾病死亡或者在（　　　）之内经抢救无效死亡的，视同工伤。
　　（A）8 小时　　　（B）16 小时　　　（C）32 小时　　　（D）48 小时

18. 非法排放、倾倒、处置危险废物（　　　）以上，应当认定为"严重污染环境"。
　　（A）1 吨　　　（B）2 吨　　　（C）3 吨　　　（D）4 吨

19. 直接体现预防为主的《环境保护法》基本制度是（　　　）。
　　（A）排污收费制度　　　　　　　　　　（B）限期治理制度
　　（C）"三同时"制度　　　　　　　　　　（D）环境事故报告制度

20. 国家实行环境保护目标责任制和（　　　）制度。
　　（A）考核评价　　　（B）验收评价　　　（C）环境评价　　　（D）评价

21. 安全生产相关标准包括安全生产相关（　　　）和行业标准。
　　（A）国家标准　　　（B）地方标准　　　（C）行业标准　　　（D）部门标准

22. 习近平总书记指出，统筹发展和（　　　），增强忧患意识，做到居安思危，是我们党治国理政的一个重大原则。
　　（A）稳定　　　（B）安全　　　（C）建设　　　（D）审计

23. 《中华人民共和国安全生产法》第三条在阐述安全生产工作格局时，明确规定要"强化和落实企业安全生产（   ）责任"。

（A）次要　　　　（B）全面　　　　（C）主体　　　　（D）主要

24. 集团公司安全生产管理工作建立各级主要领导负总责、分管领导负专责、其他领导各负其责，各级业务管理部门（   ）、安全生产监管部门（   ）、基层单位（   ）和全员参与的机制。

（A）直接监管；属地监管；综合监管

（B）直接监管；综合监管；属地监管

（C）综合监管；直接监管；属地监管

（D）属地监管；综合监管；直接监管

25. 依据《中华人民共和国安全生产法》的规定，生产经营单位要具备法定的安全生产条件，必须有相应的资金保障，（   ）是生产经营单位的"救命钱"。

（A）安全意识　　（B）安全产出　　（C）安全投入　　（D）生产投入

26. 按照《中华人民共和国安全生产法》的规定，国务院安全生产监督管理部门依照本法，对全国安全生产工作实施（   ）。

（A）综合管理　　（B）综合监督管理　（C）监督管理　　（D）自主管理

27. 《中华人民共和国环境保护法》第十九条规定，编制有关开发利用规划，建设对环境有影响的项目，应当依法进行（   ）。

（A）环境影响评价　（B）环境监察　　（C）环境监测　　（D）土地监测

28. 习近平总书记指出，各生产单位要强化安全生产第一意识，落实安全生产主体责任，加强安全生产基础能力建设，坚决遏制（   ）安全生产事故发生。

（A）较大　　　　（B）重大　　　　（C）特大　　　　D 重特大

29. 《中华人民共和国环境保护法》第二十八条规定，（   ）应当根据环境保护目标和治理任务，采取有效措施，改善环境质量。

（A）地方各级人民政府　　　　　　　（B）一切单位和个人

（C）地方环保部门　　　　　　　　　（D）单位环保部门

30. 国家法律法规、地方政府和集团公司要求必须持证上岗的员工，应当按有关规定培训（   ）。未经 HSE 培训合格的从业人员，不得上岗作业。

（A）持证　　　　（B）取证　　　　（C）考试　　　　（D）考核

二、判断题（对的画√，错的画×）

1.（   ）法律是法律体系中的下位法，地位和效力仅次于《中华人民共和国宪法》，高于行政法规、地方性法规、部门规章、地方政府规章等上位法。

2.（   ）行政法规是由国务院组织制定并批准颁布的规范性文件的总称。行政法规的法律地位和法律效力低于法律，高于地方性法规、地方政府规章等下位法。

3.（   ）地方性法规是指由省、自治区、直辖市和设区的市人民代表大会及其常务委员会，依照法定程序制定并颁布的，施行于本行政区域的规范性文件。地方性法规的法律地位和法律效力低于法律、行政法规，高于地方政府规章。

4.（   ）生产经营单位的从业人员有依法获得安全生产保障的权利，并应当依法履行安全生产方面的义务。

5. (   ) 从业人员有关的生产安全违法犯罪行为有重大责任事故罪：在生产、作业中违反有关安全管理的规定，因而发生重大伤亡事故或者造成其他严重后果的，处三年以下有期徒刑或者拘役；情节特别恶劣的，处三年以上七年以下有期徒刑。

6. (   ) 排放污染物的企业事业单位和其他生产经营者，应当采取措施，防治在生产建设或者其他活动中产生的废气、废水、废渣、医疗废物、粉尘、恶臭气体、放射性物质以及噪声、振动、光辐射、电磁辐射等对环境的污染和危害。

7. (   ) 在承包商管理上，明确将承包商 HSE 管理纳入企业 HSE 管理体系，统一管理，提出了把好"五关"的基本要求（单位资质关、HSE 业绩关、队伍素质关、工监督关和现场管理关）。

8. (   ) 特种作业人员经培训考核合格后由省、自治区、直辖市一级安全生产监管部门或其指定机构发给相应的特种作业操作证，考试不合格的，允许补考一次，经补考仍不及格的，重新参加相应的安全技术培训。

9. (   ) "严禁脱岗、睡岗及酒后上岗"是"六大禁令"中唯一的一条有关违反劳动纪律的反违章条款，其危害有以下两个方面：一是可能直接导致事故发生，危及本人及其他人员的生命或健康、造成经济损失；二是违反劳动纪律，磨灭员工的战斗力，导致人心涣散，企业凝聚力和执行力下降。

10. (   ) 所有员工都应主动接受 HSE 培训，考核不合格的，可先上岗实习，边学习边工作。

11. (   ) HSE 管理体系的核心：指导企业通过识别并有效控制、消减风险，实现企业设定的健康、安全、环境目标，并不断地改进健康、安全、环境行为，提高健康、安全、环境业绩水平。

12. (   ) 事故和事件也是一种资源，每一起事故和事件都给管理改进提供了重要机会，对安全状况分析及问题查找具有相当重要的意义。要完善机制、鼓励员工和基层单位报告事故，挖掘事故资源。

13. (   ) 《中华人民共和国环境保护法》中防治污染和其他公害的要求，主要针对排污企业、有可能造成污染事故或其他公害的单位作出法律规定，对环境保护方面的法律制度作出了原则性的规定。

14. (   ) 任何单位、个人不得损坏、挪用或者擅自拆除、停用消防设施、器材，不得埋压、圈占、遮挡消火栓或者占用防火间距，尽可能不占用、堵塞、封闭疏散通道、安全出口、消防车通道。

15. (   ) 国家依法采取必要措施，保护海外中国公民、组织和机构的安全和正当利益，保护国家的海外利益不受威胁和侵害。

16. (   ) 安全是人类生存发展最基本的需要和价值目标，没有安全一切都无从谈起。

17. (   ) 对因事故被人民法院判处刑罚或构成犯罪免于刑事处罚的管理人员应同时给予行政处分。因事故受到行政处分的，可给予经济处罚。

18. (   ) 不具备安全生产条件的单位，可以先从事生产经营活动，随后完善安全生产条件。

第二章　风险防控方法与工作程序

一、单选题（每 4 个选项，只有 1 个是正确的，将正确的选项号填入括号内）

1. "风险"在 HSE 管理体系中是指某一特定危害事件发生的可能性与后果的（　　）。
   （A）函数　　　　　（B）组合　　　　　（C）乘积　　　　　（D）和

2. "危险"是指可能导致事故的（　　），它是指事物处于一种不安全的状态，是可能发生潜在事故的征兆。
   （A）事件　　　　　（B）事故　　　　　（C）状态　　　　　（D）发生

3. 危险和风险是两个既相互区别又密不可分的概念，危险是风险的（　　）。
   （A）征兆　　　　　（B）前因　　　　　（C）后果　　　　　（D）前提

4. 危险是客观存在的，（　　）。
   （A）可以降低的　　（B）可以升级的　　（C）可以改变的　　（D）无法改变的

5. "风险评价"是指评估风险程度以及确定分析是否可允许的全过程。风险评价主要包括（　　）阶段。
   （A）两个　　　　　（B）三个　　　　　（C）四个　　　　　（D）五个

6. 风险控制是利用（　　）、教育和管理手段消除、替代和控制危害因素，防止发生事故、造成人员伤亡和财产损失。
   （A）科技水平　　　（B）风险评价　　　（C）工程技术　　　（D）控制能力

7. 风险管理的基本过程不包括（　　）。
   （A）危险源识别　　（B）风险评价　　　（C）风险规避　　　（D）风险控制

8. 风险评价过程中应考虑的问题不包括（　　）。
   （A）可能性　　　　　　　　　　　　　（B）严重度
   （C）风险等级　　　　　　　　　　　　（D）降低风险的措施

9. 下面选项不属于风险管理中"事前预控"过程内容的是（　　）。
   （A）危险源辨识　　　　　　　　　　　（B）危险源分级分类
   （C）风险预控　　　　　　　　　　　　（D）事故调查

10. 按照安全技术措施等级顺序，首先应考虑的是（　　）。
    （A）直接安全技术措施
    （B）间接安全技术措施
    （C）指示性安全技术措施
    （D）安全操作规程、安全教育、培训和个体防护用品等

11. 以下风险控制措施的具体原则中等级最高的是（　　）。
    （A）消除　　　　　（B）预防　　　　　（C）减弱　　　　　（D）PPE

12. 以下不属于风险安全技术控制原则的是（　　）。
    （A）隔离　　　　　（B）消除　　　　　（C）减弱　　　　　（D）培训

13. 隐患是指可导致事故发生的物的不安全状态、人的不安全行为及管理上的缺陷。隐患具有隐蔽性、潜伏性和（　　），在某种特定条件下就会转化为事故。
    （A）不稳定性　　　（B）周期性　　　　（C）规律性　　　　（D）不可消除性

14. 风险不同于危险，是描述危险程度的客观量、又称为风险度或危险性，它由两部分组成：一是危险事件出现的概率；二是（　　）。
   (A) 危险事件出现的次数　　　　　　(B) 后果的严重程度和损失的大小
   (C) 危险事件出现的可能性　　　　　(D) 事故责任的大小

15. 属于防止可燃可爆系统形成的控制方法的是（　　）。
   (A) 取代或控制用量　　　　　　　　(B) 加强密闭
   (C) 通风排气　　　　　　　　　　　(D) 以上都是

16. 引起火灾爆炸的点火源不包括（　　）。
   (A) 明火　　　　　(B) 高温表面　　　　　(C) 电火花　　　　　(D) 日光

17. 下列不是控制风险常用方法的是（　　）。
   (A) 作业许可　　　　(B) 隐患排查　　　　(C) 安全目视化　　　　(D) 上锁挂牌

18. 下列不属于常用风险控制方法的一项是（　　）。
   (A) 作业许可　　　　(B) 上锁挂牌　　　　(C) 安全经验分享　　　(D) 安全目视化

19. 根据 GB/T 13861—2009《生产过程危险和有害因素分类与代码》的规定，以下不属于生产过程的危害因素中"人的因素"有（　　）。
   (A) 从事禁忌作业　　　　　　　　　(B) 辨识功能缺陷
   (C) 指挥错误　　　　　　　　　　　(D) 强迫体位

20. 根据 GB/T 13861—2009《生产过程危险和有害因素分类与代码》的规定，生产过程的危害因素中"物的因素"有（　　）。
   (A) 采光照明不良　　　　　　　　　(B) 防护缺陷
   (C) 误操作　　　　　　　　　　　　(D) 职业安全卫生管理规章制度不完善

21. 根据 GB/T 13861—2009《生产过程危险和有害因素分类与代码》的规定，生产过程的危害因素中环境因素有（　　）。
   (A) 室内地面不平　　　　　　　　　(B) 监护失误
   (C) 标志不清晰　　　　　　　　　　(D) 职业安全卫生投入不足

22. 根据 GB/T 13861—2009《生产过程危险和有害因素分类与代码》的规定，生产过程的危害因素中"物的因素"不包括（　　）。
   (A) 带电部位裸露　　　　　　　　　(B) 流体动力性噪声
   (C) 室内漏水　　　　　　　　　　　(D) 附件缺陷

23. 下列选项中，不属于生产过程的危害因素中的环境因素的是（　　）。
   (A) 房屋基础下沉　　　　　　　　　(B) 电磁性噪声
   (C) 采光照明不良　　　　　　　　　(D) 室内作业场所杂乱

24. 根据 GB/T 13861—2009《生产过程危险和有害因素分类与代码》的规定，不属于生产过程的危害因素中"管理因素"有（　　）。
   (A) 职业安全卫生组织机构健全　　　(B) 职业安全卫生投入充足
   (C) 职业安全卫生责任制落实　　　　(D) 职业健康管理不完善

25. 根据 GB/T 13861—2009《生产过程危险和有害因素分类与代码》生产过程中的危险、有害因素分为人的因素、物的因素、环境因素和（　　）。
   (A) 情绪因素　　　　(B) 体力因素　　　　(C) 管理因素　　　　(D) 设计因素

26. 根据 GB/T 13861—2009《生产过程危险和有害因素分类及代码》的相关规定，以下危险有害因素不属于"人的因素"的是（　　）。
　　（A）体力负荷超限　　　　　　　　（B）心理异常
　　（C）感知延迟　　　　　　　　　　（D）操作规程不规范

27. 根据 GB/T 13861—2009《生产过程危险和有害因素分类及代码》的相关规定，以下各项危险有害因素不属于"物的因素"的是（　　）。
　　（A）设备、设施、工具、附件缺陷　　（B）压缩气体和液化气体
　　（C）致病微生物　　　　　　　　　（D）强迫体位

28. 根据 GB/T 13861—2009《生产过程危险和有害因素分类及代码》的相关规定，以下不属于环境因素的是（　　）。
　　（A）粉尘与气溶胶　　　　　　　　（B）作业场所空气不足
　　（C）室内作业场所杂乱　　　　　　（D）门和围栏缺陷

29. 根据 GB/T 13861—2009《生产过程危险和有害因素分类及代码》的相关规定，以下不属于"管理因素"的是（　　）。
　　（A）培训制度不完善　　　　　　　（B）强迫体位
　　（C）职业健康管理不完善　　　　　（D）建设项目"三同时"制度未落实

30. 根据 GB/T 13861—2009《生产过程危险和有害因素分类及代码》的相关规定，以下属于"人的因素"的是（　　）。
　　（A）强度不够　　　　　　　　　　（B）无防护
　　（C）指挥失误　　　　　　　　　　（D）安全通道缺陷

31. 根据 GB/T 13861—2009《生产过程危险和有害因素分类及代码》的相关规定，以下属于"物的因素"的是（　　）。
　　（A）房屋基础下沉　　（B）地面不平　　　（C）培训制度不完善　　（D）高温物质

32. 根据 GB/T 13861—2009《生产过程危险和有害因素分类及代码》的相关规定，以下属于"环境因素"的是（　　）。
　　（A）照明不良　　　（B）信号缺陷　　　（C）标志不清楚　　　（D）冒险心理

33. 事故隐患不包含（　　）。
　　（A）重大事故隐患　　　　　　　　（B）较大事故隐患
　　（C）一般事故隐患　　　　　　　　（D）特别重大事故隐患

34. 如果工作场所的情况较为复杂，识别人员在赴现场前还应编制（　　）以保证调查的深度和质量。
　　（A）现场检查表或调查提纲　　　　（B）场所平面图
　　（C）设备操作规程　　　　　　　　（D）工艺

35. 在识别环境因素时应对产品、活动和（　　）整个生命周期各个环节和各个方面进行全方位的考量和排查。
　　（A）运输　　　　（B）材料　　　　（C）服务　　　　（D）操作

36. 从事现场观察的人员，要求具有（　　）和完善的职业健康法律法规、标准知识。
　　（A）安全技术知识　　　　　　　　（B）工程师职称
　　（C）敏锐的观察力　　　　　　　　（D）高级工程师职称

37. 安全检查表需要专业技术的全面性、多学科的综合性和对实际经验的统一性，为此，应由企业技术人员、管理人员（　　）深入现场共同编制。

(A) 经理　　　　　　(B) 相关方　　　　　　(C) 操作人员　　　　　　(D) 班组长

38. 编制检查表要以国家和地方的法律法规、标准、公司管理手册和（　　）等为依据。

(A) 产品宣传册　　　　　　　　　　(B) 规则制度

(C) 出厂合格证　　　　　　　　　　(D) 检验说明

39. 为了系统地找出系统中的不安全因素，把系统加以剖析，列出各层次的不安全因素，然后确定检查项目，以（　　）的方式把检查项目按系统的组成顺序编制成表，以便进行检查或评审，这种表称为安全检查表。

(A) 回答　　　　　　(B) 提问　　　　　　(C) 一问一答　　　　　　(D) 笔试

40. 以下不属于JSA识别危害内容的是（　　）。

(A) 可能出现的问题、偏差、故障　　　　(B) 会产生的后果

(C) 触发条件　　　　　　　　　　　　　(D) 事故处理办法

41. 下列工作中，（　　）不适用JSA。

(A) 可能偏离（改变现有作业）程序的非常规作业

(B) 有程序控制，但工作环境变化或工作过程中可能存在程序未明确的危害

(C) 与工艺安全管理有关的危害识别和风险控制

(D) 承包商作业

42. 作业人员对作业前JSA要充分考虑人员、设备、材料、（　　）、环境五个方面。

(A) 方法　　　　(B) 措施　　　　(C) 类型　　　　(D) 工具

43. LEC的风险等级划分中，风险级别为3，危险程度为高度危险，需要立即整改（制定管理方案及应急预案）的分值是（　　）区间段。

(A) 70~150　　　(B) 70~159　　　(C) 80~160　　　(D) 60~159

44. 作业条件危险性评价法是对具有潜在危险的环境中作业的危险性进行（　　）评价的一种方法。

(A) 定性　　　　(B) 定量　　　　(C) 半定量　　　　(D) 评估

45. 作业条件危险分析法中的"L"代表的含义是（　　）。

(A) 事故发生的可能性　　　　　　　　(B) 人员暴露于危险环境中的频繁程度

(C) 发生事故可能造成的后果的严重性　(D) 事故导致的结果

46. 评估矩阵方法通常采用的风险评估方法是（　　）。

(A) 定性风险评估　　　　　　　　　(B) 定量风险分析评估

(C) 安全漏洞评估　　　　　　　　　(D) 安全管理评估

47. 以下不属于事故后果严重程度内容的是（　　）。

(A) 员工伤害　　　　　　　　　　　(B) 环境影响

(C) 声誉　　　　　　　　　　　　　(D) 事故发生概率

48. 基于对以往发生事件的经验总结，通过解释事故事件发生的可能性和后果严重性来预测风险大小，确定风险等级的风险评估方法是（　　）。

(A) 作业条件危险分析　　　　　　　(B) 风险评估矩阵

(C) 工作前安全分析　　　　　　　　(D) 经验分析

49. 多因子评价是根据发生频次、排放与标准之比、影响规模、公众关注程度和（　　　）这几个因子的得分来考虑对环境的影响情况。
 （A）环境可恢复性 　　　　　　　　（B）企业实力
 （C）地方政府的检查 　　　　　　　（D）单位的检查

50. 实施、过程、产品和服务的设计和开发，运行或制造过程（包括仓储），设施的资产和基础设施的运行与维护，外部供方的环境绩效和实践等都属于（　　　）环境因素。
 （A）能够直接控制的 　　　　　　　（B）能够施加环境影响的
 （C）能够间接控制的 　　　　　　　（D）不能直接控制的

51. 作业许可是针对（　　　）的一种风险管理手段和管理制度。
 （A）检维修作业 　　　　　　　　　（B）锅炉启停作业
 （C）危险性作业 　　　　　　　　　（D）吊装作业

52. 作业许可是为了有效控制生产过程中的非常规作业、关键作业、（　　　）的作业以及其他危险性较大作业的风险。
 （A）存在违章行为 　　　　　　　　（B）缺乏程序
 （C）未制定应急救援措施 　　　　　（D）未开展作业前安全检查

53. 危险性作业前，（　　　）需要事前提出作业申请，经有关主管人员对作业过程、作业风险及风险控制措施予以核查和批准，并取得作业许可证方可开展。
 （A）作业单位的现场作业负责人 　　（B）基层安全员
 （C）安全管理人员 　　　　　　　　（D）生产管理人员

54. 上锁挂牌是指在作业过程中为避免设备设施或系统区域内蓄积危险能量的（　　　），对所有危险能量和物料的隔离设施进行锁闭和悬挂标牌的一种现场安全管理方法。
 （A）浪费现象 　　（B）过度存积 　　（C）管理不当 　　（D）意外释放

55. 上锁挂牌是指在作业过程中为避免设备设施或系统区域内蓄积（　　　）的意外释放，对所有危险能量和物料的隔离设施进行锁闭和悬挂标牌的一种现场安全管理方法。
 （A）有害物质 　　（B）危险能量 　　（C）热能 　　　　（D）势能

56. 上锁挂牌可从本质上解决设备因误操作引发的安全问题，但关键还是需要人的操作，要对相关人员进行（　　　），以解决人的行为习惯养成问题。
 （A）现场教育 　　（B）安全考核 　　（C）安全培训 　　（D）安全评估

57. 安全目视化是通过使用安全色、标签、标牌等方式，明确人员的（　　　）和身份、工（器）具和设备设施的（　　　），以及生产作业区域的（　　　）的一种现场安全管理方法。
 （A）岗位；完好状态；危险状态 　　（B）资质；完好状态；风险范围
 （C）资质；使用状态；危险状态 　　（D）岗位；使用状态；风险范围

58. 安全目视化以（　　　）为基本手段，以公开化和透明化为基本原则，尽可能地将管理者的要求和意图让大家都看得见。
 （A）张贴标志 　　（B）宣传教育 　　（C）多媒体 　　（D）视觉信号

59. 安全目视化以视觉信号为基本手段，以公开化和（　　　）为基本原则，尽可能地将管理者的要求和意图让大家都看得见。
 （A）透明化 　　　（B）标准化 　　　（C）扩大化 　　　（D）原则化

60. 工艺和设备变更管理是指涉及工艺技术、设备设施及工艺参数等（　　）现有设计范围的改变（如压力等级改变、压力报警值改变等）进行变更控制的一种安全管理方法。
　　（A）维持　　　　　　（B）超出　　　　　　（C）不足　　　　　　（D）以上都是

61. 工艺和设备变更审批后，需对变更形成的文件和所有相关信息准确地传递给所在的区域人员和涉及的人员，并对他们进行（　　）。
　　（A）告知　　　　　　（B）风险交底　　　　（C）疏导　　　　　　（D）培训

62. 应急处置卡的作用是当作业现场或工作场所出现意外紧急情况时，提示岗位员工采取（　　）紧急措施。
　　（A）必要的　　　　　（B）全面的　　　　　（C）迅速的　　　　　（D）以上都是

63. 应急处置卡针对（　　）、岗位的特点，编制简明、实用、有效，规定适用岗位、人员的应急处置程序和措施，以及相关联络人员和联系方式，要领易于掌握，步骤可操作性强，便于携带。
　　（A）工作场所　　　　（B）岗位风险　　　　（C）员工操作　　　　（D）管理规定

64. 应急处置卡是在岗位员工职责范围内，将应急处置规定的（　　）写在卡片上，当作业现场或工作场所出现意外紧急情况时，提示岗位员工采取必要的紧急措施。
　　（A）应急物品　　　　（B）环境资源　　　　（C）程序步骤　　　　（D）管理人员

65. 安全经验分享常用格式分为三部分：事件或事故的（　　）、原因分析、预防或控制措施。
　　（A）起因　　　　　　（B）经过　　　　　　（C）结果　　　　　　（D）以上都是

66. 安全经验分享是将本人亲身经历或看到、听到的有关安全、环境、健康方面的经验做法或（　　）等教训总结出来，通过介绍和讲解在一定范围内使事故教训得到分享。
　　（A）新闻、事件、不安全行为、安全状态
　　（B）事故、故事、违章行为、不安全状态
　　（C）新闻、事件、违章行为、不安全状态
　　（D）事故、事件、不安全行为、不安全状态

67. 安全经验分享可在各种会议、培训班等集体活动开始之前进行，时间不宜过长，一般不超过（　　）。
　　（A）1学时　　　　　（B）5~10分钟　　　　（C）30分钟　　　　　（D）1小时

68. 安全生产责任制规定企业单位的各级领导人员在管理生产的同时，必须负责管理安全工作，认真贯彻执行国家相关劳动保护的法令和制度，在（　　）生产的同时，（　　）安全工作（即"五同时"制度）。
　　（A）计划、布置、检查；总结、评比　　　（B）计划、布置、检查；总结、汇报
　　（C）计划、检查、验收；总结、汇报　　　（D）计划、检查、验收；总结、评比

69. 安全生产责任制是根据我国的安全生产方针"安全第一，预防为主，综合治理"和安全生产法规建立的（　　）在劳动生产过程中对安全生产层层负责的制度。
　　（A）各级领导、职能部门、安全管理人员、岗位操作人员
　　（B）各级领导、职能部门、工程技术人员、班组管理人员
　　（C）各级领导、安全部门、工程技术人员、岗位操作人员
　　（D）各级领导、职能部门、工程技术人员、岗位操作人员

70. 《安全生产法》规定，生产经营单位的安全生产责任制应当明确各岗位的责任人员、责任范围和（ ）等内容。生产经营单位应当建立相应的机制，加强对安全生产责任制落实情况的监督考核，保证安全生产责任制的落实。
   （A）考核结果　　　　　　　　　　（B）绩效考核
   （C）考核标准　　　　　　　　　　（D）考核流程

71. 安全联系点是指各级领导干部挂点基层生产现场，按照（ ）对联系点的 HSE 工作负相应领导责任。
   （A）"管工作就要管安全"的原则　　（B）"管生产经营就要管安全"的原则
   （C）"谁主管、谁负责"的原则　　　（D）以上都对

72. 通过安全联系点工作的开展，各级领导干部能够（ ），发现典型，以点带面，指导基层单位 HSE 工作。
   （A）了解基层现场的真实 HSE 管理现状　　（B）掌握第一手资料
   （C）及时总结和推广经验　　　　　　　　　（D）以上都对

73. 通过安全联系点工作的开展，形成领导干部主动宣传贯彻（ ）、法律法规，督促落实上级制定的各项政策措施。
   （A）党的路线　　（B）党的方针　　（C）党的政策　　（D）以上都对

74. 启动前安全检查适用的作业活动：新、改、扩建工程项目（包括租借）；（ ）；新工艺、新技术项目及其他危险性较高的项目。
   （A）易燃易爆工艺设备变更项目　　（B）有毒有害工艺设备变更项目
   （C）高温高压工艺设备变更项目　　（D）以上都是

75. 启动前安全检查（简称 PSSR）是指在（ ）启动前对所有相关因素进行检查确认，并将所有必改项整改完成，批准启动的过程。
   （A）企业装置　　（B）工艺设备　　（C）设施　　（D）以上都是

76. 应针对生产作业性质、工艺设备的特点等编制启动前安全检查表，检查表应包括（ ）、人员、设备、事故调查及应急响应、环境保护等方面的内容。
   （A）工艺技术　　　　　　　　　　（B）现场环境
   （C）操作规程　　　　　　　　　　（D）标准化现场

77. 安全检查在安全管理中体现了职能部门对相关规定、制度、规程落实的监督；对（ ）的巡检；对具体生产中人员举止行为的规范；对现场工作的指导和帮助以及安全管理工作的信息反馈。
   （A）设备完好性　　　　　　　　　　（B）设备保养情况
   （C）设备运行工况　　　　　　　　　（D）设备异常状态

78. 安全检查作为安全管理工作中（ ）的方式和方法，是安全管理工作的具体体现，是深入基层、班组一线调查、了解及掌握职工思想和工作动态的最普遍的途径。
   （A）最快速、最直接、最有效　　　　（B）最基本、最直接、最有效
   （C）最基本、最全面、最有效　　　　（D）最基本、最直接、最严格

79. 安全检查有（ ）的特点，既要在检查中肯定安全工作中好的做法和经验，又要在检查中查出不足和漏洞、处理违章甚至是失职等行为，并提出针对性的帮助和指导。
   （A）全面性　　（B）指向性　　　（C）特殊性　　（D）两面性

80. 巡回检查一般指安全管理人员、班组长、岗位员工在日常工作及生产活动中开展的按照（　　）的检查内容进行的关键要害部位查验工作。

（A）一定的时间　　　（B）一定的路线　　　（C）相对较为固定　　　（D）以上都是

81. 安全管理人员在进行日常巡回检查时，可以以重点区域行走检查的方式开展，扩大巡查范围，提高重点区域巡查频次，能有效预防基层现场出现的（　　）等不易发现或间歇性产生的风险。

（A）人员违章作业　　　　　　　　　　（B）现场管理缺失

（C）潜在事故隐患　　　　　　　　　　（D）以上都是

82. HSE 的两书一表是指"HSE 作业指导书"（　　）和"HSE 现场检查表"。

（A）"应急预案"　　　　　　　　　　　（B）"管理制度汇编"

（C）"设备操作规程"　　　　　　　　　（D）"HSE 作业计划书"

83. "HSE 作业指导书"通过对常规作业中风险的识别、评估、削减或控制以及应急管理等手段，把风险控制在合理并尽可能低的水平，对各类风险制订对策措施，经过（　　）组织评审后，整理汇编成相对固定的指导现场作业全过程的 HSE 管理文件。

（A）业务主管部门　　　　　　　　　　（B）生产管理部门

（C）安全总监　　　　　　　　　　　　（D）安全科长

84. "HSE 作业计划书"是针对变化了的情况，由基层组织结合具体施工作业的情况和所处环境等特定的条件，为满足新项目作业的（　　）要求，以及业主、承包商、相关方等对项目风险管理的特殊要求，在进入现场或从事作业前所编制的 HSE 具体作业文件。

（A）现场环境　　　（B）作业内容　　　（C）HSE 管理体系　　　（D）承包合同

85. 编制"HSE 作业计划书"的基础是（　　），但在内容上主要偏重"HSE 作业指导书"中没有涵盖的内容，或是在新的风险识别基础上编制更详细的作业规程、应急处置预案以及具体的作业许可程序等。

（A）"危害辨识与风险评价"　　　　　　（B）"应急措施"

（C）"承包合同"　　　　　　　　　　　（D）"HSE 作业指导书"

二、判断题（对的画√，错的画×）

1. （　　）风险是指特定事件发生的概率和可能危害后果的函数：风险＝可能性＋后果的严重程度。

2. （　　）危险是指可能导致事故的状态，它是指事物处于一种不安全的状态，是可能发生潜在事故的征兆。

3. （　　）危害因素辨识、风险评价是风险管理的前提，风险控制才是风险管理的最终目的。

4. （　　）风险评价是指评估风险程度以及确定风险是否可允许的全过程。

5. （　　）危害因素常分为人的因素、物的因素、环境因素和其他因素四类。

6. （　　）风险是描述危险程度的客观量，由两部分组成，一是危险事件出现的概率；二是后果的严重程度和损失的大小。

7. （　　）危险源辨识就是风险评估。

8. （　　）未开展人员安全教育是人的不安全因素。

9. （　　）事故致因机理分析法的主要缺点是针对性不强。

10. （　　）危险源辨识是为了明确所有可能产生或诱发事故的不安全因素，辨识的首要目的是制造危险源。

11. （　　）危险源辨识就是隐患排查。

12. （　　）露天运输汽车下坡时，严禁空挡滑行。

13. （　　）生产过程的危害因素中环境因素包括室内作业场所环境不良；室外作业所环境不良；地下（含水下）作业环境不良；其他作业环境不良。

14. （　　）生产过程的危害因素中人的因素包括心理、生理性危险和有害因素；行为危险和有害因素。

15. （　　）生产过程的危害因素中物的因素包括物理性危险和有害因素；化学性危险和有害因素；生物性危险和有害因素；室内作业场所环境不良。

16. （　　）职业安全卫生管理规章制度不完善包括建设项目"三同时"制度未落实、操作规程不完善、事故应急预案及响应缺陷、培训制度不完善、其他职业安全生产管理规章制度不健全。

17. （　　）企业的重大危险源辨识可以参考 GB 18218—2018《危险化学品重大危险源辨识》。

18. （　　）根据 GB/T 13861—2009《生产过程危险和有害因素分类及代码》的相关规定，信号缺陷属于环境因素。

19. （　　）根据 GB/T 13861—2009《生产过程危险和有害因素分类及代码》的相关规定，监护失误属于人的因素。

20. （　　）根据 GB/T 13861—2009《生产过程危险和有害因素分类及代码》的相关规定，无信号设施属于物的因素。

21. （　　）根据 GB/T 13861—2009《生产过程危险和有害因素分类及代码》的相关规定，门和围栏缺陷属于环境因素。

22. （　　）事故隐患分类中包括特别重大事故隐患。

23. （　　）现场观察要时刻记住每到一处都要把哪里存在的问题（危害因素）找到，发现的问题可以不用记录只进行观察。

24. （　　）通常调查表收集汇总全面的信息，现场调查侧重关键环节。

25. （　　）综合安全检查表是由专业机构或职能部门编制和使用，主要用于专业性危险源辨识或定期检查的检查表。

26. （　　）检查表对危险源辨识具有极为重要的作用，其优点是简便、易行，避免检查的盲目性和随意性，能够克服因人而异的检查结果，提高检查水平。

27. （　　）选择风险控制措施时，优先顺序：消除、工程控制措施、替代、标志、警告和（或）管理控制措施。

28. （　　）需要办理作业许可证的作业活动，作业前不用开展 JSA。

29. （　　）作业条件危险分析法用与系统风险有关的三种因素之和来评估操作人员伤亡风险大小。

30. （　　）LEC 评价法用于评价操作人员在具有潜在危险性环境中作业时的危险性、危害性。

31. （　　）风险＝事故发生概率＋事故后果严重程度。

32. （　　）风险评估矩阵是根据以前事故和事件的经验来预测将来的风险。

33. （　　）危险废弃物和危险化学品的使用和泄漏应判定为重要环境因素。

34. （　　）单纯利用某一种评价方法是能确定其是否为重要环境因素和其优先顺序。

35. （　　）作业单位的现场作业负责人需要事前提出作业申请，经有关安全管理人员对作业过程、作业风险及风险控制措施予以核查和批准，并取得作业许可证方可开展作业。

36. （　　）作业许可本身不能保证作业的安全，只是对作业之前和作业过程中所必须严格遵守的规则及所满足的条件作出规定。

37. （　　）上锁挂牌不可从本质上解决设备因误操作引发的安全问题，关键还是需要人的操作。

38. （　　）上锁挂牌是指在作业过程中为避免设备设施或系统区域内蓄积危险能量的意外释放，对所有危险能量的隔离设施进行锁闭和悬挂标牌的一种现场安全管理方法。

39. （　　）安全目视化是通过使用安全色、标签、标牌等方式，明确人员的资质和身份、工（器）具和设备设施的使用状态，以及生产作业区域的危险状态的一种现场安全管理方法。

40. （　　）安全目视化以视觉信号为基本手段，以公开化和透明化为基本原则，尽可能地将管理者的要求和意图让大家都看得见，将以往发生的事故予以明示，借以提示风险。

41. （　　）工艺和设备变更管理是指涉及工艺技术、设备设施及工艺参数等不足现有设计范围的改变（如压力等级改变、压力报警值改变等）进行变更控制的一种安全管理方法。

42. （　　）工艺和设备变更审批后，需对变更形成的文件和所有相关信息准确地传递给所在的区域人员和涉及的人员，并对他们进行培训。

43. （　　）应急处置卡是在岗位员工职责范围内，将应急处置规定的程序步骤写在卡片上，当作业现场或工作场所出现意外紧急情况时，提示岗位员工采取全部的紧急措施。

44. （　　）应急处置卡针对工作场所、岗位的特点，编制简明、实用、有效，规定适用岗位、人员的应急处置程序和措施，以及相关联络人员和联系方式，要领易于掌握，步骤可操作性强，便于携带。

45. （　　）安全经验分享是通过介绍和讲解在一定范围内使事故教训得到分享，引以为戒，典型经验得到推广的一项活动。

46. （　　）通过长期坚持开展安全经验分享能强化员工正确 HSE 做法，使其自觉纠正不安全习惯和行为，树立良好的 HSE 行为准则，促进全员 HSE 意识的不断提高，形成良好的安全文化氛围。

47. （　　）企业单位都应根据实际情况加强劳动保护机构或兼职人员的工作；企业单位各生产小组都应设置不脱产的安全生产管理员；企业职工应自觉遵守安全生产规章制度。

48. （　　） 我国的安全生产方针"安全第一，预防为主，综合治理"。

49. （　　） 安全联系点是指各级领导干部挂点基层生产现场，按照"谁主管、谁负责"的原则对联系点的 HSE 工作负相应领导责任。

50. （　　） 安全联系点工作的开展促使各级领导干部广泛听取职工的意见和建议，形成领导干部带头关心基层建设、支持基层建设、参与基层建设的良好氛围。

51. （　　） 启动前安全检查的适用范围为企业属地。

52. （　　） 待改项是指项目启动前安全检查时发现的，会影响投产效率和产品质量，并在运行过程中不会引发事故的，可在启动后限期整改的隐患项目。

53. （　　） 安全检查是发现和消除事故隐患、落实安全措施、预防事故发生的重要手段，是发动群众共同搞好安全生产的一种有效形式。

54. （　　） 在企业安全生产管理中，安全检查占有非常重要的地位，就是要对生产过程中影响正常生产的各种因素，如机械、电气、工艺、仪表、设备等物的因素与人的因素进行深入细致的调查研究，发现不安全因素，消除事故隐患。

55. （　　） 巡回检查有利于公司领导、安全管理人员、班组长、岗位员工随时掌握生产现场、工作岗位、特定设备的运行情况，及时采取必要措施将事故隐患消灭在萌芽状态。

56. （　　） 巡回检查能够及时地发现生产现场和生产过程中产生的安全隐患，进而采取现场整改或隐患上报等风险防控措施。

57. （　　） 操作卡是操作规程的精华提炼版，明确并规范了相关作业的操作步骤和工作标准，明确作业步骤中存在的工作界面及应急、救援措施，在作业过程中用来自我衡量作业规范性。

58. （　　） 操作规程是根据企业的生产性质、机器设备、企业员工的特点和技术要求，结合具体情况及群众经验制定出的安全操作守则。

第三章　基础安全知识

一、单选题（每 4 个选项，只有 1 个是正确的，将正确的选项号填入括号内）

1. 安全帽应保证人的头部和帽体内顶部的空间至少有 （　　） 才能使用。
   （A）20mm　　　　　（B）25mm　　　　　（C）32mm　　　　　（D）30mm

2. 防止毒物危害的最佳方法是 （　　）。
   （A）穿工作服　　　　　　　　　　（B）佩戴呼吸器具
   （C）使用无毒或低毒的代替品　　　（D）戴口罩

3. 在进行电焊操作时，必须 （　　）。
   （A）佩戴装有适当滤光镜片的眼罩或面罩　　（B）佩戴太眼镜
   （C）佩戴呼吸器　　　　　　　　　　　　　（D）佩戴口罩

4. 因事故导致严重的外部出血，应该 （　　）。
   （A）清洗伤口以后加以包裹　　　　（B）用布料直接包裹，制止出血
   （C）用药棉将流出的血液吸取　　　（D）包裹

5. 对烫伤较重的人员，应用净水冲洗（　　）以上。

　　（A）10min　　　　　（B）30min　　　　　（C）60min　　　　　（D）20min

6. 从事一般性高处作业时，脚上应穿（　　）。

　　（A）硬底鞋　　　　　（B）软底防滑鞋　　　（C）普通胶鞋　　　　（D）钉子鞋

7. 工人如必须在100℃以上的高温环境下作业，应严格控制作业时间，一次作业不得超过
（　　）。

　　（A）5min　　　　　　（B）10min　　　　　（C）15min　　　　　（D）20min

8. 在剪切机械造成的事故中，伤害人体最多的部位是（　　）。

　　（A）手和手指　　　　（B）脚　　　　　　　（C）眼睛　　　　　　（D）头部

9. 安全带的正确扣法应该是（　　）。

　　（A）同一水平　　　　　　　　　　　　　　　（B）低挂高用

　　（C）高挂低用　　　　　　　　　　　　　　　（D）按照现场环境

10. 以下是呼吸器两大种类的是（　　）。

　　（A）防尘与防毒　　　　　　　　　　　　　　（B）防尘与防化学品

　　（C）净化空气与供气式　　　　　　　　　　　（D）防尘和防核辐射

11. 在操作有转动部分的机器时，职工不宜戴棉纱手套，因为（　　）。

　　（A）棉纱手套会被损坏　　　　　　　　　　　（B）棉纱手套容易缠上机器转动部分

　　（C）棉纱手套容易造成皮肤敏感　　　　　　　（D）棉纱手套不保暖

12. 以下是当少量化学品溅入眼睛的实时处理方法的是（　　）。

　　（A）滴眼药水　　　　　　　　　　　　　　　（B）报警

　　（C）用大量清水洗眼　　　　　　　　　　　　（D）热水清洗

13. 安全带使用（　　）后，应检查一次。

　　（A）1年　　　　　　（B）2年　　　　　　　（C）3年　　　　　　（D）半年

14. 正压式空气呼吸器是在任一呼吸循环过程，面罩与人员面部间形成的腔体内压力不低
于（　　）的一种空气呼吸器。

　　（A）环境压力　　　　　　　　　　　　　　　（B）大气压力

　　（C）表压　　　　　　　　　　　　　　　　　（D）表压+大气压力

15. 绝缘手套又称高压绝缘手套，根据适用电压等级分为（　　）共五级，企业生产作业
中多使用0级（380V）和1级（3000V）绝缘手套。

　　（A）1级至4级　　　（B）0级至4级　　　　（C）2级至5级　　　　（D）0级至3级

16. 企业常用的手部防护用品主要有一般防护手套、（　　）、绝缘手套、电焊手套。

　　（A）胶皮手套　　　　（B）棉手套　　　　　（C）耐酸碱手套　　　（D）皮手套

17. 个人防护用品在预防职业性危害因素的综合措施中，属于（　　）预防中的二级
预防。

　　（A）一级　　　　　　（B）三级　　　　　　（C）二级　　　　　　（D）四级

18. 用人单位购买的劳动防护用品必须具有生产许可证和（　　），购买的防护用品须经
本单位安全管理部门（　　）。

　　（A）质量鉴定证；管理　　　　　　　　　　　（B）安全鉴定证；管理

　　（C）安全鉴定证；验收　　　　　　　　　　　（D）质量鉴定证；验收

19. 根据 GB/T 11651—2008《个体防护装备选用规范》，劳动防护品按材料本身的耐用性能分为（　　）。

　　（A）2 类　　　　　　（B）4 类　　　　　　（C）3 类　　　　　　（D）1 类

20. 安全帽上如有"D"标记，表示具有（　　）。

　　（A）耐燃烧　　　　　（B）绝缘　　　　　　（C）侧向刚性　　　　（D）防撞击性

21. 正压式空气呼吸器使用完毕后，呼吸器面罩必须用（　　）。

　　（A）温水和中性清洁剂清洗，然后用温水漂洗

　　（B）热水和中性清洁剂清洗，然后用热水漂洗

　　（C）温水和洗衣粉清洗，然后用温水漂洗

　　（D）洗衣粉水清洗，然后用温水漂洗

22. 安全色是用以表达禁止、警告、指令、（　　）等安全信息含义的颜色。

　　（A）指示　　　　　　（B）标记　　　　　　（C）提示　　　　　　（D）命令

23. GB 2893—2008《安全色》标准规定（　　）、黄、蓝、绿四种颜色为安全色。

　　（A）黑　　　　　　　（B）白　　　　　　　（C）红　　　　　　　（D）橙

24. 安全色与对比色的相间条纹为等宽条纹，倾斜约（　　）。

　　（A）60°　　　　　　（B）45°　　　　　　（C）30°　　　　　　　（D）90°

25. 以下用于指明正常和紧急出口、火灾逃逸和安全设施、安全服务及卫生间的方向的是（　　）。

　　（A）消防标志　　　　（B）指示标志　　　　（C）方向标志　　　　（D）指令标志

26. 警告标志的几何图形是（　　），图形背景是黄色，三角形边框及图形符号均为黑色。

　　（A）三角形　　　　　（B）圆形　　　　　　（C）正方形　　　　　（D）长方形

27. 以下几何图形是圆形，背景为蓝色，图形符号为白色的是（　　）。

　　（A）消防标志　　　　（B）指示标志　　　　（C）方向标志　　　　（D）指令标志

28. 几何图形是长方形，图形背景为绿色，图形符号及文字为白色的标志是（　　）。

　　（A）提示标志　　　　（B）指示标志　　　　（C）指令标志　　　　（D）警告标志

29. 红色与白色相间条纹表示（　　）。

　　（A）禁止或提示消防设备、设施位置的安全标记

　　（B）危险位置的安全标记

　　（C）指令的安全标记，传递必须遵守规定的信息

　　（D）安全环境的安全标记

30. 安全标志不可以设置于（　　）。

　　（A）车间外墙　　　　　　　　　　　　（B）铁网围栏

　　（C）危废储存间大门上　　　　　　　　（D）车间入口处

31. 消防标志不用于指明（　　）。

　　（A）应急逃生方向　　　　　　　　　　（B）消防设施和火灾报警的位置

　　（C）如何使用消防设施　　　　　　　　（D）如何使用火灾报警设施

32. 用于指明安全设施的标志为（　　）。

　　（A）消防标志　　　　　　　　　　　　（B）方向标志

　　（C）警告标志　　　　　　　　　　　　（D）安全指示标志

33. 以下不是强制性行动标志的是（　　）。
   （A）必须穿防护鞋 　　　　　　（B）穿戴安全帽
   （C）鸣笛 　　　　　　　　　　（D）禁止吸烟

34. 以下不是警告标志的是（　　）。
   （A）当心夹手 　（B）噪声有害 　（C）小心地滑 　（D）减速慢行

35. 以下不是提示标志的是（　　）。
   （A）严禁拍摄 　　　　　　　　（B）当心触电
   （C）止步高压危险 　　　　　　（D）小心台阶

36. 以下不是禁止标志的是（　　）。
   （A）严禁拍摄 　　　　　　　　（B）禁止靠近
   （C）禁止单扣吊装 　　　　　　（D）禁止合闸

37. 为了保证机械设备的安全运行和操作人员的安全和健康，采取的安全技术措施一般可分为（　　）三类。
   （A）直接、间接和指导性 　　　（B）直接、间接和管理
   （C）管理、现场和技术 　　　　（D）硬件、软件和管理

38. 吊钩危险断面的磨损量应不大于原高度的（　　）。
   （A）10% 　　　（B）5% 　　　（C）15% 　　　（D）8%

39. 进入受限空间作业前应按照作业许可证或安全工作方案的要求进行通风和气体检测，受限空间内部任何部位的含氧量达到（　　）后方可作业。
   （A）19.5%～23.5% 　　　　　（B）18%～20%
   （C）18%～19% 　　　　　　　（D）19%～20%

40. 机械设备可能造成碰撞、夹击、剪切、（　　）等多种伤害。
   （A）卷入 　　　（B）灼伤 　　　（C）触电 　　　（D）起重伤害

41. 起重机械事故重物失落事故主要有4种类型，以下不是重物失落事故的是（　　）。
   （A）脱绳事故 　（B）脱钩事故 　（C）断绳事故 　（D）失落事故

42. 压力容器爆炸分为物理爆炸现象和（　　）。
   （A）机械爆炸现象 　　　　　　（B）自爆炸现象
   （C）反应堆现象 　　　　　　　（D）化学爆炸现象

43. 下列不属于起重机械操作"十不吊"原则的是（　　）。
   （A）指挥信号不明或乱指挥不吊 　　（B）物体质量不清或超负荷不吊
   （C）地埋物体可以起吊 　　　　　　（D）重物上站人或有浮置物不吊

44. 机床上常见的传动机构有齿轮啮合机构、皮带传动机构和（　　）等。这些机构高速旋转着，人体某一部位有可能被带进去而造成伤害事故，因而有必要把传动机构危险部位加以防护。
   （A）操作平台 　（B）使用手柄 　（C）电气线路 　（D）联轴器

45. 进入受限空间作业应针对作业内容进行工作前安全分析，开展危害因素辨识，作业前必须办理（　　）。
   （A）受限空间作业许可证 　　　（B）预约申请
   （C）动火作业许可证 　　　　　（D）高处作业

46. 梯台主要分为（　　）及平台、通道。

（A）竹梯　　　　　（B）工业梯　　　　　（C）木梯　　　　　（D）斜梯

47. 工业梯主要指工业生产、活动区域中（　　）在各种设备、设施、建筑物、构筑物上的各种直梯、斜梯、旋转梯以及所配套使用的护栏等基础设施。

（A）固定　　　　　（B）悬挂　　　　　（C）倚靠　　　　　（D）存放

48. 固定性钢直梯是永久性安装在建筑物或设备上，与水平面呈（　　）倾角，主要构件为钢材制造的直梯。

（A）$45°\sim60°$　　（B）$15°\sim30°$　　（C）$35°\sim50°$　　（D）$75°\sim90°$

49. 固定性钢斜梯是永久性安装在建筑物或设备上，与水平面成（　　）倾角的踏板钢梯。

（A）$45°\sim60°$　　（B）$15°\sim30°$　　（C）$30°\sim75°$　　（D）$75°\sim90°$

50. 固定式工业防护栏杆是指（　　）安装在梯子、平台、通道、升降口及其他敞开边缘防止人员坠落的框架结构。

（A）永久性　　　　（B）临时性　　　　（C）半永久性　　　　（D）悬挂

51. 应急器材需要（　　）点检。

（A）定期　　　　　（B）不定期　　　　　（C）随时　　　　　（D）每周

52. 一般规定，气瓶储气压力不低于额定工作压力的（　　）时，才能佩戴空气呼吸器进入火灾或事故现场。

（A）80%　　　　　（B）50%　　　　　（C）40%　　　　　（D）90%

53. 检测仪器包括（　　）检测仪器、质量检测仪器及分析仪器等。

（A）无损　　　　　（B）安全　　　　　（C）硬度　　　　　（D）韧性

54. 检测仪器的传动部位及外露的旋转部位未设置防护罩易造成（　　）。

（A）机械伤害　　　（B）中毒窒息　　　（C）火灾爆炸　　　（D）触电

55. 消防器材是指用于（　　）、防火以及火灾事故的器材。

（A）控制火情　　　（B）救火　　　　　（C）灭火　　　　　（D）发现火情

56. 灭火器按驱动的压力形式可分为储气式灭火器、（　　）灭火器和化学反应式灭火器。

（A）按压式　　　　（B）储压式　　　　（C）开关式　　　　（D）拨片式

57. 橡胶绝缘靴试验周期为（　　）。

（A）一年检测一次　　　　　　　　　　（B）不定期检测

（C）每季度一次检测　　　　　　　　　（D）半年一次检测

58. 防雷接地装置的作用是把雷电流尽快散放到大地而不会产生危险的过电压，因此对接地装置的要求是（　　）。

①足够小的接地电阻　　　　　　　　②合理的布局和尺寸

③良好的散流能力　　　　　　　　　④形成环形接地网

（A）①④　　　　　（B）②③　　　　　（C）①②　　　　　（D）②④

59. 接地系统是将（　　）连在一起的整个系统。

①接地体　　　　　　　　　　　　　②等电位连接网络

③接地线　　　　　　　　　　　　　④接地装置

（A）①②　　　　　（B）③④　　　　　（C）①③　　　　　（D）②④

60. 在潮湿的场所或金属构架上使用Ⅰ类工具，必须装设额定漏电动作电流不大于（　　）的漏电保护器。

(A) 30mA　　　　(B) 20mA　　　　(C) 50mA　　　　(D) 10mA

61. 高低配电柜是电力供电系统中用于进行电能（　　）的配电设备。

① 分配　　　　② 控制　　　　③ 计量　　　　④ 连接线缆

(A) ①②④　　　　(B) ②③④　　　　(C) ①②③　　　　(D) ①②④④

62. 电源线必须用护套软线，长度不得超过（　　），无接头及破损。

(A) 5m　　　　(B) 7m　　　　(C) 6m　　　　(D) 4m

63. 安全带不用时应（　　）。

(A) 随意放置即可　　　　　　　　(B) 与其他工具一起存放

(C) 必须整齐存放　　　　　　　　(D) 以上都对

64. Ⅰ类工具带电零件与外壳之间最小绝缘电阻为（　　）。

(A) 1MΩ　　　　(B) 3MΩ　　　　(C) 7MΩ　　　　(D) 2MΩ

65. 手持电动工具至少（　　）进行一次绝缘电阻的测量，以保证操作者的人身安全。

(A) 三个月　　　　(B) 一年　　　　(C) 两年　　　　(D) 半年

66. 防雷装置的引下线应满足机械强度、耐腐蚀和热稳定的要求，引下线截面锈蚀（　　）以上也应予以更换。

(A) 20%　　　　(B) 30%　　　　(C) 50%　　　　(D) 60%

67. 当单独使用（　　）以上长绳时，应考虑补充措施，如在绳上加缓冲器、自锁钩或速差式自控器等。

(A) 3m　　　　(B) 2m　　　　(C) 4m　　　　(D) 5m

68. 操作人员在锅炉、金属容器、管道内等狭窄场所作业时应使用（　　）的手持电动工具。

(A) Ⅰ类　　　　(B) Ⅱ类　　　　(C) Ⅱ类或Ⅲ类　　　　(D) Ⅲ类

69. 汽油蒸气比空气（　　），能在较低处扩散到相当远的地方，遇明火会引着回燃。

(A) 重　　　　(B) 轻　　　　(C) 略轻　　　　(D) 略重

70. 危险化学品按照危险货物分类具有的危险性分为（　　）类别。

(A) 8个　　　　(B) 28个　　　　(C) 10个　　　　(D) 9个

71. 安全标签要素不包括（　　）。

(A) 化学品标志　　　　　　　　(B) 简单说明

(C) 危险性说明　　　　　　　　(D) 应急咨询电话

72. 危险化学品出库应按（　　）出库。

(A) 生产日期或批号　　　　　　(B) 生产日期

(C) 批号　　　　　　　　　　　(D) 型号

73. 易燃，具有刺激性，其蒸气能与空气形成爆炸性混合物，遇明火、高温能引起燃烧爆炸，与氧化剂接触发生化学反应或引起燃烧的是（　　）。

(A) 二甲苯　　　　(B) 柴油　　　　(C) 甲醇　　　　(D) 磷酸

74. 装卸腐蚀性物品的员工应穿工作服、戴（　　）、胶手套、胶皮围裙等防护用具。

(A) 护目镜　　　　(B) 眼镜　　　　(C) 手套　　　　(D) 头盔

75. 使用有毒物品作业场所，除应当符合《中华人民共和国职业病防治法》规定的职业卫生要求外，还必须符合的要求是（   ）。
    （A）作业场所与生活场所分开，作业场所不得住人
    （B）有害作业与无害作业分开，高毒作业场所与其他作业场所隔离
    （C）设置有效的通风装置；可能突然泄漏大量有毒物品或者易造成急性中毒的作业场所，设置自动报警装置和事故通风设施；高毒作业场所设置应急撤离通道和必要的泄险区
    （D）以上所有

76. 甲醇适用的灭火剂有（   ）。
    （A）干粉   （B）砂土   （C）二氧化碳   （D）以上所有

77. 汽油着火时不能用（   ）扑灭。
    （A）干粉   （B）水   （C）二氧化碳   （D）泡沫

78. 废弃化学品处理所采用的方法包括物理技术、（   ）及其混合技术。
    （A）化学技术、信息技术   （B）化学技术、生物技术
    （C）信息技术、生物技术   （D）信息技术、化学技术

79. 任何单位和个人不得生产、经营、使用国家禁止生产、经营、使用的（   ）。
    （A）危险品   （B）保健品   （C）危险化学品   （D）化学制剂

80. 危险化学品事故一般包括火灾、爆炸、（   ）、灼伤等类型。
    （A）泄漏   （B）中毒   （C）窒息   （D）以上所有

81. 根据危险化学品的危险特性，危险化学品存在的主要危险是（   ）。
    （A）火灾、爆炸、中毒、窒息及污染环境
    （B）火灾、爆炸、中毒、腐蚀及污染环境
    （C）火灾、爆炸、感染、窒息及污染环境
    （D）火灾、爆炸、中毒、感染及污染环境

82. 以下选项中不属于危险化学品的是（   ）。
    （A）汽油、易燃液体   （B）放射性物品
    （C）氧化剂、有机过氧化物   （D）氧化钠

83. 以下有关废弃物处理的描述错误的是（   ）。
    （A）储存性质不相容且未经安全性处置的危险废弃物不能混合收集
    （B）危险废物的容器和包装物以及收集、储存、运输、处置危险废物的设施、场所，应当设置危险废物标志
    （C）事故抢险作业中产生的油泥，可直接就地掩埋
    （D）各类废弃物应分类收集，集中处理，不应擅自倾倒、堆放、丢弃或遗撒

84. 以下选项中不属于有毒气体的是（   ）。
    （A）一氧化碳   （B）氨气   （C）氮气   （D）二氧化硫

85. 我国法定职业病共 10 类（   ）。
    （A）123 种   （B）132 种   （C）134 种   （D）124 种

86. 下列选项中不属于物理因素类职业危害因素的是（   ）。
    （A）振动   （B）噪声   （C）高温   （D）电磁辐射

87. 以下选项中不属于化学因素类职业危害因素的是（　　　）。

（A）一氧化碳　　　　（B）氮氧化物　　　　（C）二氧化碳　　　　（D）苯系物

88. 噪声强度大小是影响听力损伤程度的主要因素，长期接触（　　　）以上噪声的人员，听力损失程度均随声级增加而增加。

（A）80dB　　　　（B）85dB　　　　（C）90dB　　　　（D）100dB

89. 以下选项中不属于职业性振动危害预防措施的是（　　　）。

（A）改革工艺、设备、工具，以达到减震的目的

（B）在地板及设备地基采取隔振措施

（C）加强个人防护，穿戴隔热工作服、工作帽

（D）建立合理劳动制度，坚持工间休息及定期轮换工作制度

90. 以下职业性二氧化硫中毒的应急处置措施描述错误的是（　　　）。

（A）抢救人员穿戴防护用具，迅速将患者移至通风处

（B）注意保暖、安静、观察病情变化

（C）抢救时，若不好移动中毒人员，可强拉硬拖和弯曲身体

（D）中毒者若停止呼吸，要立即进行人工呼吸，并及时送医

91. 下列选项中不属于焊工使用的个人防护用品的是（　　　）。

（A）镶有特制护目镜片的面罩　　　　（B）防护手套

（C）焊工防护鞋　　　　（D）耳罩

92. 劳动者上岗前应进行职业健康岗前体检。在岗期间，应（　　　）一次进行职业健康体检。

（A）每年　　　　（B）每两年　　　　（C）每三年　　　　（D）每季度

93. 下列选项中不属于生产性粉尘导致的职业病的是（　　　）。

（A）尘肺病　　　　（B）呼吸系统肿瘤　　　　（C）噪声聋　　　　（D）全身性中毒

94. 以下选项中错误的是（　　　）。

（A）长期吸入高浓度的电焊粉尘，会导致焊工尘肺

（B）电焊时如不注意眼部防护，会导致电光性眼炎

（C）喷漆时会导致苯、甲苯、二甲苯中毒

（D）接触粉尘的人员在作业时应佩戴防护用品，如防尘口罩、医用口罩等

95. 以下职业性危害因素可导致的职业病描述错误的是（　　　）。

（A）生产性粉尘可导致尘肺病

（B）电磁辐射可导致职业性放射性疾病

（C）氮氧化物可导致白血病

（D）噪声可导致职业性噪声聋

96. 以下对噪声的预防措施的描述错误的是（　　　）。

（A）消除和减弱噪声源，从改革工艺入手，尽可能以无声代替有声、以低声代替高声

（B）控制噪声的传播，合理布局，采用消声吸音设施

（C）建立隔声休息室，实行工间休息制度，缩短员工接触噪声时间

（D）加强个人防护，佩戴防尘口罩、面罩等

97. 以下选项中错误的是（　　）。

(A) 噪声对听觉系统的影响主要表现：听觉敏感度下降、听力阈值升高、语言接受和信号辨别力变差，严重时可造成耳聋

(B) 确诊尘肺病的职业病人，脱离粉尘接触后一段时间可自行好转

(C) 射频辐射主要对神经系统、心血管系统、免疫系统、眼睛和生殖系统有影响

(D) 中暑的应急处置：迅速将中暑人员移至阴凉、通风处，同时垫高头部、解开衣裤，用湿毛巾或冰袋敷头部、腋窝、大腿根部等处。若能饮水，可给大量饮水；呼吸困难时，可进行人工呼吸，并及时送医

98. 以下选项中错误的是（　　）。

(A) 从事接触职业性危害因素的岗位人员就业前应进行普通的身体检查

(B) 电焊弧光可导致的职业病有电光性眼炎、白内障

(C) 从事接触噪声岗位的员工，应加强个人防护，及时佩戴耳塞、耳罩、头盔等防护用品

(D) 氨气无色、有强烈刺激性气味，在机械加工行业常用作冷冻剂

99. 应急预案是针对可能发生的重大事故及其影响、后果的严重程度，为应急准备和应急响应的各个方面所预先做出的详细安排，是开展及时、有序和有效的事故应急救援工作的（　　）。

(A) 指导方针　　　(B) 行动指南　　　(C) 决策依据　　　(D) 行动计划

100. 以下不属于应急预案体系内容的是（　　）。

(A) 综合应急预案　　　　　　　(B) 专项应急预案

(C) 现场处置方案　　　　　　　(D) 整体应急预案

101. 针对工作场所、岗位的特点，编制简明、实用、有效的应急处置卡，以下不属于应急处置卡内容的是（　　）。

(A) 规定的重点岗位　　　　　　(B) 预案组织机构

(C) 应急处置程序和措施　　　　(D) 联系人员和方式

102. 事件及事态的描述是指简述现场可能发生的事件，分析事态发展、判断事故的（　　）。

(A) 可能后果及潜在危害　　　　(B) 应急信息保障

(C) 事故发展趋势　　　　　　　(D) 响应级别

103. 现场有害气体泄漏的应急处置中，佩戴正压式空气呼吸器进入现场，吸气报警的压力范围是（　　）。

(A) 3~5MPa　　　(B) 4~6MPa　　　(C) 2~3MPa　　　(D) 4~5MPa

104. 以下现场发现人员触电时的应急处置程序中错误的是（　　）。

(A) 大声呼救　　　(B) 切断电源　　　(C) 马上撤离　　　(D) 报警

105. 岗位员工发现突发性紧急情况救护现场伤员，首先要（　　）。

(A) 确定伤员情况　　　　　　　(B) 保证自身安全

(C) 选择救护措施　　　　　　　(D) 立即进入现场

106. 易燃易爆场所不能穿（　　）。

(A) 纯棉工作服　　　　　　　　(B) 化纤工作服

(C) 防静电工作服　　　　　　　(D) 劳保鞋

107. 应急演练实施的基本要求是（　　　）。
　　（A）情景真实　　　（B）过程控制　　　（C）观摩指南　　　（D）收集资料

108. 烫伤和烧伤时，最重要的是立即进行（　　）处理。
　　（A）冷却　　　　　（B）消毒　　　　　（C）包扎　　　　　（D）冲洗

109. 发现室内天然气泄漏后应采取的应急措施第一步是（　　　）。
　　（A）动作迅速打开门窗通风　　　　　（B）打开排风扇通风
　　（C）切断电源　　　　　　　　　　　（D）快速撤离

110. 综合应急预案的预防和预警包括危险源监控、预警行动和（　　　）。
　　（A）信息上报　　　　　　　　　　　（B）信息传递
　　（C）信息报告与处置　　　　　　　　（D）信息升级

111. 以下属于应急演练的文件归档与备案内容的是（　　　）。
　　（A）演练方案　　　　　　　　　　　（B）考核与奖惩
　　（C）演练人员组成　　　　　　　　　（D）演练成果运用

112. 对于应急演练频次的要求，基层单位现场处置方案演练每年至少开展（　　　）。
　　（A）一次　　　　　（B）二次　　　　　（C）三次　　　　　（D）四次

113. 岗位员工发现电气设备火灾时应第一时间（　　　）。
　　（A）切断电源　　　　　　　　　　　（B）使用现场灭火器灭火
　　（C）撤离现场　　　　　　　　　　　（D）报警

114. 消防设施是指（　　　）内的火灾自动报警系统、室内消火栓、室外消火栓等固定设施。
　　（A）厂房　　　　　（B）办公室　　　　　（C）建筑物　　　　　（D）监控室

二、判断题（对的画√，错的画×）

1.（　　）安全帽是指对人体头部受坠落物及其他特定因素引起的伤害起防护作用的防护用品，一般由帽带、帽衬、下颏附件组成。

2.（　　）使用电钻或手持电动工具时必须戴绝缘手套，可以不穿绝缘鞋。

3.（　　）身上沾上油污，应用有机溶剂清洗。

4.（　　）常用的防噪声用品有防噪声耳塞、耳罩和防噪声服。

5.（　　）使用劳动防护用品的单位应当为劳动者免费提供符合国家规定的劳动防护用品，不得以货币或其他物品代替劳动防护用品。

6.（　　）同一种粉尘，在空气中的浓度越高，吸入量越大，则尘肺病的发病率就低。

7.（　　）对于在易燃、易爆、易灼烧及有静电发生的场所作业的工人，可以发放和使用化纤防护用品。

8.（　　）气瓶在使用前，应该放在绝缘性物体（如橡胶、塑料、木板）上。

9.（　　）受过一次强冲击的安全帽应及时报废，视情况能继续使用。

10.（　　）躯体防护用品通常称为防护服，如一般防护服、防水服、防寒服、防油服、防辐射服、隔热服、防酸碱服等。

11.（　　）足部防护用品是防止生产过程中有害物质和能量损伤劳动者足部的护具，主要指足部防护鞋（靴）。

12. (　　) 耳塞按使用材料分为纤维耳塞、塑料耳塞、泡沫塑料耳塞和硅胶耳塞。企业常用的是纤维耳塞。

13. (　　) 眼面部防护用品可以用近视镜当作防护眼镜使用。

14. (　　) 在有毒有害气体（如硫化氢、一氧化碳等）大量溢出的现场，以及氧气含量较低的作业现场，都应使用面具。

15. (　　) 能使安全色更加醒目的颜色，称为对比色或反衬色，包括黑、白、红三种颜色。

16. (　　) 安全标志是由安全色、几何图形和图形符号或文字构成的，用以表达特定的安全信息的标志。

17. (　　) 禁止标志的几何图形是带斜杠的圆环，图形背景为白色，圆环和斜杠为红色，图形符号为黑色。

18. (　　) 指令标志是强制人们必须做出某种动作或采用防范措施的图形标志。

19. (　　) 当安全标志被置于墙壁或其他现存的结构上时，背景色可以与标志上的主色一致。

20. (　　) 安全标志应设置在与安全有关的明显地方，并保证人们有足够的时间注意其所表示的内容。

21. (　　) 通常标志应安装于观察者水平视线稍低一点的位置，但有些情况置于其他水平位置则是适当的。

22. (　　) 已安装好的标志不应被任意移动，除非位置的变化有益于标志的警示作用。

23. (　　) 起重机械重物失落事故是指起重作业中，吊载、吊具等重物从空中坠落所造成的人身伤亡和设备毁坏的事故，简称失落事故。

24. (　　) 皮带传动的安全防护要求中，一般传动机构离地面2.5m以下应设防护罩。

25. (　　) 对于叉车等起升高度超过1.8m的工业车辆，必须设置护顶架。

26. (　　) 进入受限空间作业是指作业人员进入或探入可能存在中毒、窒息、爆炸、淹埋、辐射将等伤害的受限空间内从事施工或者维修、排障、保养、清理等的作业。

27. (　　) 齿轮传动机构应安装部分封闭型的防护装置。

28. (　　) 挤伤事故是指在起重作业中，作业人员被挤压在两个物体之间，造成挤伤、压伤、击伤等人身伤亡事故。

29. (　　) 工业梯主要指工业生产、活动区域中固定在各种设备、设施、建筑物、构筑物上的各种直梯、斜梯、旋转梯以及所配套使用的护栏等基础设施。

30. (　　) 固定式钢直梯与水平面呈75°~90°倾角。

31. (　　) 应急器材指为应对突发公共事件整个过程中所必需的器材保障。

32. (　　) 正压式呼吸器可作为潜水呼吸器使用。

33. (　　) 正压式呼吸器警报哨发出报警声响的压力应在5~6MPa。

34. (　　) 检测仪器包括无损检测仪器、质量检测仪器及分析仪器等。

35. (　　) 干粉灭火器是利用二氧化碳或氮气作动力，将泡沫从喷嘴内喷出，形成一股雾状粉流，射向燃烧物质灭火。

36. （　　） 二氧化碳灭火器适用于扑灭油类、易燃液体、可燃气体、电气设备、文物资料的初起火灾。

37. （　　） 防雷装置引下线截面锈蚀 50% 以上予以更换。

38. （　　） 高压配电柜经变压器降压后可直接将电送到各个用电的设备。

39. （　　） 电气安全用具是用来防止电气工作人员在工作中发生触电、电弧灼伤、高空坠落等事故的重要工具。

40. （　　） 一般防护安全用具有携带型接地线、临时遮栏、标志牌、警告牌、安全带、防护目镜。

41. （　　） 避雷针应装设在被保护设施的引入端，串联在被保护设备或设施上。

42. （　　） 避雷针引下线在固定的情况下，可采用手摇晃避雷针、避雷带的方法查看是否在连接处有脱焊脱落的现象。

43. （　　） 使用 I 类工具时，必须采用漏电保护电器、安全隔离变压器等保护措施。

44. （　　） 固定场所或金属构架上使用 I 类工具，必须装设额定漏电动作电流不大于 15mA、动作时间不大于 0.1s 的漏电保护电器。

45. （　　） 剧毒化学品储存应设置危险等级和注意事项的标志牌，专库保管，实行双人、双锁、双账、双领用管理，并报当地公安部门和负责危险化学品安全监督管理机构备案。

46. （　　） 天然气的密度比空气小，泄漏后不容易积聚在低洼处，因而扩散性强。

47. （　　） 甲醇为无色澄清液体，有刺激性气味，不溶于水，可混溶于醇、醚等多数有机溶剂。

48. （　　） 危险化学品对人体会造成的伤害有中毒、窒息、冻伤、化学灼伤、烧伤等。急性中毒后现场抢救不及时或处置不恰当都会引起死亡。

49. （　　） 腐蚀性物品可以与液化气体和其他物品共存。

50. （　　） 储存危险化学品的单位应当对其危险化学品专用仓库的安全设施、设备定期进行检测、检验。

51. （　　） 盐酸、硫酸、磷酸属于氧化性物质和有机过氧化物。

52. （　　） 甲烷属于有毒气体。

53. （　　） 重大危险源根据其危险程度，分为一级、二级、三级和四级，其中四级为最高级别。

54. （　　） 在工作现场禁止吸烟但可进食和饮水。

55. （　　） 氨气是无色无味的有毒气体。

56. （　　） 佩戴防尘护具是预防尘肺病最根本的措施。

57. （　　） 生产性粉尘的职业危害主要为肺部疾病，对身体其他器官无影响。

58. （　　） 电离辐射可引起放射病，它是机体的全身性反应，几乎所有器官、系统均可发生病理改变。

59. （　　） 电焊弧光属于化学因素类职业危害因素。

60. （　　） 患有心血管系统器质性疾病、高血压、甲亢、肝肾疾病等职业禁忌证人员，不得从事高温作业。

61. （　　）撤离泄漏污染区人员时，应迅速将中毒人员移至下风处。

62. （　　）空气中苯浓度超标时，应佩戴防毒面具。紧急事态抢险救援时，应该穿防化服、佩戴空气呼吸器。

63. （　　）90dB 以下的噪声一般不会引起身体器质性的变化。

64. （　　）接尘工人脱离粉尘作业后还可能会患尘肺病。

65. （　　）应急预案的编制应当遵循以人为本、依法依规、符合实际、注重实效的原则，以应急处置为核心，明确应急职责、规范应急程序、细化保障措施。

66. （　　）现场处置方案是指根据不同的突发事件类型，针对具体场所、装置或者设施制定的应急处置措施。对危险性较大的场所、装置或者设施，应当编制专项应急预案。

67. （　　）突发紧急状况下，在发现直接危及人身安全的紧急情况时，生产现场带班人员或班组长有直接处置权，但没有指挥权。

68. （　　）应急演练按组织形式划分，可分为桌面演练和实战演练。

69. （　　）事故风险辨识、评估是指针对不同事故种类及特点，识别存在的危害因素，分析事故可能产生的直接后果以及次生、衍生后果，评估各种后果的危害程度和影响范围，提出防范和控制事故风险措施的过程。

70. （　　）应急预案体系主要由综合应急预案、专项应急预案和现场处置方（预）案构成。

71. （　　）事故风险单一、危险性小的生产经营单位，可以只编制现场处置方（预）案。

72. （　　）心肺复苏法应首先检查呼吸，没有呼吸时立即施行胸外心脏按压。

73. （　　）火灾使人致命的最主要原因是混乱过程中发生人员践踏。

74. （　　）岗位发生生产安全事故时，当班员工能够有效控制处理可以不汇报。

第四章　装备制造操作安全知识

一、单选题（每4个选项，只有1个是正确的，将正确的选项号填入括号内）

1. 电加热炉炉门应设置（　　），并确保进出炉时自动切断电加热系统。
   （A）限位装置　　　　　　　　　　　　（B）定位装置
   （C）自动提升装置　　　　　　　　　　（D）控制按钮

2. 电炉变压器应只能从（　　）合闸。
   （A）变压器室　　　（B）主控制屏　　　（C）控制电脑　　　（D）以上均可

3. 盛装熔融金属时，液面与浇注包沿应留有一定的高度，高度不应小于浇包深度的 1/8，且不应小于（　　）。
   （A）60mm　　　　　（B）90mm　　　　　（C）120mm　　　　（D）150mm

4. 吊运钢水用冶金起重机每套驱动装置应设置（　　）独立的制动器。
   （A）1套　　　　　　（B）2套　　　　　　（C）3套　　　　　　（D）4套

5. 砂轮防护罩最大开口不准超过（　　　）。

　　（A）90°　　　　　　（B）120°　　　　　　（C）150°　　　　　　（D）180°

6. 落砂机四周护板的高度应能（　　　）浇冒口或砂散落。

　　（A）便于　　　　　　（B）防止　　　　　　（C）加速　　　　　　（D）确保

7. 进入炼钢炉内修炉时，炉内温度应降至（　　　）以下，清除渣瘤时应从下往上打，禁止较大震动。

　　（A）40℃　　　　　　（B）50℃　　　　　　（C）60℃　　　　　　（D）70℃

8. 3t 及其以下的锻锤楔铁伸出长度不得超过锤头或锻模前边缘（　　　）。

　　（A）20mm　　　　　（B）30mm　　　　　（C）50mm　　　　　（D）60mm

9. 空气锤开锤前应空转，冬季不少于（　　　），夏季不少于（　　　）。

　　（A）10min，5min　（B）5min，3min　（C）10min，3min　（D）10min，2min

10. 燃气加热炉点火前应先将炉门全部敞开，将炉炉膛内吹扫（　　　）以上。

　　（A）2min　　　　　（B）3min　　　　　（C）4min　　　　　（D）5min

11. 氧气瓶应与火源保持（　　　）以上的距离，并应避免暴晒。

　　（A）5m　　　　　　（B）10m　　　　　　（C）7m　　　　　　（D）2m

12. 进入受限空间作业前应先通风监测，当可燃或有毒有害气体降至允许限值内，且确保空气含氧量大于（　　　）时方可进入作业现场。

　　（A）16.5%　　　　（B）17.5%　　　　（C）18.5%　　　　（D）19.5%

13. 在锻锤上下料时，首锤应（　　　），锻击不得过猛，坯料两端不得站人。

　　（A）轻击　　　　　　（B）重击　　　　　　（C）连续击打　　　　　（D）间断击打

14. 燃气加热炉点火时，操作人员应（　　　）炉门，以免喷火灼伤。

　　（A）靠近　　　　　　（B）关闭　　　　　　（C）避开　　　　　　（D）以上都不对

15. 锻造用夹钳一般用（　　　）制造。

　　（A）高碳钢　　　　　（B）工具钢　　　　　（C）低碳钢　　　　　（D）合金钢

16. 电阻炉加热炉内应至少有（　　　）热电偶用于超温保护。

　　（A）1支　　　　　　（B）2支　　　　　　（C）3支　　　　　　（D）4支

17. 当氧气瓶瓶口结冻时可用（　　　）解冻，严禁用火烤，不应用有油污的手套开启氧气瓶。

　　（A）火烤　　　　　　（B）电加热器　　　　（C）热水　　　　　　（D）以上均可

18. 高温状态下使用的热处理工装一般应选用（　　　）制造。

　　（A）高碳钢　　　　　（B）工具钢　　　　　（C）合金钢　　　　　（D）耐热钢

19. 往炉内通入可燃生产原料时，排气管或各炉门口的引火嘴应（　　　）燃烧。

　　（A）停止　　　　　　（B）正常　　　　　　（C）开始点火　　　　　（D）部分

20. 当超声清洗设备的噪声超过（　　　）时应采取降低噪声的措施。

　　（A）50dB　　　　　（B）60dB　　　　　（C）70dB　　　　　（D）80dB

21. 以下不属于切割下料工序中伤害类型的是（　　　）。

　　（A）灼烫　　　　　　（B）起重伤害　　　　（C）高处坠落　　　　　（D）其他伤害

22. 下列不属于吊索具的是（　　　）。

　　（A）吊钩　　　　　　（B）吊钳　　　　　　（C）钢丝绳　　　　　（D）吸盘

23. 检查天然气管道，下列说法不正确的是（   ）。
 （A）定期巡检　　　　　　　　　　（B）做好记录
 （C）使用专用设备　　　　　　　　（D）观察和触摸

24. 下列劳动防护用品中，属于避免操作设备时触电的是（   ）。
 （A）穿着防静电服　　　　　　　　（B）戴手套操作
 （C）穿绝缘鞋　　　　　　　　　　（D）戴防护眼镜

25. 下列不属于天然气危险特性的是（   ）。
 （A）易燃　　　　（B）有毒　　　　（C）易爆　　　　（D）窒息

26. 开关阀门时要侧身，不能速度过快，否则容易造成（   ）。
 （A）设备损坏、物体打击　　　　　（B）滑脱伤害、物体打击
 （C）人身伤害、环境污染　　　　　（D）物体打击、环境污染

27. 下列不属于起重伤害事故的是（   ）。
 （A）起重机的线路老化，造成着火事故
 （B）员工在起重机操作室外不慎坠落事故
 （C）起重机在起吊过程中吊物坠落造成的伤害事故
 （D）起重机超重吊装造成设备损坏事故

28. 下列不属于天然气使用过程中的安全附件的是（   ）。
 （A）压力表　　　　　　　　　　　（B）可燃气体探测器
 （C）安全阀　　　　　　　　　　　（D）放散管

29. 在天然气管道禁火区发现明火，首先应该（   ）。
 （A）快速查明明火出现原因，必要时及时消除明火
 （B）告知周边人员撤离
 （C）向属地人员报告
 （D）关闭最近处的管道阀门

30. 数控切割时，不能有效控制着火风险的是（   ）。
 （A）作业前清理设备本体和设备周边，确保无可燃杂物
 （B）切割作业时，密切关注火焰，及时消除不安全火灾隐患
 （C）快速清理切割废料至废料箱
 （D）定期清理切割平台下方杂物和氧化渣

31. 下列做法可较长时间保持吊索具的安全性能的是（   ）。
 （A）定期报废吊索具　　　　　　　（B）对吊索具定置摆放
 （C）定期检查和保养吊索具　　　　（D）对员工培训吊索具使用规范

32. 组合焊接工序的主要风险不包括（   ）。
 （A）物体打击　　（B）窒息　　　　（C）着火爆炸　　（D）淹溺

33. 气体的检查不包括（   ）。
 （A）瓶身的颜色　　　　　　　　　（B）瓶体的材质
 （C）瓶体的编号　　　　　　　　　（D）瓶体的附件（阀门、胶圈等）

34. 瓶装气体不能用尽，其余压至少要在（   ）以上。
 （A）0.1MPa　　（B）0.03MPa　　（C）0.05MPa　　（D）0.01MPa

35. 组合焊接工序的环境污染不包括（　　）。
　　（A）强光污染　　　　　　　　　　（B）大气污染
　　（C）噪声污染　　　　　　　　　　（D）土壤污染

36. 在（　　）的情况下，不可进行机器的维修工作。
　　（A）没有安全员在场　　　　　　　（B）机器开动中
　　（C）没有操作手册　　　　　　　　（D）没有说明书

37. 依据《安全生产法》的规定，生产经营单位的从业人员有权了解其作业场所和工作岗位存在的危险因素、防范措施及（　　）。
　　（A）劳动用工情况　　　　　　　　（B）安全技术措施
　　（C）事故应急措施　　　　　　　　（D）以上都是

38. 机床上安装安全防护装置的目的是防止（　　）。
　　（A）工件丢失　　　　　　　　　　（B）工人身体或手部受到伤害
　　（C）物件进入机器里面　　　　　　（D）美观

39. 用机床加工工件时，刀具飞出伤人的事故，属于（　　）事故类别。
　　（A）物体打击　　　　　　　　　　（B）机械伤害
　　（C）车辆伤害　　　　　　　　　　（D）高空坠物

40. 高处作业时，工具应（　　）。
　　（A）随手放置　　　　　　　　　　（B）上下抛掷
　　（C）放入工具袋　　　　　　　　　（D）以上都是

41. 机械设备操作前要进行检查，首先进行（　　）运转。
　　（A）实验　　　　（B）空车　　　　（C）实际　　　　（D）手动

42. 操作砂轮时，下列选项不安全的是（　　）。
　　（A）操作者站在砂轮的正面操作　　（B）使用前检查砂轮有无破裂和损伤
　　（C）用力均匀磨削　　　　　　　　（D）以上都是

43. 操作机械时，护罩处于关闭位置，而护罩一旦处于放开位置，就会使机械停止运作，指的是（　　）的运作方式。
　　（A）固定式护罩　　　　　　　　　（B）互锁式护罩
　　（C）触摸式护罩　　　　　　　　　（D）以上都是

44. 机器滚动轴卷有大量棉纱时应（　　）。
　　（A）不需理会　　　　　　　　　　（B）关闭机器后清洗
　　（C）不需停机，用铁钩清理　　　　（D）待擦洗机器时再清洗

45. 下列选项操作不正确的是（　　）。
　　（A）戴褐色眼镜从事电焊　　　　　（B）操作机床时，戴防护手套
　　（C）借助推木操作剪切机械　　　　（D）以上都不正确

46. 机床结束后，应最先做的安全工作是（　　）。
　　（A）清理机床　　　　　　　　　　（B）关闭机床电气系统和切断电源
　　（C）润滑机床　　　　　　　　　　（D）交接班

47. 当操作打磨工具时，必须使用的个人防护用具是（　　）。
　　（A）围裙　　　　（B）防潮服　　　（C）护眼罩　　　（D）耳塞

48. 生产中遇到特别严重险情，职工可以（　　）。
    （A）停止作业
    （B）停止作业，采用紧急防范措施，并撤离危险岗位
    （C）坚守工作岗位
    （D）停止作业，但坚守工作岗位

49. 抢救触电者，不可直接用（　　）或其他金属及潮湿的物体作为工具使触电者脱离电源。
    （A）手　　　　　（B）木棒　　　　　（C）塑料棒　　　　　（D）以上都不可

50. 按照国家标准规定，凡是在坠落高度基准面（　　）以上，有可能坠落的高处进行的作业均可称为高处作业。
    （A）3m　　　　　（B）1.5m　　　　　（C）2m　　　　　（D）2.5m

51. 钢丝绳索具的编接长度不得小于钢丝绳直径的（　　），并不得小于（　　）。
    （A）20倍；200mm　　　　　　　　（B）20倍；300mm
    （C）25倍；300mm　　　　　　　　（D）15倍；300mm

52. 吊挂时，掉挂绳之间的夹角应小于（　　），以避免挂绳受力过大。
    （A）105°　　　　　（B）110°　　　　　（C）115°　　　　　（D）120°

53. 麻（尼龙）绳磨损不得超过原直径的（　　），发生（　　）的麻绳不得再使用。
    （A）25%；断股　　（B）30%；断股　　（C）30%；断丝　　（D）35%；断股

54. 起重作业"三不伤害"指的是不伤害自己、不伤害他人和（　　）。
    （A）不伤害机器　　　　　　　　（B）不被别人伤害
    （C）不伤害设备　　　　　　　　（D）不伤害环境

55. 安装底座时，应先把（　　）划出来，找好安放底座的位置。
    （A）底座对角线　　（B）井口中心线　　（C）底座边线　　（D）井场边界

56. 校正设备应（　　），校正应按规定顺序进行。
    （A）先找平，后找正　　　　　　（B）先固定，后找平
    （C）先找正，后找平　　　　　　（D）保养

57. 吊装过程中，下列情况不属于违章的是（　　）。
    （A）绳套挂好后，无人负责注意观察
    （B）起吊重物，自由下落
    （C）伸长吊杆，拖拉重物
    （D）严禁人在重物下或受力绳索附近通过或停留

58. 有毒有害气体一般分为窒息性气体和刺激性气体，下列属于刺激性气体的是（　　）。
    （A）一氧化碳　　（B）乙炔　　（C）氨气　　（D）压缩空气

59. 可燃物质与空气均匀混合形成爆炸性混合物，其浓度达到一定的范围时，遇到明火或一定的引爆能量立即发生爆炸，这个（　　）范围，称为爆炸极限。
    （A）温度　　　　（B）压力　　　　（C）浓度　　　　（D）冷凝

60. 涂料、溶剂或固化剂等如果沾到眼睛时，应立即（　　），情况严重应立即送到医院进行治疗。
    （A）用毛巾擦拭　　（B）用清水冲洗　　（C）闭上眼睛　　（D）用手揉

61. 防毒面具使用完毕后需要放到（　　）里，这样才能保证使用的效果。
　　（A）柜子　　　　　　（B）工具箱　　　　　（C）密封的口袋里　　（D）随意摆放

62. 在易燃易爆区显眼的地方要设有"（　　）"的标志，以预防发生火灾爆炸事故。
　　（A）严禁携带香烟　　　　　　　　　　（B）严禁吸烟和明火
　　（C）严禁逗留　　　　　　　　　　　　（D）严禁说话

63. 安全防护、保险、信号等装置缺乏或有缺陷；设备、设施、工具、附件有缺陷；个人防护用品用具缺少或有缺陷；生产（施工）场地环境不良等，均属于事故发生原因中的（　　）。
　　（A）人的不安全行为　　　　　　　　　（B）物的不安全状态
　　（C）管理缺陷　　　　　　　　　　　　（D）行为缺陷

64. 从安全系统工程学的角度来看，造成机械伤害的原因可以从人、机、（　　）三个方面进行分析。
　　（A）材料　　　　　　（B）工具　　　　　　（C）环境　　　　　　（D）方法

65. 储存易燃易爆物品的场所，要保持（　　）。
　　（A）安静　　　　　　（B）通风　　　　　　（C）密闭　　　　　　（D）潮湿

66. 为预防火灾发生，应在厂房内的适当地方贴挂（　　）。
　　（A）各机械放置图　　　　　　　　　　（B）各主管的联络电话表
　　（C）各防火通道及灭火器材的摆放位置图　（D）当班班长联络电话

67. 操作中发现误拉刀闸时，在电弧未断开时应（　　）。
　　（A）立即断开　　　　（B）立即合上　　　　（C）缓慢断开　　　　（D）停止操作

68. 电气设备操作过程中，如果发现疑问或异常现象，应（　　）。
　　（A）继续操作　　　　　　　　　　　　（B）停止操作，及时汇报
　　（C）汇报后继续操作　　　　　　　　　（D）判明原因，继续操作

69. 工作场所发生火灾时，应（　　）。
　　（A）尽快乘搭电梯离开　　　　　　　　（B）按防火通道标志离开
　　（C）自行离开　　　　　　　　　　　　（D）继续工作

70. 化学品的危险性包括（　　）。
　　（A）导电性　　　　　（B）挥发性　　　　　（C）燃烧性　　　　　（D）以上都是

71. 应急演练的基本任务：检验、评价和（　　）应急能力。
　　（A）保护　　　　　　（B）论证　　　　　　（C）保持　　　　　　（D）校准

72. 任何电气设备在未验明无电之前，一律认为（　　）。
　　（A）有电　　　　　　　　　　　　　　（B）无电
　　（C）可能有电，也可能无电　　　　　　（D）以上都可以

73. 铣边机正常铣削时，操作台上部的三色指示灯绿灯亮，说明单边铣削量（　　）。
　　（A）在设定范围内　　　　　　　　　　（B）超出设定范围
　　（C）将要超出设定范围　　　　　　　　（D）不确定

74. 铣边机基础坑内，铁屑箱放置的位置属于（　　）。
　　（A）易燃易爆场所　　　　　　　　　　（B）狭小空间
　　（C）有限空间　　　　　　　　　　　　（D）有毒有害场所

75. 预弯机的控制泵负责对（   ）输出控制油。
    （A）充液阀
    （B）机架锁紧缸
    （C）比例伺服换向阀
    （D）模具锁紧缸

76. 预弯机液压系统发生高压液压油喷射伤人属于（   ）事故类型。
    （A）机械伤害
    （B）灼伤
    （C）物体飞溅
    （D）物体打击

77. 成型机出管辊道控制钢管正确停止的方法：（   ）。
    （A）出管辊道西侧的光电开关感应到钢管后辊道停止
    （B）钢管离开成型机出口处光电开关后延时特定时间后停止
    （C）接收到来自横移车的出管辊道有料信号后停止
    （D）推管小车回到原位后辊道停止

78. 钢管成型作业过程中不存在的风险是（   ）。
    （A）机械伤害
    （B）高处坠落
    （C）触电
    （D）淹溺

79. 预焊机由主机、推料装置、（   ）、焊接辅助装置、液压系统和电控系统组成。
    （A）夹持车
    （B）输送辊道
    （C）步进小车
    （D）推料器

80. 预焊机焊接时产生的弧光可能对（   ）造成伤害。
    （A）眼睛
    （B）大脑
    （C）皮肤
    （D）手部

81. 内外焊采用的焊接方式是（   ）。
    （A）氩弧焊
    （B）气保焊
    （C）埋弧焊
    （D）电阻焊

82. 焊剂压送罐的作用是（   ）。
    （A）对焊剂进行加热除湿
    （B）储存焊剂并供给焊接机头使用
    （C）对焊剂进行筛选
    （D）对焊剂进行保温

83. 检修时进行起重作业不正确的行为是（   ）。
    （A）人员与吊物保持安全距离
    （B）将被吊物捆扎牢固
    （C）使用规范的指挥手势
    （D）人员站在吊物下方

84. 埋弧焊缝超声波自动探检测系统采用的耦合剂是（   ）。
    （A）化学糨糊
    （B）水
    （C）机油
    （D）水玻璃

85. 射线探伤岗位员工应定期进行（   ）。
    （A）特种作业人员培训
    （B）特种设备操作人员培训
    （C）接害岗位职业健康查体
    （D）一般健康体检

86. 扩径机主油缸结构形式为（   ）。
    （A）单出杆油缸
    （B）双出杆油缸
    （C）柱塞缸
    （D）复合油缸

87. 下列属于水压机打压时防护措施的是（   ）。
    （A）人员可随意进出作业区域
    （B）可不按照工艺要求打压
    （C）提高油箱油位
    （D）设置防护墙

88. 起吊重物时钢丝绳吊索肢间夹角不得大于（   ）。
    （A）60°
    （B）90°
    （C）120°
    （D）150°

89. 下列对"设备本质安全"理解不正确的是（　　）。
（A）包括设备和设施等本身固有食物安全和故障安全功能
（B）是安全生产管理预防为主的根本体现
（C）可以是事后采取完善措施而补偿的
（D）设备或设施含有内在的防止发生事故的功能

90. 生产现场作业时，钢管修磨火星飞溅危及健康，可选（　　）防护。
（A）口罩
（B）耳塞
（C）护目镜
（D）以上都是

91. 当车间电气设备发生火灾时，应用的灭火方法是（　　）。
（A）干粉灭火器
（B）二氧化碳灭火器
（C）泡沫灭火器
（D）水

92. 安全标志分为禁止标志、警告标志、指令标志和（　　）四类。
（A）提示标志
（B）温度标志
（C）交通标志
（D）道路标志

93. 操作砂轮工具时，下列选项不安全的是（　　）。
（A）使用前检查砂轮有无破裂
（B）使用前检查砂轮有无损伤
（C）只要砂轮转动就可以使用
（D）用力均匀磨削

94. 在下列选项下，不可进行设备的擦拭和检修工作的是（　　）。
（A）没有安全员在场
（B）设备在开动中
（C）没有操作手册
（D）没有领导在场

95. 在使用电动工具时，要经常移动的电动工具的电缆线必须是（　　）。
（A）塑料护套线
（B）绝缘电缆
（C）橡胶护套铜芯电缆
（D）以上都可以

96. 在起重作业中，地面人员不得（　　）。
（A）站在吊起的重物下面
（B）向上张望
（C）和别人讲话
（D）来回走动

97. 下列气体属于易燃气体的是（　　）。
（A）二氧化碳
（B）乙炔
（C）氧气
（D）压缩空气

98. 操作转动设备时，不应该佩戴的劳动保护用品是（　　）。
（A）口罩
（B）护目镜
（C）安全帽
（D）手套

99. 天然气泄漏后，现场第一目击者应立即向（　　）报告。
（A）车间领导
（B）当班调度
（C）车间安全员
（D）当班班长

100. 手烫伤后，第一时间应该（　　）。
（A）及时送医
（B）脱离现场
（C）用流动清水冲洗
（D）包扎

101. 设备运转部位防护罩的主要作用是（　　）。
（A）美观
（B）防止设备受损
（C）防止发生安全事故
（D）目视化

102. 三级安全教育是企业安全教育的基本制度，三级教育是指（　　）。
    （A）公司级教育、分厂级教育和岗位（班组）级教育
    （B）低级教育、中级教育、高级教育
    （C）预备级教育、普及级教育、提高级教育
    （D）初级教育、一级教育、二级教育

103. 事故调查处理应当实事求是、尊重科学、依据（　　）原则，及时、准确地查清事故原因，查明事故性质和责任，总结事故教训，提出整改措施，并对事故责任者提出处理意见。
    （A）"五同时"　　　　　　　　　（B）"三不放过"
    （C）"四不放过"　　　　　　　　（D）"三同时"

104. 安全色中的"黄色"表示（　　）。
    （A）不准或制止人们的某种行为　　（B）使人们注意可能发生的危险
    （C）必须遵守的指令　　　　　　　（D）严禁人们的某种行为

105. 天然气管道的颜色为（　　）。
    （A）白色　　　　　　　　　　　　（B）黄色
    （C）深蓝色　　　　　　　　　　　（D）红色

106. 下列不属于特种作业的是（　　）。
    （A）电工作业　　　　　　　　　　（B）金属焊接切割作业
    （C）钳工作业　　　　　　　　　　（D）以上三种都不是

107. 下列属于特种设备的是（　　）。
    （A）手动砂轮机　　　　　　　　　（B）压力容器（含气瓶）
    （C）台钻　　　　　　　　　　　　（D）手枪钻

108. 钢丝绳吊索发现下列情节之一时，应立即报废（　　）。
    （A）索节损伤、变形、裂纹和严重锈蚀　（B）钢丝绳扭结、弯折
    （C）外层钢丝出现明显磨损　　　　（D）以上选项均正确

109. 涂料飞溅进入眼睛后，第一时间应该（　　）。
    （A）及时送医　　　　　　　　　　（B）脱离现场
    （C）用洗眼器清水冲洗　　　　　　（D）用手擦拭

110. 使用灭火器扑救火灾时要对准火焰（　　）进行喷射。
    （A）上部　　　　　（B）中部　　　　　　（C）根部　　　　　　（D）中上部

111. 作业过程中应当严格遵守本单位的安全生产规章制度和操作规程，服从管理，正确佩戴和使用（　　）。
    （A）安全卫生用品　　　　　　　　（B）劳动保护用品
    （C）劳动防护用具　　　　　　　　（C）劳动防护服装

112. 以下属于违章操作的是（　　）。
    （A）忽视警告，冒险进入危险区域
    （B）按照规定穿戴各种防护用品
    （C）发现设备安全防护装置缺损，立即报告
    （D）按照操作规程执行

113. 在起重作业中，地面人员不得（   ）。
 (A) 站立在悬吊物下面　　　　　　(B) 向上张望
 (C) 和别人讲话　　　　　　　　　(D) 以上选项均正确

114. 适用于扑救带电火灾的灭火介质或灭火器是（   ）。
 (A) 水、泡沫灭火器　　　　　　　(B) 干粉、泡沫灭火器
 (C) 干粉、二氧化碳　　　　　　　(C) 水、干粉灭火器

115. 酸雾净化装置要求其内部的循环水 pH 值达到（   ）以上时，应及时排放，并注入新鲜用水。
 (A) 7　　　　　(B) 5　　　　　(C) 4　　　　　(D) 3

116. 酸洗作业区域中，（   ）位置需要做地面防渗处理。
 (A) 盐酸储罐区域　　　　　　　　(B) 盘条堆放区域
 (C) 值班室地面　　　　　　　　　(D) 叉车停放区域

117. 用于防酸面罩搭配使用的自吸滤毒盒（GB 2890—2009《呼吸防护　自吸过滤式防毒面具》），使用前后应密闭保存。防酸滤毒盒不能用于（   ）泄漏的自救。
 (A) 二氧化硫　　　(B) 天然气　　　(C) 氯气　　　　　(D) 氯化氢

118. 剪切横放的盘条包装钢带时，一般为单人操作。当盘条横放时，除佩戴防护面屏和护目镜等防护措施外，剪切钢带的（   ）部位，能使钢带不弹向人站立的方向。
 (A) 盘条两端位置　　　　　　　　(B) 盘条中间位置
 (C) 盘条内部位置　　　　　　　　(D) 以上位置都可以

119. 检维修人员或值班员在巡检酸洗设备时，需要通过直爬梯到设备顶部查看设备运行情况，以下工具应通过安全绳递送至顶部平台的是（   ）。
 (A) 防酸面罩　　　(B) 安全带　　　(C) pH 试纸　　　(D) 吊索具

120. 因设备检维修，（   ）内不能恢复酸雾净化装置时，应向环保部门提交环保设施停用申请。
 (A) 5h　　　　　(B) 4h　　　　　(C) 8h　　　　　(D) 24h

121. 剪断钢丝、接头、拉扯钢丝时，为保护眼睛不被弹跳的钢丝伤害，应佩戴（   ）防护用品。
 (A) 防护手套　　　(B) 安全帽　　　(C) 护目镜　　　(D) 防砸皮鞋

122. 给明火加热炉点火作业时，应先开启风机吹扫炉膛。连续点火 3 次未点燃时，应使用风机吹扫炉膛（   ），使炉膛内无可燃气体。
 (A) 2~5min　　　　　　　　　　(B) 3~6min
 (C) 8~12min　　　　　　　　　　(D) 不用吹扫

123. 冬季天然气压力不稳定，巡检人员应定期查看天然气压力表，当天然气压力过低时，而风压稳定时，（   ）。
 (A) 天然气沿烧嘴回火　　　　　　(B) 触发天然气泄漏报警器
 (C) 不会发生异常　　　　　　　　(D) 触发电磁阀关闭动作

124. 以下不属于天然气安全保护附件的装置是（   ）。
 (A) 天然气管道法兰跨接线　　　　(B) 天然气泄漏报警联锁装置
 (C) 燃气压力 U 形玻璃管　　　　　(D) 炉膛测温用的热电偶

125. 观察液铅槽液面和覆盖剂时，人员应与炉体保持适当的距离，浸入液铅的工具或铅块应（　　　）。
   - (A) 充分预热，使其干燥
   - (B) 直接探入液铅
   - (C) 徒手拾取
   - (D) 保持距离，抛入铅槽

126. 从事液铅槽作业时，覆盖剂因温度较高，拨动时易扬尘，作业时应检查和佩戴（　　　）。
   - (A) 石棉手套和棉布口罩
   - (B) 帆布手套和棉布口罩
   - (C) 石棉手套和医用防护口罩
   - (D) 帆布手套和医用防护口罩

127. 钢丝表面处理过程主要是使钢丝表面附着一层磷化膜，磷化液经化学反应产生沉淀物，俗称"磷化渣"，掏取的磷化渣应（　　　）。
   - (A) 直接放入指定区域
   - (B) 贴危废标签，放入指定区域
   - (C) 适当控水后放入指定区域
   - (D) 适当控水后，贴危废标签，放入指定区域

128. 下列不属于危废的是（　　　）。
   - (A) 废盐酸
   - (B) 残留磷化液
   - (C) 磷化渣
   - (D) 木托架

129. 钢丝热处理连续线因工艺要求存在高温、腐蚀品，为便于质量员巡检设备，现场应设置便于取用的防护用品和应急设施，适合放置在现场的物资应包括（　　　）。
   - (A) 石棉手套、耐酸手套
   - (B) 便携式洗眼器
   - (C) 防酸面罩
   - (D) 以上都对

130. 放线作业时，需2人配合，一人将钢丝提前抽出，另一人操作接头机，使用接头机时，应注意（　　　）。
   - (A) 检查电源线、插头是否存在破损
   - (B) 把钢丝缠绕在接头机上
   - (C) 徒手擦拭接头以检查接头质量
   - (D) 接头完成前允许参观人员穿行

131. 部分钢丝产品有严格的管控要求，例如整根钢丝不能出现接头，检查钢丝接头时，应注意（　　　）。
   - (A) 徒手捏住钢丝
   - (B) 在变形轮前端触摸钢丝
   - (C) 在变形轮前端安装止挡板
   - (D) 在变形轮后端检查钢丝接头

132. 大直径钢丝一般使用"线捞子"收线，在堆放线捞子时，应注意（　　　）。
   - (A) 底层端正，2层歪斜
   - (B) 钢丝高度未超过捞子一半高度，可堆放两层
   - (C) 满捞子的钢丝堆放2层
   - (D) 直接将线捞子放入视线看不到的区域

133. 在收线罐上挂大规格钢丝时，需用到登高平台，下列属于登高平台安全措施的是（　　　）。
   - (A) 平台底部有轮子的，需安装自锁装置防止轮子自由滚动
   - (B) 防止平台向两侧倾倒，给平台两侧安装支腿
   - (C) 防止平台以外滑动，给平台安装可挂在固定结构上的铰链
   - (D) 以上都对

134. 与表面处理设施配套使用的磷化液暂存池，需要定期清理底部淤积的磷化渣，在池底磷化渣时，以下描述错误的是（　　　）。
   （A）使用高出池沿顶部两个台阶的扶梯
   （B）人员踩踏的位置铺设防滑踏板
   （C）在池底作业时，两人配合，互相监护
   （D）在池底作业时，将便携式洗眼器放置在视线以外的地方

135. 生产过程中，可能会出现意外停电或停天然气，以下描述错误的是（　　　）。
   （A）检查电源开关和气源开关状态，使开关处于关闭状态
   （B）组织人员将铅浴槽内的钢丝挑出液铅
   （C）天然气报警器特别吵，需要等技术管理员处置后关闭
   （D）夜间停电时，到处走动闲聊

136. 以下设备中不是拔丝作业过程中需要用到的是（　　　）。
   （A）切割机　　　　　　　　　　　（B）压头机
   （C）拔丝机　　　　　　　　　　　（D）接头机

137. 车间的拔丝机、辅机设备可对人体造成卷入、挤压等多种伤害，能对人体造成伤害的危险部件不包含（　　　）。
   （A）电动机皮带　　　　　　　　　（B）运转的罐体
   （C）防护罩　　　　　　　　　　　（D）设备的凸起部件

138. 在拔丝作业过程中，需要穿戴安全帽、防砸皮鞋、劳保眼镜、手套等劳保用品，为了防止被手被高温钢丝烫伤，佩戴手套时，一般同时要戴（　　　）手套。
   （A）一双　　　　　　　　　　　　（B）两双
   （C）三双　　　　　　　　　　　　（D）四双

139. 拔丝作业过程中，存在多种危害因素，以下全部存在于拔丝作业过程中的是（　　　）。
   （A）机械伤害、触电、物体打击、起重伤害、辐射
   （B）机械伤害、触电、物体打击、起重伤害、尘毒伤害
   （C）机械伤害、触电、物体打击、起重伤害、车辆伤害
   （D）粉尘爆炸、机械伤害、触电、物体打击、起重伤害

140. 拔丝作业过程中，要用压头机进行碾压过火线头作业，在压头时，应该站在压头机的（　　　）进行压头。
   （A）任意位置　　　　　　　　　　（B）背面
   （C）侧面　　　　　　　　　　　　（D）正面

141. 气焊需要用到氧气、乙炔，它们在车间有固定的存放点，存放时应保持5m以上的距离，但是在作业过程中，氧气瓶、乙炔瓶之间的距离应保持（　　　）。
   （A）5m　　　　　（B）8m　　　　　（C）10m　　　　　（D）15m

142. 在进行拔丝作业前，通常需要做一些准备工作，例如：①穿戴劳保用品，②准备工字轮，③检查设备状况，④开启设备，⑤关闭防护罩，⑥断丝防护投入等，这些操作正确的顺序应该是（　　　）。
   （A）①②③④⑤⑥　　　　　　　　（B）①③②⑤④⑥
   （C）②①③⑤④⑥　　　　　　　　（D）①②③⑤⑥④

143. 拔丝作业需要用到起重设备进行上线，在上线过程中，操作人员的做法正确的是（　　）。

   （A）上线是行车工的事，跟操作人员没关系，只需要站在一边等着

   （B）和行车工密切配合，手势指令清晰，共同完成上线作业

   （C）行车人员在帮助别人上线，其他起重设备暂时没人使用，私自动用行车，自行进行上线作业

   （D）与行车人员配合作业，不打手势，直接用语言沟通

144. 以下情形不需要关闭设备就可以进行的是（　　）。

   （A）整理乱线   （B）测量钢丝直径

   （C）清理设备周围的杂物   （D）更换变形的防护罩

145. 在挂车换工艺时，要对辅机及链条进行检查，以下情况可能会对人员造成伤害的是（　　）。

   （A）钢丝紧固牢靠   （B）链条牙口完好

   （C）辅机点动正常   （D）配电箱门关不住

146. 在使用移动电气设备前，要对移动电气设备进行全面的检查，检查过程中，以下情况不影响正常使用的是（　　）。

   （A）线缆破损   （B）接地正常

   （C）有一段时间未进行绝缘检测   （D）插头松动

147. 在使用起重设备过程中，以下做法正确的是（　　）。

   （A）选用吊具时，未对起吊物的重量进行判断，随手拿一个吊具进行起吊

   （B）转运满载工字轮的托架时，由于距离远，同时吊运两满托架，达到了起重设备最大载荷值

   （C）在选用吊索时，发现吊索的载荷标志已经模糊不清了，不但根据经验知道这一吊索的载荷量，所以不影响正常使用

   （D）转运托架时，发现拖架的四个吊耳，有一个断了，吊索有滑脱的可能，及时告知维修人员，进行了维修

148. 拔丝作业过程中，需要很多二线工种的配合，例如周转工、行车工、叉车工、维修电工、电气焊等，以下工种中不需要取得特种作业操作证的是（　　）。

   （A）周转工   （B）行车工

   （C）叉车工   （D）维修电工

149. 安全的第一层保护是本质安全，但一般的本质安全不能完全做到保护人的安全，还要安装防护设施，以下不是拔丝设备采用的防护设施的是（　　）。

   （A）防护罩   （B）劳保用品

   （C）防护门   （D）限位器

150. 设备不同，每个按钮的功能也不同，但是在每台设备上都有急停、启动等按钮，有的设备甚至有多个急停、启动按钮，急停按钮的颜色是（　　）。

   （A）红色   （B）绿色   （C）黄色   （D）任意色

151. 在合绳机下工字轮时，手扶工字轮的位置为（　　）。

   （A）下部   （B）1/2 处   （C）1/3 上部   （D）1/3 下部

152. 钢丝绳吊索发现（　　）情节时，应立即报废。
 （A）索节损伤、变形、裂纹和严重锈蚀　　（B）钢丝绳扭结、弯折
 （C）外层钢丝出现明显磨损　　　　　　　（D）以上选项均正确

153. 合绳工序 1250 工字轮上车，选用吊索具为（　　　）。
 （A）直径 9.3mm×8m 钢丝绳　　　　　（B）直径 13mm×10m 钢丝绳
 （C）直径 16mm×12m 钢丝绳　　　　　（D）直径 8mm×8m 钢丝绳

154. 在使用电动工具时，要经常移动的电动工具的电缆线必须是（　　　）。
 （A）塑料护套线　　　　　　　　　　　（B）绝缘电缆
 （C）橡胶护套铜芯电缆　　　　　　　　（D）以上都可以

155. 现车间表面脂加热箱加热温度不能超过（　　　）。
 （A）150℃　　　　（B）100℃　　　　（C）110℃　　　　（D）120℃

156. 以下可能造成线架工字轮飞出的是（　　　）。
 （A）线架轴头夹丝造成线架滚动　　　　（B）线架轴承损坏造成线架滚动
 （C）工字轮交丝、交股造成　　　　　　（D）以上都有

157. 拉偏摆时，以下情况易造成夹手的是（　　　）。
 （A）力矩正点与反点错按　　　　　　　（B）拉股太用力
 （C）机器没停止用手去摸　　　　　　　（D）以上都是

158. 合绳机在下工字轮时，发生工字轮卡住应（　　　）。
 （A）行车持续上升，将工字轮拉出
 （B）吊钩吃劲停止起吊，摇晃工字轮，点动起吊
 （C）落下行车，协调维修修理
 （D）以上都不对

159. 机台刹车不灵造成的后果是（　　　）。
 （A）异常情况不能及时停机　　　　　　（B）筐篮式合绳机上车时造成车体失衡
 （C）正常停机时不能及时停机　　　　　（D）以上都有

160. 根据物体燃烧的特性和国家标准，C 类火灾是指（　　　）火灾。
 （A）固体物质　　　　　　　　　　　　（B）液体
 （C）气体　　　　　　　　　　　　　　（D）金属

161. 股绳机线架轴头夹丝的清理方法：（　　　）。
 （A）线架翻转 180° 后用扳手支撑
 （B）通知维修拆卸线架
 （C）线架翻转 180° 后直抵地面的钢棒支撑线架，一手扶线架，取出夹丝
 （D）以上都不对

162. 在筒体式股绳机开机过程中，以下对防护罩的操作正确的是（　　　）。
 （A）打开防护罩　　　　　　　　　　　（B）防护罩关闭后开机，中途勿动
 （C）打开防护罩观察后关闭　　　　　　（D）以上都不对

163. 两人及以上人员开机过程中，以下操作不正确的是（　　　）。
 （A）注意沟通、共同确认，然后开机　　（B）注重效率，分工明确，加快进度
 （C）分清主次，听从主操作　　　　　　（D）以上都不对

164. 返绳、返股快结束时应该（　　）。
    （A）加快速度、提高效率　　　　　　（B）降低速度，注意观察
    （C）不用注意，自动停机　　　　　　（D）以上都对

165. 对储存超过（　　）的钢丝绳吊索，须重新机械拉力试验，合格后方可投入使用。
    （A）1 年　　　　　（B）2 年　　　　　（C）3 年　　　　　（D）时间不确定

166. 当相同的两根浇铸吊索一起使用时，应保证两根起升大绳的长度偏差不大于（　　）。
    （A）200mm　　　　　　　　　　　　（B）100mm
    （C）50mm　　　　　　　　　　　　（D）30mm

167. 浇铸工序中防止锌液、锌渣等高温灼伤的主要措施正确的是（　　）。
    （A）新加锌锭可直接放入锌锅　　　　（B）进入锌锅器具保持干燥且预热
    （C）在锌锅台上烘烤食物　　　　　　（D）舀锌液时使用一般手套

168. 挤压工序中挤压后的铝套或钢套外部残留部分进行打磨处理，下列针对角磨机的描述正确的是（　　）。
    （A）电源线不可以接头使用　　　　　（B）外观可以有油污
    （C）开关可以不灵敏　　　　　　　　（D）用完可以不断电

169. 下列不会产生吊索具抖动的是（　　）。
    （A）吊绳长短不一　　　　　　　　　（B）吊点偏离重心
    （C）操作时吊索未正对吊物重心　　　（D）歪拉斜吊

170. 下列对使用吸盘的描述错误的是（　　）。
    （A）吸盘表面保持清洁　　　　　　　（B）吸合面达到80%，方可起吊
    （C）吸盘吸合力完好　　　　　　　　（D）可直接使用

171. 根据物体燃烧的特性和国家标准，C 类火灾是指（　　）火灾。
    （A）固体物质　　（B）液体　　　　　（C）气体　　　　　（D）金属

172. 下列情况中，吊索具可使用的是（　　）。
    （A）表面无断丝、断股　　　　　　　（B）表面无打死结、变形
    （C）有标志、标记　　　　　　　　　（D）以上都具备

173. 补加锌锭、铅锭时，下列防止锌液、铅液灼伤的主要措施正确的是（　　）。
    （A）新加锌（铅）锭可直接放入锌锅
    （B）进入锌（铅）锅器具保持干燥且预热
    （C）在锌（铅）锅台上烘烤食物
    （D）舀锌（铅）液时使用一般手套

174. 钢丝接头打磨时飞溅危及眼睛等，可首选（　　）防护。
    （A）全面罩　　　（B）半面罩　　　　（C）眼镜　　　　　（D）以上都是

175. 在使用电动工具时，要经常移动的电动工具的电缆线必须是（　　）。
    （A）塑料护套线　　　　　　　　　　（B）绝缘电缆
    （C）橡胶护套铜芯电缆　　　　　　　（D）以上都可以

176. 在锌锅作业时，必须使用的劳动保护用品有（　　）。
    （A）工作服和工作鞋　　　　　　　　（B）护目镜
    （C）安全帽　　　　　　　　　　　　（D）防护面罩

177. 酸碱泄漏后，现场第一目击者应立即报告（　　）。
    （A）车间领导　　　（B）当班调度　　　（C）车间安全员　　　（D）当班班长

178. 锌锅操作可直接使用的工具是（　　）。
    （A）木制工具　　　　　　　　　　　（B）锌锅上放的工具
    （C）预热后的工具　　　　　　　　　（D）以上都可以

二、判断题（对的画√，错的画×）

1. （　　）钢包耳轴有细微裂纹时，经班长检查确认后方可用于吊运钢水。

2. （　　）吊运熔融金属浇包时应进行试吊，确认正常后方可正常吊运。

3. （　　）进入炼钢炉内修炉时，炉内温度应降至60℃以下，清除渣瘤时应从下往上打，禁止较大震动。

4. （　　）喷丸机斗式提升机应装有防止逆转的安全装置。

5. （　　）砂轮机可以安装在有腐蚀性气体或易燃易爆场所。

6. （　　）严禁打空锤，严禁打过烧及低于终锻温度的工作。

7. （　　）使用脚踏开关操纵空气锤时，在需要悬空锤头时应将脚离开踏板，防止误踏。

8. （　　）渗漏、更换废液压油应委托有资质的危废处置单位处置。

9. （　　）设备使用中可以打开或检修设备安全保护装置。

10. （　　）锻造作业时，小截面的坯料可以冷剁下料。

11. （　　）燃料管道应设总阀门，每台设备上应设分阀门。

12. （　　）停炉期间，为防止可燃原料向炉内慢慢地渗漏，应在每一管路上设置两处以上关闭阀或开关。

13. （　　）感应设备加热用的感应器可以在空载时送电。

14. （　　）瓶中的气体必须用尽。

15. （　　）新入职操作岗位员工在掌握了岗位的生产技能后就可以上岗作业，上岗后再进行HSE培训和考核。

16. （　　）安全带使用前要仔细检查，不可"高挂低用"，用后要妥善保管，防止潮湿霉烂降低其安全性能。

17. （　　）瓶装氧气不属于危险化学品。

18. （　　）在场内低速行驶车辆可不系挂安全带。

19. （　　）两种危险性相同的物品可以放在同一场所。

20. （　　）焊接时，必须使用烟尘收集和处理装置，以防止污染大气。

21. （　　）使用气瓶时，若出现着火情况，应立即关闭管路阀门和气瓶瓶阀。

22. （　　）若发现有人触电，应首先组织人员对触电者进行施救。

23. （　　）员工不经常经过位置的设备防护罩损坏，不必立即维修，可根据生产情况及时维修。

24. （　　）环保设备损坏应当立即维修，设备恢复前不能使用。

25. （　　）手持电动工具也应具有可靠的接地保护措施。

26. （　　）防触电的方法有绝缘、屏护、间距、保护接地、保护接零、安全电压、电气隔离及漏电保护。

27. （　　） 清理铁屑或接近危险部位时，不能直接用手操作，必须使用夹具。

28. （　　） 机械加工车间常见的防护装置有防护罩、防护挡板、防护栏杆和防护网等，任何人都不能拆除防护装置进行机器操作。

29. （　　） 操作机械设备前，应对设备进行安全检查，而且要空车运转一下，确认正常后方可投入运行，严禁机器设备带故障运行，千万不能凑合使用，以防出事故。

30. （　　） 机械设备在运转时，工人可以用手调整、测量零件或进行润滑工作，这样有利于提高工作效率。

31. （　　） 车床在车削工件时，可以戴手套操作，防止工件上的毛刺把手刺伤。

32. （　　） 员工在操作机器时，紧急情况下可以停止作业进行避险，没必要把事故隐患或其他不安全因素上报上级主管。

33. （　　） 安全隐患可存在于机器的设计、制造、运输、安装、使用、报废、拆卸及处理等各个环节。

34. （　　） 加工机械、运输机械以及其他各种机械的广泛使用，要求作业人员必须遵章守纪，严格按照操作规程进行操作，否则将不可避免地导致机械伤害事故的发生。

35. （　　） 运转中的机械设备对人的伤害主要有撞伤、压伤、轧伤、卷缠等。

36. （　　） 如果工件卡在模子里，应用专用工具取出，不准用手拿，并应将脚从脚踏板上移开。

37. （　　） 员工在操作车床时，为了使用方便，可以把工具、夹具或工件放在车床床身上和主轴变速箱上。

38. （　　） 设备发生故障时，可不停机打开防护装置检查、修理。

39. （　　） 在特殊情况下，单位和个人可以挪用、拆除、埋压、圈占消火栓，临时占用消防通道。

40. （　　） 在操作机床前应整理好工作空间，将一切不必要的物件清理干净，以防止工作时震落到开关上，造成突然启动发生事故。

41. （　　） 天车吊钩应使用韧性好的材料制作，吊钩不允许铸造，缺陷不得焊接。

42. （　　） 起吊作业时，吊钩一定要在吊件的正上方，以防吊起时吊件摇摆。

43. （　　） 吊件要用木质或其他软质材料包装，防止锁具被吊件上的棱角损伤。

44. （　　） 有主、副两套起升机构的桥式起重机，主、副钩可以同时开动。

45. （　　） 桥式起重机在起吊重物的过程中，可利用极限位置限制器停车。

46. （　　） 起吊过程中听到任何人发出的紧急停车信号，都应该立即停车。

47. （　　） 在钻机起升、拆装过程中，使用的工具随作业人员移动，禁止各类工具放置于产品表面。

48. （　　） 起吊作业前，必须先检验吊件有无附着物、多余物件以及障碍物，检查并清除后才能起吊。

49. （　　） 起吊作业时，手必须离开吊索，并且不要把手放在吊索与吊件之间。在使用钢丝绳或吊链时，要仔细查看是否破损、变形、腐蚀和断裂。

50. (　　) 不要妄猜要起吊的吊物重量，必须按照标准来选用适合该项工作的索具和吊具。

51. (　　) 进入现场，必须戴好安全帽，扣好帽带，并正确使用个人劳动防护用具。

52. (　　) 使用二氧化碳灭火器时，人应站在下风位。

53. (　　) 在涂刷或喷涂对人体有害的油漆时，需戴上防护口罩，如对眼睛有害，需戴上密闭式眼镜进行保护。

54. (　　) 在配料或提取易燃品时，严禁吸烟，浸擦过油漆、油的棉纱和擦手布不能随便乱丢，应投入有盖金属容器内及时处理。

55. (　　) 各类油漆和其他易燃、有毒材料，应放在专用库房内，不得与其他材料混放。挥发性油料应装入密闭容器内，妥善保管。

56. (　　) 安全装置包括防护装置、保险装置、信号装置。

57. (　　) 为避免静电聚集，喷漆室应设有接地保护装置。

58. (　　) 在易燃易爆区域动火必须执行动火审批制度。

59. (　　) 生产和生活过程中接触粉尘、毒物、噪声、辐射等物理、化学危害因素达到一定的危害程度，将会导致职业病。

60. (　　) 灭火器一经开启，无论灭火剂喷出多少，都必须重新充装。

61. (　　) 爆炸危险场所，不一定采取相应防雷措施。

62. (　　) 任何单位或个人对事故隐患或者安全生产违法行为，有权向负有安全生产监督管理职责的部门报告或举报。

63. (　　) 《危险化学品安全管理条例》所称危险化学品，包括爆炸品、压缩气体和液化气体、易燃液体、易燃固体、自燃物品和遇湿易燃物品、氧化剂和有机过氧化物、有毒品和腐蚀品等。

64. (　　) ABC 类干粉灭火剂只能扑救易燃、可燃液体、气体、带电设备火灾。

65. (　　) 《中华人民共和国安全生产法》关于从业人员的安全生产义务主要有四项：遵章守规，服从管理；佩戴和使用劳动防护用品；接受培训，掌握安全生产技能；发现事故隐患及时报告。

66. (　　) 钢板超声波自动探伤时，在探伤区域调试探头或其他装置时，禁止运板，将钢板移动，远离调试人员。调试人员需要注意辊道的突然旋转、钢板的运动等。

67. (　　) 铣边机仿形辊的压力是不可调的。

68. (　　) 成型机辅机油箱的冷却器为列管式散热器。

69. (　　) 内外焊开始焊接作业时，应同时开启除尘设备。

70. (　　) 钢板运行中操作人员和其他人员不能横穿钢板输送辊道区。

71. (　　) 人员暴露在 X 射线环境中会使人的血小板数量降低。

72. (　　) 扩径头油缸位置检测编码器是绝对位置编码器。

73. (　　) 倒棱产生的铁屑可以用手直接触摸。

74. (　　) 水压机的水系统设备由低压水系统、高压水系统、专用阀及管道阀门等组成。

75. (　　) 钢管人工喷字作业时，应佩戴防毒面具。

76. (　　) 违章操作是指职工不遵守规章制度，冒险进行操作的行为。

77. (　　) 当人体直接触碰带电设备其中的一相线时，电流通过人体流入大地，这种触电成为单相触电。

78. (　　) 淬火炉在点火前应首先启动风机，调节淬火炉风压至 6kPa 左右，烟道闸板全开。

79. (　　) 引发事故的四个基本要素是人的不安全行为、物的不安全状态、环境不良和管理缺陷。

80. (　　) 接到天然气泄漏报警后，应将天车上的吊物卸下后再停止运行，人员撤离。

81. (　　) 在天然气管道及易燃易爆品周围进行电气焊作业时，必须办理动火作业许可。

82. (　　) 圆盘剪剪切原料时，禁止肢体接触原料和剪刃。

83. (　　) 观察钢丝表面时，用手轻轻触摸钢丝表面是否光滑。

84. (　　) 钢丝绳的钢丝扎伤后，必须对伤口挤压让污血充分流出，再用酒精深度消毒，然后去医院。

85. (　　) 岗位人员应严格按本岗位操作规程作业加强上、下工序生产过程监控。

86. (　　) 违章指挥主要是指生产经营单位的生产经营者违反安全生产方针、政策、法律、条例、规程、制度和有关规定指挥生产的行为。

87. (　　) 燃烧必须具备的三个条件是可燃物、助燃物、氧气。

88. (　　) 灭火的基本原理有冷却、窒息、隔离和化学抑制。

89. (　　) 特种作业人员，不需经有关部门培训考核合格取得资格证，无须持有"特种作业安全操作证"。

90. (　　) 扳管时，可使用扳管器也可用手搬动钢管。

91. (　　) 排料、搭胶时必须戴头盔和石棉手套、系好袖口。

92. (　　) 使用砂轮机修磨时，应戴防护眼镜或装设防护玻璃。

93. (　　) 检维修设备时，按下操作台急停按钮后开始进行作业。

94. (　　) "6S"包括整理、整顿、清扫、清洁、素养和安全。

95. (　　) 喷粉区域禁止动用明火，确需要动火需办理动火作业许可证且周围不能有易燃易爆物品。

96. (　　) 添加磷化液后的包装桶在现场积攒一定数量后再存入指定区域。

97. (　　) 人员进入隧道式酸洗设备内部作业时，应提前告知生产调度等管理人员。

98. (　　) 在潮湿、腐蚀区域使用的移动电源线，可以固定在设备钢构件上。

99. (　　) 在盐酸存储区域维修设备时，不可以将工件直接放置在防渗层上，更不得在防渗层上敲砸工件或地面。

100. (　　) 在设备平台的护栏内巡检时，可以不穿戴安全带。

101. (　　) 外协单位运送盐酸时，因为装卸工都具备操作资质，所以属地管理人员不需要在现场旁站监督。

102. (　　) 发现盐酸出现泄漏时，先用清水予以稀释，然后将片碱直接倒入盐酸内。

103. (　　) 磷化渣存放区域应悬挂危险废弃物标志。

104. (　　) 为了减少搬运铅块次数，降低劳动强度，一次性将铅锅加满，使液铅的液面超出铅槽上限刻度少许即可。

105. (　　) 使用工字轮收线后，使用行车挂住工字轮，使其横向摆放。

106. (　　) 可以在连续线机组附近设置氧气、乙炔瓶定置区域。

107. (　　) 停炉作业时，应先关闭天然气总阀，再关闭鼓风机和烧嘴控制器，然后再关闭烧嘴前燃气阀，最后关闭报警器电源。

108. (　　) 紧急情况下，防酸面具可以替代天然气防毒口罩。

109. (　　) 钢丝扎伤皮肤以后使用碘伏对表面消毒，并尽快到指定医院清理伤口内部。

110. (　　) 吊装工字轮用的专用吊盘缺少一个防退螺帽仍可以继续使用。

111. (　　) 任何人员到现场闻到酸味或天然气臭味，不用告知他人即可自行撤离现场。

112. (　　) 设备运转时，拔丝机放线部位出现了乱线，设备放线部位运行速度较缓慢，不会对人体造成伤害，可以不关停设备整理乱线。

113. (　　) 拔丝作业要上下工字轮，手可扶工字轮的任意位置，只要手不受到伤害即可。

114. (　　) 从事钢丝接头作业时，只要双手捏紧钢丝端头就可以避免钢丝头扎伤，所以不用佩戴护目镜。

115. (　　) 每年都要进行危害因素、环境因素辨识活动，在对危害因素进行评价时，通常采用的评价方法是 LCE 法，"L"是事故发生的可能性，"E"是人员暴露于危险环境的频繁程度，"C"是事故可能造成的后果。

116. (　　) 危害因素一般可分为人的不安全行为、物的不安全状态、管理的缺陷以及环境因素。对多起事故的原因进行分析发现，大多数的安全事故是由人的不安全行为导致的。

117. (　　) 配电柜需要进行复位操作，一个复位操作很简单，自己就操作了，不需要叫电工进行操作。

118. (　　) 在进行检修作业时，设备、线路，未经验电一律视为有电。

119. (　　) 现场有些设备已经停用了，处于断电状态，有裸露的线头，不用管。

120. (　　) 钢丝绳索具在使用过程中出现断丝情况，可在断丝部位打结，继续使用。

121. (　　) 直径 9.3mm×8m 的钢丝绳索具可以对折成四股起吊 1250 工字轮。

122. (　　) 车间油锅加热温度可以加热到130℃，以节省表面脂的消耗。

123. (　　) 钢丝绳吊索的最小安全系数不得小于 5。

124. (　　) 筒体式合股机运转过程中如出现异常情况可打开防护罩，利用限位开关停机。

125. (　　) 切割机使用过程中，如切割片小于原切割片 1/3，必须立即更换。

126. (　　) 在操作过程中如出现钢丝缠绕，可抖动钢丝使其松弛，然后用力抽动钢丝拽出钢丝头部。

127.（　　）线架锁紧检查时，如出现线架随筒体共同转动，极易发生工字轮甩出。

128.（　　）挤压挤压吊索比插编吊索安全性高。

129.（　　）钢丝绳吊索起吊要平稳，并应避免外力冲击。

130.（　　）钢丝绳吊索的环眼部位不允许有断丝。

131.（　　）钢丝绳吊索的最小安全系数不得小于5。

132.（　　）钢丝绳吊索在环眼处断丝超过钢丝绳内钢丝数目的8%时应立即报废。

133.（　　）2000t压力机操作人员必须经过特种人员培训，持证上岗。

134.（　　）操作砂轮切割机时，只要砂轮转就可以使用。

135.（　　）在整个吊运过程中，重物可以摇摆、旋转。

136.（　　）"三违"行为是指违章指挥、违章操作、违反劳动纪律。

137.（　　）根据用电环境和人员的使用方法，我国规定的安全电压有42V、36V、24V、12V、6V五种。

138.（　　）补加锌锭时，面对锌锅将预热过的锌锭缓慢放入，以免锌液飞溅。

第五章　危险作业管理

一、单选题（每题4个选项，只有1个是正确的，将正确的选项号填入括号内）

1. 下列作业不需要同时办理专项作业许可证的是（　　）。
   （A）挖掘作业　　　（B）高处作业　　　（C）管线打开　　　（D）脚手架作业

2. 下列属于受限空间物理条件的是（　　）。
   （A）存在或可能产生有毒有害气体或机械、电气等危害
   （B）进入和撤离受到限制，不能自如进出
   （C）存在或可能产生掩埋作业人员的物料
   （D）内部结构可能将作业人员困在其中

3. 下列人员中不需要进行相应作业培训的是（　　）。
   （A）作业申请人　　　　　　　　（B）作业监护人
   （C）作业相关方　　　　　　　　（D）作业批准人

4. 受限空间内气体检测（　　）后，仍未开始作业，应重新进行检测。
   （A）10min　　　（B）20min　　　（C）30min　　　（D）1h

5. 当易燃易爆气体爆炸下限等于4%时，经检测气体体积浓度合格的是（　　）。
   （A）0.4%　　　（B）0.5%　　　（C）0.6%　　　（D）0.7%

6. 受限空间内气体检测次序应是（　　）。
   （A）氧含量、易燃易爆气体浓度、有毒有害气体浓度
   （B）有毒有害气体浓度、氧含量、易燃易爆气体浓度
   （C）易燃易爆气体浓度、氧含量、有毒有害气体浓度
   （D）氧含量、有毒有害气体浓度、易燃易爆气体浓度

7. 受限空间内气体监测采用间断性监测方式，间隔不应超过（　　）。
   （A）0.5h　　　（B）1h　　　（C）1.5h　　　（D）2h

8. 受限空间作业中断超过（　　　），继续作业前应当重新确认安全条件。

（A）15min
（B）30min

（C）45min
（D）1h

9. 坑的挖掘深度不小于（　　　），可能存在危险性气体的挖掘现场，需要考虑是否实行受限空间安全管理。

（A）1m
（B）1.2m
（C）1.5m
（D）2m

10. 当挖掘深度超过（　　　）且有人员进行沟下作业时，必须按照规定落实放坡及设置保护系统的有关要求。

（A）1m
（B）1.2m
（C）1.5m
（D）2m

11. 机械开挖管沟作业时，管顶上方保留的覆土厚度不应少于（　　　）。

（A）0.5m
（B）0.8m
（C）1m
（D）1.2m

12. 对于挖掘深度超过（　　　）所采取的保护系统，应由有资质的专业人员设计。

（A）4m
（B）5m
（C）6m
（D）7m

13. 挖出物或其他物料至少应距坑、沟槽边沿（　　　），堆积高度不得超过（　　　）。

（A）1m；1m
（B）1m；1.5m

（C）1.5m；1m
（D）1.5m；1.5m

14. 利用梯子为进出沟槽提供安全通道，梯子上部应高出地平面（　　　）。

（A）0.5m
（B）0.8m
（C）1m
（D）1.2m

15. 采用警示路障时，应将其安置在距开挖边缘至少（　　　）之外。

（A）1m
（B）1.5m
（C）2m
（D）3m

16. 采用废石堆作为路障，其高度不得低于（　　　）。

（A）1m
（B）1.5m
（C）2m
（D）3m

17. 多人同时挖土应相距在（　　　）以上，防止工具伤人。

（A）1m
（B）1.5m
（C）2m
（D）3m

18. 可能导致人员坠落（　　　）及以上距离的作业属于高处作业。

（A）1m
（B）1.5m
（C）2m
（D）3m

19. 因作业需要临时拆除或变动高处作业的安全防护设施时，应经（　　　）同意，并采取相应的措施，作业后应立即恢复。

（A）作业申请人
（B）作业监护人

（C）作业批准人
（D）作业申请人和作业批准人

20. 高处作业阵风风力应小于（　　　）。

（A）五级
（B）六级
（C）七级
（D）八级

21. 高处作业应配备（　　　）系索的安全带。

（A）1根
（B）2根
（C）3根
（D）4根

22. 风力达到（　　　）及以上时应停止起吊作业。

（A）五级
（B）六级
（C）七级
（D）八级

23. 起重机应进行定期检查，检查周期可根据起重机的工作频率、环境条件确定，但每年不得少于（　　　）。

（A）一次
（B）二次
（C）三次
（D）四次

24. 采用（　　）进行隔离时，应制定风险控制措施和应急预案。

（A）双截止阀　　　　　　　　　　（B）单截止阀

（C）截止阀加盲板　　　　　　　　（D）截止阀加盲法兰

25. 当管线打开时间需超过（　　）班次才能完成时，应在交接班记录中予以明确，确保班组间的充分沟通。

（A）1个　　　　（B）2个　　　　（C）3个　　　　（D）4个

26. 临时用电作业是指在生产或施工区域内临时性使用非标准配置（　　）及以下的低电压电力系统不超过6个月的作业。

（A）110V　　　　（B）220V　　　　（C）380V　　　　（D）500V

27. 在开关上接引、拆除临时用电线路时，其（　　）开关应断电锁定管理。

（A）下级　　　　（B）本级　　　　（C）上级　　　　（D）上两级

28. 所有的临时用电线路耐压等级不低于（　　）。

（A）110V　　　　（B）220V　　　　（C）380V　　　　（D）500V

29. 停电操作顺序为（　　）。

（A）总配电箱—分配电箱—开关箱　　　（B）开关箱—分配电箱—总配电箱

（C）总配电箱—开关箱—分配电箱　　　（D）分配电箱—开关箱—总配电箱

30. 所有配电箱（盘）、开关箱应在其安装区域内前方（　　）。

（A）0.5m　　　　（B）1m　　　　（C）1.5m　　　　（D）2m

31. 在距配电箱（盘）、开关及电焊机等电气设备（　　）范围内，不应存放易燃、易爆、腐蚀性等危险物品。

（A）5m　　　　（B）10m　　　　（C）15m　　　　（D）20m

32. 固定式配电箱、开关箱的中心点与地面的垂直距离应为（　　）。

（A）0.8~1.5m　　　（B）0.8~1.6m　　　（C）1.3~1.5m　　　（D）1.4~1.6m

33. 移动式配电箱、开关箱的中心点与地面的垂直距离宜为（　　）。

（A）0.8~1.5m　　　（B）0.8~1.6m　　　（C）1.3~1.5m　　　（D）1.4~1.6m

34. 一般作业场所应使用Ⅱ类工具；若使用Ⅰ类工具时，应装设额定漏电动作电流不大于（　　）、动作时间不大于0.1s的漏电保护器。

（A）10mA　　　　（B）15mA　　　　（C）20mA　　　　（D）30mA

35. 行灯电源电压应不超过（　　），且灯泡外部有金属保护罩。

（A）12V　　　　（B）24V　　　　（C）36V　　　　（D）48V

36. 在特别潮湿场所、导电良好的地面、锅炉或金属容器内的照明电源，电压不得大于（　　）。

（A）12V　　　　（B）24V　　　　（C）36V　　　　（D）48V

37. 根据动火场所、部位的危险程度，动火分为（　　）。

（A）一级　　　　（B）二级　　　　（C）三级　　　　（D）四级

38. 需动火施工的部位及室内、沟坑内及周边的可燃气体浓度应低于爆炸下限值的（　　）。

（A）5%　　　　（B）10%　　　　（C）20%　　　　（D）25%

39. 动火前应采用至少（　　）检测仪器对可燃气体浓度进行检测和复检。

（A）1个　　　　（B）2个　　　　（C）3个　　　　（D）4个

40. 动火开始时间距可燃气体浓度检测时间不宜超过（　　），但最长不应超过（　　）。
　　（A）10min；30min　　　　　　　　　（B）10min；60min
　　（C）30min；30min　　　　　　　　　（D）30min；60min

41. 对采用氮气或其他惰性气体对可燃气体进行置换后的密闭空间和超过1m的作业坑内作业前应进行（　　）检测。
　　（A）可燃气体　　　（B）含氧量　　　（C）氮气　　　（D）惰性气体

42. 如遇有（　　）及以上大风应停止动火作业。
　　（A）五级　　　（B）六级　　　（C）七级　　　（D）八级

43. 距动火点（　　）内所有漏斗、排水口、各类井口、排气管、管道、地沟等应封严盖实。
　　（A）5m　　　（B）10m　　　（C）15m　　　（D）20m

44. 现场可燃气体浓度低于爆炸下限的（　　）时方可启动车辆，使用通信、照相器材。
　　（A）5%　　　（B）10%　　　（C）20%　　　（D）25%

45. 动火作业许可证由（　　）在动火前签发。
　　（A）作业本请人　　　　　　　　　　（B）作业监督人
　　（C）作业批准人　　　　　　　　　　（D）作业现场指挥

46. 动火作业许可证签发后，动火开始执行时间不应超过（　　）。
　　（A）0.5h　　　（B）1h　　　（C）1.5h　　　（D）2h

47. 在规定的动火作业时间内没有完成动火作业，应办理动火延期，但延期后总的作业期限不宜超过（　　）。
　　（A）8h　　　（B）12h　　　（C）24h　　　（D）48h

48. 动火作业时（　　）的管理人员应到动火现场进行现场监督。
　　（A）动火申请单位　　　　　　　　　（B）动火审批单位
　　（C）动火申请和动火审批单位　　　　（D）动火作业单位

49. 应指定专人负责动火现场监护，并在动火方案中予以明确的是（　　）。
　　（A）动火申请单位　　　　　　　　　（B）动火审批单位
　　（C）动火申请和动火审批单位　　　　（D）动火作业单位

50. 动火作业中断超过（　　），继续作业前应当重新确认安全条件。
　　（A）15min　　　（B）30min　　　（C）45min　　　（D）1h

二、判断题（对的画√，错的画×）

1.（　　）相关方不可以将其安全要求表达在作业许可证中。

2.（　　）制定了作业指导书的作业无须实行作业许可管理。

3.（　　）作业过程中出现异常情况应立即通知现场安全监督人员决定是否采取变更程序或应急措施。

4.（　　）进入受限空间作业应当办理作业许可证和进入受限空间作业许可证。

5.（　　）办理了进入受限空间作业许可证，可以在整个作业区域和时间范围内使用。

6.（　　）进入受限空间作业前应进行气体检测，作业过程中应进行气体监测。

7.（　　）救援人员经过培训具备与作业风险相适应的救援能力，就可以实施救援。

8.（　　）连续挖掘超过一个班次的挖掘作业，每日作业前都应进行安全检查。

9.（　　）工程完成后，应自上而下拆除保护性支撑系统。

10.（　　）工程完成后，应先拆除支撑系统再回填作业坑。

11.（　　）挖出物可以堵塞下水道、窨井，但是不能堵塞作业现场的逃生通道和消防通道。

12.（　　）在人员密集场所或区域进行挖掘作业施工时，夜间应悬挂红灯警示。

13.（　　）在道路附近进行挖掘作业时应穿戴警示背心。

14.（　　）使用机械挖掘时，任何人都不得进入沟、槽和坑等挖掘现场。

15.（　　）常规的高处作业活动进行了风险识别和控制，并制定有操作规程，可不办理作业许可票。

16.（　　）同一架梯子只允许一个人在上面工作，可以带人移动梯子。

17.（　　）作业人员可以在平台或安全网内等高处作业处短时休息。

18.（　　）起重机随机应备有安全警示牌、使用手册、载荷能力铭牌并根据现场情况进行设置。

19.（　　）无论何人发出紧急停车信号，起重机都应立即停车。

20.（　　）在加油时起重机应熄火，在行驶中吊钩应放平并固定牢固。

21.（　　）从管线法兰上去掉一个螺栓不属于管线打开作业。

22.（　　）更换阀门填料属于管线打开作业。

23.（　　）管线打开作业中，控制阀可以单独作为物料隔离装置。

24.（　　）临时用电作业实施单位不得擅自增加用电负荷，可以变更用电地点、用途。

25.（　　）所有的临时用电都应设置接地或接零保护。

26.（　　）室外的临时用电配电箱（盘）应设有防雨、防潮措施，不得上锁。

27.（　　）两台用电设备（含插座）可以使用同一开关直接控制。

28.（　　）紧急情况下的抢险动火，应实行动火作业许可管理。

29.（　　）封堵作业坑与动火作业坑之间的间隔不应小于 5m。

30.（　　）动火作业中断后，动火作业许可证仍可继续使用。

第六章　事故事件

一、单选题（每题4个选项，只有1个是正确的，将正确的选项号填入括号内）

1. 某单位在做放喷器气密性压力试验时，压力表失灵造成 3 名员工爆炸死亡事故，按照《生产安全事故报告和调查处理条例》规定，该事故属于（　　）。

(A) 特别重大事故　　　(B) 重大事故　　　　(C) 较大事故　　　　(D) 一般事故

2. 某员工高处作业时，触电后高处坠落死亡，该事故属于（　　）。

(A) 特别重大事故　　　(B) 触电事故　　　　(C) 电伤事故　　　　(D) 灼烫事故

3. 2007 年国务院 493 号令《生产安全事故报告和调查处理条例》规定：较大事故是指，造成 3 人以上 10 人以下死亡，或者 10 人以上 50 人以下重伤，或者（　　）以上 5000万元以下的直接经济损失的事故。

(A) 100 万　　　　　(B) 500 万　　　　　(C) 1000 万　　　　(D) 2000 万

4. 某车间在起重作业时，发生吊物物体打击事故造成 1 人重伤，该事故应统计为（　　）。
　　（A）物体打击　　　　（B）起重伤害　　　（C）机械伤害　　　　（D）其他事故

5. 2007 年国务院 493 号令《生产安全事故报告和调查处理条例》规定：特别重大事故是指，造成（　　）以上死亡，或者 100 人以上重伤，或者 1 亿元以上直接经济损失的事故。
　　（A）20 人　　　　　（B）30 人　　　　　（C）40 人　　　　　（D）50 人

6. 事故处罚形式主要有（　　）、行政处分、党内处分。
　　（A）罚款　　　　　　（B）行政处分　　　（C）党内处分　　　　（D）通报批评

7. 依据《中国石油天然气集团公司生产安全事故管理办法》，一般 C 级事故是指，造成 3 人以下轻伤，或者（　　）元以下 1000 元以上的直接经济损失的事故。
　　（A）10 万　　　　　（B）15 万　　　　　（C）20 万　　　　　（D）30 万

8. 依据《中国石油天然气集团公司生产安全事故管理办法》，一般 B 级事故是指，造成 3 人以下重伤，或者（　　）以上 10 人以下轻伤，或者 10 万元以上 100 万元以下的直接经济损失的事故。
　　（A）2 人　　　　　　（B）3 人　　　　　（C）4 人　　　　　　（D）5 人

9. 事故发生后，企业安全主管部门应当在（　　）工作日内将事故信息录入 HSE 信息系统。
　　（A）2 个　　　　　　（B）3 个　　　　　（C）4 个　　　　　　（D）5 个

10. 发生较大及以上事故，按照干部管理权限，属于集团公司党组管理的干部，由集团公司监察部门在（　　）内落实事故处理意见。
　　（A）20 日　　　　　（B）30 日　　　　　（C）40 日　　　　　（D）50 日

二、判断题（对的画√，错的画×）

1.（　　）对生产安全事故的调查与处理要坚持"四不放过"的原则。
2.（　　）生产安全事件按事件达到的伤害程度划分为限工事件、医疗处置事件、急救箱事件、经济损失事件四级。
3.（　　）安全生产事故产生的原因分为直接原因、间接原因和其他环境原因。
4.（　　）工业生产事件是指在生产场所内从事生产经营活动过程中发生的造成企业员工和企业外人员轻伤以下或直接经济损失小于 1000 元的情况。
5.（　　）发生较大事故，企业主要领导、业务分管领导、分管安全领导和相关职能部门负责人应当到集团公司总部，向集团公司做出检讨。
6.（　　）一般事故 B 级及以上事故档案由企业所属事故单位安全主管部门建立，并送档案室保存。
7.（　　）直接原因指直接导致事故发生的原因，包括物的不安全状态和人的不安全行为。
8.（　　）重伤，指损失工作日为 90 个工作日以上（含 90 个工作日）的失能伤害，重伤的损失工作日最多不超过 1000 日。
9.（　　）《中华人民共和国突发事件应对法》中对突发事件的定义是突然发生，造成或者可能造成严重社会危害，需要采取应急处置措施予以应对的自然灾害、事故灾难、公共卫生事件和社会安全事件。

第七章　案例分析

一、单选题（每题 4 个选项，只有 1 个是正确的，将正确的选项号填入括号内）

1. 安全管理中的本质安全化原则来源于本质安全化理论，该原则的含义是指从初始和从本质上实现了安全化，就从（　　）消除事故发生的可能性，从而达到预防事故发生的目的。
　（A）思想上　　　　　　（B）技术上　　　　　（C）管理上　　　　　（D）根本上

2. 以下情况不宜采用口对口人工呼吸的为（　　）。
　（A）触电后停止呼吸的　　　　　　　　（B）高处坠落后停止呼吸的
　（C）硫化氢中毒呼吸停止的　　　　　　（D）以上都对

3. 当环境空气中硫化氢浓度超过（　　）时，应佩戴正压式空气呼吸器，正压式空气呼吸器的有效供气时间应大于（　　）。
　（A）$30mg/m^3$；20min　　　　　　　（B）$30mg/m^3$；30min
　（C）$45mg/m^3$；30min　　　　　　　（D）$45mg/m^3$；20min

4. 受限空间内硫化氢浓度超过国家规定的"车间空气中有毒物质的最高允许浓度"的指标（　　），应不得进入或立即停止作业。
　（A）$10mg/m^3$　　　（B）$20mg/m^3$　　　（C）$30mg/m^3$　　　（D）$40mg/m^3$

5. 发现人员触电，首先应采取的措施是（　　）。
　（A）呼叫救护人员　　　　　　　　　　（B）切断电源或使伤者脱离电源
　（C）进行人工呼吸　　　　　　　　　　（D）用手将触电人员拉开

6. 临时用电线路的安装、维修、拆除应由（　　）进行，按规定正确佩戴个人防护用品，并正确使用工（器）具。
　（A）作业人员　　　（B）用电批准人　　　（C）用电申请人　　　（D）电气专业人员

7. 用于临时照明的行灯的电压不超过（　　）。
　（A）6V　　　　　　（B）12V　　　　　　（C）24V　　　　　　（D）36V

8. 依据《中华人民共和国安全生产法》第二十五条规定，生产经营单位应当对从业人员进行安全生产教育和培训，保证从业人员具备必要的安全生产知识，熟悉有关的安全生产规章制度和安全操作规程，掌握（　　），了解事故应急处理措施，知悉自身在安全生产方面的权利和义务。
　（A）设备设施使用方法　　　　　　　　（B）安全的组织措施和技术措施
　（C）本岗位的安全操作技能　　　　　　（D）标准化操作手册

9. 危险和可操作性研究（HAZOP 分析）本质就是通过系列会议对（　　）进行分析，由各种专业人员按照规定的方法对偏离设计的工艺条件进行过程危险和可操作性研究。
　（A）工艺流程图和操作规程　　　　　　（B）曾经发生的事故
　（C）操作记录报表　　　　　　　　　　（D）工艺记录

10. 下列不属于挖掘作业的安全控制措施的一项是（　　）。
　（A）隐蔽设施调查　　　　　　　　　　（B）灭火器材
　（C）放坡支撑　　　　　　　　　　　　（D）护栏警示

二、判断题（对的画√，错的画×）

1. （   ）吊装时，操作人员可以通过戴手套的手来控制货物的摆动。

2. （   ）因该储罐废弃多年，所以进行清罐作业时可以不用办理受限空间作业许可证。

3. （   ）电动、气动和液压工（器）具在切断动力源之前不得进行修理。

4. （   ）因抢修施工作业而涉及的临时用电可以不用办理临时用电作业票，适合时候补办即可。

5. （   ）违章指挥是指管理人员由于业务不精、麻痹大意、擅自做主或受利益驱动等原因导致违反企业规章制度指挥他人从事生产工作的行为。

6. （   ）在作业中取水不便时，可以临时使用消防水，在用后必须将其补充。

7. （   ）高处作业时，坠落防护应通过采取消除坠落危害、坠落预防和坠落控制等措施来实现。坠落防护措施的优先选择的是尽量选择在地面作业，避免高处作业。

8. （   ）用气焊（割）动火作业时，氧气瓶乙炔瓶严禁在烈日下暴晒。

9. （   ）在所辖区域内进行由承包商完成的非常规作业应实行作业许可管理。

10. （   ）一般生产安全事故不需向集团公司安全主管部门报告。

练习题答案

第一章　安全理念与风险防控

一、选择题

1. D	2. D	3. C	4. A	5. B	6. D	7. C	8. C	9. A	10. B
11. A	12. C	13. D	14. D	15. D	16. C	17. D	18. C	19. C	20. A
21. A	22. B	23. C	24. B	25. C	26. C	27. A	28. C	29. A	30. D

二、判断题

1. ×正确答案：法律是法律体系中的上位法，地位和效力仅次于《宪法》，高于行政法则、地方性法规、部门规章、地方政府规章等下位法。　2. √　3. √　4. √　5. √　6. √　7. √　8. √　9. √　10.×正确答案：所有员工都应主动接受 HSE 培训，经考核合格，取得相应工作资质后方可上岗。　11. √　12. √　13. √　14.×正确答案：任何单位、个人不得损坏、挪用或者擅自拆除、停用消防设施、器材，不得埋压、圈占、遮挡消火栓或者占用防火间距，不得占用、堵塞、封闭疏散通道、安全出口、消防车通道。　15. √　16. √　17. √　18.×正确答案：不具备安全生产条件的单位，不得从事生产经营活动。

第二章　风险防控方法与工作程序

一、选择题

1. B	2. C	3. D	4. D	5. A	6. C	7. C	8. D	9. D	10. A
11. A	12. D	13. A	14. B	15. D	16. D	17. B	18. C	19. D	20. B
21. A	22. C	23. B	24. D	25. C	26. C	27. D	28. D	29. B	30. C
31. D	32. A	33. D	34. A	35. C	36. A	37. C	38. B	39. B	40. D
41. C	42. A	43. B	44. C	45. A	46. A	47. D	48. B	49. A	50. B
51. C	52. B	53. C	54. D	55. B	56. C	57. C	58. C	59. A	60. B
61. D	62. A	63. A	64. C	65. D	66. D	67. B	68. A	69. D	70. C

71. C 72. D 73. D 74. D 75. D 76. A 77. C 78. B 79. D 80. D
81. D 82. D 83. A 84. C 85. D

二、判断题

1. ×正确答案：风险是指特定事件发生的概率和可能危害后果的函数；风险＝可能性×后果的严重程度。 2. √ 3. ×正确答案：危害因素辨识是风险管理的前提，风险控制才是风险管理的最终目的。 4. √ 5. ×正确答案：危害因素常分为人的因素、物的因素、环境因素和管理因素四类。6. √ 7. ×正确答案：危险源辨识就是识别危险源并确定其特性的过程。 8. ×正确答案：未开展人员安全教育是管理因素。 9. ×正确答案：事故致因机理分析法主要缺点是事故产生原因完全归为为人员和管理失误。 10. ×正确答案：危险源辨识是为了明确所有可能产生或诱发事故的不安全因素，辨识的首要目的是为了识别危险源并确定其特性的过程。 11. ×正确答案：危险源辨识就是识别危险源并确定其特性的过程。 12. √ 13. √ 14. √ 15. ×正确答案：生产过程的危害因素中物的因素包括物理性危险和有害因素；化学性危险和有害因素；生物性危险和有害因素。 16. √ 17. √ 18. ×正确答案：根据 GB/T 13861—2009《生产过程危险和有害因素分类及代码》的相关规定，信号缺陷属于物的因素。 19. √ 20. √ 21. √ 22. ×正确答案：事故隐患分类包括重大事故隐患、较大事故隐患、一般事故隐患。 23. ×正确答案：现场观察要时刻记住每到一处都要把哪里存在的问题（危害因素）找到，对现场观察出的问题要做好记录，规范整理后填写相应的危害因素辨识清单。 24. √ 25. ×正确答案：安全检查表是对照有关标准、法规或依靠分析人员的观察能力，借助其经验和判断能力，直观地对评价对象的危害因素进行分析，一般由序号、检查项目、检查内容、检查依据、检查结果和备注等组成。26. √ 27. ×正确答案：选择风险控制措施时，优先顺序应该是消除、替代、工程控制措施、标志、警告和（或）管理控制措施。 28. ×正确答案：需要办理作业许可证的作业活动，作业前必须开展 JSA。 29. ×正确答案：作业条件危险分析法是用与系统风险有关的三种因素乘积来评估操作人员伤亡风险大小。 30. √ 31. ×正确答案：风险＝事故发生概率×事故后果严重程度。 32. √ 33. √ 34. ×正确答案：单纯利用某一种因子评价方法尚不能确定其是否为重要环境因素和其优先顺序。 35. ×正确答案：作业许可是作业单位的现场作业负责人需要事前提出作业申请，经有权提供、调配、协调风险控制资源的直线管理人员或其授权人对作业过程、作业风险及风险控制措施予以核查和批准，并取得作业许可证方可开展作业。 36. √ 37. ×正确答案：上锁挂牌可从本质上解决设备因误操作引发的安全问题。 38. √ 39. √ 40. ×正确答案：安全目视化以视觉信号为基本手段，以公开化和透明化为基本原则，尽可能地将管理者的要求和意图让大家都看得见，不是明示以往发生的事故。 41. ×正确答案：工艺和设备变更管理是指涉及工艺技术、设备设施及工艺参数等超出现有设计范围的改变（如压力等级改变、压力报警值改变等）进行变更控制的一种安全管理方法。 42. √ 43. ×正确答案：应急处置卡是在岗位员工职责范围内，针对工作场所、岗位的特点编制，当作业现场或工作场所出现意外紧急情况时，是岗位员工采取简明、实用、有效紧急措施的应急处置程序。 44. √ 45. √ 46. √ 47. ×正确答案：企业单位都应根据实际情况加强劳动保护机构或专职人员的工作；企业单位各生产小组都应根据实际情况设置安全生产管理员；企业职工应自觉遵守安全生产规章制度。 48. √ 49. √ 50. √ 51. ×正确答案：启动前安全检查的适用范围为企业属地及外服场所。   52.×正确答案：待改项是指项目启动前安全检查时发现的，会影响投产效率和产品质量，并在运行过程中可能引发事故的，可在启动后限期整改的隐患项目。   53.√   54.√   55.×正确答案：巡回检查有利于安全管理人员、班组长、岗位员工随时掌握生产现场、工作岗位、特定设备的运行情况，及时采取必要措施将事故隐患消灭在萌芽状态。   56.√   57.×正确答案：操作卡不是明确作业步骤中存在的工作界面，而是明确作业步骤中存在的风险。   58.×正确答案：操作规程是根据企业的生产性质、机器设备的特点和技术要求，结合具体情况及群众经验制定出的安全操作守则。

第三章　基础安全知识

一、选择题

1. C	2. C	3. A	4. A	5. B	6. B	7. A	8. A	9. C	10. C
11. B	12. C	13. B	14. A	15. B	16. C	17. B	18. C	19. C	20. B
21. A	22. A	23. C	24. B	25. C	26. A	27. C	28. A	29. A	30. C
31. A	32. D	33. D	34. C	35. C	36. C	37. C	38. C	39. A	40. A
41. D	42. D	43. C	44. C	45. C	46. C	47. C	48. D	49. C	50. A
51. A	52. A	53. C	54. C	55. C	56. D	57. C	58. C	59. D	60. A
61. D	62. C	63. C	64. C	65. A	66. C	67. C	68. C	69. C	70. D
71. B	72. A	73. C	74. C	75. D	76. D	77. B	78. C	79. C	80. D
81. B	82. D	83. C	84. C	85. B	86. C	87. C	88. C	89. C	90. D
91. D	92. A	93. C	94. C	95. C	96. C	97. C	98. A	99. B	100. D
101. B	102. A	103. B	104. C	105. B	106. B	107. C	108. A	109. C	110. C
111. A	112. D	113. A	114. C						

二、判断题

1.×正确答案：安全帽是指对人体头部受坠落物及其他特定因素引起的伤害起防护作用的防护用品，一般由帽壳、帽衬、下颏附件组成。   2.×正确答案：使用电钻或手持电动工具时必须戴绝缘手套，穿绝缘鞋。   3.√   4.√   5.√   6.×正确答案：同一种粉尘，在空气中的浓度越高，吸入量越大，则尘肺病的发病率就高。   7.×正确答案：对于在易燃、易爆、易灼烧及有静电发生的场所作业的工人，不可以发放和使用化纤防护用品。
8.×正确答案：气瓶在使用前，不应放在绝缘性物体（如橡胶、塑料、木板）上。   9.×正确答案：受过一次强冲击的安全帽应及时报废，不能继续使用。   10.√   11.√
12.×正确答案：企业常用的是泡沫塑料耳塞。   13.×正确答案：眼面部防护用品，不应将近视镜当作防护眼镜使用。   14.×正确答案：在有毒有害气体（如硫化氢、一氧化碳等）大量溢出的现场，以及氧气含量较低的作业现场，都应使用正压式空气呼吸器。
15.×正确答案：能使安全色更加醒目的颜色，称为对比色或反衬色，包括黑、白两种颜色。   16.√   17.√   18.√   19.×正确答案：当安全标志被置于墙壁或其他现存的结构上时，背景色应与标志上的主色形成对比色。   20.√   21.×正确答案：通常标志应安装于观察者水平视线稍高一点的位置，但有些情况置于其他水平位置则是适当的。 22. √ 23. √ 24. ×正确答案：皮带传动防护一般要求 2m 以下应设防护罩。 25. √ 26. √ 27. ×正确答案：齿轮机构应安装全封闭型的防护装置。 28. √ 29. √ 30. √ 31. ×正确答案：应急器材指为应对突发公共事件应急全过程中所必需的器材保障。 32. ×正确答案：正压式呼吸器不能作为潜水呼吸器使用。33. √ 34. √ 35. ×正确答案：干粉灭火器是利用二氧化碳或氮气作动力，将干粉从喷嘴内喷出，形成一股雾状粉流，射向燃烧物质灭火的。 36. √ 37. ×正确答案：防雷装置的引下线应满足机械强度、耐腐蚀和热稳定的要求，引下线截面锈蚀 30% 以上也应予以更换。 38. ×正确答案：高压配电柜经变压器降压后引出到低压配电柜，低压配电柜再将电送到各个用电的设备。 39. √ 40. √ 41. ×正确答案：避雷器应装设在被保护设施的引入端，应并联在被保护设备或设施上。 42. √ 43. √ 44. ×正确答案：在潮湿的场所或金属构架上使用 I 类工具，必须装设额定漏电动作电流不大于 30mA，动作时间不大于 0.1s 的漏电保护电器。 45. √ 46. √ 47. ×正确答案：甲醇为无色澄清液体，有刺激性气味，溶于水，可混溶于醇、醚等多数有机溶剂。 48. √ 49. ×正确答案：腐蚀性物品不能与液化气体和其他物品共存。 50. √ 51. ×正确答案：盐酸、硫酸、磷酸属于腐蚀性物质。 52. ×正确答案：甲烷不属于有毒气体，周围环境中甲烷气体浓度过高时，会因空气中氧含量明显下降而使人窒息。 53. ×正确答案：重大危险源根据其危险程度分为一级、二级、三级和四级，其中一级为最高级别。 54. ×正确答案：在工作现场禁止吸烟、进食和饮水。 55. ×正确答案：氨气为无色、有强烈刺激性气味。 56. ×正确答案：消除或降低粉尘是预防尘肺病最根本的措施。 57. ×正确答案：生产性粉尘的职业危害除了肺部疾病，还会对皮肤、角膜等造成影响。 58. √ 59. ×正确答案：电焊弧光属于物理因素类职业危害因素。 60. √ 61. ×正确答案：撤离泄漏污染区人员时，应迅速将中毒人员移至上风处。 62. √ 63. ×正确答案：80dB 以下的噪声一般不会引起身体器质性的变化。 64. √ 65. √ 66. ×正确答案：现场处置方案是指根据不同的突发事件类型，针对具体场所、装置或者设施制定的应急处置措施。对危险性较大的场所、装置或者设施，应当编制现场处置方（预）案。 67. ×正确答案：突发紧急状况下，生产现场带班人员、班组长和调度人员具有直接处置权和指挥权。在发现直接危及人身安全的紧急情况时，应当立即下达停止作业指令、采取可能的应急措施或组织撤离作业场所。 68. √ 69. √ 70. √ 71. √ 72. ×正确答案：心肺复苏法应首先确认伤者是否有脉搏和心跳，心脏停止跳动时应立即实行胸外心脏按压。 73. ×正确答案：火灾使人致命的最主要原因是吸入有毒有害气体，导致人员死亡。 74. ×正确答案：岗位发生生产安全事故时，当班员工能够有效控制处置时，虽然班组岗位可以解决，但也应向上级汇报。

第四章 装备制造操作安全知识

一、选择题

1. A　　2. B　　3. A　　4. B　　5. D　　6. B　　7. B　　8. C　　9. C　　10. D
11. B　　12. D　　13. A　　14. C　　15. C　　16. A　　17. C　　18. D　　19. B　　20. D

21. C	22. A	23. D	24. C	25. B	26. A	27. A	28. C	29. A	30. C
31. C	32. D	33. B	34. C	35. A	36. B	37. C	38. B	39. B	40. C
41. B	42. A	43. B	44. B	45. B	46. B	47. C	48. B	49. A	50. C
51. D	52. D	53. C	54. C	55. B	56. C	57. C	58. C	59. C	60. B
61. C	62. B	63. B	64. C	65. B	66. C	67. C	68. B	69. B	70. C
71. C	72. A	73. A	74. C	75. C	76. D	77. C	78. D	79. B	80. A
81. C	82. B	83. D	84. B	85. C	86. B	87. C	88. C	89. C	90. C
91. A	92. A	93. C	94. B	95. C	96. A	97. B	98. D	99. D	100. C
101. C	102. A	103. C	104. B	105. B	106. C	107. B	108. D	109. C	110. C
111. B	112. B	113. A	114. C	115. B	116. C	117. B	118. A	119. C	120. C
121. C	122. C	123. D	124. D	125. A	126. A	127. D	128. D	129. C	130. A
131. D	132. B	133. D	134. C	135. D	136. C	137. C	138. D	139. D	140. D
141. C	142. D	143. B	144. C	145. D	146. B	147. D	148. A	149. B	150. A
151. C	152. D	153. C	154. C	155. C	156. D	157. A	158. C	159. C	160. C
161. C	162. B	163. C	164. B	165. B	166. C	167. B	168. A	169. C	170. D
171. C	172. B	173. B	174. A	175. B	176. D	177. C	178. C		

二、判断题

1. ×正确答案：钢包耳轴与包体连接不得有裂纹、松动现象。 2. √ 3. ×正确答案：进入炼钢炉内修炉时，炉内温度应降至 50℃ 以下，清除渣瘤时应从上往下打，禁止较大震动。 4. √ 5. ×正确答案：砂轮机不得安装在有腐蚀性气体或易燃易爆场所。 6. √ 7. √ 8. √ 9. ×正确答案：设备使用中不得人为打开或检修设备安全保护装置。 10. ×正确答案：锻造作业时，小截面的坯料严禁冷剂下料。 11. √ 12. √ 13. ×正确答案：感应设备加热用的感应器不得在空载时送电。 14. ×正确答案：瓶中的气体均不应用尽，瓶内残余压力应不小于 98~196kPa。 15. ×正确答案：新入职操作岗位员工必须掌握岗位的生产技能，并经 HSE 培训和考核、合格后持证上岗。 16. ×正确答案：安全带使用前要仔细检查，要"高挂低用"，用后要妥善保管，防止潮湿霉烂降低其安全性能。 17. ×正确答案：瓶装氧气属于危险化学品。 18. ×正确答案：在场内低速行驶车辆应当系挂安全带。 19. ×正确答案：两种危险性相同的物品不可放在同一场所，危险性相同，也可能相互发生反应。 20. √ 21. √ 22. ×正确答案：若发现有人触电，应首先切断电源，再组织人员对触电者进行施救。 23. ×正确答案：员工不经常经过位置的设备防护罩损坏，也应当及时维修。 24. √ 25. √ 26. √ 27. √ 28. √ 29. √ 30. ×正确答案：机械设备在运转时，严禁用手调整、测量零件或进行润滑工作。31. ×正确答案：严禁戴手套操作旋转机床。 32. ×正确答案：员工在操作机器时，紧急情况下可以停止作业进行避险，并将事故隐患或其他不安全因素上报上级主管。 33. √ 34. √ 35. √ 36. √ 37. ×正确答案：员工在操作车床时，严禁将工具、夹具或工件放在车床床身上和主轴变速箱上。 38. ×正确答案：设备发生故障时，严禁不停机打开防护装置检查、修理。 39. ×正确答案：任何情况下，单位和个人严禁挪用、拆除、埋压、圈占消火栓，临时占用消防通道。 40. √ 41. √ 42. √ 43. √ 44. ×正确答案：有主、副两套起升机构的桥式起重机，主、副钩不能同时开动。 45. ×正确答案：桥式起重机在起吊重物

335

的过程中，严禁利用极限位置限制器停车。 46. √ 47. √ 48. √ 49. √ 50. √ 51. √ 52. ×正确答案：使用二氧化碳灭火器时，人应站在上风位。 53. √ 54. √ 55. √ 56. ×正确答案：安全装置包括防护装置、保险装置、信号装置、危险牌示和识别标志。 57. √ 58. √ 59. √ 60. √ 61. ×正确答案：爆炸危险场所，要采取相应防雷措施。 62. √ 63. √ 64. ×正确答案：ABC 类干粉灭火剂可以扑救易燃、可燃液体、气体、带电设备火灾及一般固体物质火灾。 65. √ 66. √ 67. ×正确答案：铣边机仿形辊的压力是可以调整的。 68. ×正确答案：成型机辅机油箱的冷却器为板式散热器。 69. √ 70. √ 71. ×正确答案：人员暴露在 X 射线环境中会使人的白细胞数量降低。 72. √ 73. ×正确答案：倒棱产生的铁屑应采取防护措施，不能直接用手触摸，有割伤风险。 74. √ 75. √ 76. √ 77. √ 78. ×正确答案：淬火炉在点火前应首先启动风机，调节淬火炉风压至 9kPa 左右，烟道闸板全开。 79. √ 80. ×正确答案：接到天然气泄漏报警后，应立即停止作业，组织人员撤离。 81. √ 82. √ 83. ×正确答案：观察钢丝表面时，严禁用手触摸钢丝表面。 84. √ 85. √ 86. √ 87. ×正确答案：燃烧必须具备的三个条件是可燃物、助燃物、火源。 88. √ 89. √ 90. ×正确答案：扳管时，使用扳管器搬动钢管，严禁用手搬动钢管。 91. √ 92. √ 93. ×正确答案：检维修设备时，应上锁挂签，办理作业许可后，方可开始进行作业。 94. √ 95. √ 96. ×正确答案：添加磷化液后的包装桶控干后，应在当班下班前存入指定区域。 97. √ 98. ×正确答案：临时电源线应采取架空或通过穿线管并掩埋的方式跨越通道，禁止将电源线固定在脚手架或钢构组件上。 99. √ 100. ×正确答案：在高处巡检时，为了应对突发状况或遇到临时调整作业，应提前穿戴好安全带，便于随时系挂安全带再进行作业。 101. ×正确答案：外协单位运送盐酸时，虽然装卸工都具备操作资质，但属地管理人员仍需要在现场旁站监督。 102. ×正确答案：发现盐酸少量泄漏时，先用清水予以稀释，并防止流入生活排污口或雨水排口。盐酸泄漏量较大时，搭设围堰收集。使用片碱中和泄漏的盐酸时，应少量、缓慢投放进盐酸，避免飞溅灼伤。 103. √ 104. ×正确答案：往液铅槽内添加铅块时，应使铅块充分预热干燥，并注意观察液面不得超过液铅槽上限刻度。 105. ×正确答案：工字轮侧面与地面垂直（即 H 形），需要摆放为水平（工形）时，应使用翻盘机作业，不能使用钢丝绳挂钩翻转工字轮。 106. ×正确答案：连续线机组附近存在高温、腐蚀、潮湿等作业环境，不得将氧气瓶、乙炔瓶放置在该区域。 107. ×正确答案：停炉作业时，应先关闭天然气总阀，再依次关闭烧嘴控制器、烧嘴前燃气阀、报警器电源，待炉膛温度降低后关闭鼓风机。 108. ×正确答案：防酸面具是专门用于有机蒸气、酸雾等场合，避免人体呼吸道等软组织受到刺激、灼伤的个人防护用品。天然气防毒口罩的滤毒盒能够防止一氧化碳、天然气等有害气体造成的人体中毒。两种防护用品不能相互替代。 109. √ 110. ×正确答案：在使用专用吊盘时，应保持工具的完整性，确保结构的强度符合设计要求，因此防退螺帽缺失时，应停用并报修。 111. ×正确答案：现场任何人员闻到酸味或天然气臭味时，应立即撤离现场并通知附近人员。受过应急知识培训的人员可直接采取现场处置措施，并在处置后向车间领导汇报。 112. ×正确答案：运行的旋转部分，不管速度快慢都可能对人体造成伤害，只有在设备停止旋转的情况下，才可以整理乱线。 113. ×正确答案：拔丝作业上下工字轮时，手只能抓工字轮边缘部位，防止手部被碰伤。 114. ×正确答案：在进行接头作业时，必须佩戴好劳保眼镜，火花飞溅、钢丝弹起，均会对人眼造成伤害。　115.√　116.√　117.×正确答案：低压作业需要经过专业机构的培训，具备专业知识，并取得低压电工作业证，无证者严禁进行操作，操作不当会对自身造成灼伤、电弧烧伤等伤害。　118.√　119.×正确答案：应对裸露的线头进行包扎，因为电线线头裸露时间久了，容易引起接触不良，再者，事故有意外性，因误操作对设备送电，人员接触裸露线头会造成触电伤害。　120.×正确答案：钢丝绳索具在使用过程中出现断丝、断股情况，必须将该钢丝绳切断报废。　121.×正确答案：直径9.3mm×8m 的钢丝绳索具可以对折成四股起吊 1000 满工字轮。　122.×正确答案：车间油锅加热温度不能超过 120℃，以免油锅冒烟造成环境污染。　123.√　124.×正确答案：筒体式合股机运转过程中如出现异常情况应使用急停开关进行关机，不能打开防护罩利用限位开关停机。　125.√　126.×正确答案：在操作过程中如出现钢丝缠绕，可抖动钢丝使其松弛，轻拉慢扯以免钢丝甩出伤人。　127.√　128.√　129.√　130.×正确答案：钢丝绳吊索的环眼部位断丝不能超过钢丝绳外层钢丝数的 4%。　131.√　132.×正确答案：钢丝绳吊索在环眼处断丝超过钢丝绳外层钢丝数的 4% 时应立即报废。　133.×正确答案：2000t 压力机操作人员必须经过岗位技能培训，持证上岗。　134.×正确答案：使用前检查砂轮固定牢固，转动平稳，才可以使用。　135.×正确答案：在整个吊运过程中，重物必须平稳。　136.√　137.√　138.√

第五章　危险作业管理

一、选择题

1. D	2. B	3. C	4. C	5. A	6. A	7. D	8. B	9. B	10. C
11. B	12. C	13. C	14. C	15. B	16. A	17. C	18. C	19. D	20. B
21. B	22. B	23. A	24. B	25. A	26. C	27. C	28. D	29. C	30. B
31. C	32. D	33. B	34. C	35. C	36. A	37. D	38. B	39. B	40. A
41. B	42. B	43. C	44. B	45. C	46. D	47. C	48. C	49. D	50. B

二、判断题

1.×正确答案：相关方可以将其安全要求表达在作业许可证中。　2.√　3.×正确答案：作业过程中出现异常情况应立即采取变更程序或应急措施。　4.√　5.×正确答案：办理了进入受限空间作业许可证，可以在规定的作业区域和时间范围内使用。　6.√　7.×正确答案：救援人员应经过培训，具备与作业风险相适应的救援能力，确保在正确穿戴个人防护装备和使用救援装备的前提下实施救援。　8.√　9.×正确答案：工程完成后，应自下而上拆除保护性支撑系统。　10.×正确答案：工程完成后，回填和支撑系统的拆除应同步进行。　11.×正确答案：挖出物不能堵塞下水道、窨井，也不能堵塞作业现场的逃生通道和消防通道。　12.√　13.√　14.√　15.√　16.×正确答案：同一架梯子只允许一个人在上面工作，不能带人移动梯子。　17.×正确答案：作业人员不能在平台或安全网内等高处作业处休息。　18.√　19.√　20.×正确答案：在加油时起重机应熄火，在行驶中吊钩应收起并固定牢固。　21.×正确答案：从管线法兰上去掉一个螺栓属于管线打开作业。　22.√　23.×正确答案：控制阀不能单独作为物料隔离装置。　24.×正确答案：临时用电作业实施单位不得擅自增加用电负荷，不能变更用电地点、用途。 25. √　26. ×正确答案：室外的临时用电配电箱（盘）应设有防雨、防潮措施。　27. ×正确答案：两台用电设备（含插座）不能使用同一开关直接控制。　28. 正确答案：紧急情况下的抢险动火，可不实行动火作业许可管理。　29. ×正确答案：对管道进行封堵，封堵作业坑与动火作业坑之间的间隔不应小于1m。　30. ×正确答案：如果动火作业中断超过30min，继续动火前，动火作业人、动火监护人应重新确认安全条件。

第六章　事故事件

一、选择题

1. B　2. B　3. A　4. B　5. B　6. A　7. C　8. C　9. D　10. B

二、判断题

1. √　2. √　3. ×正确答案：安全生产事故产生的原因分为直接原因、间接原因和主要原因或管理原因。4. √　5. √　6. ×正确答案：一般事故C级及以上事故档案由企业所属事故单位安全主管部门建立，并送档案室保存。　7. √　8. ×正确答案：重伤，指损失工作日为105个工作日以上（含105个工作日）的失能伤害，重伤的损失工作日最多不超过6000日。　9. √

第七章　案例分析

一、选择题

1. D　2. C　3. B　4. A　5. B　6. D　7. D　8. C　9. A　10. B

二、判断题

1. ×正确答案：吊装时，操作人员不能通过戴手套的手来控制货物的摆动。　2. ×正确答案：废弃多年的储罐在进行清罐作业时，同样需要办理受限空间作业许可证。　3. √　4. ×正确答案：因抢修施工作业而涉及的临时用电，需要办理临时用电作业票。　5. √　6. ×正确答案：作业中取水，不能使用消防用水。　7. √　8. √　9. √　10. ×正确答案：一般生产安全事故需向集团公司安全主管部门报告。

参考文献

［1］ 中国石油天然气集团有限公司人事部.油气田开发专业危害因素辨识与风险防控.北京：石油工业出版社，2018.

［2］ 中国石油天然气集团公司安全环保部.中国石油天然气集团公司 HSE 管理原则学习手册.北京：石油工业出版社，2009.

［3］ 中国石油天然气集团有限公司人事部.油气管道专业危害因素辨识与风险防控.北京：石油工业出版社，2018.

［4］ 邱少林.安全观察与沟通实用手册.北京：石油工业出版社，2012.

［5］ 中国石油天然气集团公司安全环保与节能部.工作前安全分析实用手册.北京：石油工业出版社，2013.

［6］ 吴苏江.HSE 风险管理理论与实践.北京：石油工业出版社，2009.

［7］ 中国石油天然气集团公司安全环保部.中国石油天然气集团公司反违章禁令学习手册.北京：石油工业出版社，2008.

［8］ 中国石油天然气集团公司安全环保部.石油石化员工应急知识读本.北京：石油工业出版社，2011.

［9］ 中国石油天然气集团公司安全环保与节能部.HSE 管理体系基础知识.北京：石油工业出版社，2012.